高等职业教育系列教材

S7-1500 PLC 技术及应用

主　编　刘建华　郑　昊
副主编　张静之　袁海嵘
参　编　袁　强　宁康波

机械工业出版社

“S7-1500 PLC 技术及应用”是高职院校自动化、机电一体化等机电类专业的核心课程，作为该课程的教材，本书以体现职业能力要求为核心，整合了所需掌握的基本知识和技能实践。全书共 8 章，主要内容包括 PLC 概述、西门子 S7-1500 系列 PLC 的硬件资源、S7-1500 PLC 基本指令系统与编程方法、S7-1500 PLC 常见数据操作指令及其应用、SIMATIC S7-1500 PLC 的结构化程序设计、SIMATIC S7-1500 PLC 的 GRAPH 编程、PLC 通信与网络应用，以及系统调试与诊断。

本书理实结合，理论知识与工程案例、职业技能鉴定、1+X 等级鉴定、技能竞赛等紧密联系，注重编程思路的培养和解决实际问题综合能力的提高。

本书可作为高等职业院校专科和本科的电气自动化、机电一体化等相关专业的教材，也可作为相关机电类工程技术人员的参考书。

本书配有二维码微课视频、电子课件、源程序、试题库及答案等电子资源。采用本书作为教材的教师可登录机械工业出版社教育服务网 www.cmpedu.com 免费注册，审核通过后下载电子资源，或联系编辑索取（微信：13261377872；电话：010-88379739）。

图书在版编目（CIP）数据

S7-1500 PLC 技术及应用 / 刘建华，郑昊主编. —北京：机械工业出版社，2023.9（2025.1 重印）

高等职业教育系列教材

ISBN 978-7-111-72473-5

Ⅰ. ①S… Ⅱ. ①刘… ②郑… Ⅲ. ①PLC 技术-高等职业教育-教材 Ⅳ. ①TM571.61

中国国家版本馆 CIP 数据核字（2023）第 036896 号

机械工业出版社（北京市百万庄大街 22 号 邮政编码 100037）

策划编辑：李文轶　　　　责任编辑：李文轶

责任校对：贾海霞　李　婷　　责任印制：常天培

北京机工印刷厂有限公司印刷

2025 年 1 月第 1 版第 2 次印刷

184mm×260mm · 17.75 印张 · 462 千字

标准书号：ISBN 978-7-111-72473-5

定价：65.00 元

电话服务	网络服务
客服电话：010-88361066	机　工　官　网：www.cmpbook.com
010-88379833	机　工　官　博：weibo.com/cmp1952
010-68326294	金　　书　　网：www.golden-book.com
封底无防伪标均为盗版	机工教育服务网：www.cmpedu.com

前　言

随着自动化控制系统的快速发展，作为专为中高端设备和工厂自动化设计的新一代西门子S7-1500 PLC有着越来越广泛的应用，它集运动控制、工业信息安全和故障安全功能于一体，提供基于以太网的PROFINET通信网络，系统响应时间极短，从而大大提高了生产效率，还可以与全集成自动化TIA Portal（博途）软件实现集成。

为了贯彻党的二十大精神：坚持面向世界科技前沿、面向经济主战场、面向国家重大需求、面向人民生命健康，加快实现高水平科技自立自强。本书以S7-1500 PLC的先进技术和应用为基础，遵循由浅入深、由简到繁、理论与应用相结合的原则，依据高职高专学生的学习特点和实际需要组织教材内容。全书共8章，包括PLC概述、西门子S7-1500系列PLC的硬件资源、S7-1500 PLC基本指令系统与编程方法、S7-1500 PLC常见数据操作指令及其应用、SIMATIC S7-1500 PLC的结构化程序设计、SIMATIC S7-1500 PLC的GRAPH编程、PLC通信与网络应用，以及系统调试与诊断。书中各章节内容侧重点各有不同，使读者在扎实掌握基础理论知识的基础上，建立编程思路，掌握编程方法。

"知识点分析+应用实践"的结构是本书的一个鲜明特色。书中的每个知识点都匹配了相应难度的案例，这43个案例取自企业应用案例、社会化评价组织技能鉴定、1+X鉴定试题、世界技能大赛工业控制项目竞赛训练课题、中华人民共和国职业技能大赛和全国职业院校相关竞赛试题。此外，在案例程序设计中引入继电控制设计、数字逻辑的分析设计和计算机设计编程等方法，尝试和探索"一题多解"的编写方式，拓展读者的设计思路和应用创新能力，充分体现多种渠道、多种方法实现程序设计，解决实际问题的特点。

本书是一本产教深度融合的"互联网+新形态"教材，注重立体化教学资源的开发，着力推动和提升线上线下混合式教学。编写组针对书中的重点和难点录制了教学讲解视频，以二维码的形式嵌入书中，读者可以扫描二维码进行学习和复习；书中所有案例的PLC程序都经过验证，PLC源程序文件可以无偿提供给读者，此外还提供了全套的多媒体教学课件、试题库及答案。

本书是机械工业出版社组织出版的"高等职业教育系列教材"之一，由上海工程技术大学刘建华、郑昊主编。其中第1章、第2章、5.1节和5.2节由上海工程技术大学工程训练中心张静之编写；第3章、第4章和7.4节由上海工程技术大学高职学院刘建华编写；5.3节由西门子工厂自动化工程有限公司宁康波编写；7.1～7.3节由西门子工厂自动化工程有限公司袁海嵘编写；6.1～6.4节、第8章由上海工程技术大学高职学院郑昊编写；6.5节、6.6节由山东工业技师学院袁强编写；全书由上海工程技术大学刘建华负责统稿。张静之、刘建华制作本书PPT，刘俊完成了部分案例程序的编写与调试，并录制了第2章～第8章的二维码视频。本书在编写过程中，参考了一些书刊并引用了一些资料，难以一一列举，在此一并表示衷心的感谢。

由于编者水平有限，书中难免有疏漏之处，恳请使用本书的读者提出宝贵意见。

编　者

目　录

* 表示选学的内容。

第1章　PLC概述

1.1　PLC的产生与发展

1.1.1　知识：PLC的产生与定义

1．PLC的产生

在PLC（可编程逻辑控制器）问世以前，工厂自动化控制是以“继电-接触器控制系统”占主导地位。所谓“继电-接触器控制系统”是以继电器、接触器、按钮和开关等为主要器件所组成的逻辑控制系统；作为常用电气自动控制系统的一种，它的基本特点是结构简单、成本低、抗干扰能力强、故障检修方便及运用范围广。“继电-接触器控制系统”不仅可以实现生产设备、生产过程的自动控制，而且还可以满足大容量、远距离和集中控制的要求，至今仍是工业自动控制领域最基本的控制系统之一。

随着工业现代化的发展，企业的生产规模越来越大，劳动生产率及产品质量的要求不断提高，原有的“继电-接触器控制系统”的缺点日趋明显：体积大、耗电多、故障率高、寿命短及运行速度不高，特别是一旦生产任务和工艺发生变化，就必须重新设计，并改变硬件结构；这就造成了时间和资金的严重浪费，企业急需开发一种新的控制装置来将其取代。

20世纪50年代末，人们曾设想利用计算机解决“继电-接触器控制系统”存在的通用性及灵活性差、功能局限以及通信、网络方面欠缺的问题，但由于当时的计算机原理复杂、生产成本高、程序编制难度大及可靠性问题突出等，使得它在一般工业控制领域难以普及与应用。

到了20世纪60年代，美国汽车工业生产流水线的自动控制系统基本是由“继电-接触器控制系统”组成。随着汽车行业的发展，汽车型号更新的周期也越来越短，每一次汽车改型都导致“继电-接触器控制系统”重新设计和安装，限制了生产效率和产品质量的提高。

为了改变这一现状，最早由美国汽车制造商——通用汽车公司（GM公司）于1968年提出：把计算机通用、灵活和功能完善的特点与“继电-接触器控制系统”简单易懂、使用方便和生产成本低的特点结合起来，生产出一种通用性好、采用基本相同的硬件，满足生产中的顺序控制要求，利用简单语言编程，能让完全不熟悉计算机的人也能方便使用的控制器的设想。当时，该公司为了适应汽车市场多品种、小批量的生产要求，提出使用新一代控制器的设想，并对新控制器提出著名的GM10条：

1）编程简单方便，可在现场修改程序。

2）硬件维护方便，采用插件式结构。

3）可靠性高于“继电-接触器控制系统”。

4）体积小于“继电-接触器控制系统”。

5）可将数据直接送入计算机。

6）成本上可与“继电-接触器控制系统”竞争。

7）输入可以是交流 115V。

8）输出为交流 115V/2A 以上，能直接驱动电磁阀、交流接触器等。

9）扩展时，只需要对原系统进行很小的改动。

10）用户程序存储器容量至少可以扩展到 4KB。

根据以上要求，美国数字设备公司（DEC）在 1969 年首先研制出世界上第一台 PLC，型号为 PDP-14，并在通用汽车公司的自动生产线上试用成功。从此这项技术在美国其他工业控制领域迅速发展起来，受到了世界各国工业控制企业的高度重视。其后，美国 Modicon（莫迪康）公司开发出 PLC 084；1971 年，日本研制出该国第一台 PLC DSC-8；1973 年，西欧国家也研制出他们的第一台 PLC。我国从 1974 年开始 PLC 的研制，1977 年开始投入工业应用；如今，PLC 已经实现了国产化，并大量应用在进口和国产设备中。

早期可编程逻辑控制器是采用存储程序指令完成顺序控制而设计的，仅具有逻辑运算、定时和计数等顺序控制功能，用于开关量的控制，通常称为 PLC（Programmable Logic Controller）。20 世纪 70 年代，随着微电子技术的发展，PLC 功能增强，不再局限于当初的逻辑运算，因此称为 PC（Programmable Controller，可编程控制器）；但因为与个人计算机（PC）重复，为加以区别，仍简称 PLC。

2. PLC 的定义与分类

国际电工委员会（IEC）颁布的 PLC 标准草案（第 3 稿）中对 PLC 做了如下定义："可编程控制器是一种数字运算操作的电子装置，专为在工业环境下应用而设计。它采用可编程序的存储器，用来在其内部存储执行逻辑运算、顺序控制、定时、计数和算术运算等操作的指令，并通过数字式和模拟式的输入和输出，控制各种类型的机械或生产过程。可编程控制器及其有关的外围设备（外设），都应按易于工业控制系统联成一个整体、易于扩展其功能的原则设计。"

通常，PLC 可根据 I/O（输入/输出）点数、结构形式和功能等进行分类。

（1）按 I/O 点数　PLC 可分为小型、中型和大型等。I/O 点数为 256 点以下的为小型 PLC，其中，I/O 点数小于 64 点的为超小型或微型 PLC；I/O 点数为 256～2048 点的为中型 PLC；I/O 点数为 2048 点以上的为大型 PLC，其中，I/O 点数超过 8192 点的为超大型 PLC。

（2）按结构形式　PLC 可分为整体式、模块式和紧凑式等，分别如图 1-1～图 1-3 所示。整体式 PLC 是将电源、CPU（中央处理器）和 I/O 接口等部件都集中装在一个机箱内，具有结构紧凑、体积小和价格低等特点；模块式 PLC 是将 PLC 各组成部分分别做成若干个单独的模块，如 CPU 模块、I/O 模块、电源模块（有的含在 CPU 模块中）以及各种功能模块；紧凑式 PLC 则是各种单元、CPU 自成模块，但不安装基板，各单元层层叠装，它结合整体式结构紧凑和模块式独立灵活的特点。

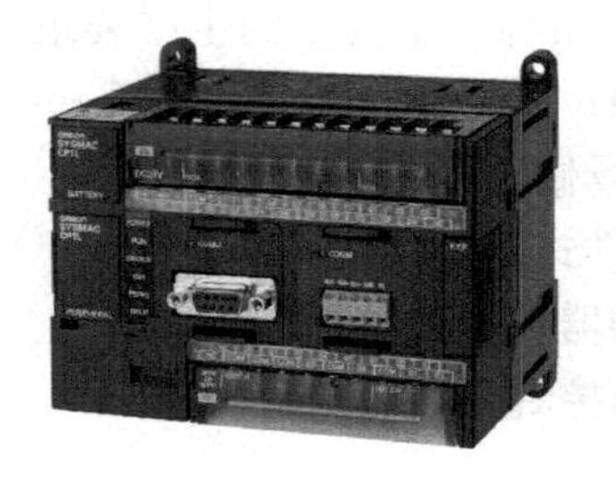

图 1-1　整体式 PLC 结构形式

图 1-2　模块式 PLC 结构形式

图 1-3　紧凑式 PLC 结构形式

（3）按功能　PLC 可分为低档、中档和高档等。低档 PLC 具有逻辑运算、定时、计数、移位以及自诊断、监控等基本功能，还可有少量模拟量输入/输出、算术运算、数据传送和比较、通信等功能；中档 PLC 除具有低档 PLC 的功能外，还增加了模拟量输入/输出、算术运算、数据传送和比较、数制转换、远程 I/O、子程序和通信联网等功能，有些还增设中断、PID（比例-积分-微分）控制等功能；高档 PLC 除具有中档 PLC 的功能外，还增加带符号算术运算、矩阵运算、位逻辑运算、二次方根运算及其他特殊功能函数运算、制表及表格传送等功能，具有更强的通信联网功能。

1.1.2　知识：PLC 的特点

PLC 是专为工业环境应用而设计制造的微型计算机，它并不针对某一具体工业应用，而是有着广泛的通用性。PLC 被广泛使用，是和它的突出特点以及优越的性能分不开的。PLC 的主要特点归纳如下。

1. 可靠性高、抗干扰能力强

为了更好地适应工业生产环境中高粉尘、高噪声、强电磁干扰和温度变化剧烈等特殊情况，PLC 在设计制造过程中对硬件采用屏蔽、滤波、电源调整与保护、 隔离、模块式结构等一系列硬件抗干扰措施，对软件采取了故障检测、信息保护与恢复、设置警戒时钟 WDT（看门狗）、加强对程序的检查和校验、对程序及动态数据进行电池后备等多种抗干扰措施。PLC 的出厂试验项目中，有一项就是抗干扰试验；它要求能承受幅值为 1000V，上升时间为 1ns，脉冲宽度为 1μs 的干扰脉冲。一般，平均故障间隔时间可达几十万、甚至上千万 h；制成系统亦可达 4 万～5 万 h，甚至更长时间。

2. 编程简单、使用方便

目前，大多数 PLC 仍采用继电器控制形式的“梯形图编程方式”，既继承了传统控制电路的清晰直观，又考虑到大多数工厂企业电气技术人员的读图习惯及编程水平，所以非常容易接受和掌握。梯形图语言的编程元件的符号和表达方式与继电器控制电路原理图相当接近。通过阅读 PLC 的用户手册或短期培训，电气技术人员和技术工很快就能学会用梯形图编制控制程序，同时还提供功能图、语句表等编程语言。

3．通用性强、灵活性好及功能齐全

PLC 品种齐全的各种硬件装置，可以组成能满足各种要求的控制系统，用户不必自己再设计和制作硬件装置。用户在硬件确定以后，在生产工艺流程改变或生产设备更新的情况下，不必改变 PLC 的硬件设备，只需改变程序就可以满足要求。因此，PLC 除应用于单机控制外，在工厂自动化中也被大量采用。现代 PLC 不仅有逻辑运算、定时、计数和顺序控制等功能，还具有数字和模拟量的输入输出、功率驱动、通信、人机对话、自检和记录显示等功能，既可控制一台生产机械、一条生产线，又可控制一个生产过程。

4．安装简单、调试维护方便

由于 PLC 采用了软件来取代继电器控制系统中大量的中间继电器、时间继电器和计数器等器件，控制柜的设计安装接线工作量大为减少。同时，PLC 的用户程序可以在实验室模拟调试，更减少了现场的调试工作量。并且，PLC 的低故障率及很强的监视功能、模块化等特点，使其维修也极为方便。

5．体积小、能耗低及性价比高

PLC 是将微电子技术应用于工业设备的产品，其结构紧凑、坚固、体积小、质量小及功耗低。并且由于 PLC 的强抗干扰能力、易于装入设备内部，是实现机电一体化的理想控制设备，目前以 PLC 作为控制器的 CNC（计算机数字控制机床）设备和机器人装置已成为典型。随着集成电路芯片功能的提高和价格的降低，PLC 硬件的价格一直在不断地下降。虽然 PLC 的软件价格在系统中所占的比重在不断提高，但是，由于缩短了整个工程项目的进度提高了工程质量，使用 PLC 还是具有较高的性价比。

综上所述，PLC 的优越性能使其在工业上得到迅速普及。目前，PLC 在家庭、建筑、电力、交通和商业等众多领域也得到了广泛的应用。

1.1.3 知识：PLC 的发展

经过了几十年的更新发展，PLC 的上述特点越来越为工业控制领域的企业和专家所认识和接受，在美国、德国和日本等工业发达国家已经成为重要的产业之一。生产厂家不断涌现、品种不断翻新、产量产值大幅上升，而价格则不断下降，使得 PLC 的应用范围持续扩大，从单机自动化到工厂自动化，从机器人、柔性制造系统到工业局部网络，PLC 正以迅猛的发展势头渗透到工业控制的各个领域。从 1969 年第一台 PLC 问世至今，它的发展大致可以分为以下几个阶段：

1970—1980 年：PLC 的结构定型阶段。在这一阶段，由于 PLC 刚诞生，各种类型的顺序控制器不断出现（如逻辑电路型、1 位机型、通用计算机型和单板机型等），但迅速被淘汰。最终以微处理器为核心的现有 PLC 结构形成，取得了市场的认可，得以迅速发展推广。PLC 的原理、结构、软件和硬件趋向统一与成熟，应用领域由最初的小范围、有选择使用逐步向机床、生产线扩展。

1980—1990 年：PLC 的普及阶段。在这一阶段，PLC 的生产规模日益扩大，价格不断下降，PLC 被迅速普及。各 PLC 生产厂家产品的价格、品种开始系列化，并且形成了 I/O 点型、基本单元加扩展块型和模块化结构型这 3 种延续至今的基本结构模型。PLC 的应用范围开始向顺序控制的全部领域扩展。比如，三菱公司在本阶段的主要产品有 F、F1 和 F2 小型 PLC 系列产品，K/A 系列的中、大型 PLC 产品等。

1990—2000 年：PLC 的高性能与小型化阶段。在这一阶段，随着微电子技术的进步，PLC 的功能日益增强，PLC 的 CPU 运算速度大幅度上升、位数不断增加，使得适用于各种特殊控制的功能模块不断被开发，PLC 的应用范围由单一的顺序控制向现场控制拓展。此外，PLC 的体积大幅度缩小，出现了各类微型化 PLC。三菱公司在本阶段的主要产品有 FX 小型 PLC 系列产品，AIS/A2US/Q2A 系列的中、大型 PLC 系列产品等。

2000 年至今：PLC 的高性能与网络化阶段。在本阶段，为了适应信息技术的发展与工厂自动化的需要，PLC 的各种功能不断进步。一方面，PLC 在继续提高 CPU 运算速度、位数的同时，开发了适用于过程控制、运动控制的特殊功能与模块，使 PLC 的应用范围开始涉及工业自动化的全部领域。与此同时，PLC 的网络与通信功能得到迅速发展，不仅可以连接传统的编程与输入/输出设备，还可以通过各种总线构成网络，为工厂自动化奠定基础。

PLC 从产生到现在已经经历了几十年的发展，实现了从一开始的简单逻辑控制到现在的运动控制、过程控制、数据处理和联网通信，随着科学技术的进步，面对不同的应用领域、不同的控制需求，PLC 还将有更大的发展。目前，PLC 的发展趋势主要体现在规模化、高性能、多功能、模块智能化、网络化和标准化等几个方面。

1．产品规模向大、小两个方向发展

大型化是指大、中型 PLC 向大容量、智能化和网络化发展，使之能与计算机组成集成控制系统，对大规模、复杂系统进行综合性的自动控制。现已有 I/O 点数达 14336 点的超大型 PLC，使用 32 位微处理器，多 CPU 并行工作和大容量存储器，功能更强。小型 PLC 由整体结构向小型模块化结构发展，使配置更加灵活，为了满足市场需要已开发了各种简易、经济的超小型、微型 PLC，最小配置的 I/O 点数为 8～16 点，以适应单机及小型自动控制的需要。

2．高性能、高速度和大容量发展

PLC 的扫描速度是衡量 PLC 性能的一个重要指标。为了提高 PLC 的处理能力，要求 PLC 具有更好的响应速度和更大的存储容量。目前，有的 PLC 的扫描速度可达 0.1ms/千步左右。在存储容量方面，有的 PLC 最高可达几十兆字节。为了扩大存储容量，有的公司已使用了磁泡存储器或硬盘。

3．模块智能化发展

分级控制、分布控制是增强 PLC 控制功能、提高处理速度的一个有效手段。智能 I/O 模块是以微处理器和存储器为基础的功能部件，它们可独立于主机 CPU 工作，分担主机 CPU 的处理任务。主机 CPU 可随时访问智能模块、修改控制参数，这样有利于提高 PLC 的控制速度和效率，简化设计、编程工作量，提高动作可靠性、实时性，满足复杂控制的要求。为满足各种控制系统的要求，目前已开发出许多功能模块，如高速计数模块、模拟量调节（PID 控制）、运动控制（步进、伺服和凸轮控制等）、远程 I/O 模块、通信和人机接口模块等。

4．网络化发展

加强 PLC 的联网能力是实现分布式控制、适应工业自动化控制和计算机集成制造系统发展所需要的。PLC 的联网与通信主要包括 PLC 与 PLC 之间、PLC 与计算机之间，以及 PLC 与远程 I/O 之间的信息交换。随着 PLC 和其他工业控制计算机组网构成大型控制系统以及现场总线的发展，PLC 将向网络化和通信的简便化方向发展。

5．标准化发展

随着生产过程对自动化要求的不断提高，PLC 的能力也在不断增强，过去那种不开放的、各品牌各成一派的结构显然不合适，为提高兼容性，在通信协议、总线结构和编程语言等方面需要一个统一的标准。国际电工委员会为此制定了国际标准 IEC 61131，该标准由总则、设备性能和测试、编程语言、用户手册、通信、模糊控制的编程、可编程控制器的应用和实施指导 8 部分和两个技术报告组成。几乎所有的 PLC 生产厂家都支持 IEC 61131，并向该标准靠拢。

1.2 PLC 的组成及工作原理

1.2.1 知识：PLC 的基本组成

PLC 是专为工业环境下的应用而设计的工业计算机，其基本结构与一般计算机相似，为了便于操作、维护、扩充功能及提高系统的抗干扰能力，其结构组成又与一般计算机有所区别。

PLC 系统通常由 CPU、存储器、输入/输出模块和电源等组成。

尽管 PLC 有许多品种和类型，但其实质是一种专门用于工业控制的计算机，其硬件结构基本上与微型计算机相同，PLC 的组成如图 1-4 所示。

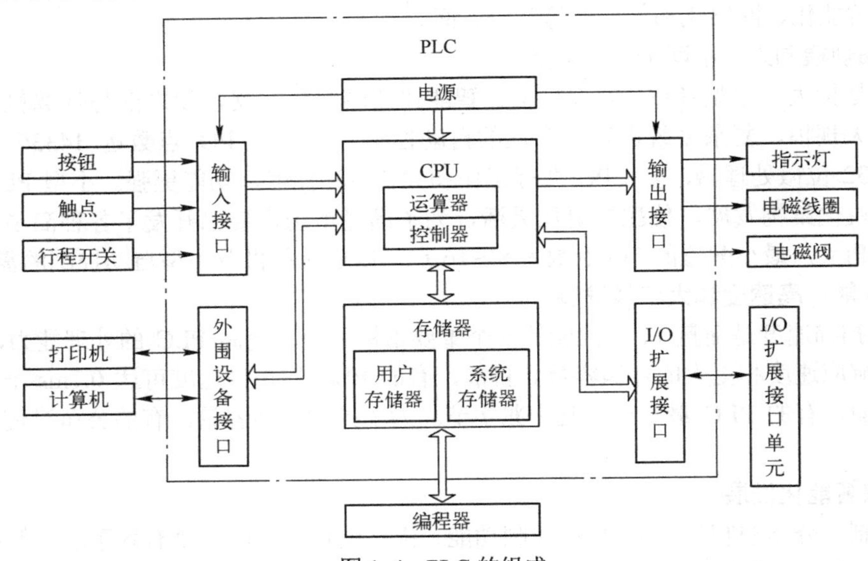

图 1-4　PLC 的组成

1. CPU

CPU 是 PLC 的核心部件，其在 PLC 中的作用类似于人体的神经中枢，整个 PLC 的工作过程都是在 CPU 的统一指挥和协调下进行的。CPU 用扫描的方式读取输入装置的状态或数据，在生产厂家预先编制的系统程序控制下，完成用户程序所设计的逻辑或算术运算任务，并根据处理结果控制输出设备实现输出控制。

不同型号、规格的 PLC 使用的 CPU 类型也不同，通常有 3 种：通用微处理器（如 8086、80286 和 80386 等）、单片机芯片（如 8031、8096 等）、位片式微处理器（如 AMD-2900 等）。PLC 大多采用 8 位或 16 位微处理器，PLC 的档次越高，CPU 的位数也越多，运算速度也越快，功能指令也越强。中小型 PLC 常采用 8～16 位微处理器或单片机，大型 PLC 多采用高速位片式微处理器、双 CPU 或多 CPU 系统。

2. 存储器

PLC 内的存储器按用途可以分为系统程序存储器和用户程序存储器两种。系统程序存储器用来存放 PLC 生产厂家编写好的系统程序，它关系到 PLC 的性能，因此被固化在可编程只读存储器 PROM 内，用户不能访问和修改。系统程序使 PLC 具有基本的智能，能够完成设计者规定的各项工作。用户程序存储器主要用来存储用户根据生产工艺的控制要求编制的程序、输入/输出状态、计数和定时等内容。为了便于读出、检查和修改，用户程序一般存于 CMOS（互补金属氧化物半导体）的静态 RAM（随机存储器）中，用锂电池作为后备电源，以保证掉电时存储内容不丢失。锂电池使用周期一般是 3 年，日常使用中必须留心。

为了防止干扰对 RAM 中程序的破坏，当用户程序经过运行，正常且不需要改变后，则将其固化在 EPROM（可擦编程只读存储器）中，在紫外线连续照射 20min 后，就可将 EPROM 中的内容消除，加高电平（12.5V 或 24V）可把程序写入 EPROM 中。近年来使用广泛的是一种 E^2PROM（电可擦编程只读存储器），它不需要专用的写入器，只需用编程器就能对用户程序内容进行“在线修改”，使用可靠方便。

3. 电源

PLC 的电源是指将外部输入供电电源处理后转换成满足 PLC 的 CPU、存储器和输入/输出接口等内部电路工作需要的直流电源电路或电源模块。许多 PLC 的直流电源采用直流开关稳压电源，不仅可提供多路独立的电压供内部电路使用，而且还可为输入设备（传感器）提供标准电源。

4. I/O 接口

I/O 接口是 PLC 与现场输入/输出设备或其他外设之间的连接部件。PLC 通过输入接口把工业设备或生产过程的状态或信息（如按钮、各种继电器触点、行程开关和各种传感器等）读入 CPU。输出接口是将 CPU 处理的结果通过输出电路驱动输出设备（如指示灯、电磁阀、继电器和接触器等），如图 1-4 所示。I/O 接口的类型主要有开关量 I/O 接口和模拟量 I/O 接口。

5. 外设接口

PLC 的外设主要有编程器、操作面板、文本显示器和打印机等。编程器接口是用来连接编程器的，PLC 本身通常是不带编程器的，为了能对 PLC 编程及监控，PLC 上专门设置有编程器接口，通过这个接口可以连接各种形式的编程装置。触摸屏和文本显示器不仅是用于显示系统信息的显示器，还可操作控制单元，它们可以在执行程序的过程中修改某个量的数值，也可直接设置输入或输出量，以便立即启动或停止一台外设的运行。打印机可以把过程参数和运行结果以文字形式输出。外设接口可以把上述外设与 CPU 连接，以完成相应的操作。

除上述一些外设接口以外，PLC 还设置了存储器接口和通信接口。存储器接口是为扩展存储区而设置的，用于扩展用户程序存储区和用户数据参数存储区，可以根据使用的需要扩展存储器。通信接口是为在微机与 PLC、PLC 与 PLC 之间建立通信网络而设立的接口。

6. I/O 扩展接口

扩展接口用于扩展 I/O 单元，它使 PLC 的控制规模配置更加灵活，这种扩展接口实际上为总线形式，可以配置开关量的 I/O 单元，也可配置模拟量和高速计数等特殊 I/O 单元及通信适配器等。

1.2.2　知识：PLC 的循环扫描原理

1. 循环扫描过程

PLC 是一种工业控制计算机，所以它的工作原理与微型计算机有很多相似性，两者都是在系统程序的管理下，通过运行应用程序完成用户任务，实现控制目的。但是 PLC 与微型计算机的程序运行方式有较大的不同，微型计算机运行程序时，对输入、输出信号进行实时处理，一旦执行到 END 指令，程序运行将会结束。而 PLC 运行程序时，会从第一条用户程序开始，在无跳转的情况下，按顺序逐条执行用户程序，直到 END 指令结束，然后再从头开始执行，并周而复始地重复直到停机或从运行状态切换到停止状态。

CPU 中的程序分为操作系统和用户程序。操作系统用来处理 PLC 的启动、刷新输入/输出过程映像区、调用用户程序、处理中断和错误、管理存储区和通信等任务。用户程序由用户根据需求自己编写，以完成特定的控制任务。STEP7[TIA Portal（博途软件）]将用户编写的程序和数据维护在“块”中，如功能块（FB）、功能（FC）和数据块（DB）等。

PLC 采用循环扫描的方式执行用户程序，即扫描工作方式，把 PLC 这种执行程序的方式称为循环扫描工作方式，每扫描完一次程序就构成了一个扫描周期。另外，在用户程序扫描过程中，CPU 执行的是循环扫描，并且是用周期性地集中采样、集中输出的方式来完成的，PLC 的循环扫描工作流程图如图 1-5 所示。

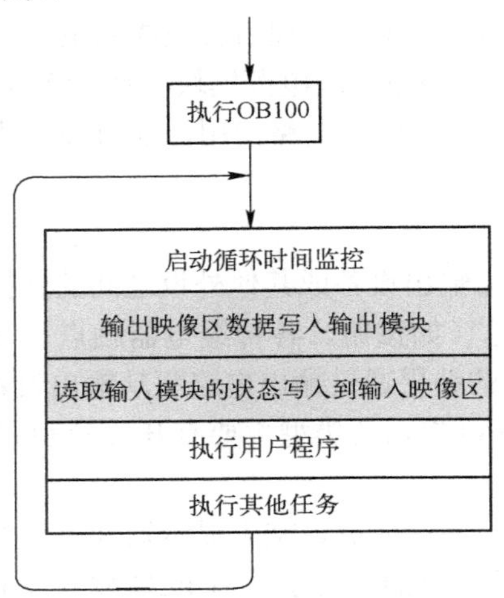

图 1-5　PLC 的循环扫描工作流程图

西门子 PLC 的循环扫描过程如下：

1）PLC 得电或由 STOP（停止）模式切换到 RUN（运行）模式时，CPU 启动，同时清除没有保持功能的位存储器、定时器和计数器，清除中断堆栈和块堆栈的内容，复位保存的硬件中断等。

2）执行“系统启动组织块”OB100，该组织块可以自定义编程，实现一些初始化的工作。

3）系统进入周期扫描，并启动循环时间监控。

4）CPU 将输出过程映像区的数据写入输出模块。

5）读取输入模块的状态，并写入输入过程映像区。

6）CPU 调用 OB1，执行用户程序，其间根据需要可调用其他逻辑块[FB、SFB（系统功能块）、FC 及 SFC（系统功能）]，来实现控制任务。

7）在循环结束时，操作系统执行所有挂起的任务，例如下载和删除块、接收和发送全局数据等。

8）CPU 返回“第 3）步”，重新启动循环时间监控。

9）在执行用户程序的过程中，如果有中断事件发生，当前执行的块将暂停执行，转而执行相应的组织块，来响应中断。该组织块执行完成后，之前被暂停的块将从中断的地方继续开始执行。OB1 具有很低的优先级，除了 OB90 外，所有的组织块都能中断 OB1。

每个循环周期的时间长度是随 PLC 的性能和程序不同而有所差别的，一般为十几毫秒左右。扫描循环时间不是一成不变的，通常中断、诊断和故障处理、测试和调试功能、通信、传送和删除块、压缩用户程序存储器、读/写 MMC（多媒体卡）等事件都会延长循环时间。

在硬件组态中，可以修改最大循环时间，默认 150ms。如果实际的循环时间超出设置的最大时间，CPU 会调用组织块 OB80，在其中响应这个故障。如果 OB80 中未编写程序，CPU 将转入 STOP 模式。S7-400 PLC 的 CPU 中还可以设置最小扫描周期，当用户程序较为简单，使得循环时间太短时，过程映像区会过于频繁地刷新，设置最小扫描周期可以避免这种情况。

2．系统的响应时间

从 PLC 的外部输入信号发生变化的时刻到它所控制的外部输出信号发生变化的时刻之间的时间间隔，称为系统的响应时间，它由以下 3 部分组成：

（1）输入电路的滤波时间　输入模块通过 RC 滤波电路来过滤输入端引入的干扰，并消除因外接输入触点动作时产生的抖动而引起的不良影响，滤波电路的时间常数决定了输入滤波时间的长短，一般为 10ms 左右。

（2）输出电路的滞后时间　输出电路的滞后时间与模块的类型有关，继电器型输出电路的滞后时间一般在 10ms 左右；双向晶闸管型输出电路在负载通电时的滞后时间约为 1ms，负载由通电到断电时的最长滞后时间为 10ms；晶体管型输出电路的滞后时间一般在 1ms 以下。

（3）CPU 扫描循环工作方式带来的滞后时间　在最坏的情况下，由扫描工作方式引起的滞后时间可达 2～3 个扫描周期。PLC 总的响应延迟时间一般只有几毫秒到几十毫秒，对于一般的系统是无关紧要的。在一些特殊应用场合，要求输入、输出信号之间的滞后时间尽可能短的时候，可以选用扫描速度更快的 PLC 或采取中断等措施。

1.2.3　知识：PLC 与继电-接触器的区别

1．在组成器件方面

继电-接触器控制电路是由各种真正的硬件继电器组成，硬件继电器触头易磨损。而 PLC 梯形图则由许多所谓软继电器组成，这些软继电器实质上是存储器中的每一位触发器，可以置“0”或置“1”，而软继电器则无磨损现象。

2．在工作方式方面

继电-接触器控制电路工作时，电路中硬件继电器都处于受控状态，凡符合条件吸合的硬件继电器都处于吸合状态，受各种制约条件不应吸合的硬件继电器都同时处于断开状态，属于“并行”的工作方式。PLC 梯形图中各软继电器都处于周期循环扫描工作状态，受同一条件制约的各个软继电器的线圈工作和它的触点的动作并不同时发生，属于“串行”的工作方式。

3．在元器件触点数量方面

继电-接触器控制电路的硬件触点数量是有限的，一般只有 4～8 个。PLC 梯形图中软继电器的触点数量无限，在编程时可无限次使用。

4．控制电路实施方式不同

继电-接触器控制电路是依靠硬件接线来实施控制功能的，其控制功能通常是不变的，当需要改变控制功能时必须重新接线。继电-接触器控制随着实现的功能的复杂程度增大，接线更为复杂。PLC 控制电路是采用软件编程来实现控制的，可在线修改，控制功能可根据实际要求灵活实施。PLC 用于复杂的控制场合，功能的繁简与接线数量无关。

第2章　西门子S7-1500系列PLC的硬件资源

2.1　认识西门子S7-1500系列PLC

2.1.1　知识：S7-1500系列PLC的电源选型

S7-1500 PLC中有两种电源可供选择：系统电源和负载电流电源。

1．系统电源（PS）

PS为背板总线提供内部所需的系统电压。这种系统电压将为模块电子元器件和LED（发光二极管）指示灯供电。CPU[及PROFIBUS（过程现场总线）CMs和Ethernet（以太网）CPs，PtP-CMs]或者接口模块未连接到DC 24V负载电流电源时，PS还可以为其供电。西门子（SIEMENS）目前提供3种PS，参数见表2-1。

表2-1　三种PS参数

参数	PS 25W DC 24V	PS 60W DC 24/48/60V	PS 60W AC/DC 120/230V
额定输入电压	DC 24V	DC 24V DC 48V DC 60V	AC 120V AC 230V DC 120V DC 230V
输出功率	25W	60W	60W
与背板总线的电气隔离	是	是	是
诊断中断	是	是	是

图2-1为PS 25W DC 24V（无前盖板）和电源连接器视图。使用电源连接器对电源模块进行连接时，电源连接器通过接触防护为电源模块提供输入电压。电源连接器必须始终接线连接，其内部带有电缆夹。电源连接器必须具有反极性保护。

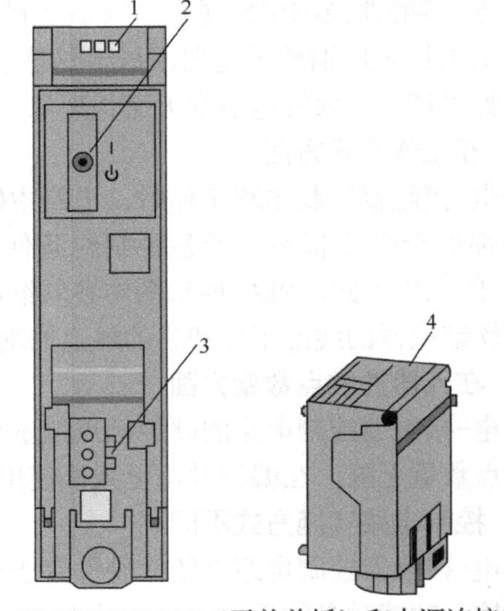

图2-1　PS 25W DC 24V（无前盖板）和电源连接器视图

1—LED指示灯用于指示PS当前的操作状态和诊断状态　2—电源开关　3—通过电源连接器连接电源　4—电源连接器（出厂交付时已插入）

2．负载电流电源（PM）

PM未连接到背板总线，给模板的输入/输出回路供电。此外，可以根据需要使用PM为CPU和PS提供DC 24V电压（在通过PS为背板总线提供电压时，还可选择为CPU提供DC 24V电压），在这种情况下可以为每个CPU组态最多8个输入/输出模块。但是需要在STEP7中确认电源容量是否够用，是否需要额外再加电源。西门子目前提供两种PM，参数见表2-2。

表 2-2　两种 PM 参数

参数	PM 70W AC 120V/230V	PM 190W AC 120/230V
额定输入电压	AC 120V/230V，根据各地电网自适应电压	
输出电压	DC 24V	
额定输出电流	DC 3A	DC 8A
输出功率	60W	190W

图 2-2 为 PM 190W AC 120V/230V（无前盖板）、电源连接器和插拔式 DC 24V 输出端子。

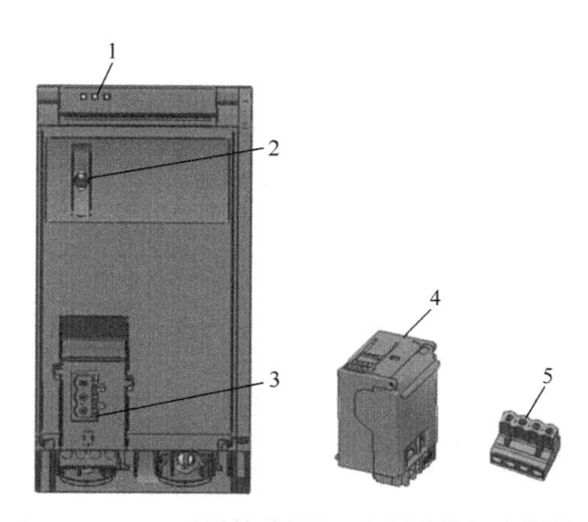

图 2-2　PM 190W AC 120V/230V（无前盖板）、电源连接器和插拔式 DC 24V 输出端子

1—电源模块上指明当前运行状态和诊断状态的 LED　2—显示开关
3—电源连接器接口，用于接入电源　4—电源连接器（交付时插在模块上）
5—插拔式 DC 24V 输出端子（交付时插在模块上）

带有 DC 24V 输出端子的负载电源模块，具有输出端子可连接 DC 24V 输入设备、输出端子中有现成布线、可实现反极性保护的优点。可采用横截面积在 $0.5 \sim 2.5\text{mm}^2$ 之间的柔性电缆连接负载电源模块。注意：此时设备输入侧必须配备一个小型断路器或电动机保护用断路器。

3. PS 和 PM 的应用区别

西门子 S7-1500 PLC PS 和 PM 的应用区别在以下几个方面：

1）两者功能不同。PS 为模块电子元器件和 LED 指示灯供电，在无 PM 时也可为 CPU 等模块供电；PM 为 CPU 模块、接口模块、输入/输出模块和 PS 提供 DC 24V 电压。

2）两者供电方式不同。PS 通过 U 形连接器连接到 CPU 模块，继而传递给其他通信模块、接口模块等，需要在硬件组态中进行配置；PM 不通过 U 形连接器连接到其他模块，而是直接通过线缆连接相应端子，因此 PM 不需要在硬件组态里进行配置。

3）两者输入电压不同。PS 额定输入电压有 DC 24V、DC 48V/60V 或 AC/DC 120V/230V；PM 输入电压只有一种，AC 120V/230V，根据各地电网自适应电压。

4）两者固件版本有无的区别。PS 有固件版本；PM 无固件版本。

5）两者配置位置差异。PS 在硬件组态时可以配置到 CPU 模块前面，也可以配置到 I/O 机架中；PM 在硬件组态时只能组态到 CPU 模块或者接口模块的前面。

2.1.2 知识：S7-1500 系列 PLC 的 CPU 配置与选型

1. S7-1500 系列 PLC 的 CPU 模块概述

S7-1500 PLC 具有标准型、紧凑型、分布式以及开放式等不同类型的 CPU 模块，常见类型的主要参数表见表 2-3。凭借快速的响应时间、集成的 CPU 显示面板以及相应的调试和诊断机制，SIMATIC S7-1500 PLC 的 CPU 极大地提升了生产效率，降低了生产成本。

表 2-3 各类 CPU 主要参数表

CPU 类型	模块化设计			紧凑型设计
	标准型 CPU	工艺型 CPU	MFP-CPU	紧凑型 CPU
	CPU 1511（F），1513（F），1515（F），1516（F），1517（F），1518（F）	CPU 1511T（F），1515T（F），1516T（F），1517T（F）	CPU 1518（F）-4 PN/DP MFP	CPU 1511C，1512C
IEC 语言	—	√	—	—
C/C++语言	—	—	√	—
集成 I/O		—	—	√
PROFINET 接口/端口（最大）	1/2～3/4	1/2～3/4	3/4	1/2
位处理速度	1～60ns	2～60ns	1ns	48～60ns
通信选项	OPC UA（开放平台通信统一体系结构），PROFINET（包括 PROFIsafe**，PROFIenergy 和 PROFIdrive），PROFIBUS***，TCP/IP（传输控制协议/互联网协议），PtP，Modbus RTU（远程终端）和 Modbus TCP			
程序内存	150KB～6MB	225KB～3MB	4MB	175～250KB
数据内存	1～20MB	1～8MB	20MB，额外 50MB 用于 ODK 应用	1MB
集成系统诊断	√	√	√	√
故障安全	√	√	√	—
运动控制	外部编码器，输出凸轮，测量输入 速度和位置轴 相对同步 集成 PID 控制 高速计数，PWM（脉宽调制），PTO（高速脉冲串输出），通过工艺模块			
	—	绝对同步，凸轮同步，路径插补	—	—
安全集成	专有知识产权保护（防复制），访问保护，VPN（虚拟专用网）和防火地（通过 CP1543-1）			

（1）SIMATIC S7-1500R/H 冗余控制器　SIMATIC S7-1500 冗余控制器进一步扩展了 SIMATIC S7-1500 PLC 产品家族。S7-1500 冗余控制系统可以有效避免因控制器故障引起的停机和数据丢失的风险，确保设备的高可用性，进而提高工厂效率。新的冗余控制器基于 PROFINET

系统冗余，与在标准系统中一样，SIMATIC S7-1500R/H 可以使用所有 TIA Portal STEP7 编程语言进行编程，可以很容易地把程序从标准系统迁移到冗余系统中。

（2）SIMATIC S7-1500 PLC 紧凑型 CPU　两款紧凑型控制器 CPU 1511C 和 CPU 1512C，进一步壮大了 SIMATIC S7-1500 PLC 家族阵容，以其紧凑的工业设计、卓越的性能，为空间要求苛刻的应用，尤其是 OEM（原始设备生产商）机器制造等领域提供了高性价比解决方案。1500C 控制器基于标准型控制器，集成了离散量、模拟量输入/输出和高达 400kHz（4 倍频）的高速计数功能，还可以和标准型控制器一样扩展 25mm 和 35mm 的 I/O 模块。

（3）SIMATIC ET 200SP CPU　这是一款兼备 S7-1500 PLC 的突出性能与 ET 200SP I/O 简单易用、身形小巧于一身的控制器，对机柜空间大小有要求的机器制造商或者分布式控制应用提供了完美解决方案。ET 200SP 开放式控制器 CPU 1515SP PC，是将 PC-Based 平台与 ET 200SP 控制器功能相结合的可靠、紧凑的控制系统，可以用于特定的 OEM 设备以及工厂的分布式控制，控制器右侧可直接扩展 ET 200SP I/O 模块。

（4）SIMATIC S7-1500 软件控制器　采用 Hypervisor（管理程序）技术，在安装到西门子工控机后，将工控机的硬件资源虚拟成两套硬件，其中一套运行 Windows 系统，另一套运行 S7-1500 PLC 实时系统，两套系统并行运行，通过 SIMATIC 通信的方式交换数据。软 PLC 与 S7-1500 硬 PLC 代码 100%兼容，其运行独立于 Windows 系统，可以在软 PLC 运行时重启 Windows。

（5）SIMATIC S7-1500 PLC 高防护等级 CPU　防护等级 IP65/67 的 SIMATIC ET200pro CPU 1513pro-2 PN 和 CPU 1513pro F-2 PN 正式上市，进一步完善了 ET200pro CPU 家族产品线。ET200pro CPU 具有 IP65/67 防护等级，不需要控制柜，适用于环境恶劣的应用，完全支持现有的 ET200pro 家族的 I/O 模块。

（6）SIMATIC S7-1500 PLC T-CPU 模块　全新的工艺型 CPU，S7-1500 PLC T-CPU 无缝扩展了中、高级 PLC 的产品线，在标准型/安全型 CPU 功能的基础上，能够实现更多的运动控制功能。根据对工艺对象数量和性能的要求，可选择不同等级的 T-CPU 模块，适应从简单到复杂的应用。

S7-1500 系列 PLC 的 CPU 模块基本选型流程如图 2-3 所示。

2．CPU 1516-3 PN/DP 功能

CPU 1516-3 PN/DP 的模块外形如图 2-4 所示。CPU 1516-3 PN/DP 有 3 个通信接口：两个接口用于 PROFINET，一个用于 PROFIBUS。第 1 个 PROFINET 接口有两个端口，这两个端口具有相同的 IP 地址，共同形成现场总线级别的接口（开关输入功能）；第 2 个 PROFINET 接口具有一个带有自身 IP 地址的端口，用于集成到公司网络；第 3 个接口用于连接到 PROFIBUS 网络。

CPU 1516-3 PN/DP 模块具有标准运动控制，用于通过 PROFINET IO IRT 和 PROFIdrive 接口编写具有运动控制功能的 PLC 开放式组织块。该功能支持速度控制轴、定位轴和外部编码器，具有集成调整的通用 PID 控制器或 3 点控制器，且集成了温度控制器，具有自动生成并持续显示的系统诊断功能。

图 2-5 为带有集成显示屏的 CPU 1516-3 PN/DP 的前面板。

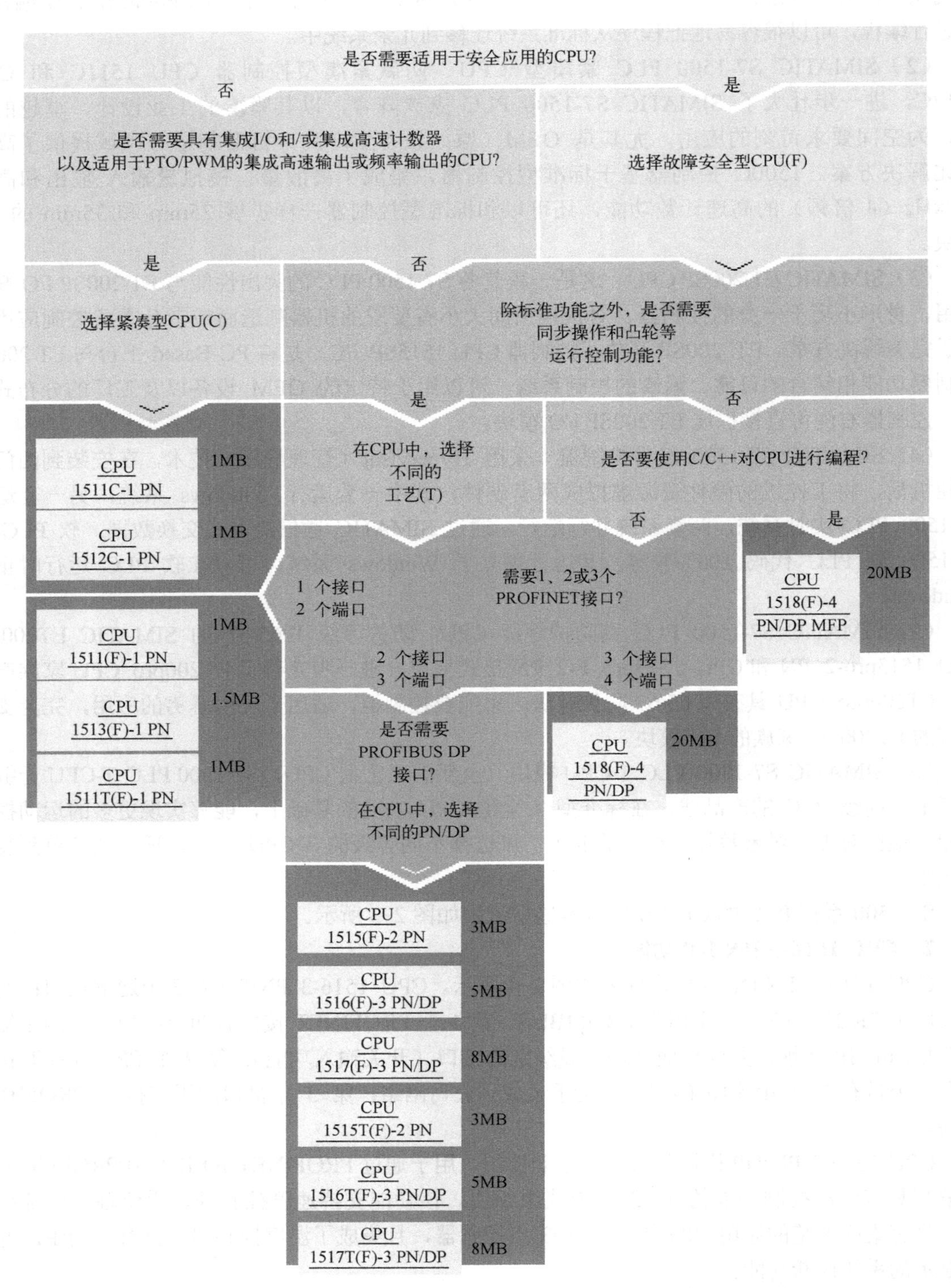

图 2-3　S7-1500 系列 PLC 的 CPU 模块基本选型流程

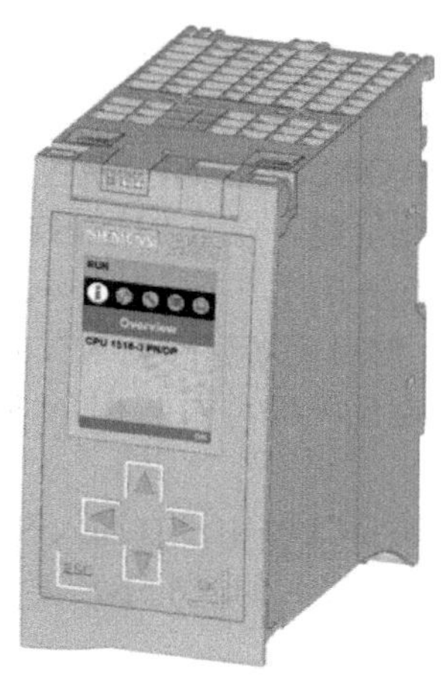

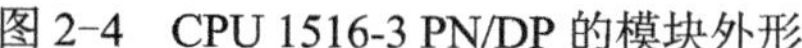
图 2-4　CPU 1516-3 PN/DP 的模块外形

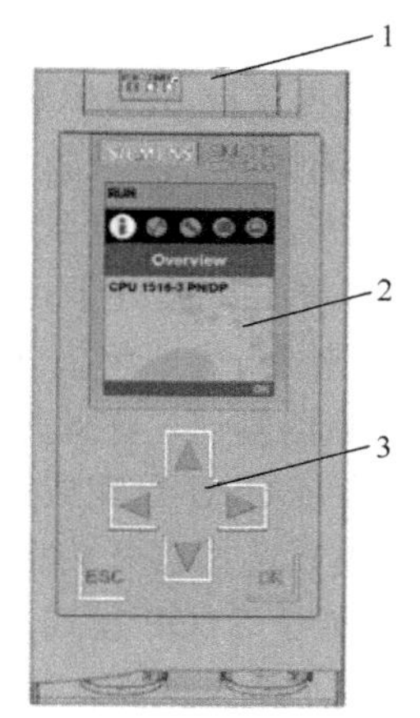

图 2-5　带有集成显示屏的 CPU 1516-3 PN/DP 的前面板

1—CPU 当前操作模式和诊断状态的 LED 指示灯

2—显示屏　3—操作员控制按钮

卸除前面板后，无前盖板的 CPU 1516-3 PN/DP，其正视图如图 2-6 所示。其中模式选择器开关用于设置 CPU 的操作模式，有三档选择：RUN 档，称为 RUN 模式，表示 CPU 正在执行用户程序；STOP 档，称为 STOP 模式，表示 CPU 未在执行用户程序；MRES 档，称为存储器复位模式，表示 CPU 存储器复位的位置。

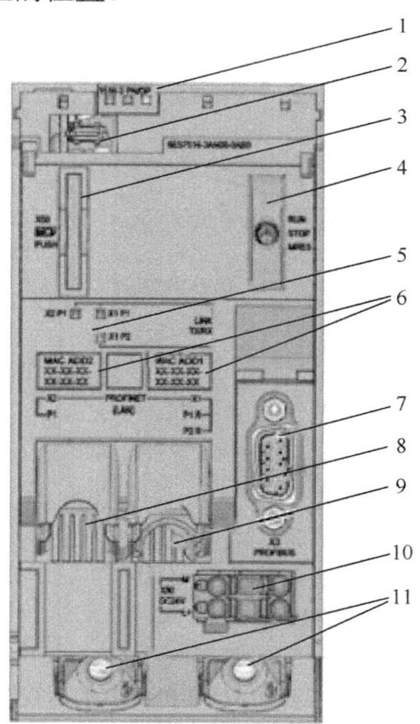

图 2-6　无前盖板的 CPU 1516-3 PN/DP 的正视图

1—CPU 当前操作模式和诊断状态的 LED 指示灯　2—显示屏连接　3—SIMATIC 存储卡的插槽

4—模式选择器开关　5—PROFINET 接口 X1 和 X2 的 3 个端口的 LED 指示灯

6—接口中的 MAC（媒体存取控制）地址　7—PROFIBUS 接口（X3）　8—PROFINET 接口（X2），带一个端口

9—PROFINET 接口（X1），带双端口交换机　10—电源的连接　11—固定螺钉

使用模式选择器开关将存储器复位时，除了少数例外情况，“存储器复位”将清除所有的内部存储器，然后再读取 SIMATIC 存储卡上的数据。步骤如下：

1）将模式选择器开关设置为 STOP。初始结果：RUN/STOP LED 指示灯黄色点亮。

2）将操作模式开关切换到 MRES 位置。将开关保持在此位置，直至 RUN/STOP LED 指示灯第二次黄色点亮并持续处于点亮状态（需要 3s）。此后，松开开关。

3）在接下来 3s 内，将模式选择器开关切换回 MRES，然后重新返回到 STOP 模式。此时 CPU 将执行存储器复位，在此期间 RUN/STOP LED 指示灯黄色闪烁。如果 RUN/STOP LED 为黄色点亮，则表示 CPU 已完成存储器复位。

也可使用模式选择器开关将 CPU 复位为出厂设置。在确保 CPU 中没有插入 SIMATIC 存储卡，而且 CPU 处于 STOP 模式（RUN/STOP LED 指示灯黄色点亮）的情况下，要复位为出厂设置，则需按照以下步骤操作：

1）将模式选择器开关设置为 STOP。此时 RUN/STOP LED 指示灯黄色点亮。

2）将模式选择器开关切换到 MRES 位置并保持在此位置，直至 RUN/STOP LED 指示灯第二次黄色点亮并持续处于点亮状态（需要 3s）。此后，松开开关。

3）在接下来 3s 内，将模式选择器开关切换回 MRES，然后重新返回到 STOP 模式。此时 CPU 将执行“复位为出厂设置”。在此过程中，RUN/STOP LED 指示灯呈黄色闪烁。RUN/STOP LED 指示灯黄色点亮表示 CPU 复位为出厂设置并处于 STOP 模式中。同时，“复位为出厂设置”事件进入诊断缓冲区。

注意：“复位为出厂设置”功能可以将 CPU 恢复为“出厂状态”，这意味着将删除 CPU 存储器中存储的所有数据。

CPU 1516-3 PN/DP 的后视图，如图 2-7 所示。

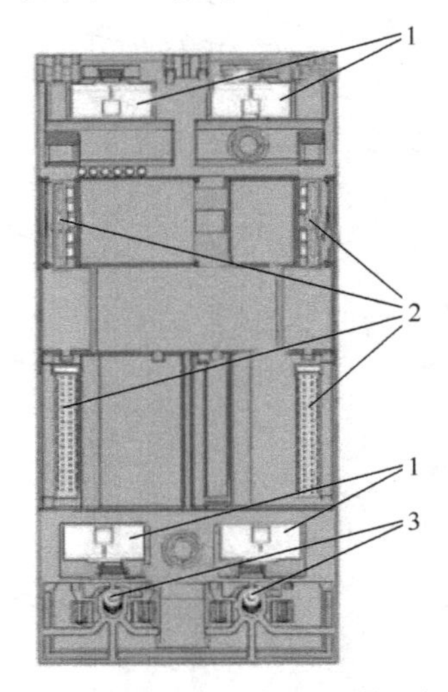

图 2-7　CPU 1516-3 PN/DP 的后视图

1—屏蔽端子表面　2—背板总线接头　3—固定螺钉

CPU 1516-3 PN/DP 的 LED 指示灯如图 2-8 所示。CPU 1516-3 PN/DP 上有 3 个 LED 指示灯，可以指示当前操作状态和诊断状态。RUN/STOP、ERROR（错误）和 MAINT LED 指示灯的各种颜色组合的含义见表 2-4。

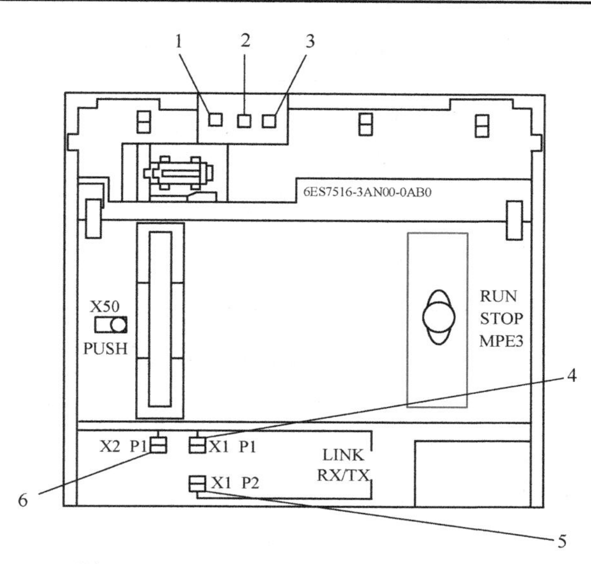

图 2-8　CPU 1516-3 PN/DP 的 LED 指示灯

1—RUN/STOP LED 指示灯（LED 指示灯黄色/绿色点亮）　2—ERROR LED 指示灯（LED 指示灯红色点亮）
3—MAINT LED 指示灯（LED 指示灯黄色点亮）　4—X1 P1 端口的 LINK RX/TX-LED（LED 指示灯黄色/绿色点亮）
5—X1 P2 端口的 LINK RX/TX-LED（LED 指示灯黄色/绿色点亮）
6—X2 P1 端口的 LINK RX/TX-LED（LED 指示灯黄色/绿色点亮）

表 2-4　LED 指示灯的含义

RUN/STOP LED 指示灯	ERROR LED 指示灯	MAINT LED 指示灯	含义
LED 指示灯熄灭	LED 指示灯熄灭	LED 指示灯熄灭	CPU 电源缺失或不足
LED 指示灯熄灭	LED 指示灯红色闪烁	LED 指示灯熄灭	发生错误
LED 指示灯绿色点亮	LED 指示灯熄灭	LED 指示灯熄灭	CPU 处于 RUN 模式
LED 指示灯绿色点亮	LED 指示灯红色闪烁	LED 指示灯熄灭	诊断事件未解决
LED 指示灯绿色点亮	LED 指示灯熄灭	LED 指示灯黄色点亮	设备要求维护。必须在短时间内更换受影响的硬件
LED 指示灯绿色点亮	LED 指示灯熄灭	LED 指示灯黄色闪烁	设备需要维护。必须在合理的时间内更换受影响的硬件
			固件更新已成功完成
LED 指示灯黄色点亮	LED 指示灯熄灭	LED 指示灯熄灭	CPU 处于 STOP 模式
LED 指示灯黄色点亮	LED 指示灯红色闪烁	LED 指示灯黄色闪烁	SIMATIC 存储卡上的程序出错
			CPU 故障
LED 指示灯黄色闪烁	LED 指示灯熄灭	LED 指示灯熄灭	CPU 处于 STOP 状态时，将执行内部活动，如 STOP 之后启动
			装载用户程序
LED 指示灯黄色/绿色闪烁	LED 指示灯熄灭	LED 指示灯熄灭	启动（从 RUN 转为 STOP）
LED 指示灯黄色/绿色闪烁	LED 指示灯红色闪烁	LED 指示灯黄色闪烁	启动（CPU 正在启动）
			启动、插入模块时测试 LED 指示灯
			LED 指示灯闪烁测试

接口 LED 指示灯的含义：X1 P1、X1 P2 和 X2 P1 每个端口都有 LINK RX/TX-LED，CPU 1516-3 PN/DP 端口的各种“LED 指示灯的情况”见表 2-5。

表 2-5　CPU 1516-3 PN/DP 端口的各种“LED 指示灯的情况”

LINK RX/TX-LED	含义
LED 指示灯熄灭	PROFINET 设备的 PROFINET 接口与通信伙伴之间没有以太网连接 当前未通过 PROFINET 接口收发任何数据 没有 LINK 连接
LED 指示灯绿色闪烁	正在执行“LED 指示灯闪烁测试”
LED 指示灯绿色点亮	PROFINET 设备的 PROFINET 接口与通信伙伴之间没有以太网连接
LED 指示灯黄色闪烁	当前正在通过 PROFINET 设备的 PROFINET 接口从以太网上的通信伙伴接收数据

2.1.3　知识：S7-1500 系列 PLC 的信号模块的硬件配置

S7-1500 系列 PLC 的信号模块种类更加优化，集成了更多功能并支持通道级诊断，采用统一的前连接器，具有预接线功能，这些模块既可以直接在 CPU 上进行集中式处理，也可以通过 ET 200MP 系统进行分布式处理。其有以下特点：

1．量身定做，灵活扩展模块具有不同的通道数量和功能

设计紧凑，I/O 模板最窄至 25mm。集成 DIN 导轨，安装更加灵活。中央机架最多可扩展 32 个模板。全新的高密度信号模块——64 通道数字量和 16 通道模拟量，支持热插拔功能。

2．能够实现快速处理，确保控制质量

数字量输入模块，具有 50μs 的超短输入延时；模拟量模块，8 通道转换时间低至 125μs。提供多功能模拟量输入模块，具有自动线性化特性，适用于温度测量和限值监测，且背板总线通信速度提升 40 倍，为 400Mbit/s。

3．高效诊断，快速识别

通道级诊断消息，支持快速故障修复，同时提供可读取电子识别码功能，快速识别所有组件。

4．人性化设计，组装方便

采用统一 40 针前连接器，集成短接片，简化接线操作。全新盖板设计，双卡位可最大化扩展电缆存放空间，并且自带电路接线图，方便接线。

5．可靠的设计确保设备无错运行

模拟量模块自带电缆屏蔽附件，电源线与信号线分开走线，增强抗电磁干扰能力。

信号模块是 CPU 与控制设备之间的接口，通过输入模块将信号传送至 CPU 进行计算或者逻辑处理。然后将逻辑结果和控制命令通过输出模块把信号输出，以达到控制外界设备的目的。

信号模块根据信号类型分为数字量模块和模拟量模块，所以信号模块有：数字量输入模块（DI）SM521、数字量输出模块（DO）SM522、数字量输入输出混合模块（DIDO）SM523、模拟量输入模块（AI）SM531、模拟量输出模块（AO）SM532 以及模拟量输入输出混合模块（AIAO）SM534。

S7-1500 PLC 的信号模块分为 35mm 和 25mm 两种宽度，35mm 宽的模块前连接器需要单独订货，统一为 40 针（S7-1500 PLC 前连接器均为 40 针）。25mm 宽的模块自带前连接器。常用的模块类型为 35mm 宽度。

常见 35mm 宽数字量输入模块类型和技术参数见表 2-6。常见 25mm 宽数字量输入模块类型和技术参数见表 2-7。

表 2-6　常见 35mm 宽数字量输入模块类型和技术参数

数字量输入模块	DI 16×DC 24V HF	DI 32×DC 24V HF	DI 16×DC 24V SRCBA	DI 16×AC 230V BA
订货号	6ES7521-1BH00-0AB0	6ES7521-1BL00-0AB0	6ES7521-41BH50-0AA0	6ES7521-1FH00-0AA0
输入点数	16	32	16	
电势组数	1	2	1	4
通道间电气隔离	×	√（通道组）	×	√（通道组）
额定输入电压	DC 24V			AC 120V/230V
支持等时同步	√		×	
诊断中断	√		×	
沿触发硬件中断	√		×	
通道诊断 LED 指示	√（红色 LED 指示灯）		×	
模块诊断 LED 指示	√（红色 LED 指示灯）			
输入延迟	0.05～20ms（可设置）		3ms	20ms

表 2-7　常见 25mm 宽数字量输入模块类型和技术参数

数字量输入模块	DI 32×DC 24V BA	DI 16×DC 24V BA
订货号	6ES7521-1BLI0-0AA0	6ES7521-1BHI0-0AA0
输入点数	32	16
电势组数	2	1
通道间电气隔离	√（通道组）	×
额定输入电压	DC 24V	
支持等时同步	√	
诊断中断	√	
沿触发硬件中断	√	
通道诊断 LED 指示	×	
模块诊断 LED 指示	√（红色 LED 指示灯）	
输入延迟	0.2～4.8ms（不可设置）	

常见 35mm 宽数字量输出模块类型和技术参数见表 2-8。常见 25mm 宽数字量输出模块类型和技术参数见表 2-9。

表 2-8　常见 35mm 宽数字量输出模块类型和技术参数

数字量输出模块	DQ 16×DC 24V/ 0.5A ST	DQ 32×DC 24V/ 0.5A ST	DQ 8×DC 24V/ 2A HF	DQ 8×AC 230V/ 5A ST	DQ 8×AC 230V/ 2A ST
订货号	6ES7522-1BH00-0AB0	6ES7522-1BL00-0AB0	6ES7522-1BF00-0AB0	6ES7522-5HF00-0AB0	6ES7522-5FF00-0AB0
输出点数	16DO，2 个电势组	32DO，4 个电势组	8DO，2 个电势组	8DO，8 个电势组	8DO，8 个电势组
输出类型	晶体管			继电器	晶闸管
通道间电气隔离	×			√	√
额定输出电流	0.5A		2A	5A	2A
继电器线圈电压	—			DC 24V	—
额定输出电压	DC 24V			AC 230V	
支持时钟同步	√		×	×	×
诊断中断	√				×

（续）

数字量输出模块	DQ 16×DC 24V/0.5A ST	DQ 32×DC 24V/0.5A ST	DQ 8×DC 24V/2A HF	DQ 8×AC 230V/5A ST	DQ 8×AC 230V/2A ST
通道诊断 LED 指示	×		√（红色 LED 指示灯）	×	
模块诊断 LED 指示	√（红色 LED 指示灯）				
替换值输出	√				

表 2-9　常见 25mm 宽数字量输出模块类型和技术参数

数字量输出模块	DQ 32×DC 24V/0.5A BA	DQ 16×DC 24V/0.5A BA
订货号	6ES7522-1BL10-0AA0	6ES7522-1BH10-0AA0
输出点数	32DO，4 个电势组	16DO，2 个电势组
输出类型	晶体管	
通道间电气隔离	×	
额定输出电流	0.5A	
额定输出电压	DC 24V	
支持时钟同步	×	
诊断中断	×	
通道诊断 LED 指示	×	
模块诊断 LED 指示	√（红色 LED 指示灯）	
替换值输出	×	

2.1.4　知识：S7-1500 系列 PLC 的通信模块与接口模块

通信模块集成有各种接口，可与不同接口类型设备进行通信，而通过具有安全功能的工业以太网模块，可以极大提高连接的安全性，常见的有以下几种：

1．CM PtP：通过点到点连接实现串行通信

可连接数据读卡器或特殊传感器，可集中使用，也可在分布式 ET 200MP I/O 系统中使用；带有各种物理接口，如 RS232、RS422 或者 RS485，可预定义各种协议，如 3964（R）、Modbus RTU 或 USS（通用串行接口）；支持使用基于自由口的应用特定协议（ASCII），采用诊断报警可用于简单故障修复。

2．CP 1543-1：带有安全功能的工业以太网连接

安全上支持基于防火墙的访问保护，支持 VPN、FTPS Server/Client 和 SNMP V1、V3；支持 IPv6（同样支持 IPv4）、FTP Server/Client、FETCH/WRITE 访问（CP 作为服务器），可发送 Email（电子邮件），支持网络分割、支持 Webserver 访问（http/https）以及 S7 通信和开放的用户通信。

3．CM 1542-1：功能强大的 PROFINET 模块

可以连接 128 个 IO 设备的 I/O 控制器，实现实时通信（RT）、等时实时通信（IRT）和介质冗余（MRP）。设备更换不需要可交换存储介质，支持 I/O 控制器、等时实时功能，支持开放式通信、S7 通信。

4．CM 1542-5：高性能的 PROFIBUS 模块

CM 1542-5 符合 IEC 61158/61784，支持 PROFIBUS DP（分布式外设）主站和从站功能，

可使用附加的 PROFIBUS 电缆，实现系统快速扩展；可为单个自动化任务分隔不同的 PROFIBUS 子网，可连接其他供应商提供的 PROFIBUS 从站。

5. 接口模块

SIMATIC ET 200MP 通过接口模块进行分布式 I/O 扩展，和 S7-1500 PLC 中央机架采用相同的 I/O 模块，为整个系统提供更好的扩展性能；改进的硬件设计、功能组合，使得选型更加简单，相同的模板类型使用相同的针脚定义、螺钉压线方式；提供高速背板通信，支持 PROFINET 和 PROFIBUS。

2.1.5 知识：S7-1500 系列 PLC 的分布式 I/O

1. PROFINET IO 开放式传输系统

当设计一个工厂时，过程输入和输出往往需要集中安装在自动化系统中。当输入/输出距离自动化系统较远时，接线可能会变得范围宽泛且十分复杂。在这种情况下分布式 I/O 系统就非常适用于这类工厂，此时将控制器 CPU 放在中央位置，I/O 系统（输入和输出）以分布式方式在现场操作。

PROFINET IO 是一种开放式传输系统，具有按照 PROFINET 标准定义的实时功能，该标准定义了跨制造商的通信、自动化和组态模型。PROFINET 组件接线采用工业级强度连接；PROFINET 摒弃了层级式的 PROFIBUS 主站/从站方案，而是采用发布/索取方案；组态过程是指定 I/O 控制器（如 SIMATIC S7-1500 PLC CPU）对 I/O 设备（如 ET 200SP）进行操作控制的过程。数量结构可以按照 PROFINET IO 的可用数量进行扩展，组态不能超出参数的限制，传输速率为 100Mbit/s。

图 2-9 为 PROFINET IO 的一种典型网络组态可以使用 IE/PB 连接器集成现有 PROFIBUS 从站。

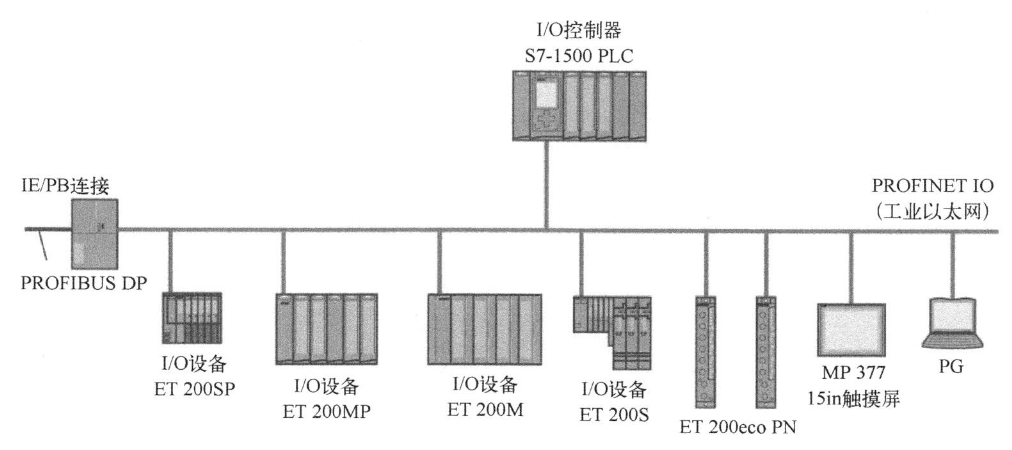

图 2-9　PROFINET IO 的一种典型网络组态

注：1in=0.0254m。

PROFIBUS DP 是一种使用“DP”传输协议的开放式总线系统。实际上，PROFIBUS DP 是一种使用屏蔽双绞线电缆连接的电气网络，DP 是用于在 CPU 和分布式 I/O 系统之间进行循环数据交换的高速协议。DP 主站用于连接控制器 CPU 和分布式 I/O 系统，通过 PROFIBUS DP 与分布式 I/O 系统进行数据交换并监视 PROFIBUS DP。分布式 I/O 系统（DP 从站）在本地收集传感器和执行器数据，并通过 PROFIBUS DP 将数据传送到控制器 CPU。

图 2-10 为 PROFIBUS DP 网络的典型组态。DP 主站通常集成在相应的设备中，而 DP 从站则是通过 PROFIBUS DP 与 DP 主站相连接的分布式 I/O 系统。

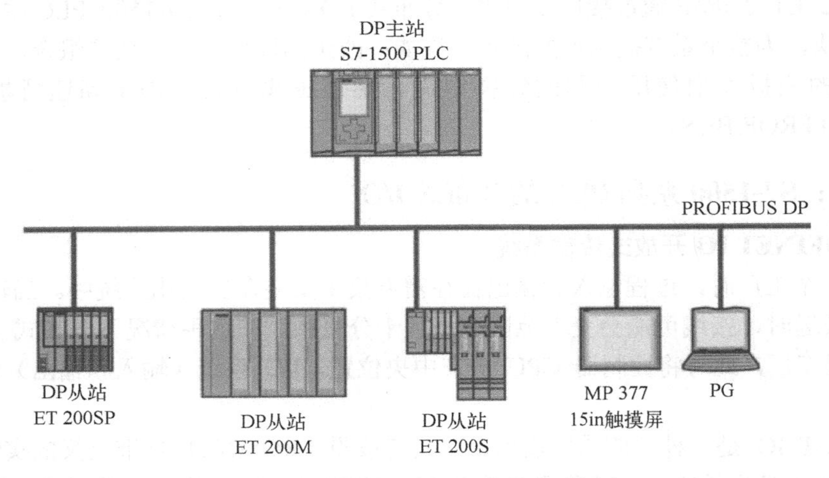

图 2-10　PROFIBUS DP 网络的典型组态

2．ET 200MP 分布式 I/O

ET 200MP 分布式 I/O 系统可安装在安装导轨上，并使用 PROFINET 接口模块（IM 155-5 PN），可与符合 PROFINET IEC 61158 标准的所有 I/O 控制器通信。此时使用一个可选的电源模块 PS，可安装在接口模块前面，在接口模块后面可安装最多 30 个模块（最多包含两个电源模块 PS），该设置最多可实现 3 个功率段。图 2-11 为带电源的 IM 155-5 PN ST 的 ET 200MP 分布式 I/O 系统的组态。

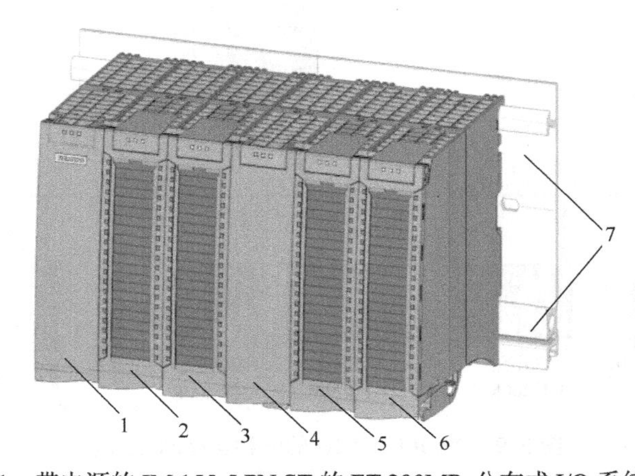

图 2-11　带电源的 IM 155-5 PN ST 的 ET 200MP 分布式 I/O 系统的组态

1—接口模块　2—I/O 模块　3—I/O 模块　4—电源模块　5—I/O 模块　6—I/O 模块
7—带有集成 DIN 导轨的安装导轨

也可采用 PROFIBUS 接口模块（IM 155-5 DP），与符合 PROFIBUS IEC 61784 标准的所有 DP 主站通信。此时接口模块后面最多可包含 12 个 I/O 模块，最多包含 1 个功率段。图 2-12 为不带电源的 IM 155-5 DP ST 的 ET 200MP 分布式 I/O 系统的组态。

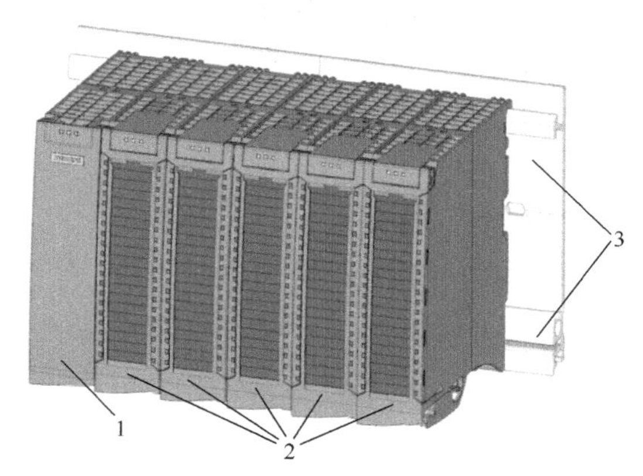

图 2-12　不带电源的 IM 155-5 DP ST 的 ET 200MP 分布式 I/O 系统的组态

1—接口模块　2—I/O 模块　3—带有集成 DIN 导轨的安装导轨

3．ET 200SP 分布式 I/O

ET 200SP 分布式 I/O 系统是一个高度灵活的可扩展分布式 I/O 系统，通过现场总线将过程信号连接到中央控制器。由于 ET 200SP 的功能强大，因此适用于各种应用领域；同时，其较高的可扩展性可以按照具体需要进行组态定制。ET 200SP 分布式 I/O 系统通过防护等级 IP20 认证，可安装在控制柜中；也可安装在安装导轨上，且包含与所有设备进行通信的接口模块，即符合 PROFINET 标准 IEC 61158 的 I/O 控制器、符合 PROFIBUS 标准 IEC 61784 的 DP 主站；最多可连接 32/64 个 I/O 模块（取决于接口模块），可按任意组合方式插入无源基座单元（BaseUnit）中。图 2-13 为 ET 200SP 分布式 I/O 系统的组态示例。

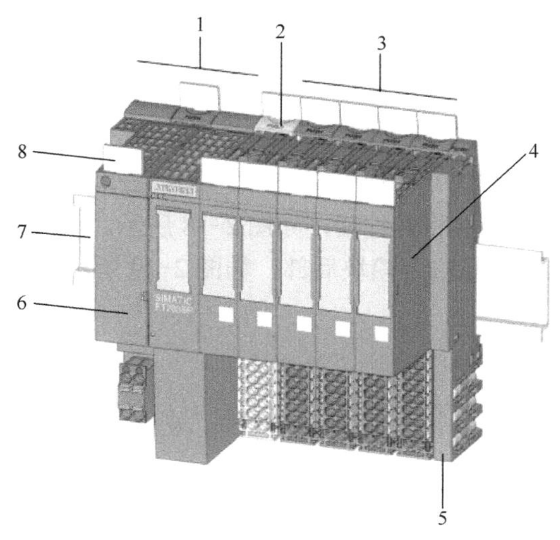

图 2-13　ET 200SP 分布式 I/O 系统的组态示例

1—接口模块　2—浅色基座单元 BU..D，连接输入电源电压或打开一个电位组
3—深色基座单元 BU..B，进一步传导电位组　4—I/O 模块　5—服务模块（包含在接口模块的交付清单内）
6—总线适配器　7—安装导轨　8—参考标识标签

2.2　S7-1500 PLC 硬件配置与博途编程软件的应用

2.2.1　案例：S7-1500 PLC 的硬件配置流程

1．硬件的组装

1）在安装导轨上安装 PM，如图 2-14 所示。

2）打开前盖并拔出电源连接插头，如图 2-15 所示。

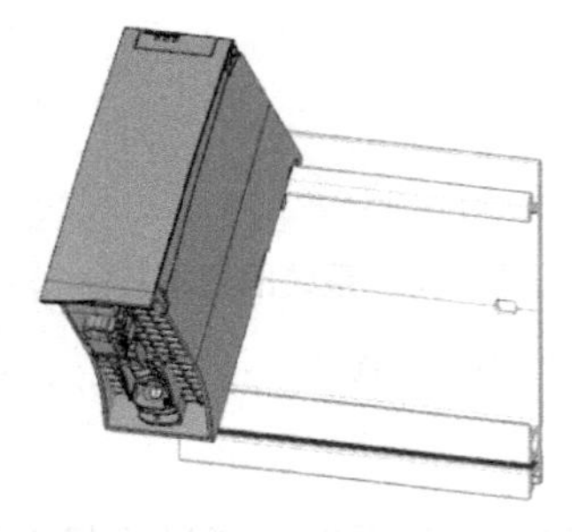

图 2-14　在安装导轨上安装 PM

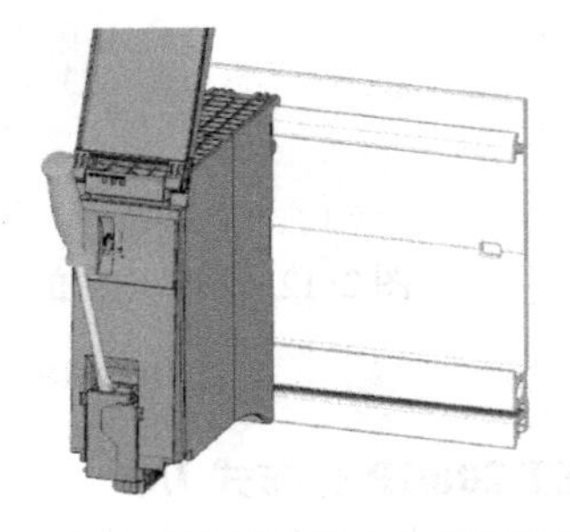

图 2-15　打开前盖并拔出电源连接插头

3）拔出 4 孔连接插头并拧紧 PM，如图 2-16 所示。

4）将 U 形连接器插入 CPU 后部，如图 2-17 所示。

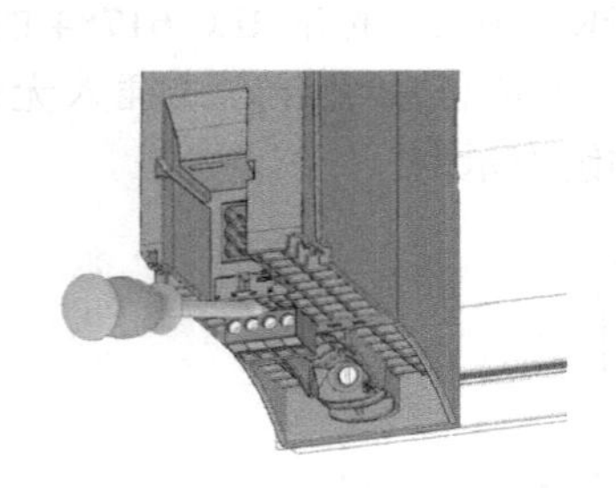

图 2-16　拔出 4 孔连接插头并拧紧 PM

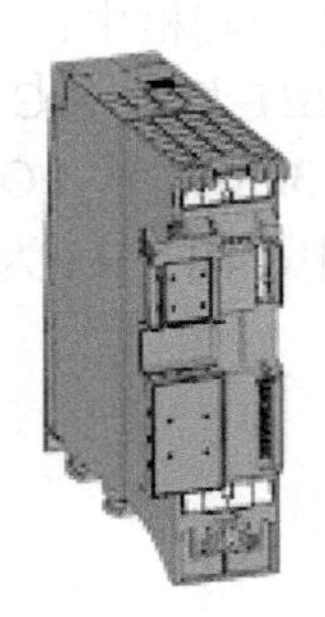

图 2-17　将 U 形连接器插入 CPU 后部

5）在安装导轨上安装 CPU 并将其拧紧，如图 2-18 所示。

6）将 U 形连接器插入数字量输入模块后部，如图 2-19 所示。

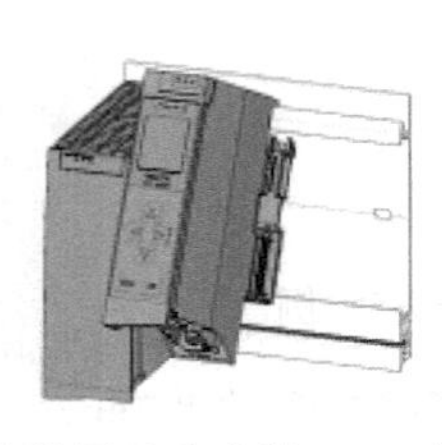

图 2-18　在安装导轨上安装 CPU 并将其拧紧

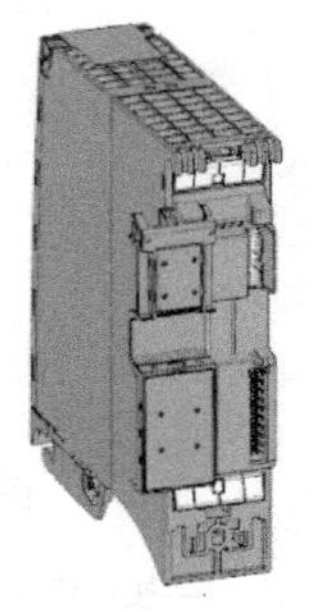

图 2-19　将 U 形连接器插入数字量输入模块后部

7）将数字量输入模块连接到安装导轨并将其拧紧，如图 2-20 所示。

8）将 U 形连接器插入数字量输出模块后部，将数字量输出模块连接到安装导轨并将其拧紧，如图 2-21 所示。

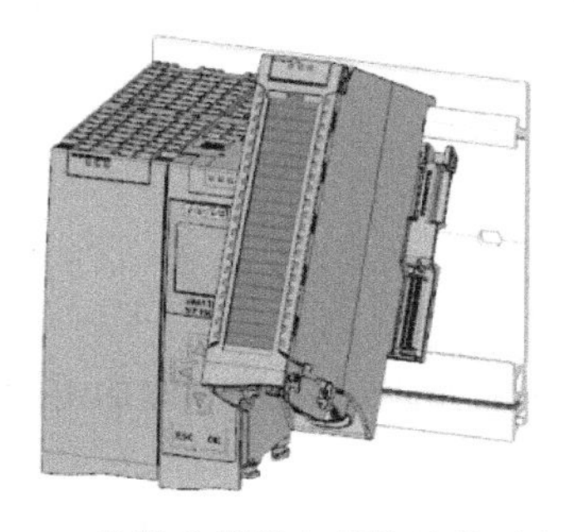

图 2-20　将数字量输入模块连接到安装导轨并将其拧紧

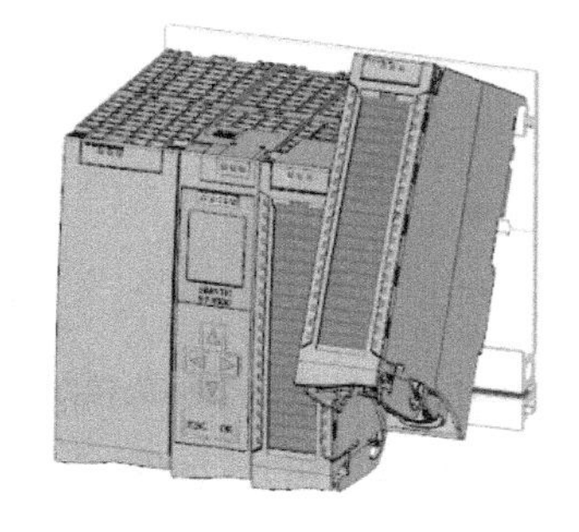

图 2-21　将数字量输出模块连接到安装导轨并将其拧紧

2. 电气连接

（1）对电源连接插头接线

1）使用适用工具拔出连接器外盖，如图 2-22 所示。

2）根据接线图将电源线连接到插头上。在插头的另一侧标有该插头认证后可使用的电压信息。根据插头背面的信息，通过插入编码元件选择相应电压，如图 2-23 所示。

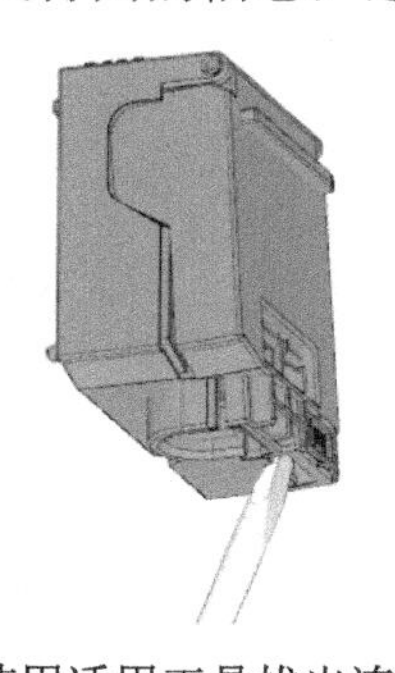

图 2-22　使用适用工具拔出连接器外盖

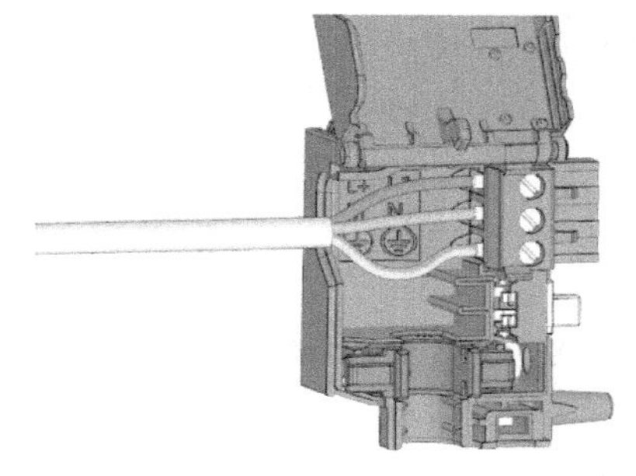

图 2-23　根据接线图将电源线连接到插头上

3）合上外壳，如图 2-24 所示。

4）拧紧电源连接插头上的螺钉，如图 2-25 所示。

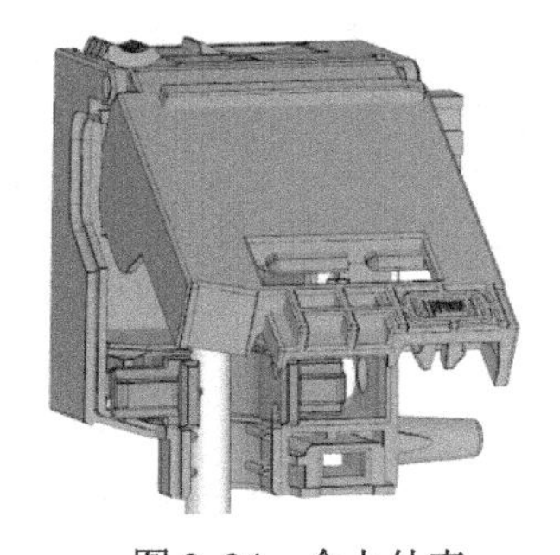

图 2-24　合上外壳

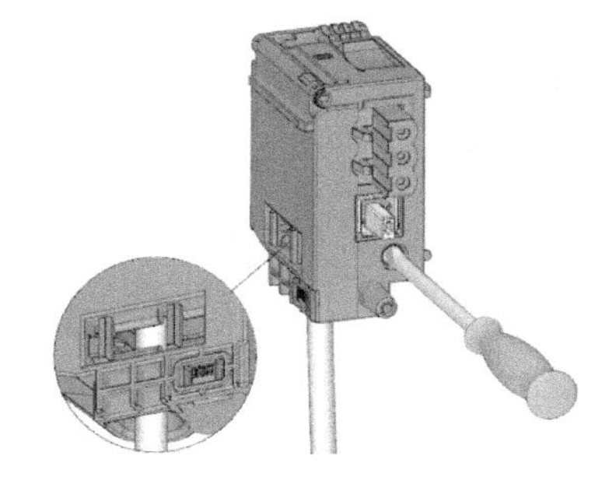

图 2-25　拧紧电源连接插头上的螺钉

（2）将 PM 接线到 CPU

1）对 PM 的 4 孔连接器插头接线，如图 2-26 所示。

2）将 4 孔连接器插头接线到 CPU 的 4 孔电源连接插头，如图 2-27 所示。

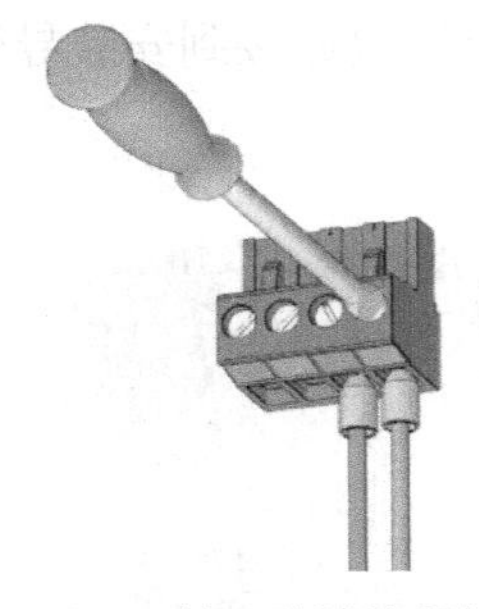

图 2-26　对 PM 的 4 孔连接器插头接线

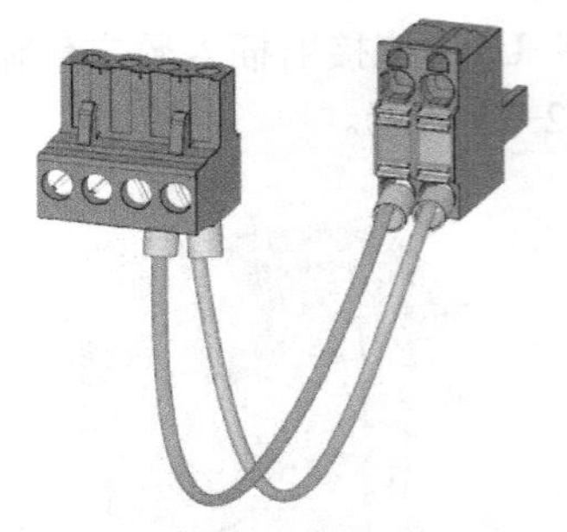

图 2-27　将 4 孔连接器插头接线到 CPU 的 4 孔电源连接插头

3）将 PM 连接到 CPU，如图 2-28 所示。

（3）电位桥电路　如果想要为负载组提供相同的电位（非隔离），则使用为前端连接器提供的电位桥电路。这表明不需要使用两根导线对固线装置接线。

（4）对数字量输入模块接线

1）将前端连接器插入数字量输入模块预接线位置。在预接线处，前端连接器与模块间未进行电气连接，如图 2-29 所示。

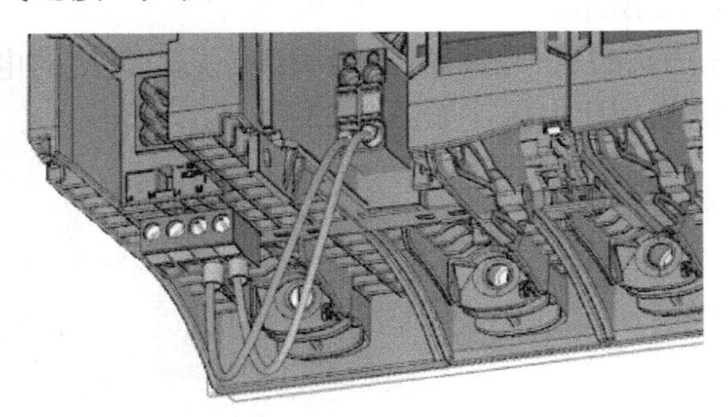

图 2-28　将 PM 连接到 CPU

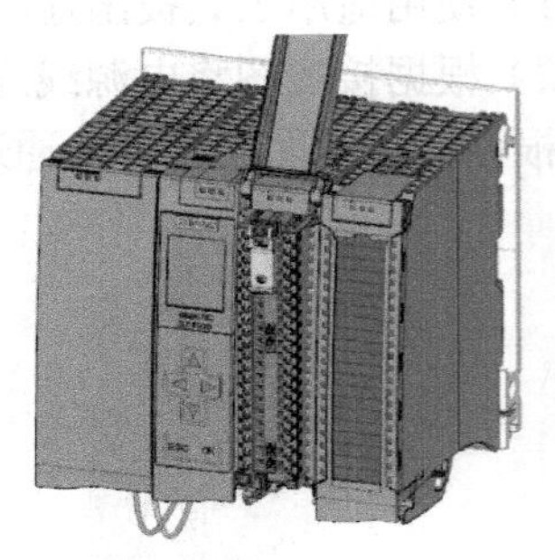

图 2-29　将前端连接器插入数字量输入模块预接线位置

2）用电缆扎带固定电缆，如图 2-30 所示。

3）将负载电压 DC 24V 连接到端子 20（M）和 19（L+），示意图如图 2-31 所示。

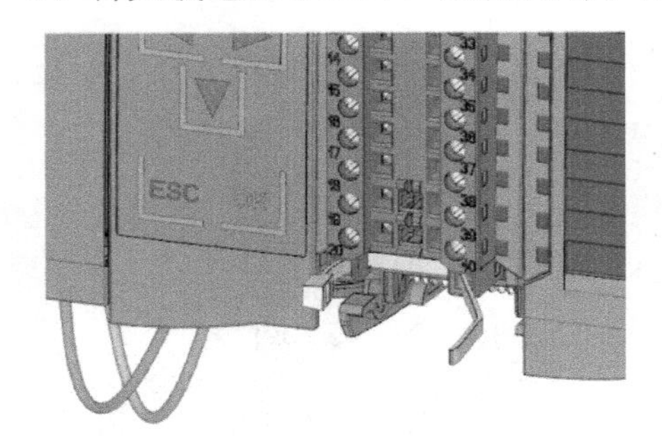

图 2-30　用电缆扎带固定电缆

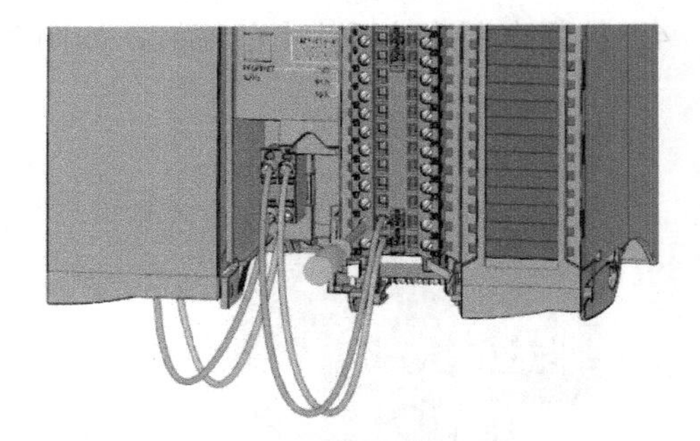

图 2-31　将负载电压 DC 24V 连接到端子 20（M）和 19（L+）示意图

4）在两个底部端子之间插入电位桥电路，如图 2-32 所示。

（5）对数字量输出模块接线

1）将前端连接器插入数字量输出模块预接线位置，如图 2-33 所示。

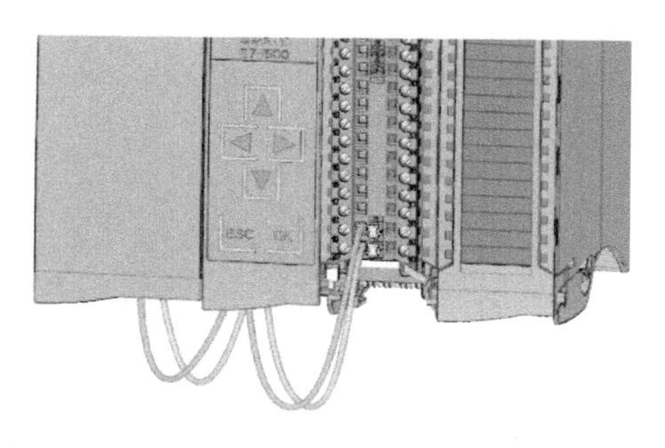

图 2-32　在两个底部端子之间插入电位桥电路

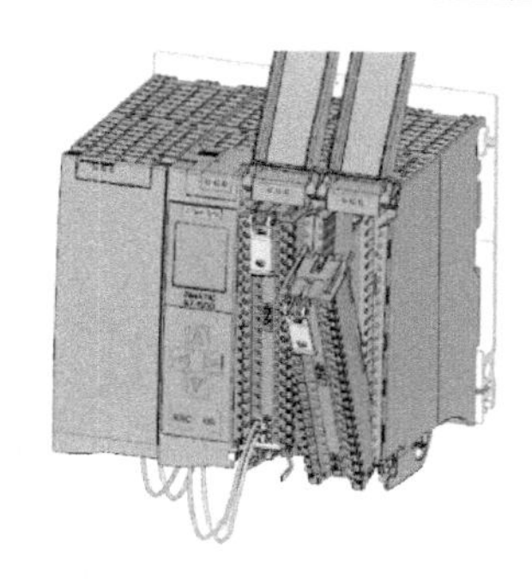

图 2-33　将前端连接器插入数字量输出模块预接线位置

2）通过数字量输出模块上的端子 40（M）和 39（L+），由数字量输入模块的端子 20（M）和 19（L+）提供 DC 24V 供电电压，如图 2-34 所示。

3）连接 4 个电位桥电路，如图 2-35 所示。

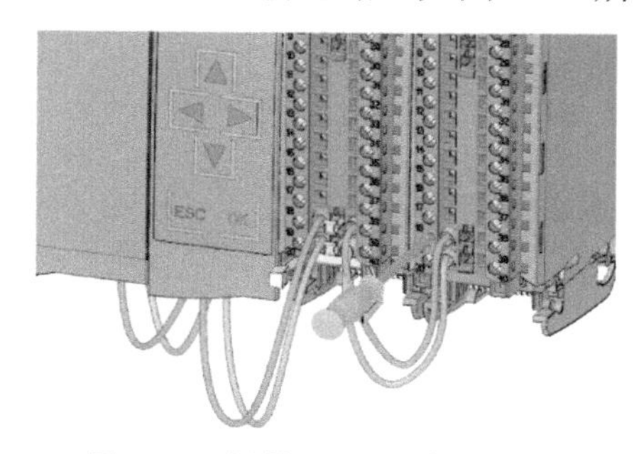

图 2-34　提供 DC 24V 供电电压

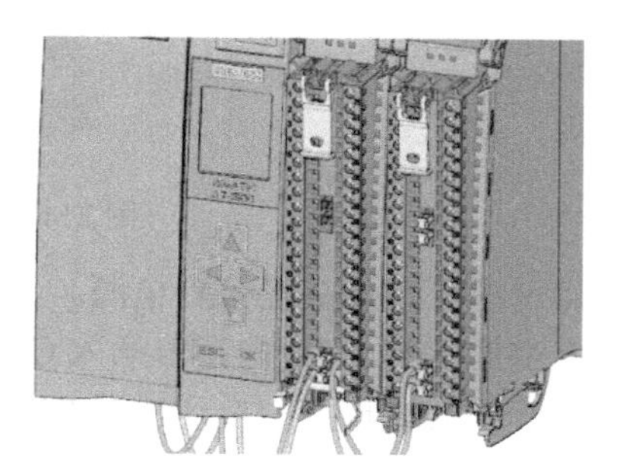

图 2-35　连接 4 个电位桥电路

4）连接端子 30 和 40，以及 29 和 39，示意图如图 2-36 所示。

（6）为前端连接器接线

1）根据端子前盖内侧的接线图，连接各个导线并将其拧紧，如图 2-37 所示。

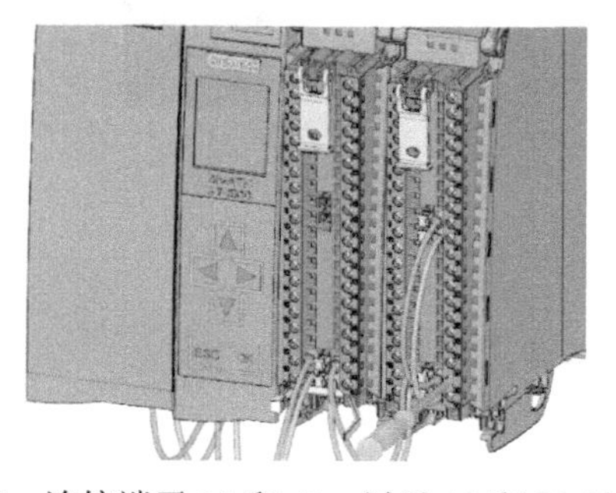

图 2-36　连接端子 30 和 40，以及 29 和 39 示意图

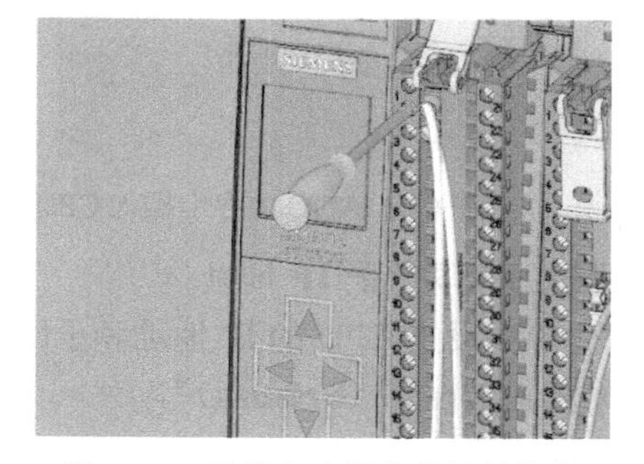

图 2-37　连接各个导线并将其拧紧

2）为了消除张力，使用电缆扎带固定电缆并拉紧，如图 2-38 所示。

3）将前端连接器从预接线位置移到其最终位置，如图 2-39 所示。

提示：可以直接插入预接线的前端连接器，例如，用于更换模块。

3．通电调试

1）插入 PM 的电源连接插头，如图 2-40 所示。

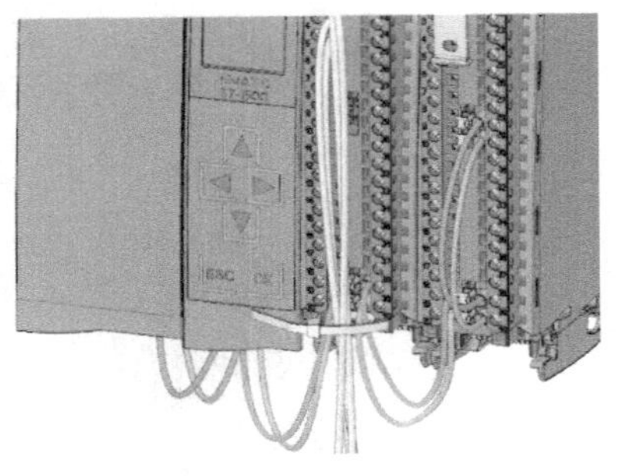

图 2-38　使用电缆扎带固定电缆并拉紧

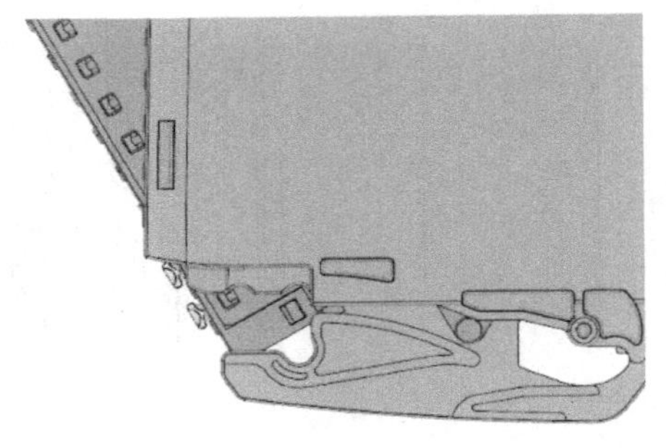

图 2-39　将前端连接器从预接线位置移到其最终位置

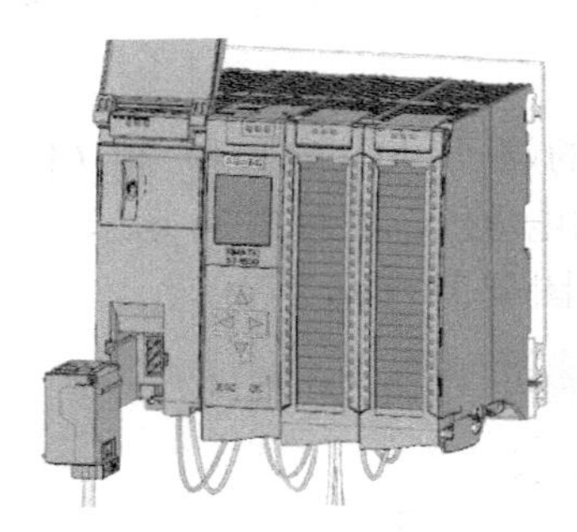

图 2-40　插入 PM 的电源连接插头

2）将电源连接插头连接到电源。

3）将空的 SIMATIC 内存卡插入 CPU 中，如图 2-41 所示。

4）将 PM 上的开关切换到位置 RUN 处，启动 CPU，如图 2-42 所示。

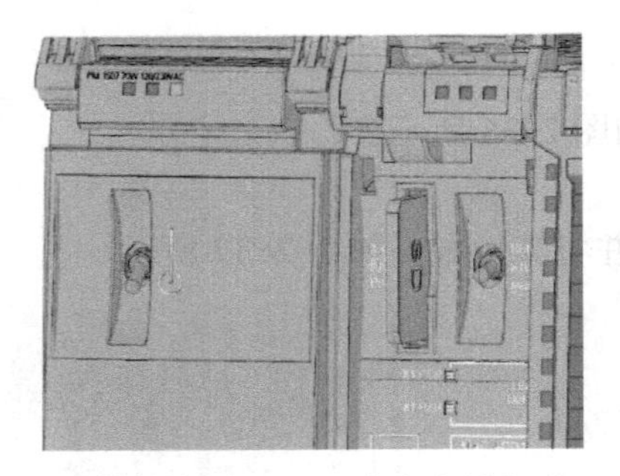

图 2-41　将空的 SIMATIC 内存卡插入 CPU 中

图 2-42　启动 CPU

4．通过显示屏分配 IP 地址

在这一步中设置 CPU 的 IP 地址和子网掩码，其基本操作步骤如下：

1）浏览到“设置（Settings）”。

2）选择“地址（Addresses）”。

3）选择接口 X1（IE/PN）。

4）选择菜单项“IP 地址（IP Addresses）”。

5）设置 IP 地址“192.168.0.10”。

6）按下模块上的“右箭头”键。

7）设置子网掩码“255.255.255.0”。

8）按下模块上的“下箭头”键选择菜单项“应用（Apply）”，然后单击“确定（OK）”按钮确认设置。

2.2.2　案例：博途编程软件进行硬件组态与编程基础

1．博途编程软件进行硬件组态

现有一个传送带项目的硬件设备需要配置，其中包括电源模块 PM、CPU 模块、数字量输入/输出模块，具体硬件设备明细表见表 2-10。

表 2-10　硬件设备明细表

模块	型号	订货号
电源模块	PM1507 70W	6EP1332-4BA00
CPU 模块	CPU 1516F-3 PN/DP	6ES7516-3FN01-0AB0
数字量输入模块	DI 32×DC 24V　HF	6ES7521-1BL00-0AB0
数字量输出模块	DQ 32×DC 24V /0.5A HF	6ES7522-1BL01-0AB0

（1）添加 S7-1500 PLC 新设备　博途软件的工程界面分为博途视图如图 2-43 所示，或项目视图如图 2-44 所示，在这两种视图下均可以组态新项目。博途视图是以向导的方式建立新项目的组态，而项目视图则是进行硬件组态和编程的主视窗。

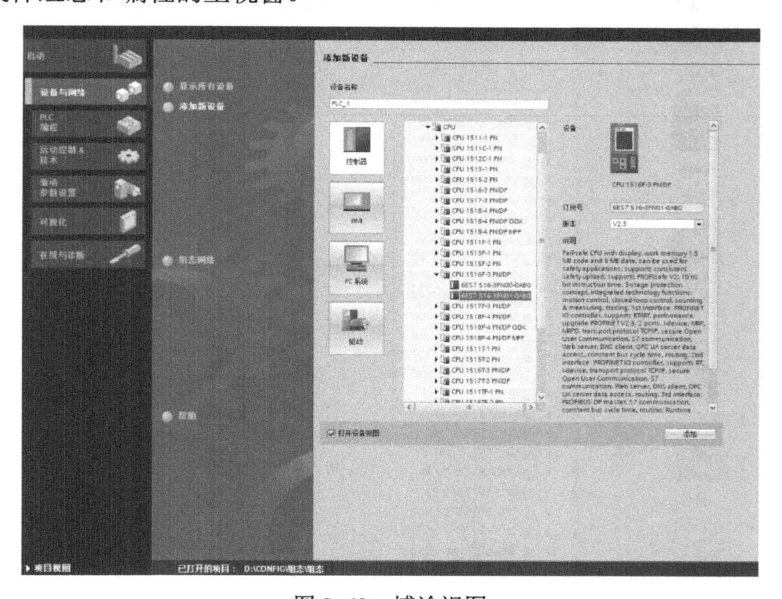

图 2-43　博途视图

在本案例中选择“控制器”，然后打开分级菜单，选择需要的 CPU 类型，这里选择订货号为“6ES7 516-3FN01-0AB0”的“CPU 1516F-3 PN/DP”，设备名称为默认的“PLC _1”，用户也可以对其进行修改，CPU 的固件版本要与实际硬件的版本匹配，如图 2-45 所示。

（2）中央机架配置　在 S7-1500 PLC 的中央机架中最多可放入 32 个模块，并配有“0～31”共 32 个插槽。CPU 占用 1 号插槽，不能更改。在 0 号插槽中可放入 PM 或者 PS，由于 PM 不带有背板总线接口，所以也可以不进行硬件配置。如果将一个 PS 插入 CPU 的左侧，则该模块可以与 CPU 一起为机架中的右侧设备供电。

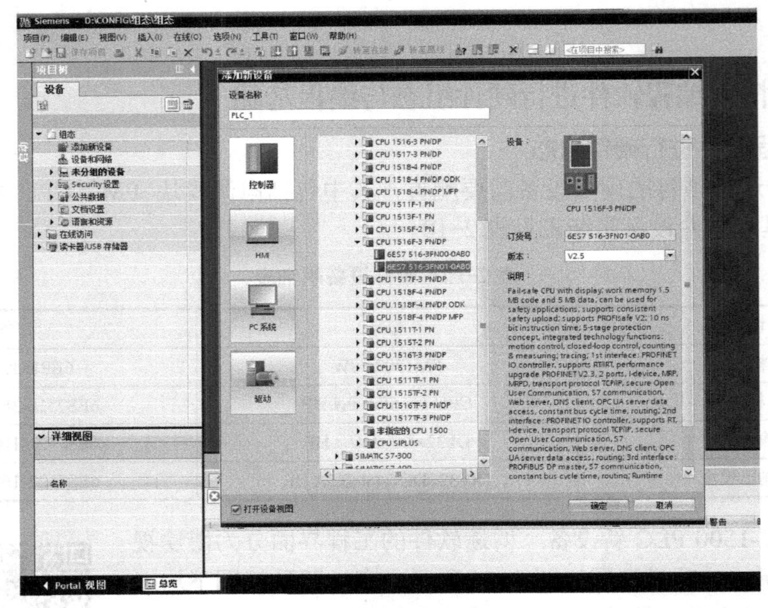

图 2-44　项目视图

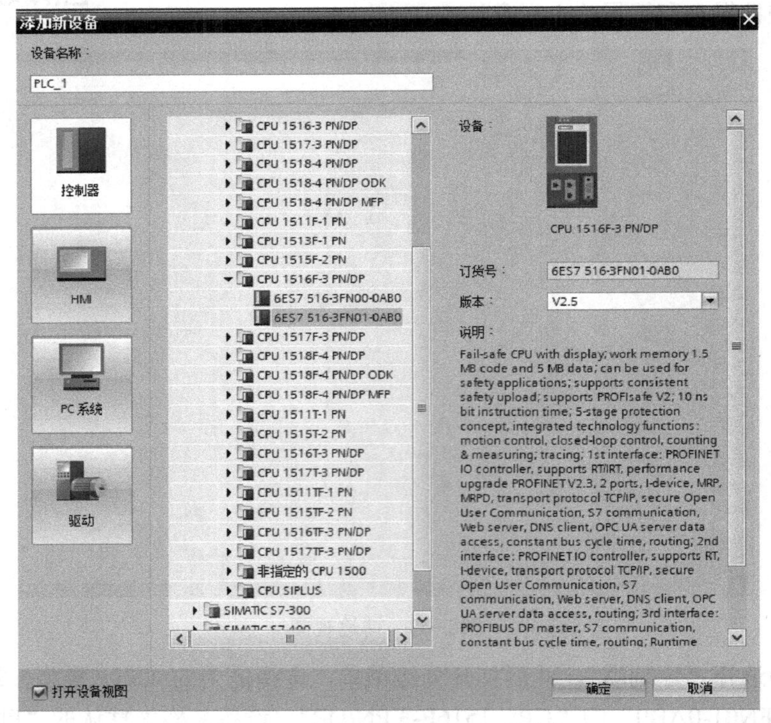

图 2-45　添加 S7-1500 PLC 新设备

从 2 号插槽起，可以依次放入 I/O 模块或者通信模块。由于机架不带有源背板总线，所以相邻模块间不能有空槽位。

在配置过程中，可先选中插槽，然后在右侧的硬件目录中双击选中的模块即可将模块添加到机架上，也可将选中的模块从右侧的硬件目录里直接添加到中央机架上的插槽中，如图 2-46 所示。

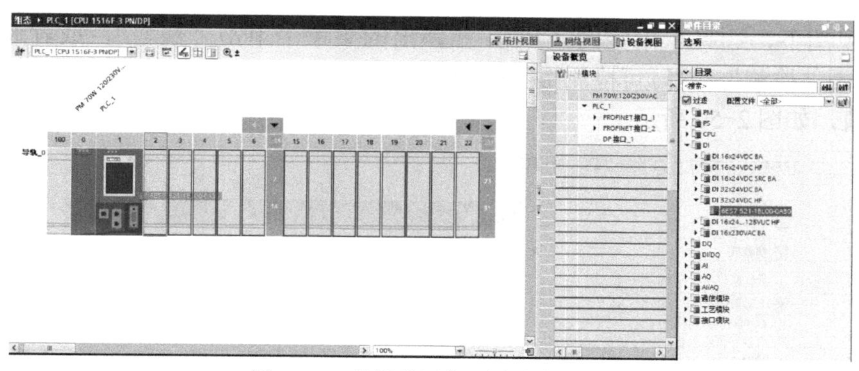

图 2-46　将模块添加到中央机架中

添加模块时需注意硬件目录下方的信息窗口，检查当前使用的硬件型号和固件版本是否与实际使用的模块信息一致，添加模块信息如图 2-47 所示。

（3）自动检测获取并添加设备硬件组态　目前，S7-1500 PLC CPU 一般都具有自动检测获取硬件配置信息的功能。在“添加新设备”→“S7-1500”目录下，找到“非指定的 CPU 1500”，如图 2-48 所示。

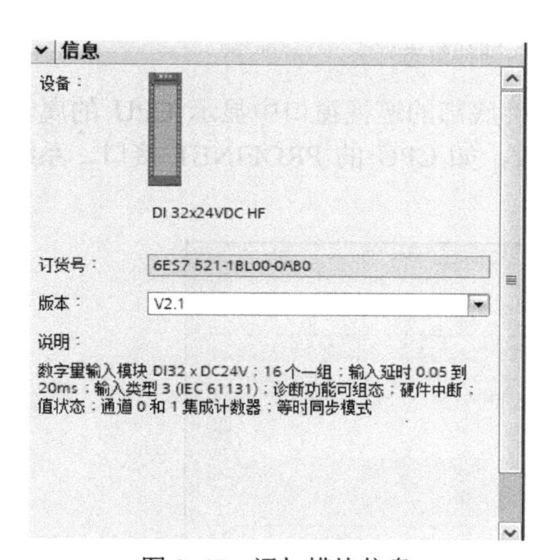

图 2-47　添加模块信息

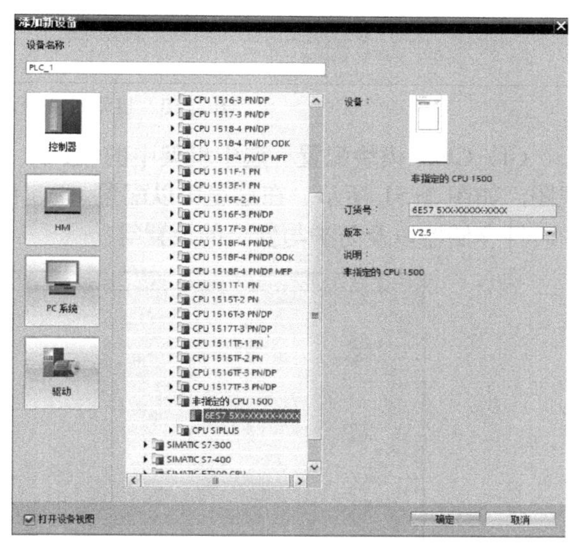

图 2-48　添加“非指定的 CPU 1500”

单击“确定”按钮，创建一个未指定的 CPU 站点如图 2-49 所示。

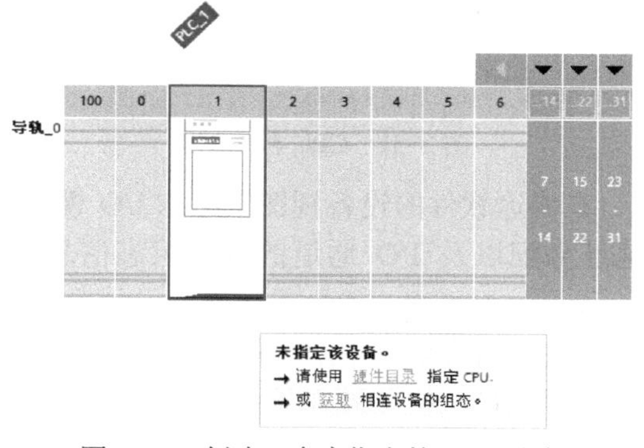

图 2-49　创建一个未指定的 CPU 站点

在设备视图下，选择未指定的 CPU，在弹出的菜单中单击“获取”，或者通过菜单命令“在线”→“硬件检测”，这时可检测出 S7-1500 PLC 中央机架上的所有模块，检测后的模块参数具有默认值，如图 2-50 所示。

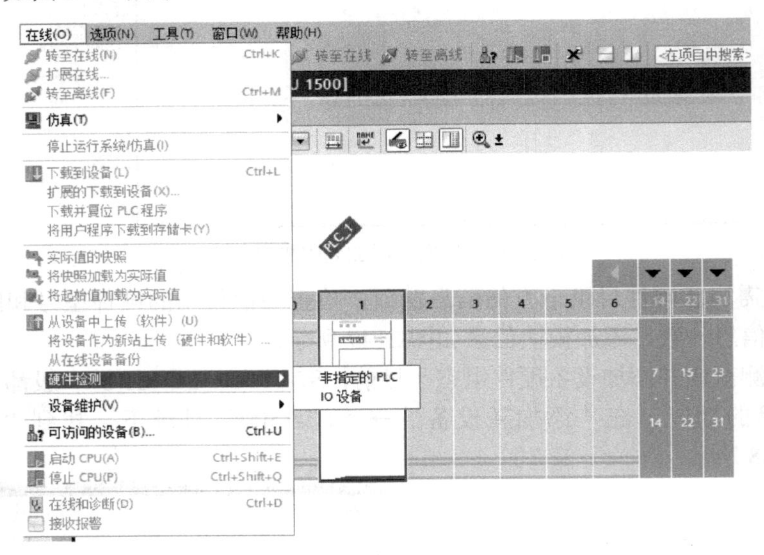

图 2-50　自动检测获取并添加设备硬件组态

（4）CPU 模块配置　选中机架中的 CPU，在博途软件底部的巡视窗口中显示 CPU 的属性视图，如图 2-51 所示。在这里可以配置 CPU 的各种参数，如 CPU 的 PROFINET 接口、系统和时钟存储器以及防护与安全的设置等。

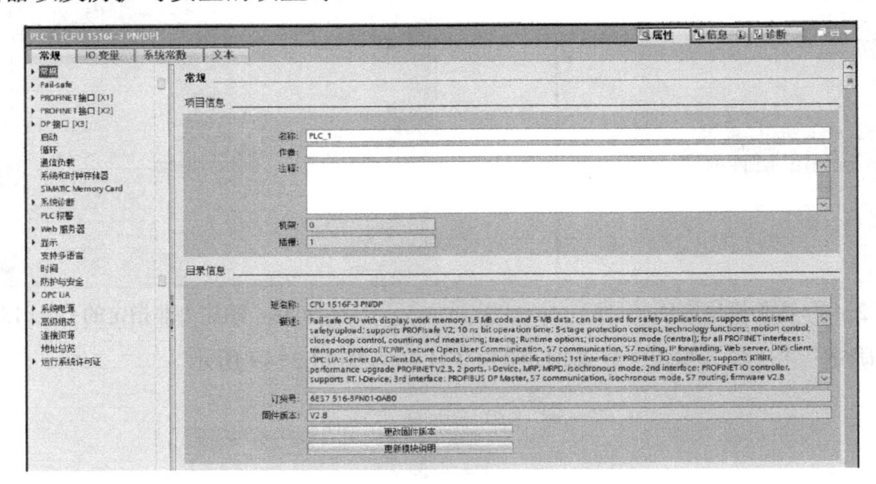

图 2-51　CPU 模块配置

（5）I/O 模块参数配置　在博途软件的设备视图中组态 I/O 模块时，可以对模块进行参数配置，包括常规信息、I/O 地址分配以及 I/O 通道的诊断组态信息等，I/O 地址分配如图 2-52 所示。

（6）硬件配置的编译与下载　当将项目中所有的硬件全部配置完成后，可以按工具栏中的按钮“![]”对项目硬件配置进行编译，检测硬件是否存在错误如图 2-53 所示。

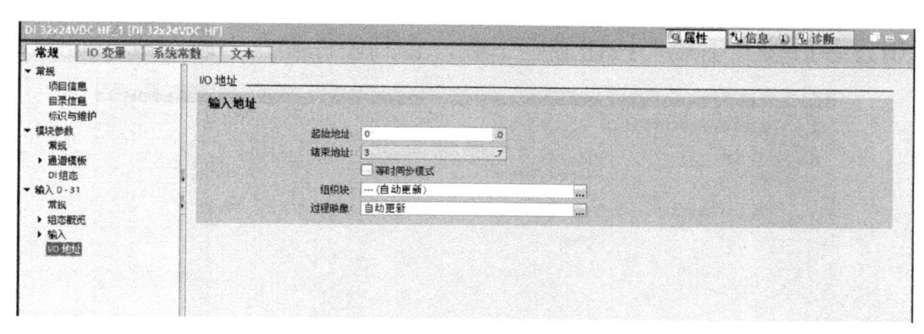

图 2-52　I/O 地址分配

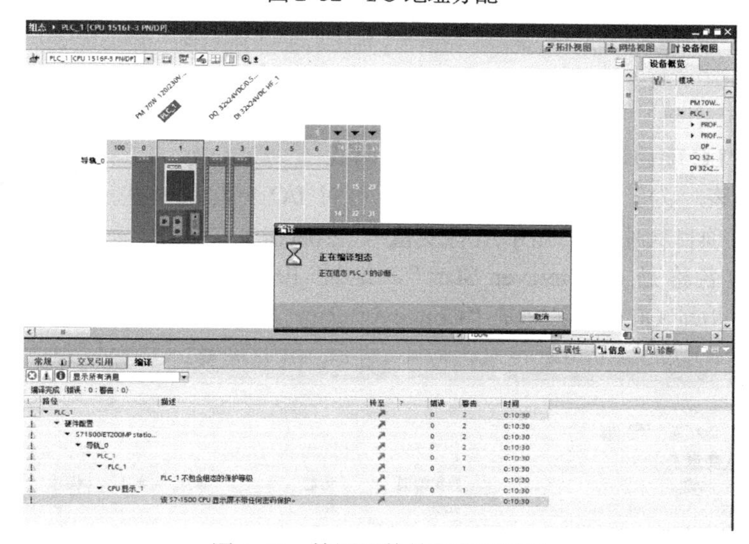

图 2-53　检测硬件是否存在错误

当编译结束检测硬件无误后，按工具栏中的按钮“ ”对硬件配置进行下载，并弹出“扩展下载到设备”对话框如图 2-54 所示。

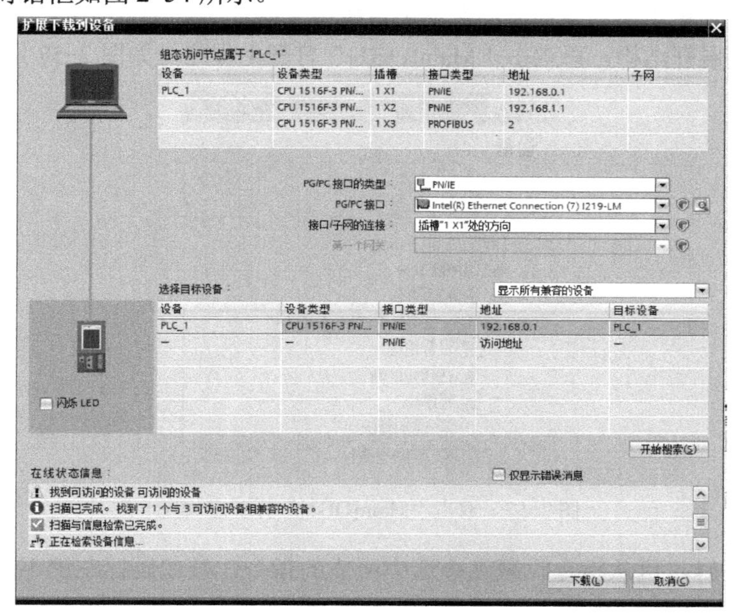

图 2-54　“扩展下载到设备”对话框

搜索到可用设备后按“下载”按钮进行下载，直到硬件配置下载完成，如图 2-55 所示。

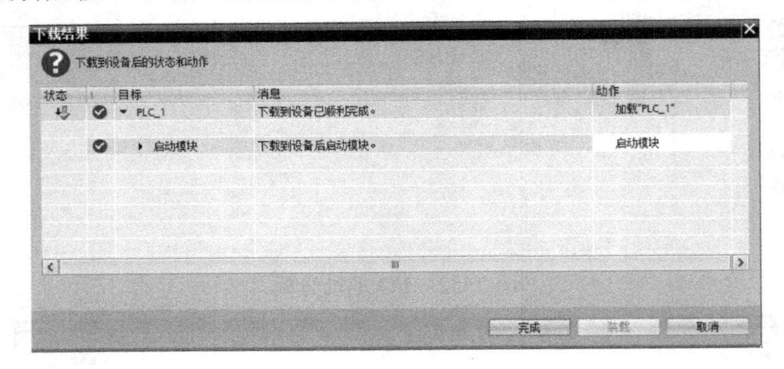

图 2-55　硬件配置下载完成

2．S7-1500 PLC 项目程序的编辑、下载与调试

2-2
PLC 项目程序的编辑、下载与调试视频

（1）编写变量表　为了提高程序的可读性，可对 I/O 地址起一些符号名。首先双击项目树中的“显示所有变量”。然后在变量表中，定义地址 I0.0 的名称是“Conveyer_Start”，地址 I0.1 的名称是“Conveyer_Stop”，地址 Q0.0 的名称是“Conveyer_Run”，变量表如图 2-56 所示。

组态 ▸ PLC_1 [CPU 1516F-3 PN/DP] ▸ PLC 变量 ▸ 默认变量表 [55]

默认变量表

	名称	数据类型	地址	保持	从 H...	从 H...	在 H...
1	Conveyer_Start	Bool	%I0.0	☐	☑	☑	☑
2	Conveyer_Stop	Bool	%I0.1	☐	☑	☑	☑
3	Conveyer_Run	Bool	%Q0.0	☐	☑	☑	☑

图 2-56　变量表

（2）编辑程序　单击博途软件界面左侧项目树中“PLC_1[CPU 1516F-3 PN/DP]”→“程序块”左侧的小箭头展开结构，再双击“Main[OB1]”打开主程序，如图 2-57 所示。

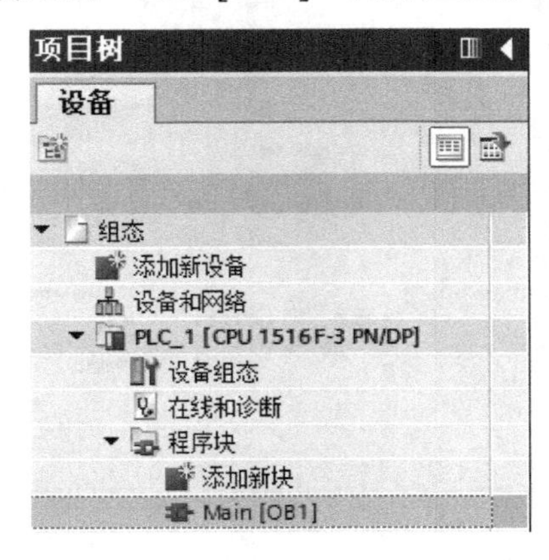

图 2-57　双击“Main[OB1]”打开主程序

编辑项目程序时，可从指令收藏夹中选中所需的指令，按住鼠标左键不放将其拖拽到绿色方点处，如图 2-58 所示。

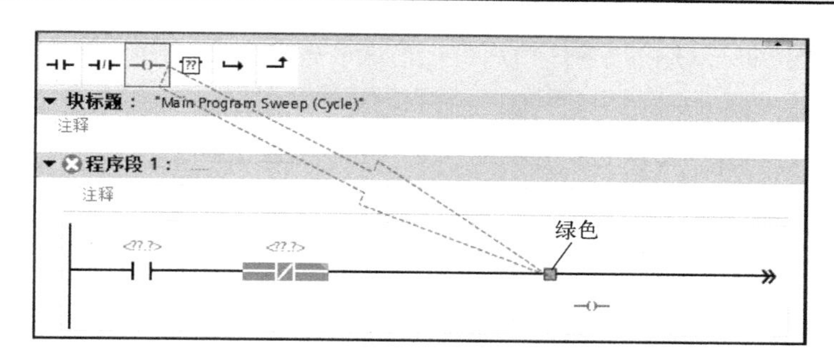

图 2-58　拖拽指令

也可从右侧指令选项中双击所需的指令，如图 2-59 所示。

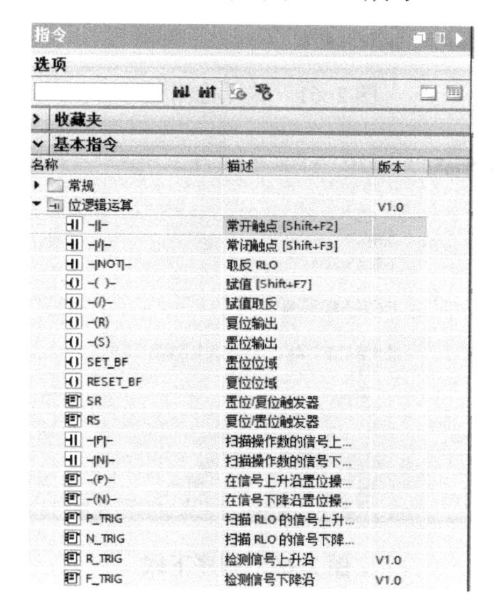

图 2-59　双击所需的指令

梯形图编辑完成后，在逻辑指令的上方依次输入地址，如图 2-60 所示。

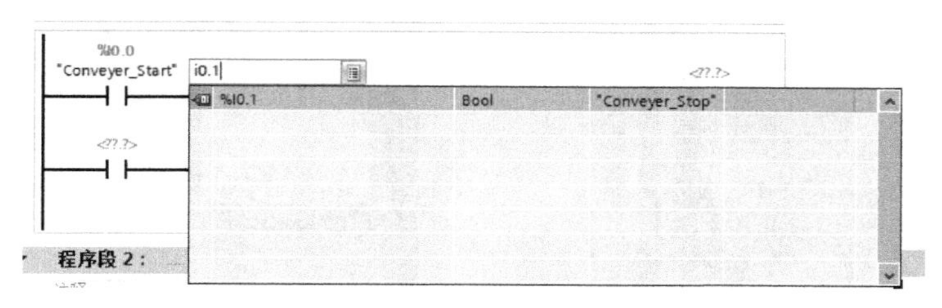

图 2-60　输入地址

（3）项目程序下载　项目程序编写完后对程序做编译检测，如图 2-61 所示。当编译完成并无误后，可执行下载操作，如图 2-62 所示，程序编译与下载操作应与硬件配置一致。

（4）项目程序调试

1）监测输出模块指示灯。将 PLC 的模式开关设置为 RUN，如图 2-63 所示。按下连接在输入点 I0.0 上的按钮，可看到输出点 Q0.0 点亮了，输出模块指示灯 Q0.0 如图 2-64 所示。按下连接在输入点 I0.1 上的按钮，可看到输出点 Q0.0 熄灭了。

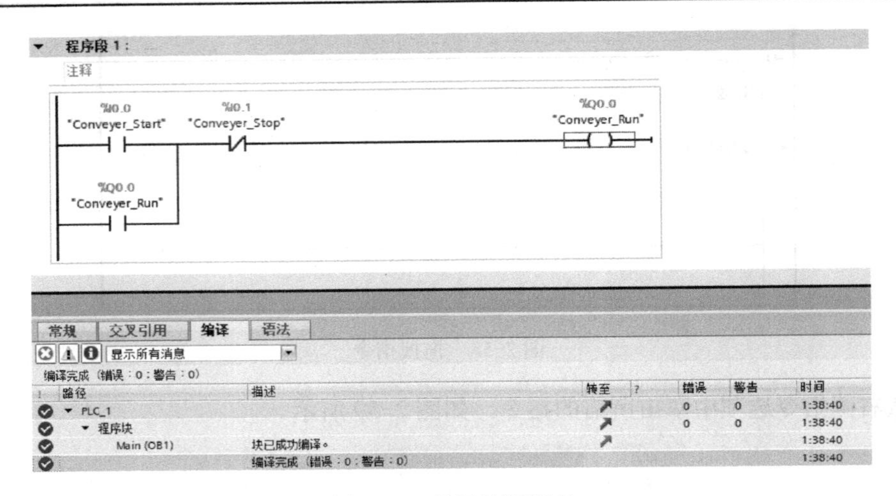

图 2-61　编译检测程序

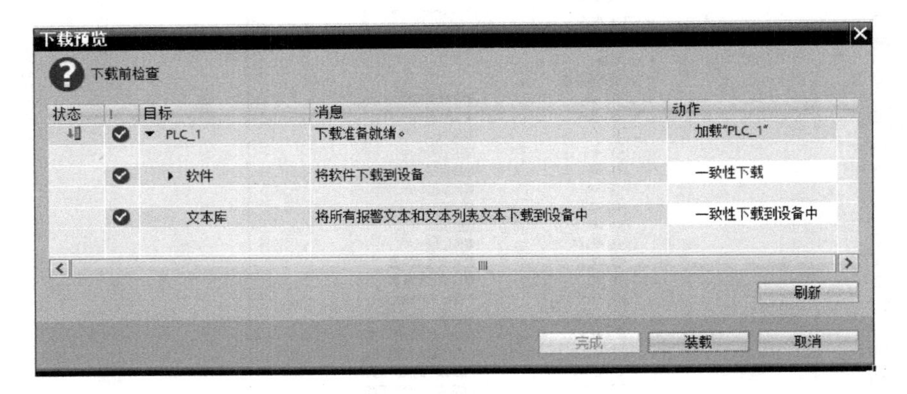

图 2-62　程序下载

图 2-63　PLC 在 RUN 模式

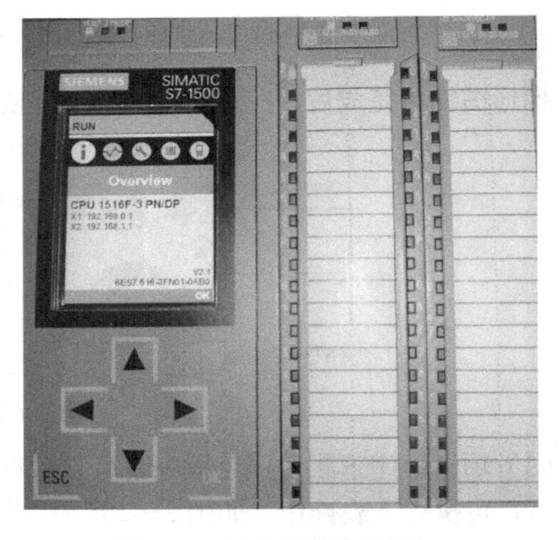

图 2-64　输出模块指示灯 Q0.0

2）监控变量状态。在博途软件界面左侧项目树中单击“监控与强制表”→“添加新监控表”，并在新建的监控表中输入需要监控的变量。单击“监控”按钮 进行变量监控，如图 2-65 所示。

项目树
设备
组态 ▸ PLC_1 [CPU 1516F-3 PN/DP] ▸ 监控与强制表 ▸ 监控表_1
名称
地址
显示格式
监视值
修改值
"Conveyer_Start"
%I0.0
布尔型
TRUE
"Conveyer_Stop"
%I0.1
布尔型
FALSE
"Conveyer_Run"
%Q0.0
布尔型
TRUE
<新增>
组态
添加新设备
设备和网络
PLC_1 [CPU 1516F-3 PN/...
设备组态
在线和诊断
程序块
添加新块
Main [OB1]
工艺对象
外部源文件
PLC 变量
显示所有变量
添加新变量表
默认变量表 [55]
PLC 数据类型
监控与强制表
添加新监控表
监控表_1
强制表
在线备份
Traces
OPC UA 通信
设备代理数据

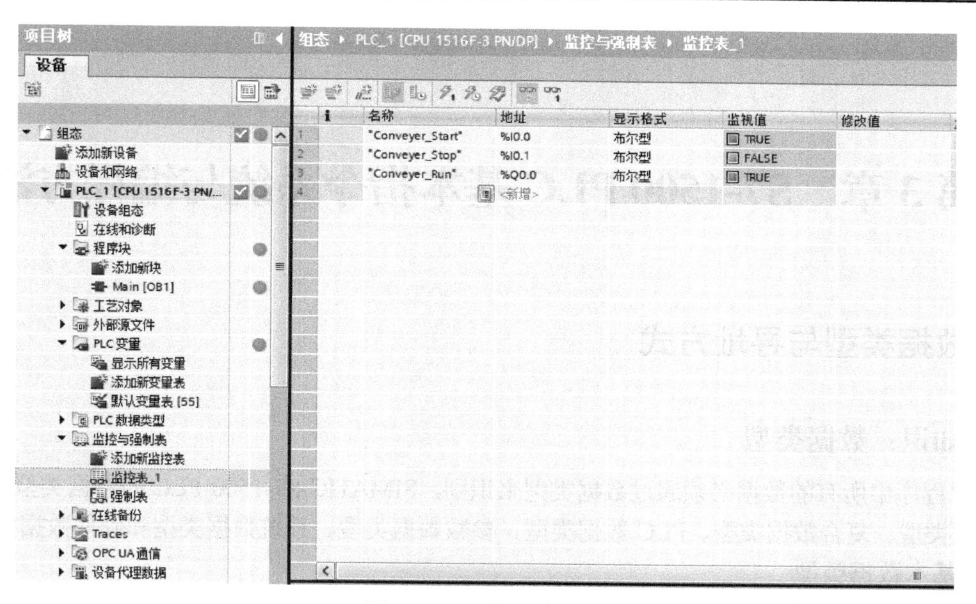

图 2-65　监控变量状态

3）监控程序状态。通过监控程序的运行状态，用户可以进一步判断程序的执行情况。首先打开编写好的程序，单击“监控”按钮，当启动按钮 I0.0 未按下时监控显示如图 2-66 所示，当启动按钮 I0.0 按下时监控显示如图 2-67 所示。

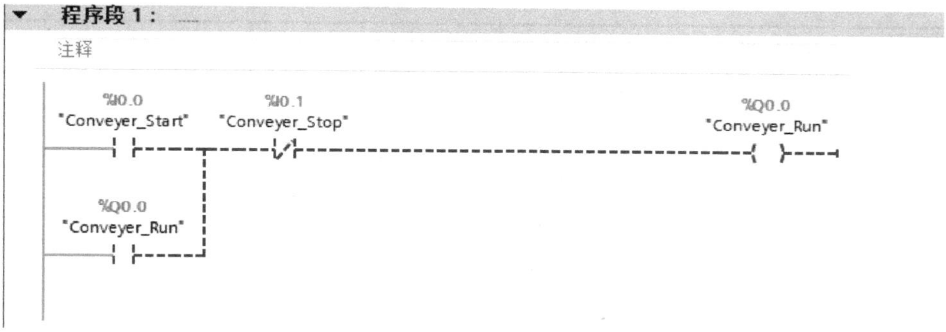

程序段 1：
注释
%I0.0
"Conveyer_Start"
%I0.1
"Conveyer_Stop"
%Q0.0
"Conveyer_Run"
%Q0.0
"Conveyer_Run"

图 2-66　当启动按钮 I0.0 未按下时监控显示

程序段 1：
注释
%I0.0
"Conveyer_Start"
%I0.1
"Conveyer_Stop"
%Q0.0
"Conveyer_Run"
%Q0.0
"Conveyer_Run"

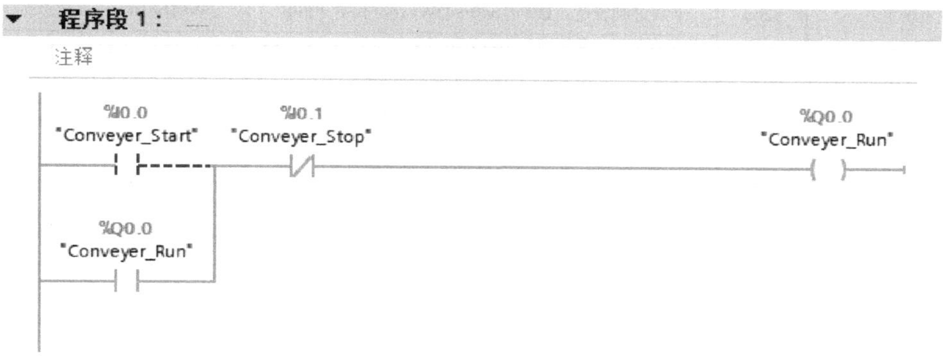

图 2-67　当启动按钮 I0.0 按下时监控显示

第3章 S7-1500 PLC基本指令系统与编程方法

3.1 数据类型与寻址方式

3.1.1 知识：数据类型

用户程序中所有的数据必须通过数据类型来识别，SIMATIC S7-1500 PLC 的数据类型主要分为基本数据类型、复合数据类型、PLC 数据类型、参数数据类型、系统数据类型和硬件数据类型。

1．基本数据类型

每一种基本数据类型的数据都具备关键字、数据长度、取值范围和常数表达格式等属性。以字符型数据为例，该类型的关键字是 Char，数据长度 8bit，取值范围是 ASCII 字符集，数据表达格式为两个单引号包含的字符，如'A'。基本数据类型的关键字、长度、取值范围和常数表示方法举例见表 3-1。

表 3-1　基本数据类型

数据类型及关键字	长度	取值范围	常数表示方法举例
BOOL（位）	1bit	True 或 False	TRUE
BYTE（字节）	8bit	十六进制表达：B#16#0～B#16#FF	B#16#10
WORD（字）	16bit	二进制表达：2#0～2#1111_1111_1111_1111	2#0001
		十六进制表达：W#16#0～W#16#FFFF	W#16#15
		十进制序列表达：B#(0,0)～B#(255,255)	B#(10,30)
		BCD（二进制编码的十进制数）表达：C#0～C#999	C#988
DWORD（双字）	32bit	二进制表达：2#0～2#1111_1111_1111_1111_1111_1111_1111_1111	2#1000_0011_0001_1000_1001_1001_0111_1111
		十六进制表达：DW#16#0～DW#16#FFFF_FFFF	DW#16#10
		十进制序列表达：B#(0,0,0,0)～B#(255,255,255,255)	B#(1,10,10,20)
LWORD（长字）	64bit	二进制表达：2#0～2#1111_1111_1111_1111_1111_1111_1111_1111_1111_1111_1111_1111_1111_1111_1111_1111	2#0000_0000_0000_0000_0001_0111_1100_0010_0101_1110_1100_0101_1011_1101_0011_1011
		十六进制表达：LW#16#0～LW#16#FFFF_FFFF_FFFF_FFFF	LW#16#000F_0F00_5F52_DE8B
		十进制序列表达：B#(0,0,0,0,0,0,0,0)～B#(255,255,255,255,255,255,255,255)	B#(127,100,127,230,127,200,125,210)
SINT（短整数）	8bit	有符号整数 -128～127	43 SINT#-45
INT（整数）	16bit	有符号整数 -32768～32767	13
DINT（双整数，32位）	32bit	有符号整数 -L#2147483648～L#2147483647	L#132

（续）

数据类型及关键字	长度	取值范围	常数表示方法举例
USINT	8bit	无符号整数 0～255	178 USINT#178
UINT	16bit	无符号整数 0～65535	65259 UINT#65259
UDINT	32bit	无符号整数 0～4294967295	4042322250 UDINT#4042322250
LINT	64bit	有符号整数 -9223372036854775808～9223372036854775807	154325790816159 LINT#+154325790816159
ULINT	64bit	无符号整数 0～18446744073709551615	134325790816252 ULINT#134325790816252
REAL（浮点数）	32bit	-3.402823e+38～-1.175495e-380 1.175495e-38～3.402823e+38	1.0e-3;REAL#1.0e-3 1.0;REAL#1.0
LREAL（长浮点数）	64bit	-1.7976931348623158e+308 ～ -2.2250738585072014e-308 0,0 2.2250738585072014e-308～1.7976931348623158e+308	1.0e-3;LREAL#1.0e-3 1.0;LREAL#1.0
S5Time（SIMATIC 时间）	16bit	S5T#0H_0M_OS_10MS～S5T#2H_46M_30S_0MS	S5T#20S
TIME（IEC 时间）	32bit	IEC 时间格式（带符号），分辨率为 1ms-T#24D_20H_31M_23S_648MS T#24D_20H_31M_23S_648MS	T#0D_1H_1M_1S_1MS
LTIME	64bit	信息包括天（d）、小时（h）、分钟（m）、秒（s）、毫秒（ms）微秒（us）和纳秒（ns） LT#-106751d23h47m16s854ms775us808ns～LT#+106751d23h47m16s854ms775us807ns	LT#11350d20h22m13s730ms602us315ns LTIME#11350d20h22m13s730ms602us315ns
DATE（IEC 日期）	16bit	IEC 日期格式，分辨率 1 天 D#1990-1-1～D#2168-12-31	DATE#1996-3-12
Time_OF_DAY（TOD）	32bit	24 小时时间格式，分辨率 1ms TOD#0:0:0.0～TOD#23:59:59.999	TIME_OF_DAY#1:12:3.3
DT（DATE_ANDTIME）	8B	年-月-日-小时:分钟:秒.毫秒 sDT#1990-01-01-00:00:00.000 ～ DT#2089-12-31-23:59:59.999	DT#2009-11-15-8:10:35.562 DATE_AND_TIME#2009-11-15-08:10:35.562
LTOD（LTIME_OF_DAY）	8B	时间（小时:分钟:秒.纳秒） LTOD#00:00:00.000000000～LTOD#23:59:59.999999999	LTOD#11:22:35.300_165_225 LTIME_OF_DAY#11:22:35.300_165_225
LDT	8B	存储自 1970 年 1 月 1 日 0:0 以来的日期和时间信息（单位为纳秒） LDT#1970-01-01-0:0:0.000000000 ～ LDT#2263-04-11-23:47:15.854775808	LDT#2018-11-23-9:11:35.527
CHAR（字符）	8bit	ASCII 字符集'A'、'b'等	'A'
WCHAR	16bit	UNcode 字符	'你'

2. 复合数据类型

复合数据类型中的数据由基本数据类型的数据组合而成，其长度可能超过 64 位。SIMATIC S7-1500 PLC 中可以有 DATE_AND_TIME、STRING、ARRAY 和 WSTRUCT 等复合数据类型。

1）DATE_AND_TIME 数据类型：用于表示时钟信号，数据长度为 8 个字节（64 位），分别以 BCD 码的格式表示相应的时间值。通过函数块可以将 DATE_AND_TIME 数据类型的数据与基本数据类型的数据相转换。

2）STRING（字符串）：最大长度为 256 个字节，前两个字节存储字符串长度信息，所以最多含 254 个字符，其常数表达形式是由两个单引号包括的字符串，例如'SIMATIC S7'。STRING 的第一个字节表示字符串中定义的最大字符长度，第二个字节表示当前字符串中有效字符的个数，从第三个字节开始为字符串中第一个有效字符（数据类型为“CHAR”）。例如定义为最大 4 个字符的字符串 STRING [4]中只包含两个字符'B C'，实际占用 6 个字节，字节排列如图 3-1 所示。

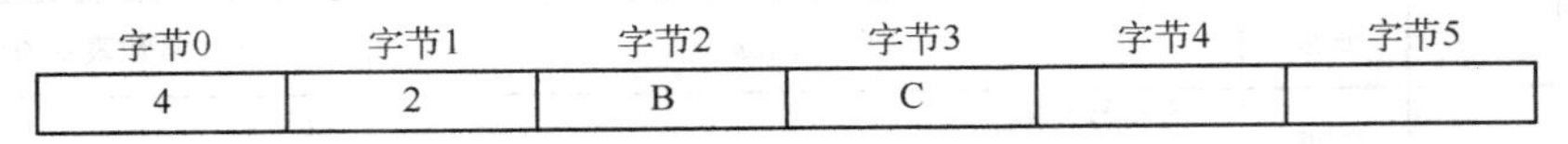

图 3-1　STRING 数据类型字节排列

3）WSTRING（宽字符串）：WSTRING 如果不指定长度，在默认情况下最大长度为 256 个字，可声明量为 16382 个字符的长度（WSTRING [16382]），前两个字存储字符串长度信息，其常数表达形式是由两个单引号包括的字符串。

4）ARRAY（数组）：该数据类型表示一个由固定数目的同一种数据类型的元素组成的数据结构。数组的维数最大可以到 6 维。数组中的元素可以是基本数据类型或者复合数据类型（数组类型除外，即数组类型不可以嵌套）。例如：Array[1..3，1..5，1..6] of INT，定义了一个元素为整数，大小为 3×5×6 的三维数组。可以使用索引访问数组中的数据，数组中每一维的索引取值范围是-32768～32767（16 位上下限范围），但是索引的下限必须小于上限。索引值按偶数占用 CPU 存储区，例如一个数据类型为字节的数组 Array[1..11]，其数组中只有 11 个字节，实际占用 CPU 12 个字节。

定义一个数组时，需要声明数组的元素类型、维数和每一维的索引范围，可以用符号名加上索引来引用数组中的某一个元素，例如 a[1，2，3]。数组的索引可以是常数，也可以是变量。在 SIMATIC S7-1500 PLC 中，所有语言均可支持数组的间接寻址。

5）STRUCT（结构体）：结构体是由不同数据类型组成的复合型数据，通常用来定义一组相关的数据。

3．PLC 数据类型

PLC 数据类型与 STRUCT 数据类型的定义类似，可以由不同的数据类型组成，如基本数据类型和复合数据类型。不同的是，PLC 数据类型是一个由用户自定义的数据类型模板，它作为一个整体的变量模板可以在数据块（DB）、函数块（FB）和函数（FC）中多次使用。PLC 数据类型还可以相互嵌套使用。

在 SIMATIC S7-1500 PLC 中，PLC 数据类型变量是一种特殊类型的变量，SIMATIC S7-1500 PLC 可以通过“EQ_Type”等指令识别并判断 PLC 数据类型。在项目树 CPU 下，双击“PLC 数据类型”可新建一个用户数据类型。例如，在用户数据类型中定义一个名称为“Motor”的数据结构，如图 3-2 所示。

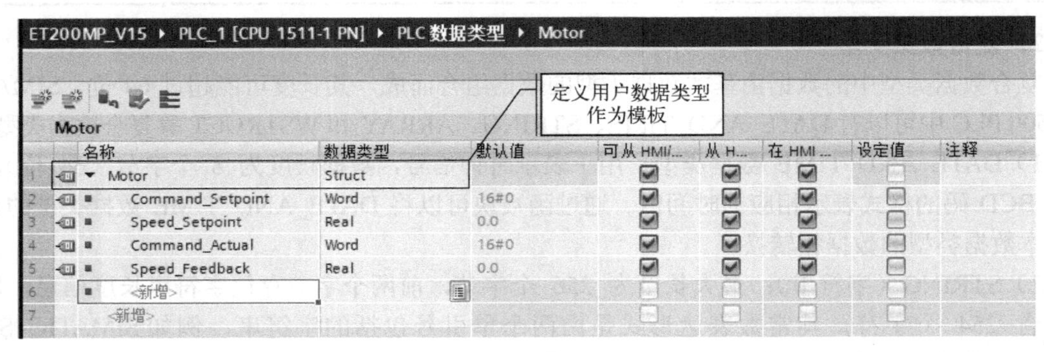

图 3-2　PLC 数据类型的定义

然后在 DB 或 FB、FC 的形参（形式参数）中添加多个使用该 PLC 数据类型的变量，分别对应不同的电动机，如图 3-3 所示。

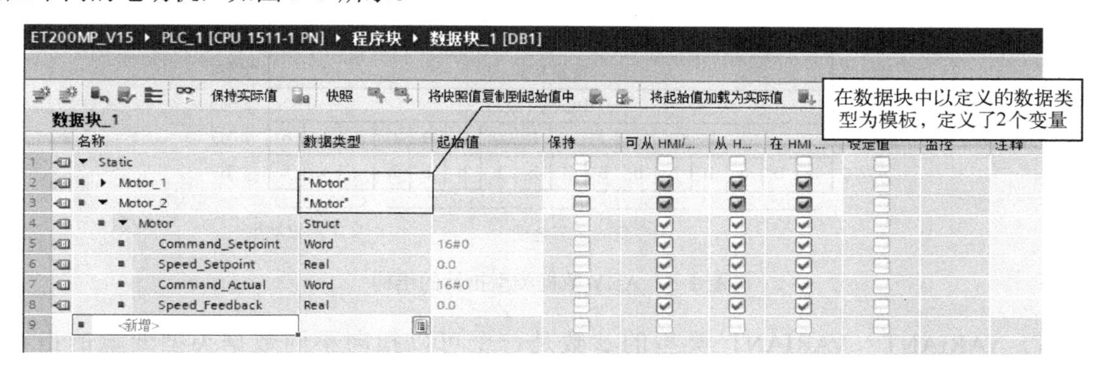

图 3-3　PLC 数据类型的使用

4．参数数据类型

参数数据类型是专门用于 FC 或者 FB 的接口参数的数据类型，它包括以下几种接口参数的数据类型。

（1）TIMER，COUNTER（定时器和计数器类型）　在 FC、FB 中直接使用的定时器和计数器不能保证程序块的通用性。如果将定时器和计数器定义为形参，那么在程序中不同的地方调用程序块时，就可以给这些形参赋予不同的定时器或计数器，这样就保证了程序块的可重复使用性。参数类型的表示方法与基本数据类型中的定时器（T）和计数器（C）相同。

（2）BLOCK_FB，BLOCK_FC，DB_ANY　将定义的程序块作为输入输出接口，参数的声明决定程序块的类型如 FB、FC 和 DB 等。如果将块类型作为形参，赋实参（实际参数）时必须为相应的程序块，如 FC101（也可以使用符号地址）。

（3）POINTER（6 字节指针类型）　一个指针只包含地址而不是实际值。将指针数据类型作为形参时，赋的实参必须是一个确定的地址。它可以是一个简单的地址如 M50.0，也可以是指针格式指向的地址，如 P#M50.0。指针寻址只支持绝对地址，所以对于 DB 只能访问“标准”模式的 DB，如：P#DB10.DBX20.0。SIMATIC S7-1500 PLC 中优化的 DB 不支持 POINTER 指针寻址。POINTER 指针结构如图 3-4 所示。

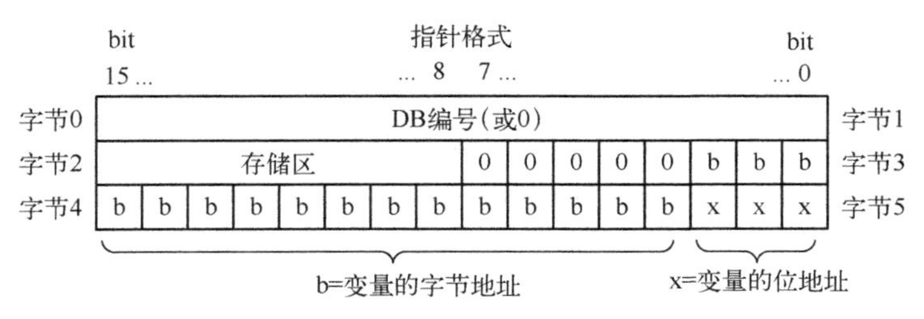

图 3-4　POINTER 指针结构

（4）ANY（10 字节指针类型）　当实参是未知的数据类型或任意的数据类型时可以选择 ANY 类型。对于 ANY 指针而言，也只支持绝对地址寻址，所以对于 DB 只能访问“标准”模式的 DB。SIMATIC S7-1500 PLC 中优化的 DB 不支持 ANY 指针寻址。ANY 数据类型指针的结构如图 3-5 所示。

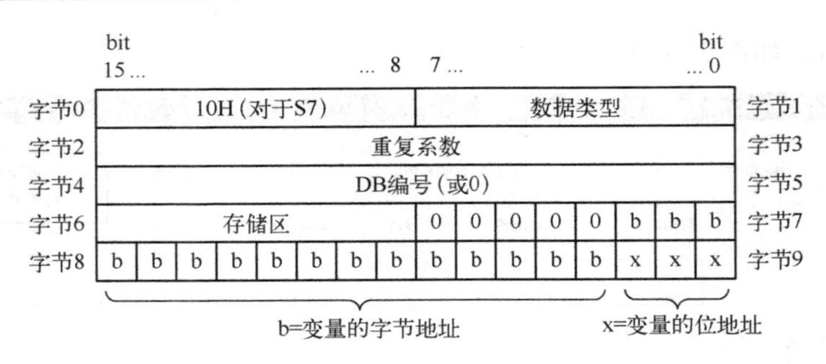

图 3-5　ANY 数据类型指针的结构

（5）VARIANT　VARIANT 类型的参数是一个可以指向不同数据类型变量的指针。VARIANT 指针可以是基本数据类型（例如，INT 或 REAL）的对象，还可以是 STRING、DTL、STRUCT 和 PLC 数据类型等元素构成的 ARRAY。VARIANT 指针可以识别结构（如 PLC 数据类型），并指向各个结构元素。VARIANT 数据类型的操作数不占用背景数据块（IDB）或工作存储器中的空间。

注意：VARIANT 类型的变量不是一个对象，而是对另一个对象的引用，因此不能在 DB 或 FB 的块接口静态部分中声明，只能在输入参数、输入输出参数或临时变量区中声明。

调用含有 VARIANT 类型参数的块时，可以将这些参数连接到任何数据类型的变量。块调用时，除了传递变量的指针外，还会传递变量的类型信息。块中的代码随后可以根据运行期间传递的变量类型来执行。

举例来说，如果程序中需要传递配方，而配方的数据结构可能不固定，不同的配方由不同的流程来处理。在这种应用中，就可以将配方定义为一个 VARIANT 类型的变量，不同类型的配方通过不同的 PLC 数据类型生成。在程序中可以通过指令判断传递过来的 VARIANT 变量与哪个 PLC 数据类型相同（即判断配方类型），之后再执行相应的指令。

使用这些参数类型，可以把定时器、计数器、程序块、DB，甚至是不确定类型和长度的数据通过参数传递给 FC 和 FB。参数类型为程序设计提供类型的灵活性。

此外，系统数据类型（SDT）有预定义的结构并由系统提供。系统数据类型的结构由固定数目的可具有各种数据类型的元素构成，结构不能更改。注意：系统数据类型只能用于特定指令。

而 PLC 的硬件数据类型由 CPU 提供，可用硬件数据类型的数目取决于具体使用的 CPU。一个特定的硬件数据类型的常量取决于在硬件配置中设置的模块。在用户程序中插入控制或激活某个已组态的模块的指令时，可把对应的硬件数据类型的常量作为参数。此外，硬件数据类型也常用于诊断。

3.1.2　知识：S7-1500 系列 PLC 的地址区

1. CPU 地址区的划分

在 SIMATIC S7-1500 PLC 中，CPU 的存储器被划分为不同的地址区，在程序中通过指令可以直接访问存储于地址区的数据。地址区包括过程映像输入区（I）、过程映像输出区（Q）、标志位存储区（M）、S5 计数器（C）、S5 定时器（T）、数据块（DB）和本地数据区（L）等。

由于博途软件不允许无符号名称的变量出现，所以即使用户没有为变量定义符号名称，博途软件也会自动为其分配名称，默认从“Tag_1”开始分配。SIMATIC S7-1500 PLC 地址区域内的变量均可以进行符号寻址，其地址区符号及表示方法见表 3-2。

表 3-2　SIMATIC S7-1500 PLC 地址区符号及表示方法

地址区域	可以访问的地址单位	S7 符号及表示方法（IEC）
过程映像输入区	输入（位）	IB.X
	输入（字节）	IB
	输入（字）	IW
	输入（双字）	ID
过程映像输出区	输出（位）	QB.X
	输出（字节）	QB
	输出（字）	QW
	输出（双字）	QD
标志位存储区	存储器（位）	MB.X
	存储器（字节）	MB
	存储器（字）	MW
	存储器（双字）	MD
定时器	定时器（T）	T
计数器	计数器（C）	C
数据块	数据块，用“OPN DB”打开	DB
	数据位	DBX
	数据字节	DBB
	数据字	DBW
	数据双字	DBD
	数据块，用“OPN DI”打开	DI
	数据位	DIX
	数据字节	DIB
	数据字	DIW
	数据双字	DID
本地数据区	局部数据位	L
	局部数据字节	LB
	局部数据字	LW
	局部数据双字	LD

（1）过程映像输入区（I）　过程映像输入区位于 CPU 的系统存储区。在循环执行用户程序之前，CPU 会先扫描输入模块的信息，并将这些信息记录到过程映像输入区中，与输入模块的逻辑地址相匹配。使用过程映像输入区的好处是在一个程序执行周期中保持数据的一致性。使用地址标识符“I”（不分大小写）访问过程映像输入区，如果在程序中访问输入模块中的一个输入点，其表示方法如图 3-6 所示。

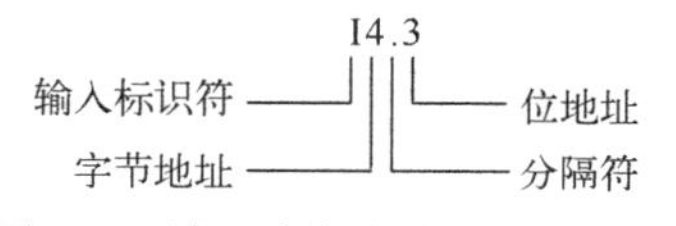

图 3-6　输入点在程序中表示方法

一个字节包含 8 个位，位地址的取值范围为 0～7，一个输入点即为一个位信号。如果一个 32 点的输入模块设定的逻辑地址为 8，那么第 1 个点的表示方法为 I8.0;第 10 个点的表示方法为 I9.1;第 32 个点的表示方法为 I11.7。按字节访问地址表示方法为 IB8、IB9、IB10、IB11（B 为字节 BYTE 的首字母）；按字访问表示方法为 IW8、IW10（W 为字 WORD 的首字母）；按双字访问表示方法为 ID8（D 为双字 DOUBLE WORD 的首字母）。在 SIMATIC S7-1500 PLC 中，所有的输入信号均在过程映像输入区内。

（2）过程映像输出区（Q） 过程映像输出区位于 CPU 的系统存储区。在循环执行用户程序中，CPU 将程序中逻辑运算后输出的值存放在过程映像输出区。在一个程序执行周期结束后更新过程映像输出区，并将所有输出值发送到输出模块，以保证输出模块输出的一致性。在 SIMATIC S7-1500 PLC 中，所有的输出信号均在过程映像输出区内。

使用地址标识符“Q”（不分大小写）访问过程映像输出区，在程序中表示方法与输入信号类似。输入模块与输出模块分别属于两个不同的地址区，所以模块逻辑地址可以相同，如 IB0 和 QB0。

（3）直接访问 I/O 地址 如果将模块插入到站点中，其逻辑地址将位于 SIMATIC S7-1500 PLC CPU 的过程映像区中（默认设置）。在过程映像区更新期间，CPU 会自动处理模块和过程映像区之间的数据交换。

如果希望程序直接访问模块（而不是使用过程映像区），则在 I/O 地址或符号名称后附加后缀“：P”，这种方式称为直接访问 I/O 地址的访问方式。

注意：SIMATIC S7-1500 PLC I/O 地址的数据也可以使用立即读或立即写的方式直接访问，访问的最小单位为位。

（4）标志位存储区（M） 标志位存储区位于 CPU 的系统存储器，地址标识符为“M”。对 SIMATIC S7-1500 PLC 而言，所有型号的 CPU 标志位存储区都是 16384 个字节。在程序中访问标志位存储区的表示方法与访问输入输出映像区的表示方法类似。同样，标志位存储区的变量也可通过符号名进行访问。标志位存储区中掉电保持的数据区大小可以在“PLC 变量”→“保持性存储器”中设置，如图 3-7 所示。

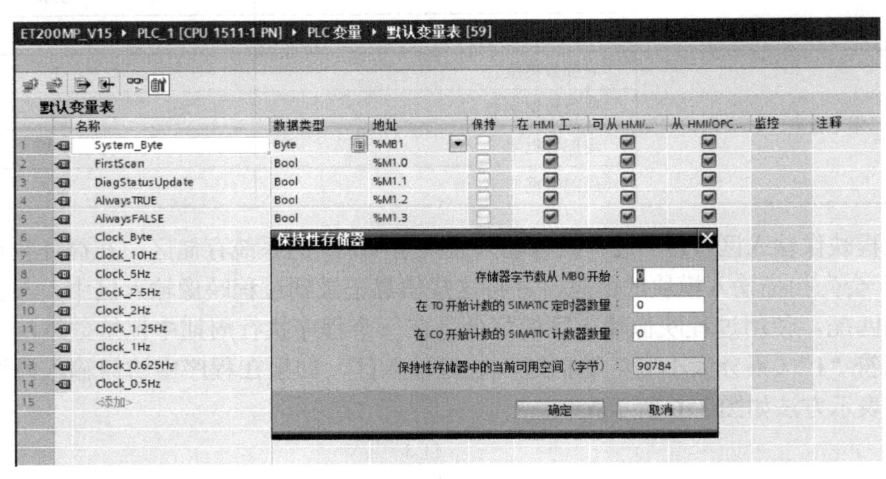

图 3-7 保持性存储器

（5）S5 定时器（T） 定时器存储区位于 CPU 的系统存储器，地址标识符为“T”。在 SIMATIC S7-1500 PLC 中，所有型号 CPU 的 S5 定时器的数量都是 2048 个。定时器的表示方法为 TX，T 表示定时器标识符，X 表示定时器编号。存储区中掉电保持的定时器个数可以在 CPU 中（如通过变量表）设置。S5 定时器也可通过符号寻址。

SIMATIC S7-1500 PLC 既可以使用 S5 定时器（T），也可以使用 IEC 定时器。推荐使用 IEC 定时器，这样程序编写更灵活，且 IEC 定时器的数量仅受 CPU 程序资源的限制。一般来说，IEC 定时器的数量远大于 S5 定时器的数量。

（6）S5 计数器（C）　计数器存储区位于 CPU 的系统存储器，地址标识符为“C”。在 SIMATIC S7-1500 PLC 中，所有型号 CPU 的 S5 计数器的数量都是 2048 个。计数器的表示方法为 CX，C 表示计数器标识符，X 表示计数器编号。存储区中掉电保持的计数器个数可以在 CPU 中（如通过变量表）设置。S5 计数器也可通过符号寻址。

SIMATIC S7-1500 PLC 既可以使用 S5 计数器（C），也可以使用 IEC 计数器。推荐使用 IEC 计数器，这样程序编写更灵活，且 IEC 计数器的数量仅受 CPU 程序资源的限制。一般来说，IEC 计数器的数量远大于 S5 计数器的数量。

注意：如果程序中使用的标志位存储区、定时器和计数器地址超出了 CPU 规定地址区范围，编译项目时将报错。

（7）数据块（DB）　数据块可以存储于装载存储器、工作存储器以及系统存储器中（块堆栈），共享数据块地址标识符为“DB”，FB 的背景数据块地址标识符为“IDB”。

在 SIMATIC S7-1500 PLC 中，DB 分两种，一种为优化的 DB，另一种为标准 DB。每次添加一个新的全局 DB 时，其默认类型为优化的 DB，可以在 DB 的属性中修改 DB 的类型。

IDB 的属性是由其所属的 FB 决定的，如果该 FB 为标准 FB，则其 IDB 就是标准 DB；如果该 FB 为优化的 FB，则其 IDB 就是优化的 DB。

优化 DB 和标准 DB 在 SIMATIC S7-1500 PLC CPU 中存储和访问的过程完全不同。标准 DB 掉电保持属性为整个 DB，DB 内变量为绝对地址访问，支持指针寻址；而优化 DB 内每个变量都可以单独设置掉电保持属性，DB 内变量只能使用符号名寻址，不能使用指针寻址。优化的 DB 借助预留的存储空间，支持“下载不需要重新初始化”功能，而标准 DB 则无此功能。

2．常量与变量

数据类型属于抽象概念，在编程时，我们并不能直接操作数据类型，而是要操作数据的实例。实例是数据类型的具体表现，包括两种：常量与变量。

（1）常量　常量的英文名称为“constant”，是指在程序的运行过程中其值不能被修改的量。常量存放在只读存储区，任何试图修改常量值的代码都将引发错误。

常量可以有不同的数据类型，可以是字节、字或者双字。例如：B#16#10 表示以字节形式存放的常量（占用一个字节），其值为十六进制的“10”；W#16#10 表示以字形式存放的常量（占用两个字节），其值为十六进制的“10”；DW#16#10 表示以双字形式存放的常量（占用 4 个字节），其值为十六进制的“10”。

从上面的例子可以看出，虽然常量存放的值都为“0x10”，但是由于声明的数据类型不同，所以它占用的内存资源也不同，知道了这个道理，在以后的程序设计中，就可以根据具体的需要采用不同数据类型的常量，以便能节省内存资源，提高程序的运行效率。

常量可以表示二进制数据，用前缀“2#”表示，例如“2#1010”表示二进制的“1010”。在进行按位“与”的操作时，二进制的常量使用起来会很方便

常量可以声明成整数类型，在 SIMATIC STEP7 平台下用“L#”表示，例如“L#10”表示

十进制的“10”；“L#”也可以表示负数，例如“L#-5”表示十进制的“−5”。“L#”声明的常量占用 4 个字节，总计 32 位

SIMATIC S7-1500 系列 PLC 支持更多的数据类型，其中整型数据被细分成有符号短整型（SINT）、无符号短整型（USINT）、有符号整型（INT）、无符号整型（UINT）、有符号双整型（DINT）、无符号双整型（UDINT）、有符号长整型（LINT）和无符号长整型（ULINT）。在 SIMATIC S7-1500 PLC 下的整型常数只需要在数据类型的后面加上“#”即可，例如“SINT#10”或者“INT#567”等。

常数可以声明成实数（浮点数），不需要特殊的前缀，只需要在书写时加上小数点即可，例如“10.0”，编辑器会自动使用科学计数法表示该数值。

常量还可以表示时间，用“S5T#”表示。S5 格式的时间常量占用 2 个字节，其格式为 S5T#D_H_M_S_MS，其中“D”表示天，“H”表示小时，“M”表示分钟，“S”表示秒，“MS”表示毫秒。例如：S5T#1M5S 表示“1min5s”，时间常量一般和定时器配合使用。

（2）变量　变量的英文名称为“variable”，是指在程序的运行过程中其值可以被修改的量，例如，对于每次块调用，可以为在块接口中声明的变量分配不同的值，从而可以重复使用已编程的块，用于实现多种用途。变量由变量名称、数据类型组成，与定义常量不同的是，定义变量时需要明确其存储区域。

西门子 S7 系列 PLC 的存储区域包括：过程映像输入区（I）、过程映像输出区（Q）、位存储区（M）、定时器区（T）和计数器区（C）。例如：M0.1 表示以“位”的方式来操作“位存储区”的第 0 个字节的第 1 位；MB0 表示“位存储区”的第 0 个字节；MW0 表示“位存储区”的第 0 个字；MD0 表示“位存储区”的第 0 个双字。

这种以存储区的编号来表示变量的方式称为变量的绝对地址表示。绝对地址不能直观地表示实际物理信号意义，程序的可读性较差。为了增加程序的可读性，S7 系列 PLC 还支持使用符号名称来表示变量，例如可以给 M0.1 起个符号名“Switch_Open”，这样就可以知道该变量与开关的打开状态有关。

一般访问权的 PLC 变量和 DB 变量都有绝对地址。也可进行声明变量，即可以为程序定义具有不同范围的变量，如：在 CPU 的所有区域中都适用的 PLC 变量、全局 DB 中的 DB 变量可以在整个 CPU 范围内被各类块使用，而 IDB 中的 DB 变量，则主要用于声明它们的块中。

变量类型之间的区别见表 3-3。

表 3-3　变量类型之间的区别

	PLC 变量	IDB 中的变量	全局 DB 中的变量
应用范围	1．在整个 CPU 中有效 2．CPU 中的所有块均可使用 3．该名称在 CPU 中唯一	1．主要用于定义它们的块中 2．该名称在 IDB 中唯一	1．CPU 中的所有块均可使用 2．该名称在全局 DB 中唯一
可用的字符	1．字母、数字和特殊字符 2．不可使用引号 3．不可使用保留关键字	1．字母、数字和特殊字符 2．不可使用保留关键字	1．字母、数字和特殊字符 2．不可使用保留关键字
使用	1．I/O 信号（I、IB、IW、ID、Q、QB、QW、QD） 2．位存储器（M、MB、MW、MD）	1．块参数（输入、输出和输入/输出参数） 2．块的静态数据	静态数据
定义位置	PLC 变量表	块接口	全局 DB 声明表

3.1.3 知识：数据存储区的寻址方式

寻址方式，即对数据存储区进行读写访问的方式。SIMATIC S7-1500 系列 PLC 的寻址方式有立即数寻址、直接寻址和间接寻址三大类。

1. 立即数寻址

立即数寻址是操作数为常数或常量时的一种寻址方式，其特点是操作数值直接表示在指令中，出现在指令中的操作数称为立即数。有些指令的操作数是唯一的，为简化起见，并不在指令中写出。立即数寻址方式可用来提供常数、设置初值等。常数值可分为字节、字和双字型等数据。CPU 以二进制方式存储所有常数。在指令中可用十进制、十六进制、ASCII 码或浮点数形式来表示操作数。

立即数寻址示例：

```
SET                 说明：把 RLO（逻辑运算结果）置 1
OW   W#16#320       将常量 W#16#320 与 ACCU1（累加器）“或”运算
L    1352           把整数 1352 装入 ACCU1
L    'ABCD'         把 ASCII 码字符 ABCD 装入 ACCU1
L    C#100          把 BCD 码常数 100（计数值）装入 ACCU1
AW W#16#3A12        常数 W#16#3A12 与 ACCU1 的低位相“与”，运算结果在
                    ACCU1 的低字中
```

2. 直接寻址

直接寻址包括对寄存器和存储器的直接寻址。在直接寻址的指令中，直接给出操作数的存储单元地址，包括寄存器或存储器的区域、长度和位置，根据这个地址就可以立即找到该数据。例如：用 MW200 指定位存储区中的字，地址为 200；MB100 表示以字节方式存取，MW100 表示存取 MB100、MB101 组成的字，MD100 表示存取 MB100～MB103 组成的双字。在指令中，数据类型应与指令标识符相匹配。

系统存储器中的存储区 I、Q、M 和 L 是按字节进行排列的，对其中的存储单元进行的直接寻址方式包括位寻址、字节寻址、字寻址和双字寻址。

位寻址是对存储器中的某一位进行读写访问。

格式：地址标识符　字节地址.位地址

其中，地址标识符指明存储区的类型，可以是 I、Q、M 和 L。字节地址和位地址指明寻址的具体位置。例如，访问过程映像输入区 I 中的第 3 字节第 4 位，如图 3-8 中阴影部分所示，地址表示为 I3.4。

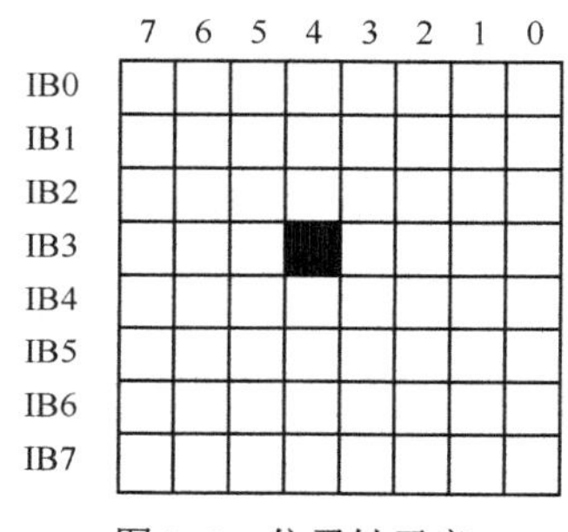

图 3-8 位寻址示意

对存储区 I、Q、M 和 L 也可以以 1B、2B 或 4B 为单位进行一次读写访问。

格式：地址标识符　长度类型　字节起始地址

其中，长度类型包括字节、字和双字，分别用“B”（Byte）、“W”（Word）和“D”（Double Word）表示。例如，VB100 表示变量存储器/区中的第 100 个字节，VW100 表示变量存储器/区中的第 100 和 101 两个字节，VD100 表示变量存储器/区中的第 100～103 四个字节。需要注意，当数据长度为字或双字时，最高有效字节为起始地址字节。图 3-9 为字节、字和双字寻址举例，VB100、VW100、VD100 三种寻址方式所对应访问的存储器空间及高低位排列的方式。

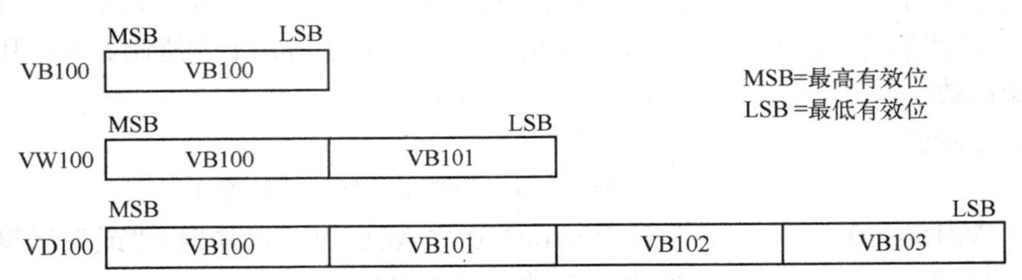

图 3-9　字节、字和双字寻址举例

对于 I/O 外设，也可以使用位寻址、字节寻址、字寻址和双字寻址。例如：“IB0：P”表示过程映像输入区第 0 字节所对应的输入外设存储器单元；“Q1.2：P”表示过程映像输出区第 1 字节第 2 位所对应的输出外设存储器单元。

DB 存储区也是按字节进行排列的，也可以使用位寻址、字节寻址、字寻址和双字寻址方式对 DB 进行读写访问。其中字节、字和双字的寻址格式同存储区 I、Q、M 和 L，位寻址的格式需要在地址标识符 DB 后加 X。如：DBX2.3 表示寻址 DB 第 2 字节第 3 位；DBB10 表示寻址 DB 第 10 字节；DBW4 表示寻址 DB 第 4、5 两个字节；DBD20 表示寻址 DB 第 20～23 四个字节。

直接寻址编程示例：

```
A    I0.0     说明：对输入位 100 进行“与”逻辑操作
=    M1154    使存储区位 M1154 的内容等于 RLO 的内容
L    IB10     把输入字节 IB10 的内容装入 ACCU1
T    DBD12    把 ACCU1 中的内容传送给数据双字 DBD12
```

3. 间接寻址

间接寻址包括存储器间接寻址与寄存器间接寻址两种方式。

（1）存储器间接寻址　存储器间接寻址简称间接寻址。该寻址方式在指令中以存储器的形式给出操作数所在存储器单元的地址，也就是说该存储器的内容是操作数所在存储器单元的地址。该存储器一般称为地址指针，在指令中需写在方括号“[ ]”内。地址指针可以是字或双字。对于地址范围小于 65535（即 16 位二进制数所表示的最大值）的存储器（如 T、C、DB、FB 和 FC 等）可以用字指针，其指针格式如图 3-10 所示。

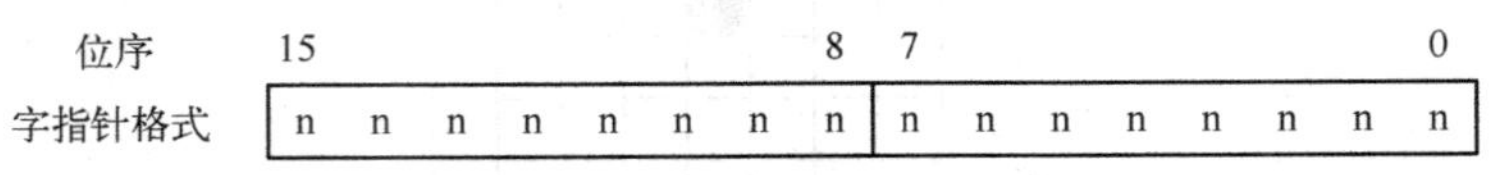

位0~15（范围0~65535）：用于定时器（T）、计数器（C）、数据块（DB）、
功能块（FB）和功能（FC）的编程

图 3-10　存储器间接寻址的字指针格式

对于其他存储器（如 I、O、M 等）则要使用双字指针。如果要用双字指针访问字节、字或

双字存储器，必须保证指针的位编号为 0，只有双字 MDLD、DBD 和 DID 能作为双字地址指针，存储器间接寻址的双字指针格式如图 3-11 所示，位 0～2 为被寻址地址中位的编号（范围 0～7），位 3～18 为被寻址地址的字节编号（范围 0～65535）。

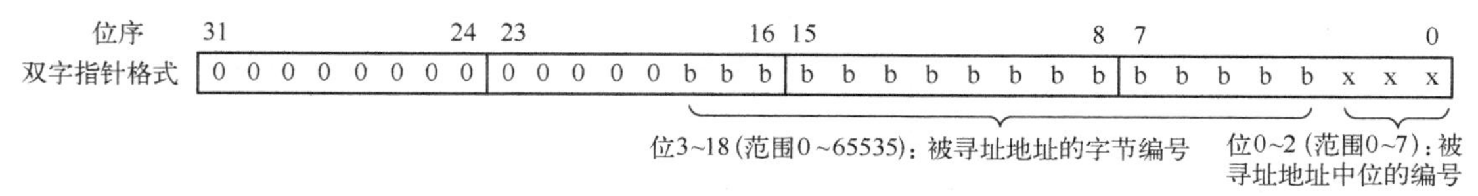

图 3-11　存储器间接寻址的双字指针格式

存储器间接寻址的单字格式的指针寻址示例：

```
L      2            说明：将数字 2#0000000000000010 装入 ACCU1
T      MW50         将 ACCU1 低字中的内容传给 MW50 作为指针值
OPN    DB35         打开共享数据块 DB35
LD     BW[MW50]     将共享数据块 DBW2 的内容装入 ACCU1
```

存储器间接寻址的双字格式的指针寻址示例：

```
L      P#8.7        说明：把指针值装载到 ACCU1
T      [MD2]        把指针值传送到 MD2
A      [MD2]        查询 I8.7 的信号状态
=      Q[MD2]       给输出位 Q8.7 赋值
```

上面程序中 Q[MD2]中的 MD2 称为地址指针，其里面的数值代表地址。使用存储器间接寻址，该存储器的值是操作数的地址，因此改变了存储器的值，就相当于改变了操作数的地址，在循环程序中经常使用存储器间接寻址。

（2）寄存器间接寻址　寄存器间接寻址简称寄存器寻址。在 S7 中有两个地址寄存器，分别是 AR1 和 AR2。通过地址寄存器，可以对各存储区的存储器内容实现寄存器间接寻址。地址寄存器的内容加上偏移量形成地址指针，该指针指向数值所在的存储单元。地址寄存器及偏移量必须写在方括号“[ ]”内。寄存器间接寻址的语句不改变地址寄存器中的数值。用寄存器指针访问一个字节、字或双字时，必须保证地址指针中位地址编号为 0。

地址寄存器的地址指针有两种格式，其长度均为双字，指针格式如图 3-12 所示。

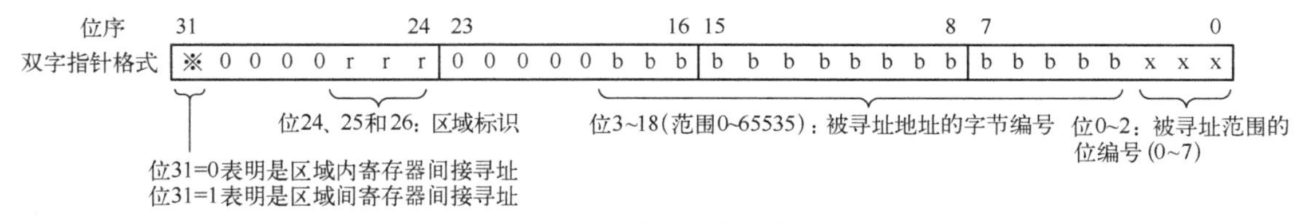

图 3-12　寄存器间接寻址的双字指针格式

3.2　位逻辑指令及其应用

3.2.1　知识：触点、取反 RLO 与输出指令

1. 常开触点

常开触点指令梯形图如图 3-13 所示，该指令的参数见表 3-4。

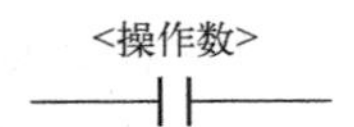

图 3-13　常开触点指令梯形图

表 3-4　常开触点指令的参数

参数	声明	数据类型	存储区	说明
<操作数>	Input	BOOL	I、Q、M、D、L、T、C 或常量	要查询其信号状态的操作数

功能：常开触点的激活取决于相关操作数的信号状态。当操作数的信号状态为“1”时，常开触点将关闭，同时输出的信号状态置位为输入的信号状态。当操作数的信号状态为“0”时，不会激活常开触点，同时该指令输出的信号状态复位为“0”。两个或多个常开触点串联时，将逐位进行“与”运算。串联时，所有触点都闭合后才产生信号流。常开触点并联时，将逐位进行“或”运算。并联时，有一个触点闭合就会产生信号流。

2．常闭触点

常闭触点指令梯形图如图 3-14 所示，该指令的参数见表 3-5。

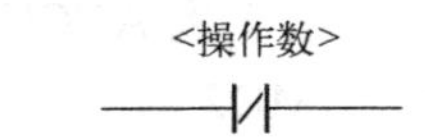

图 3-14　常闭触点指令梯形图

表 3-5　常闭触点指令的参数

参数	声明	数据类型	存储区	说明
<操作数>	Input	BOOL	I、Q、M、D、L、T、C 或常量	要查询其信号状态的操作数

功能：常闭触点的激活取决于相关操作数的信号状态。当操作数的信号状态为“1”时，常闭触点将打开，同时该指令输出的信号状态复位为“0”。当操作数的信号状态为“0”时，不会启用常闭触点，同时将该输入的信号状态传输到输出。两个或多个常闭触点串联时，将逐位进行“与”运算。串联时，所有触点都闭合后才产生信号流。常闭触点并联时，将进行“或”运算。并联时，有一个触点闭合就会产生信号流。

3．取反 RLO

取反 RLO 指令梯形图如图 3-15 所示。

图 3-15　取反 RLO 指令梯形图

功能：使用取反 RLO 指令，可对逻辑运算结果（RLO）的信号状态进行取反。如果该指令输入的信号状态为“1”，则指令输出的信号状态为“0”。如果该指令输入的信号状态为“0”，则指令输出的信号状态为“1”。

4．线圈

线圈指令梯形图如图 3-16 所示，该指令的参数见表 3-6。

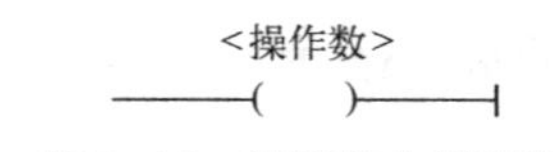

图 3-16　线圈指令梯形图

表 3-6　线圈指令的参数

参数	声明	数据类型	存储区	说明
<操作数>	Output	BOOL	I、Q、M、D、L	要赋值给 RLO 的操作数

功能：可以使用“赋值”指令来置位指定操作数的位。如果线圈输入的逻辑运算结果（RLO）的信号状态为“1”，则将指定操作数的信号状态置位为“1”。如果线圈输入的信号状态为“0”，则指定操作数的位将复位为“0”。该指令不会影响 RLO，线圈输入的 RLO 将直接发送到输出。

5．线圈取反

线圈取反指令梯形图如图 3-17 所示，该指令的参数见表 3-7。

<操作数>
——(/)——

图 3-17　线圈取反指令梯形图

表 3-7　线圈取反指令的参数

参数	声明	数据类型	存储区	说明
<操作数>	Output	BOOL	I、Q、M、D、L	要赋值给 RLO 的操作数

功能：又称赋值取反指令，可将逻辑运算的结果（RLO）进行取反，然后将其赋值给指定操作数。线圈输入的 RLO 为“1”时，复位操作数。线圈输入的 RLO 为“0”时，操作数的信号状态置位为“1”。

3.2.2　案例：PLC 控制传送带上贴商标装置

图 3-18 为检测随传送带运动物品的位置后，自动贴商标装置。当产品从传送带上送过来时，通过两个光电管，即可检测传送线上物品的位置。当信号被两个光电管同时接收时，贴商标执行机构会自动完成贴商标操作。

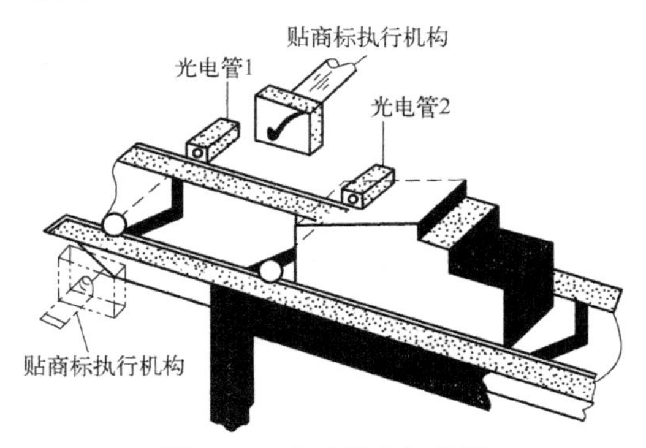

图 3-18　自动贴商标装置

采用端口（I/O）分配表来确定输入、输出与实际元件的控制关系，自动贴商标装置 I/O 分配表见表 3-8。

表 3-8　自动贴商标装置 I/O 分配表

输　入		输　出	
输入设备	输入编号	输出设备	输出编号
光电管 1	I0.0	贴商标执行机构	Q0.0
光电管 2	I0.1		

根据表 3-8，对应的 PLC 与外围元件接线图如图 3-19 所示。

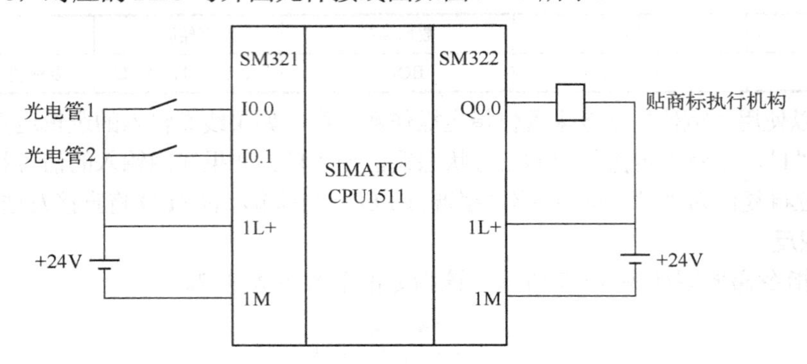

图 3-19　对应的 PLC 与外围元件接线图

图 3-20 为自动贴商标装置控制程序梯形图，当信号被两个光电管同时接收到，即 I0.0 和 I0.1 同时接通时，Q0.0 得电，贴商标执行机构将商标移到物体上，自动完成贴商标操作。

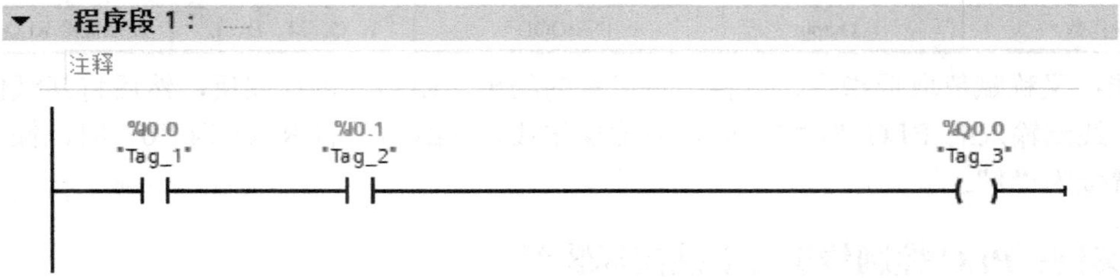

程序段 1：.....

注释

%I0.0 "Tag_1"　%I0.1 "Tag_2"　%Q0.0 "Tag_3"

图 3-20　自动贴商标装置控制程序梯形图

图 3-21 为根据 I/O 分配表建立的 PLC 变量表。建立变量表后，在 PLC 的程序中可直接使用变量名来替代绝对地址，使得 PLC 程序具有较好的可读性，同时也便于调试，其 PLC 程序梯形图如图 3-22 所示。

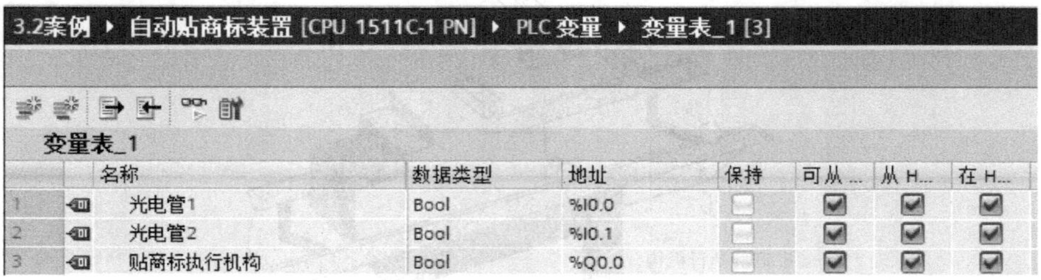

3.2案例 ▸ 自动贴商标装置 [CPU 1511C-1 PN] ▸ PLC 变量 ▸ 变量表_1 [3]

变量表_1

	名称	数据类型	地址	保持	可从 ...	从 H...	在 H...
1	光电管1	Bool	%I0.0	☐	☑	☑	☑
2	光电管2	Bool	%I0.1	☐	☑	☑	☑
3	贴商标执行机构	Bool	%Q0.0	☐	☑	☑	☑

图 3-21　自动贴商标装置 PLC 变量表

图 3-22　建立变量表后的自动贴商标装置 PLC 程序梯形图

3.2.3　案例：PLC 实现双联开关控制

图 3-23 为双联开关控制，楼上、楼下照明控制系统。在楼上、楼下设置两个普通开关，以实现双联开关控制楼梯灯的效果。其端口（I/O）分配表见表 3-9。

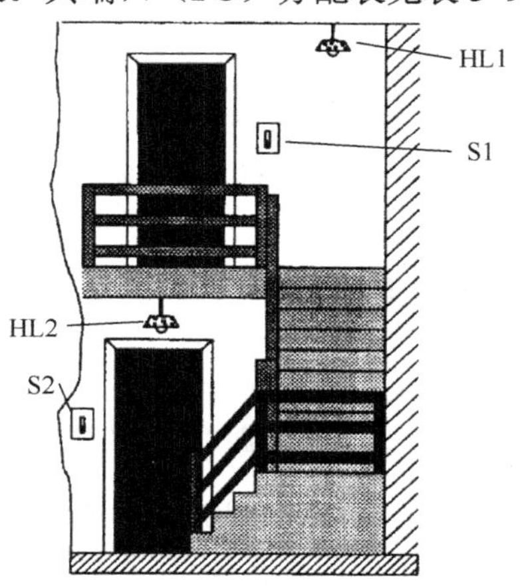

图 3-23　双联开关控制

表 3-9　双联开关控制 I/O 分配表

输　入		输　出	
输入设备	输入编号	输出设备	输出编号
顶楼开关 S1	I0.0	楼梯灯 HL1、HL2	Q0.0
底楼开关 S2	I0.1		

图 3-24 为其程序梯形图，当 S1（I0.0）、S2（I0.1）两个开关要使楼梯灯点亮，则两个开关必须在同一状态中，即 S1（I0.0）、S2（I0.1）两个开关同时接通或同时断开，此时与双联开关控制的解决方案一样，灯的亮暗控制可从任何一个开关控制。

程序段 1：

注释

%I0.0 "顶楼开关S1"　%I0.1 "底楼开关S2"　%Q0.0 "楼梯灯HL1、HL2"

%I0.0 "顶楼开关S1"　%I0.1 "底楼开关S2"

图 3-24　双联开关控制程序梯形图

3.2.4　知识：置位/复位指令

1．置位输出

置位输出指令梯形图如图 3-25 所示，该指令的参数见表 3-10。

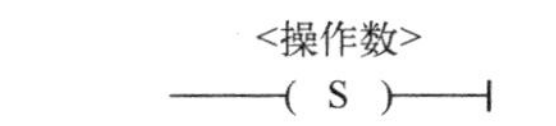

图 3-25　置位输出指令梯形图

表 3-10　置位输出指令的参数

参数	声明	数据类型	存储区	说明
<操作数>	Output	BOOL	I、Q、M、D、L	RLO 为“1”时复位的操作数

功能：使用置位输出指令，可将指定操作数的信号状态置位为“1”。仅当线圈输入的 RLO 为“1”时，才执行该指令。如果信号流通过线圈（RLO=“1”），则指定的操作数置位为“1”。如果线圈输入的 RLO 为“0”（没有信号流通过线圈），则指定操作数的信号状态将保持不变。

2．复位输出

复位输出指令梯形图如图 3-26 所示，该指令的参数见表 3-11。

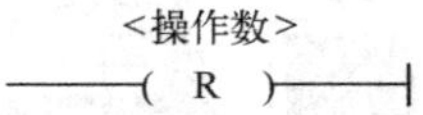

<操作数>

——(R)——|

图 3-26　复位输出指令梯形图

表 3-11　复位输出指令的参数

参数	声明	数据类型	存储区	说明
<操作数>	Output	BOOL	I、Q、M、D、L、T、C	RLO 为“1”时复位的操作数

功能：可以使用复位输出指令将指定操作数的信号状态复位为“0”。仅当线圈输入的 RLO 为“1”时，才执行该指令。如果信号流通过线圈（RLO 为“1”），则指定的操作数复位为“0”。如果线圈输入的 RLO 为“0”（没有信号流过线圈），则指定操作数的信号状态将保持不变。

3．置位/复位触发器 SR

置位/复位触发器 SR 指令梯形图如图 3-27 所示，该指令的参数见表 3-12。

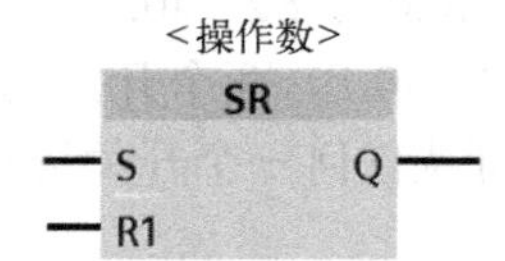

图 3-27　置位/复位触发器 SR 指令梯形图

表 3-12　置位/复位触发器指令的参数

参数	声明	数据类型	存储区	说明
S	Input	BOOL	I、Q、M、D、L 或常量	使能置位
R1	Input	BOOL	I、Q、M、D、L、T、C 或常量	使能复位
<操作数>	InOut	BOOL	I、Q、M、D、L	待置位或复位的操作数
Q	Output	BOOL	I、Q、M、D、L	操作数的信号状态

功能：可以使用置位/复位触发器指令，根据输入 S 和 R1 的信号状态，置位或复位指定操作数的位。如果输入 S 的信号状态为“1”且输入 R1 的信号状态为“0”，则将指定的操作数置位为“1”。如果输入 S 的信号状态为“0”且输入 R1 的信号状态为“1”，则将指定的操作数复位为“0”。输入 R1 的优先级高于输入 S。输入 S 和 R1 的信号状态都为“1”时，指定操作数的信号状态将复位为“0”。如果两个输入 S 和 R1 的信号状态都为“0”，则不会执行该指令，因此操作数的信号状态保持不变。操作数的当前信号状态被传送到输出 Q，并可在此进行查询。

4. 复位/置位触发器 RS

复位/置位触发器 RS 指令梯形图如图 3-28 所示，该指令的参数见表 3-13。

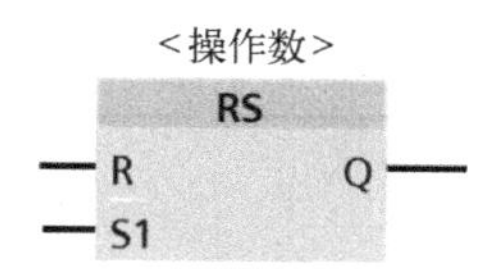

图 3-28 复位/置位触发器 RS 指令梯形图

表 3-13 复位/置位触发器指令的参数

参数	声明	数据类型	存储区	说明
R	Input	BOOL	I、Q、M、D、L 或常量	使能复位
S1	Input	BOOL	I、Q、M、D、L、T、C 或常量	使能置位
<操作数>	InOut	BOOL	I、Q、M、D、L	待复位或置位的操作数
Q	Output	BOOL	I、Q、M、D、L	操作数的信号状态

功能：可以使用复位/置位触发器指令，根据输入 R 和 S1 的信号状态，复位或置位指定操作数的位。如果输入 R 的信号状态为“1”且输入 S1 的信号状态为“0”，则指定的操作数将复位为“0”。如果输入 R 的信号状态为“0”且输入 S1 的信号状态为“1”，则将指定的操作数置位为“1”。输入 S1 的优先级高于输入 R。当输入 R 和 S1 的信号状态均为“1”时，将指定操作数的信号状态置位为“1”。如果两个输入 R 和 S1 的信号状态都为“0”，则不会执行该指令，因此操作数的信号状态保持不变。操作数的当前信号状态被传送到输出 Q，并可在此进行查询。

3.2.5 案例：PLC 控制电动机连续工作电路

图 3-29 为电动机连续控制电路接线原理图，其典型控制梯形图如图 3-30 所示。图 3-31 为采用置位指令和复位指令控制的梯形图，其控制功能与图 3-30 相同。注意：由于热继电器 FR 采用常闭输入形式，因此在梯形图中应采用常开触点进行替代。

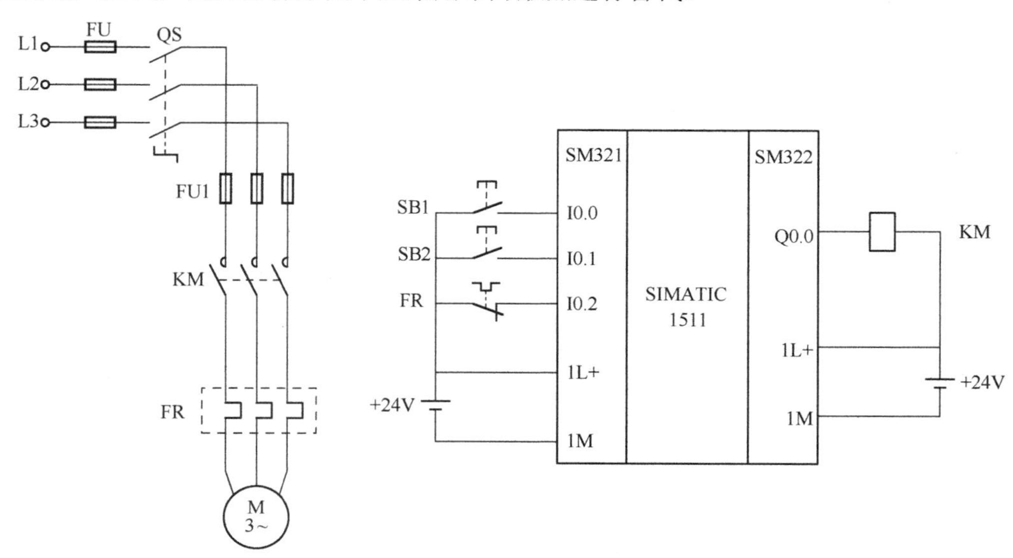

图 3-29 电动机连续控制电路接线原理图

程序段 1：
注释
%I0.0
"启动按钮SB1"
%I0.1
"停止按钮SB2"
%I0.2
"热继电器FR"
%Q0.0
"接触器KM"
%Q0.0
"接触器KM"

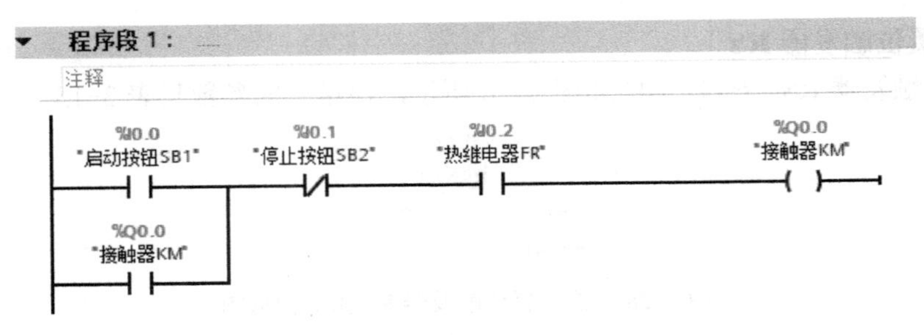

图 3-30　连续控制电路典型控制梯形图

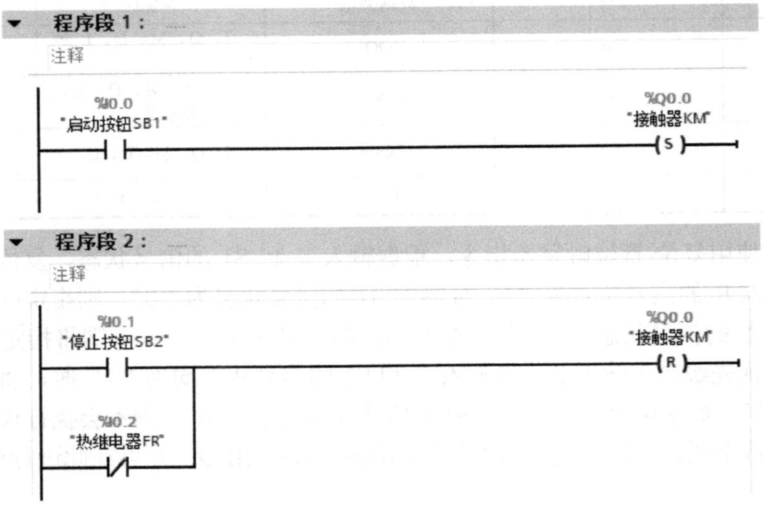

程序段 1：
注释
%I0.0
"启动按钮SB1"
%Q0.0
"接触器KM"
S
程序段 2：
注释
%I0.1
"停止按钮SB2"
%Q0.0
"接触器KM"
R
%I0.2
"热继电器FR"

图 3-31　采用置位指令和复位指令控制的梯形图

3.2.6　知识：边沿检测指令

1. 扫描操作数的信号上升沿

图 3-32 显示了出现信号下降沿和上升沿时，信号状态的变化。

信号
状态
信号上升沿
信号下降沿
1
0
定时器

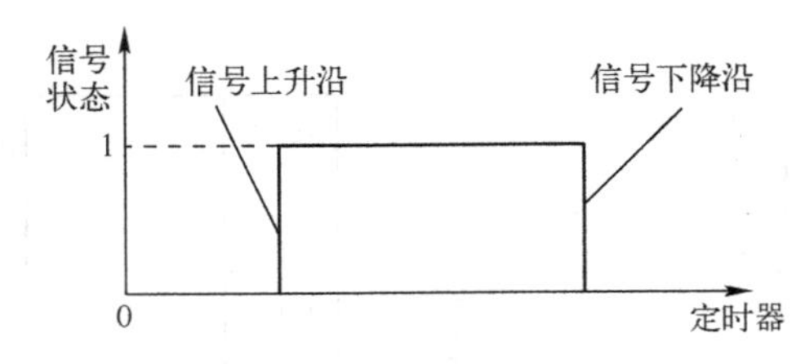

图 3-32　信号下降沿和上升沿

扫描操作数的信号上升沿指令梯形图如图 3-33 所示，该指令的参数见表 3-14。

<操作数1>
P
<操作数2>

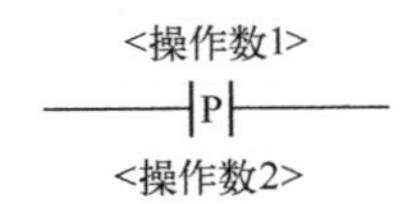

图 3-33　扫描操作数的信号上升沿指令梯形图

表 3-14　扫描操作数的信号上升沿指令的参数

参数	声明	数据类型	存储区	说明
<操作数 1>	Input	BOOL	I、Q、M、D、L、T、C 或常量	要扫描的信号
<操作数 2>	InOut	BOOL	I、Q、M、D、L	保存上一次查询的信号状态的边沿存储位

功能：使用扫描操作数的信号上升沿指令，可以确定所指定操作数（<操作数 1>）的信号状态是否从“0”变为“1”。该指令将比较<操作数 1>的当前信号状态与上一次扫描的信号状态，上一次扫描的信号状态保存在边沿存储位（<操作数 2>）中。如果该指令检测到 RLO 从“0”变为“1”，则说明出现了一个上升沿。

每次执行指令时，都会查询信号上升沿。检测到信号上升沿时，<操作数 1>的信号状态将在一个程序周期内保持置位为“1”。在其他任何情况下，操作数的信号状态均为“0”。

在该指令上方的操作数占位符中，指定要查询的操作数（<操作数 1>）。在该指令下方的操作数占位符中，指定边沿存储位（<操作数 2>）。

使用时应注意修改边沿存储位的地址，边沿存储位的地址在程序中最多只能使用一次，否则，会覆盖该存储位。该步骤将影响到边沿检测，从而导致结果不再唯一。边沿存储位的存储区域必须位于 DB（FB 静态区域）或位存储区中。

2．扫描操作数的信号下降沿

扫描操作数的信号下降沿指令梯形图如图 3-34 所示，该指令的参数见表 3-15。

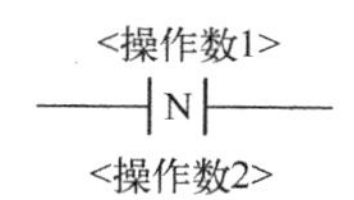

图 3-34　扫描操作数的信号下降沿指令梯形图

表 3-15　扫描操作数的信号下降沿指令的参数

参数	声明	数据类型	存储区	说明
<操作数 1>	Input	BOOL	I、Q、M、D、L、T、C 或常量	要扫描的信号
<操作数 2>	InOut	BOOL	I、Q、M、D、L	保存上一次查询的信号状态的边沿存储位

功能：使用扫描操作数的信号下降沿指令，可以确定所指定操作数（<操作数 1>）的信号状态是否从“1”变为“0”。该指令将比较<操作数 1>的当前信号状态与上一次扫描的信号状态，上一次扫描的信号状态保存在边沿存储位<操作数 2>中。如果该指令检测到 RLO 从“1”变为“0”，则说明出现了一个下降沿。

每次执行指令时，都会查询信号下降沿。检测到信号下降沿时，<操作数 1>的信号状态将在一个程序周期内保持置位为“1”。在其他任何情况下，操作数的信号状态均为“0”。

在该指令上方的操作数占位符中，指定要查询的操作数（<操作数 1>）。在该指令下方的操作数占位符中，指定边沿存储位（<操作数 2>）。

使用时应注意修改边沿存储位的地址，边沿存储位的地址在程序中最多只能使用一次，否则，会覆盖该存储位。该步骤将影响到边沿检测，从而导致结果不再唯一。边沿存储位的存储区域必须位于 DB（FB 静态区域）或位存储区中。

3．信号上升沿置位操作数

信号上升沿置位操作数指令梯形图如图 3-35 所示，该指令的参数见表 3-16。

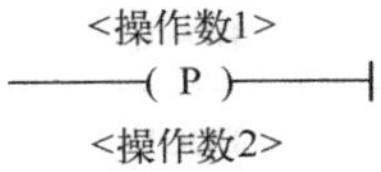

<操作数1>
——(P)——|
<操作数2>

图 3-35　信号上升沿置位操作数指令梯形图

表 3-16　信号上升沿置位操作数指令的参数

参数	声明	数据类型	存储区	说明
<操作数 1>	Output	BOOL	I、Q、M、D、L	上升沿置位的操作数
<操作数 2>	InOut	BOOL	I、Q、M、D、L	边沿存储位

功能：可以使用信号上升沿置位操作数指令在 RLO 从“0”变为“1”时置位指定操作数（<操作数 1>）。该指令将当前 RLO 与保存在边沿存储位中（<操作数 2>）上次查询的 RLO 进行比较。如果该指令检测到 RLO 从“0”变为“1”，则说明出现了一个信号上升沿。

每次执行指令时，都会查询信号上升沿。检测到信号上升沿时，<操作数 1>的信号状态将在一个程序周期内保持置位为“1”。在其他任何情况下，操作数的信号状态均为“0”。

可以在该指令上面的操作数占位符中指定要置位的操作数（<操作数 1>）。在该指令下方的操作数占位符中，指定边沿存储位（<操作数 2>）。

4．信号下降沿置位操作数

信号下降沿置位操作数指令梯形图如图 3-36 所示，该指令的参数见表 3-17。

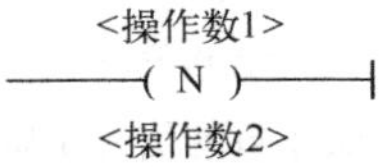

<操作数1>
——(N)——|
<操作数2>

图 3-36　信号下降沿置位操作数指令梯形图

表 3-17　信号下降沿置位操作数指令的参数

参数	声明	数据类型	存储区	说明
<操作数 1>	Output	BOOL	I、Q、M、D、L	下降沿置位的操作数
<操作数 2>	InOut	BOOL	I、Q、M、D、L	边沿存储位

功能：可以使用信号下降沿置位操作数指令在 RLO 从“1”变为“0”时置位指定操作数（<操作数 1>）。该指令将当前 RLO 与保存在边沿存储位中（<操作数 2>）上次查询的 RLO 进行比较。如果该指令检测到 RLO 从“1”变为“0”，则说明出现了一个信号下降沿。

每次执行指令时，都会查询信号下降沿。检测到信号下降沿时，<操作数 1>的信号状态将在一个程序周期内保持置位为“1”。在其他任何情况下，操作数的信号状态均为“0”。

可以在该指令上面的操作数占位符中指定要置位的操作数（<操作数 1>）。在该指令下方的操作数占位符中，指定边沿存储位（<操作数 2>）。

5．扫描 RLO 的信号上升沿 P_TRIG

扫描 RLO 的信号上升沿 P_TRIG 指令梯形图如图 3-37 所示，该指令的参数见表 3-18。

P_TRIG
— CLK　　Q —

图 3-37　扫描 RLO 的信号上升沿 P_TRIG 指令梯形图

表 3-18　扫描 RLO 的信号上升沿指令的参数

参数	声明	数据类型	存储区	说明
CLK	Input	BOOL	I、Q、M、D、L 或常量	当前 RLO
<操作数>	InOut	BOOL	M、D	保存上一次查询的 RLO 的边沿存储位
Q	Output	BOOL	I、Q、M、D、L	边沿检测的结果

功能：使用扫描 RLO 的信号上升沿指令，可查询 RLO 的信号状态从“0”到“1”的更改。该指令将比较 RLO 的当前信号状态与保存在边沿存储位（<操作数>）中上一次查询的信号状态。如果该指令检测到 RLO 从“0”变为“1”，则说明出现了一个信号上升沿。每次执行指令时，都会查询信号上升沿。检测到信号上升沿时，该指令输出 Q 将立即返回程序代码长度的信号状态“1”。在其他任何情况下，该输出返回的信号状态均为“0”。

注意：边沿存储位的地址在程序中最多只能使用一次，否则，会覆盖该存储位。该步骤将影响到边沿检测，从而导致结果不再唯一。边沿存储位的存储区域必须位于 DB（FB 静态区域）或位存储区中。

6. 扫描 RLO 的信号下降沿 N_TRIG

扫描 RLO 的信号下降沿 N_TRIG 指令梯形图如图 3-38 所示，该指令的参数见表 3-19。

图 3-38　扫描 RLO 的信号下降沿 N_TRIG 指令梯形图

表 3-19　扫描 RLO 的信号下降沿指令的参数

参数	声明	数据类型	存储区	说明
CLK	Input	BOOL	I、Q、M、D、L 或常量	当前 RLO
<操作数>	InOut	BOOL	M、D	保存上一次查询的 RLO 的边沿存储位
Q	Output	BOOL	I、Q、M、D、L	边沿检测的结果

功能：使用扫描 RLO 的信号下降沿指令，可查询 RLO 的信号状态从“1”到“0”的更改。该指令将比较 RLO 的当前信号状态与保存在边沿存储位（<操作数>）中上一次查询的信号状态。如果该指令检测到 RLO 从“1”变为“0”，则说明出现了一个信号下降沿。每次执行指令时，都会查询信号下降沿。检测到信号下降沿时，该指令输出 Q 将立即返回程序代码长度的信号状态“1”。在其他任何情况下，该指令输出的信号状态均为“0”。

注意：边沿存储位的地址在程序中最多只能使用一次，否则，会覆盖该存储位。该步骤将影响到边沿检测，从而导致结果不再唯一。边沿存储位的存储区域必须位于 DB（FB 静态区域）或位存储区中。

7. 检查信号上升沿 R_TRIG

检查信号上升沿 R_TRIG 指令梯形图如图 3-39 所示，该指令的参数见表 3-20。

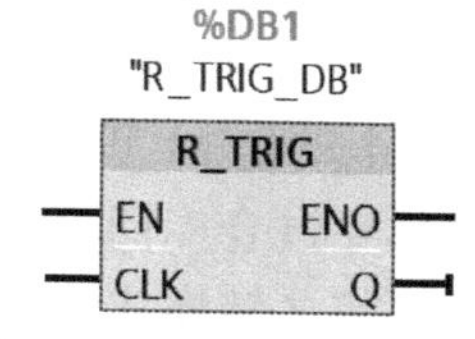

图 3-39　检查信号上升沿 R_TRIG 指令梯形图

表 3-20　检查信号上升沿指令的参数

参数	声明	数据类型	存储区	说明
EN	Input	BOOL	I、Q、M、D、L 或常量	使能输入
ENO	Output	BOOL	I、Q、M、D、L	使能输出
CLK	Input	BOOL	I、Q、M、D、L 或常量	到达信号，将查询该信号的边沿
Q	Output	BOOL	I、Q、M、D、L	边沿检测的结果

功能：使用检测信号上升沿指令，可以检测输入 CLK 的从“0”到“1”的状态变化。该指令将输入 CLK 的当前值与保存在指定实例中的上次查询（边沿存储位）的状态进行比较。如果该指令检测到输入 CLK 的状态从“0”变成了“1”，就会在输出 Q 中生成一个信号上升沿，输出的值将在一个循环周期内为“TRUE”或“1”。在其他任何情况下，该指令输出的信号状态均为“0”。

8. 检查信号下降沿 F_TRIG

检查信号下降沿 F_TRIG 指令梯形图如图 3-40 所示，该指令的参数见表 3-21。

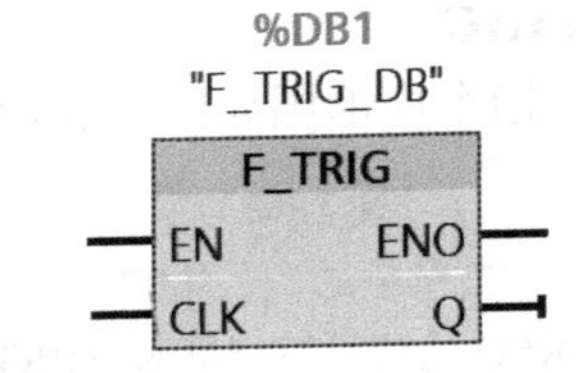

图 3-40　检查信号下降沿 F_TRIG 指令梯形图

表 3-21　检查信号下降沿指令的参数

参数	声明	数据类型	存储区	说明
EN	Input	BOOL	I、Q、M、D、L 或常量	使能输入
ENO	Output	BOOL	I、Q、M、D、L	使能输出
CLK	Input	BOOL	I、Q、M、D、L 或常量	到达信号，将查询该信号的边沿
Q	Output	BOOL	I、Q、M、D、L	边沿检测的结果

功能：使用检测信号下降沿指令，可以检测输入 CLK 的从“1”到“0”的状态变化。该指令将输入 CLK 的当前值与保存在指定实例中的上次查询（边沿存储位）的状态进行比较。如果该指令检测到输入 CLK 的状态从“1”变成了“0”，就会在输出 Q 中生成一个信号下降沿，输出的值将在一个循环周期内为“TRUE”或“1”。在其他任何情况下，该指令输出的信号状态均为“0”。

3.2.7　案例：PLC 控制自动开关门系统

图 3-41 为 PLC 控制仓库门自动开闭的装置。在仓库门的上方装设一个超声波开关 S01，当行人（车）进入超声波发射范围内时，开关便检测出超声回波，从而产生输出电信号（S01=ON），由该信号启动接触器 KM1，电动机 M 正转使卷帘上升开门。在仓库门的下方装设一套光电开关 S02，用以检测是否有物体穿过仓库门。光电开关由两个部件组成，一个是能连续发光的光源；另一个是能接收光束，并将之转换成电脉冲的接收器。当行人（车）遮住光束

时，光电开关 S02 会检测到这一物体，并产生电脉冲；当该信号消失后，启动接触器 KM2，使电动机 M 反转，从而使卷帘开始下降关门。用两个行程开关 S1 和 S2 来检测仓库门的开门上限和关门下限，以停止电动机的转动。其端口（I/O）分配表见表 3-22。

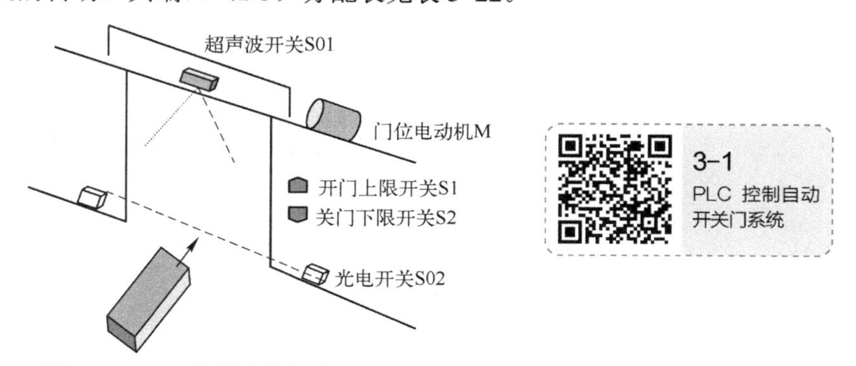

图 3-41　PLC 控制仓库门自动开闭的装置

表 3-22　PLC 控制仓库门自动开闭 I/O 分配表

输　入		输　出	
输入设备	输入编号	输出设备	输出编号
超声波开关 S01	I0.0	正转接触器（开门）KM1	Q0.0
光电开关 S02	I0.1	反转接触器（关门）KM2	Q0.1
开门上限开关 S1	I0.2		
关门下限开关 S2	I0.3		

图 3-42 为其程序梯形图，当行人（车）进入超声波发射范围时，超声波开关 S01 便检测出超声回波，从而产生输出电信号，I0.0 接通，使 Q0.0 得电，KM1 工作卷帘门打开，碰到开门上限开关 S1 时，I0.2 使 Q0.0 断电，开门结束。当行人（车）遮住光束时，光电开关 S02 便检测到这一物体，产生电脉冲，则 I0.1 接通，但此时不能关门，必须在此信号消失后，才能关门，因此采用脉冲下降沿微分指令 PLF，保证在信号消失时启动 Q0.1，进行关门。而当关门下限开关 S2 有信号时，I0.3 断开，Q0.1 关门结束，等待下一位顾客。

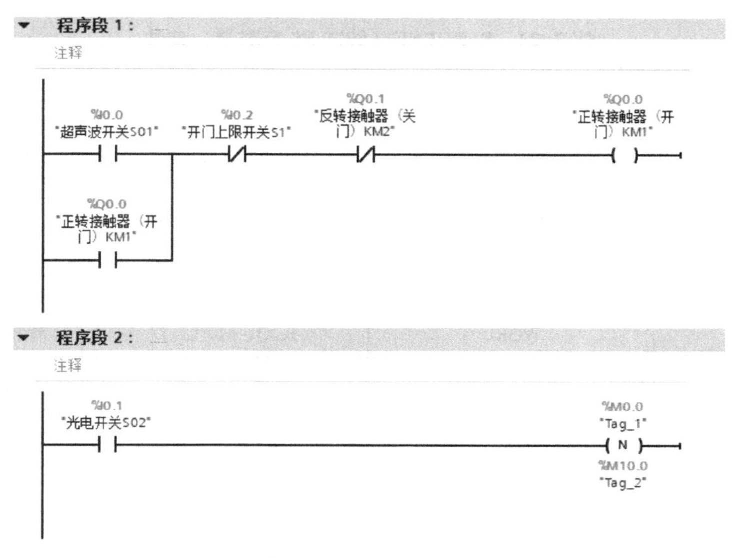

图 3-42　PLC 控制仓库门自动开闭程序梯形图

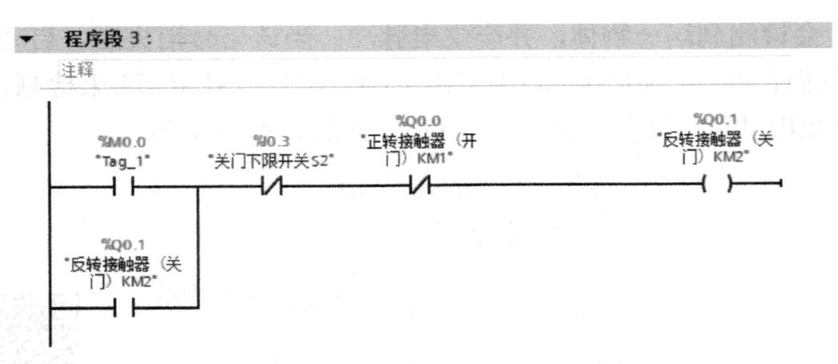

图 3-42 PLC 控制仓库门自动开闭程序梯形图（续）

3.3 定时器指令及其应用

3.3.1 知识：原有 SIMATIC 定时器

1. S_PULSE（脉冲 S5 定时器）

S_PULSE（脉冲 S5 定时器）其图形符号如图 3-43a 所示，其定时功能时序图如图 3-43b 所示，其参数见表 3-23。

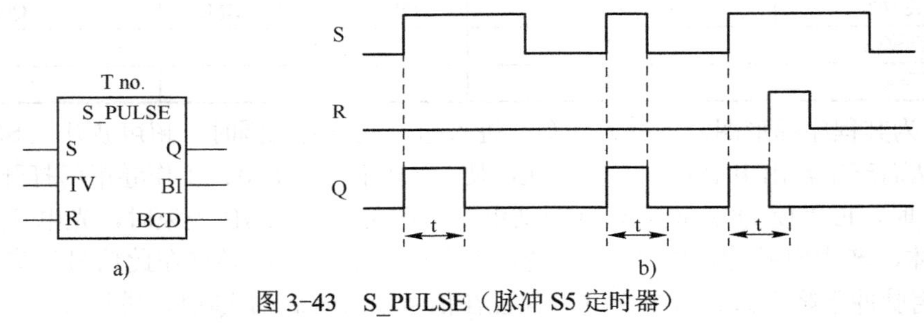

图 3-43 S_PULSE（脉冲 S5 定时器）

a) 图形符号 b) 定时功能时序图

表 3-23 S_PULSE（脉冲 S5 定时器）参数

参数	数据类型	存储区	描述
T 编号	TIMER	T	定时器标识号；其范围依赖于 CPU
S	BOOL	I、Q、M、L、D	使能输入
TV	S5TIME	I、Q、M、L、D	预设时间值
R	BOOL	I、Q、M、L、D	复位输入
BI	WORD	I、Q、M、L、D	剩余时间值，整型格式
BCD	WORD	I、Q、M、L、D	剩余时间值，BCD 格式
Q	BOOL	I、Q、M、L、D	定时器的状态

其功能为：如果在启动（S）输入端有一个上升沿，S_PULSE（脉冲 S5 定时器）将启动指定的定时器。信号变化始终是启用定时器的必要条件。定时器在输入端 S 的信号状态为“1”时运行，但最长周期由输入端 TV 指定的时间值决定。只要定时器运行，输出端 Q 的信号状态就为“1”。如果在时间间隔结束前，S 输入端从“1”变为“0”，则定时器将停止。这种情况下，

输出端 Q 的信号状态为“0”。

如果在定时器运行期间定时器复位（R）输入从“0”变为“1”时，则定时器将被复位。当前时间和时间基准也被设置为“0”。如果定时器不是正在运行，则定时器 R 输入端的逻辑“1”没有任何作用。

当前时间值可从输出 BI 和 BCD 扫描得到。时间值在 BI 端是二进制编码，在 BCD 端是 BCD 编码。当前时间值为初始 TV 值减去定时器启动后经过的时间。

2. S_PEXT（扩展脉冲 S5 定时器）

S_PEXT（扩展脉冲 S5 定时器）其图形符号如图 3-44a 所示，其定时功能时序图如图 3-44b 所示，其各部分参数同 S_PULSE（脉冲 S5 定时器）。

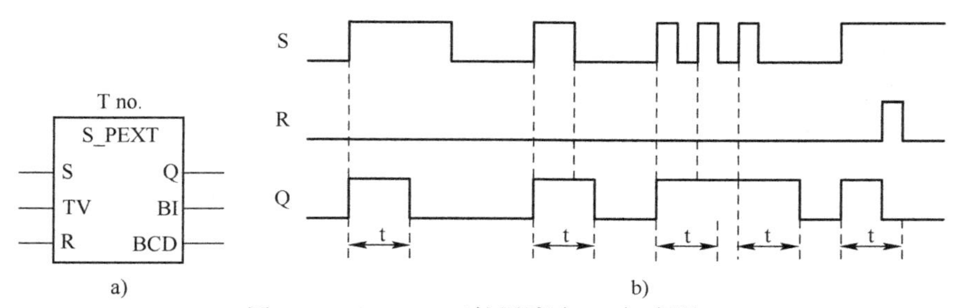

图 3-44　S_PEXT（扩展脉冲 S5 定时器）

a) 图形符号　b) 定时功能时序图

其功能为：如果在启动（S）输入端有一个上升沿，S_PEXT（扩展脉冲 S5 定时器）将启动指定的定时器。信号变化始终是启用定时器的必要条件。定时器在输入端 TV 指定的预设时间间隔运行，即在时间间隔结束前，S 输入端的信号状态变为“0”。只要定时器运行，输出端 Q 的信号状态就为“1”。如果在定时器运行期间输入端 S 的信号状态从“0”变为“1”，则将使用预设的时间值重新启动（重新触发）定时器。

如果在定时器运行期间复位（R）输入从“0”变为“1”，则定时器复位。当前时间和时间基准被设置为“0”。

当前时间值可从输出 BI 和 BCD 扫描得到。时间值在 BI 端是二进制编码，在 BCD 端是 BCD 编码。当前时间值为初始 TV 值减去定时器启动后经过的时间。

3. S_ODT（接通延时 S5 定时器）

S_ODT（接通延时 S5 定时器）其图形符号如图 3-45a 所示，其定时功能时序图如图 3-45b 所示，其各部分参数同 S_PULSE（脉冲 S5 定时器）。

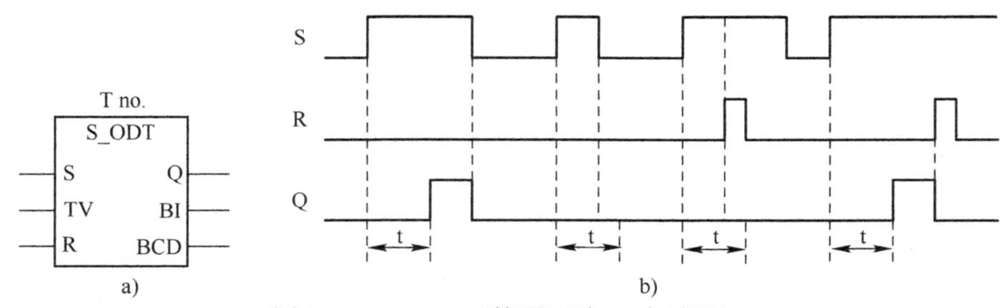

图 3-45　S_ODT（接通延时 S5 定时器）

a) 图形符号　b) 定时功能时序图

其功能为：如果在启动（S）输入端有一个上升沿，S_ODT（接通延时 S5 定时器）将启动指定的定时器。信号变化始终是启用定时器的必要条件。只要输入端 S 的信号状态为“1”，定时器就在输入端 TV 指定的时间间隔运行。定时器达到指定时间而没有出错，并且 S 输入端的信号状态仍为“1”时，输出端 Q 的信号状态为“1”。如果定时器运行期间输入端 S 的信号状态从“1”变为“0”，定时器将停止。这种情况下，输出端 Q 的信号状态为“0”。

如果在定时器运行期间复位（R）输入从“0”变为“1”，则定时器复位。当前时间和时间基准被设置为“0”。然后，输出端 Q 的信号状态变为“0”。如果在定时器没有运行时 R 输入端有一个逻辑“1”，并且输入端 S 的 RLO 为“1”，则定时器也复位。

当前时间值可从输出 BI 和 BCD 扫描得到。时间值在 BI 端是二进制编码，在 BCD 端是 BCD 编码。当前时间值为初始 TV 值减去定时器启动后经过的时间。

4．S_ODTS（保持接通延时 S5 定时器）

S_ODTS（保持接通延时 S5 定时器）其图形符号如图 3-46a 所示，其定时功能时序图如图 3-46b 所示，其各部分参数如表 3-23 所示。

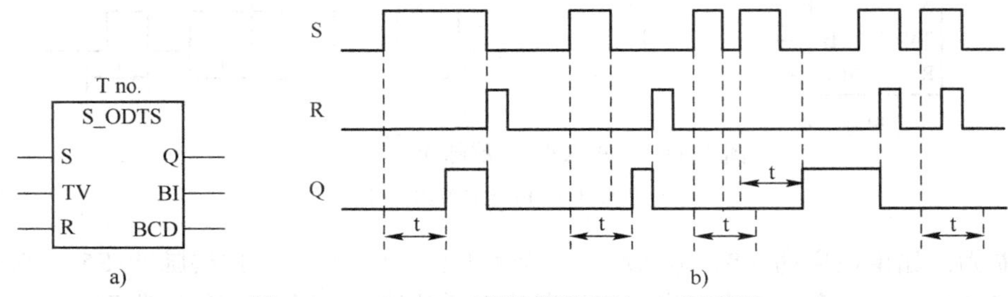

图 3-46　S_ODTS（保持接通延时 S5 定时器）

a) 图形符号　b) 定时功能时序图

其功能为：如果在启动（S）输入端有一个上升沿，S_ODTS（保持接通延时 S5 定时器）将启动指定的定时器。信号变化始终是启用定时器的必要条件。即使在时间间隔结束前，输入端 S 的信号状态变为“0”，定时器在输入端 TV 指定的时间间隔运行。定时器预定时间结束时，无论输入端 S 的信号状态如何，输出端 Q 的信号状态都为“1”。如果在定时器运行时输入端 S 的信号状态从“0”变为“1”，则定时器将以指定的时间重新启动（重新触发）。

如果复位（R）输入从“0”变为“1”，则无论 S 输入端的 RLO 如何，定时器都将复位。然后，输出端 Q 的信号状态变为“0”。

当前时间值可从输出 BI 和 BCD 扫描得到。时间值在 BI 端是二进制编码，在 BCD 端是 BCD 编码。当前时间值为初始 TV 值减去定时器启动后经过的时间。

5．S_OFFDT（断开延时 S5 定时器）

S_OFFDT（断开延时 S5 定时器）其图形符号如图 3-47a 所示，其定时功能时序图如图 3-47b 所示，其各部分参数同 S_PULSE（脉冲 S5 定时器）。

其功能为：如果在启动（S）输入端有一个下降沿，S_OFFDT（断开延时 S5 定时器）将启动指定的定时器。信号变化始终是启用定时器的必要条件。如果 S 输入端的信号状态为“1”，或定时器正在运行，则输出端 Q 的信号状态为“1”。如果在定时器运行期间输入端 S 的信号状态从“0”变为“1”时，定时器将复位。输入端 S 的信号状态再次从“1”变为“0”后，定时器才能重新启动。

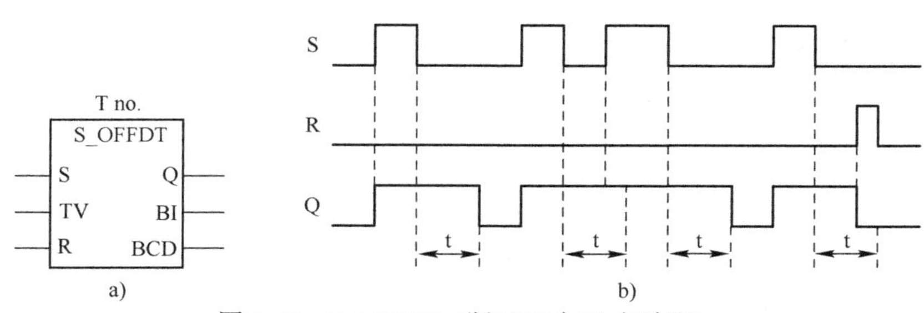

图 3-47 S_OFFDT（断开延时 S5 定时器）

a) 图形符号 b) 定时功能时序图

如果在定时器运行期间复位（R）输入从“0”变为“1”，定时器将复位。

当前时间值可从输出 BI 和 BCD 扫描得到。时间值在 BI 端是二进制编码，在 BCD 端是 BCD 编码。当前时间值为初始 TV 值减去定时器启动后经过的时间。

6. ---(SP)脉冲定时器线圈

脉冲定时器线圈指令梯形图如图 3-48 所示，其参数见表 3-24。

<T编号>

——(SP)——|

<时间值>

图 3-48 脉冲定时器线圈指令梯形图

表 3-24 脉冲定时器线圈指令参数

参数	数据类型	存储区	描述
<T 编号>	TIMER	T	定时器标识号;其范围依赖于 CPU
<时间值>	S5TIME	I、Q、M、L、D	预设时间值

其功能为：如果 RLO 状态有一个上升沿，脉冲定时器线圈将以该<时间值>启动指定的定时器。只要 RLO 保持正值（“1”），定时器就继续运行指定的时间间隔。只要定时器运行，计数器的信号状态就为“1”。如果在达到时间值前，RLO 中的信号状态从“1”变为“0”，则定时器将停止。这种情况下，对于“1”的扫描始终产生结果“0”。

图 3-49a 为脉冲定时器线圈指令应用，图 3-49b 为该梯形图对应的时序图。

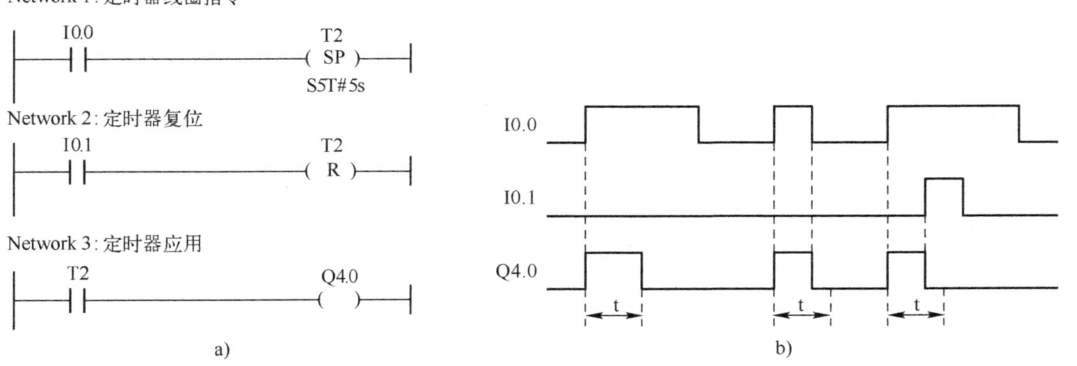

图 3-49 脉冲定时器线圈指令应用及对应时序图

a) 应用 b) 时序图

7. ---(SE)扩展脉冲定时器线圈

扩展脉冲定时器线圈指令梯形图如图 3-50 所示，其各部分参数同脉冲定时器线圈指令。

<T编号>
——(SE)——|
<时间值>

图 3-50 扩展脉冲定时器线圈指令梯形图

其功能为：如果 RLO 状态有一个上升沿，扩展脉冲定时器线圈将以指定的<时间值>启动指定的定时器。定时器一旦启动，即使定时器达到指定时间前 RLO 变为“0”，定时器仍会继续运行指定的时间间隔。只要定时器运行，计数器的信号状态就为“1”。如果在定时器运行期间 RLO 从“0”变为“1”，则将以指定的时间值重新启动定时器（重新触发）。

图 3-51a 为扩展脉冲定时器线圈指令应用，图 3-51b 为该梯形图对应的时序图。

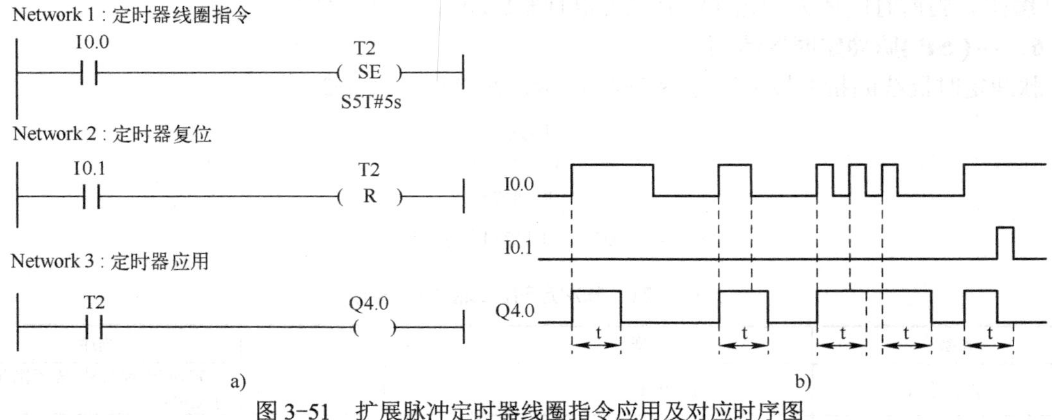

图 3-51 扩展脉冲定时器线圈指令应用及对应时序图

a) 应用 b) 时序图

8. ---(SD)接通延时定时器线圈

接通延时定时器线圈指令梯形图如图 3-52 所示，其各部分参数同脉冲定时器线圈指令。

<T编号>
——(SD)——|
<时间值>

图 3-52 接通延时定时器线圈指令梯形图

其功能为：如果 RLO 状态有一个上升沿，接通延时定时器线圈将以该<时间值>启动指定的定时器。如果达到该<时间值>而没有出错，且 RLO 仍为“1”，则定时器的信号状态为“1”。如果在定时器运行期间 RLO 从“1”变为“0”，则定时器复位。这种情况下，对于“1”的扫描始终产生结果“0”。

图 3-53a 为接通延时定时器线圈指令应用，图 3-53b 为该梯形图对应的时序图。

9. ---(SS) 带保持的接通延时定时器线圈

带保持的接通延时定时器线圈指令梯形图如图 3-54 所示，其各部分参数同脉冲定时器线圈指令。

其功能为：如果 RLO 状态有一个上升沿，保持接通延时定时器线圈将启动指定的定时器。如果达到时间值，定时器的信号状态为“1”。只有明确进行复位，定时器才可能重新启动。只有复位才能将定时器的信号状态设为“0”。如果在定时器运行期间 RLO 从“0”变为“1”，则定时器以指定的时间值重新启动。

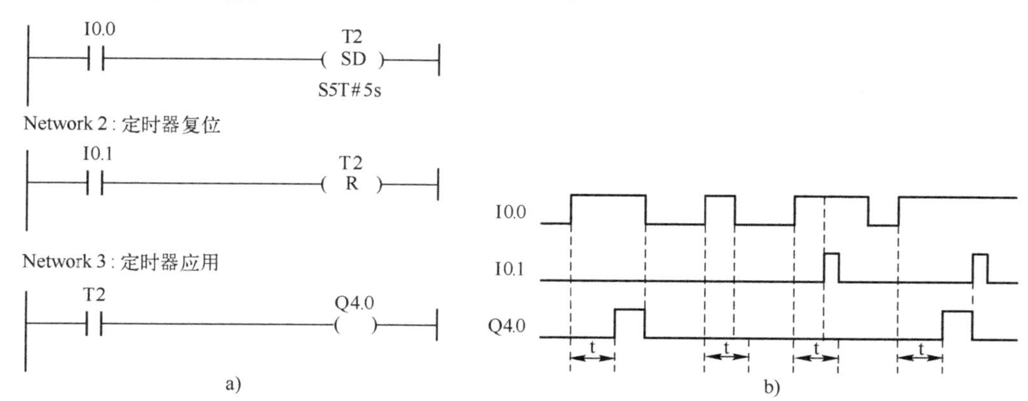

图 3-53　接通延时定时器线圈指令应用及对应时序图

a) 应用　b) 时序图

<T编号>

——(SS)——|

<时间值>

图 3-54　带保持的接通延时定时器线圈指令梯形图

图 3-55a 为带保持的接通延时定时器线圈指令应用，图 3-55b 为该梯形图对应的时序图。

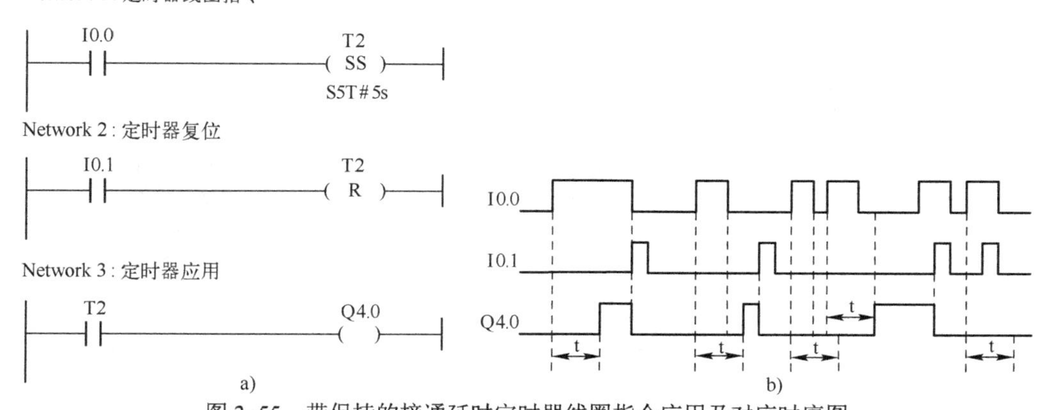

图 3-55　带保持的接通延时定时器线圈指令应用及对应时序图

a) 应用　b) 时序图

10．---(SF)断开延时定时器线圈

断开延时定时器线圈指令梯形图如图 3-56 所示，其各部分参数同脉冲定时器线圈指令。

<T编号>

——(SF)——|

<时间值>

图 3-56　断开延时定时器线圈指令梯形图

其功能为：如果 RLO 状态有一个下降沿，断开延时定时器线圈将启动指定的定时器。当 RLO 为“1”时或只要定时器在<时间值>时间间隔内运行，定时器就为“1”。如果在定时器运行期间 RLO 从“0”变为“1”，则定时器复位。只要 RLO 从“1”变为“0”，定时器就会重新启动。

图 3-57a 为断开延时定时器线圈指令应用，图 3-57b 为该梯形图对应的时序图。

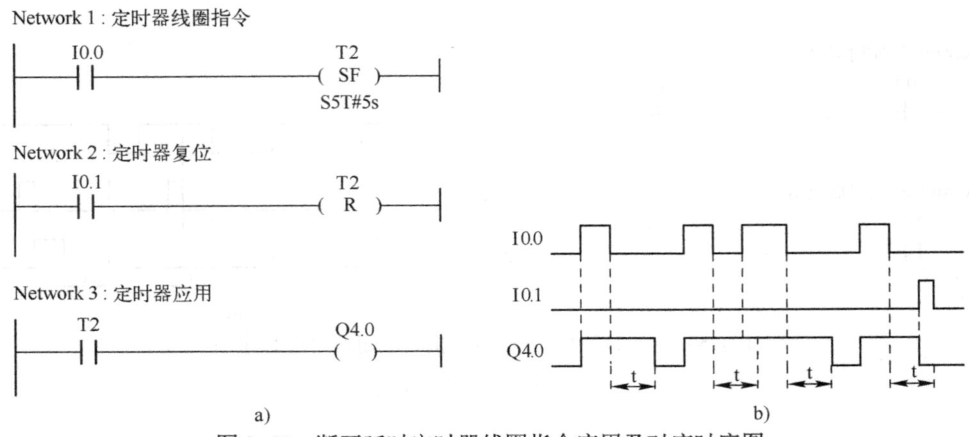

图 3-57　断开延时定时器线圈指令应用及对应时序图

a) 应用　b) 时序图

3.3.2　案例：PLC 实现门铃控制

图 3-58 为门铃控制电路。通过 S1～S4 四个开关，可以选择四种控制方式。试编写程序，实现以下控制要求。

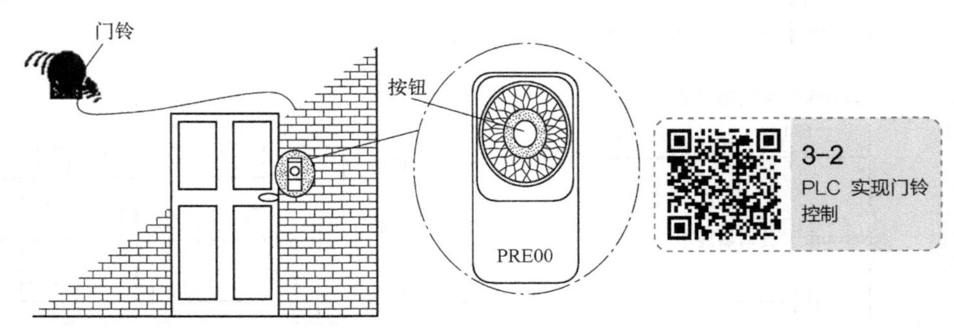

图 3-58　门铃控制电路

控制要求 1：门铃按钮按下时，门铃响。若按下时间不足 10s，则按实际按下时间控制门铃发声。若超过 10s，最多响 10s 后自动关断。

控制要求 2：只要门铃按钮按下，门铃响 10s 后自动关断，若连续按动门铃，则门铃一直响，直到最后一次按下，再延迟 10s 后停止发声。

控制要求 3：为防止误碰门铃，必须在确保门铃按住 1s 后，门铃才开始响。松开按钮后，门铃停止发声。

控制要求 4：为避免长时间按住门铃，可在按下时，门铃开始发声。松开按钮后，门铃继续发声 5s。

通常，我们采用端口（I/O）分配表来确立输入、输出与实际元件的控制关系，见表 3-25。

表 3-25　门铃控制电路的 I/O 分配表

输　入		输　出	
输入设备	输入编号	输出设备	输出编号
按钮	I0.0	门铃	Q4.0
控制功能 1 选择开关	I0.1		
控制功能 2 选择开关	I0.2		
控制功能 3 选择开关	I0.3		
控制功能 4 选择开关	I0.4		

采用如图 3-59 所示的控制程序一，实现门铃控制要求 1。控制功能 1 选择开关 I0.1 接通时，当按下按钮 I0.0 接通，则 M0.0 得电送出电信号，门铃发出响声，采用脉冲 S5 定时器 T1 定时；若不足 10s 松开按钮时，I0.0 断开，则 M0.0 失电，门铃响声停止。若 I0.0 接通超过 10s，则 T1 自动关断 M0.0，停止门铃发声。

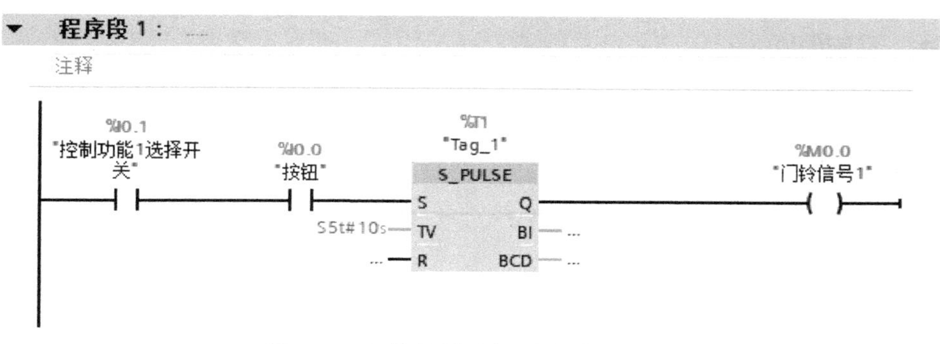

图 3-59　门铃控制要求 1 的控制程序一

图 3-60 为控制程序二，采用了脉冲定时器线圈指令，也可实现门铃控制要求 1 的控制目的。

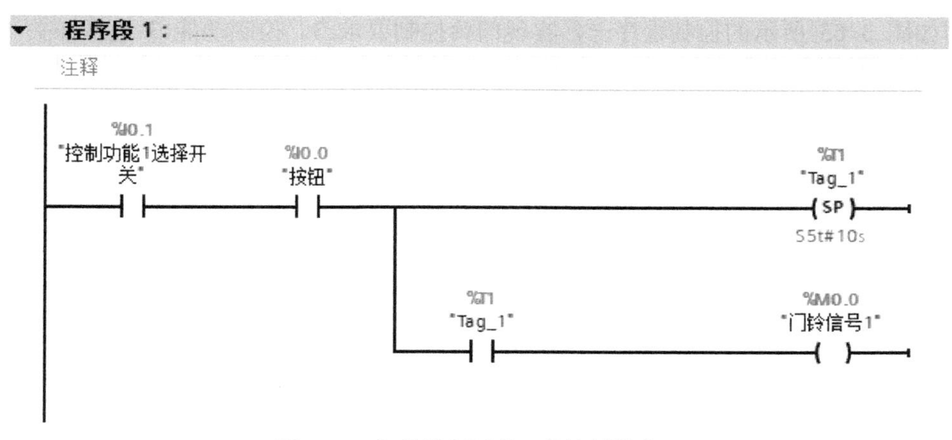

图 3-60　门铃控制要求 1 的控制程序二

采用如图 3-61 所示的控制程序一，实现门铃控制要求 2。当控制功能 2 选择开关 I0.2 接通时，按下按钮 I0.0 接通，则 M0.1 得电送出电信号，门铃发出响声，采用扩展脉冲 S5 定时器 T2 定时；若不足 10s 松开按钮时，I0.0 断开，则 M0.1 继续接通，门铃继续响。若 I0.0 接通超过 10s，则 T2 自动关断 M0.1，门铃停止发声。中途反复松开、按下按钮，则扩展脉冲 S5 定时器 T2 定时，确保直到最后一次按下，再延迟 10s 后停止发声。

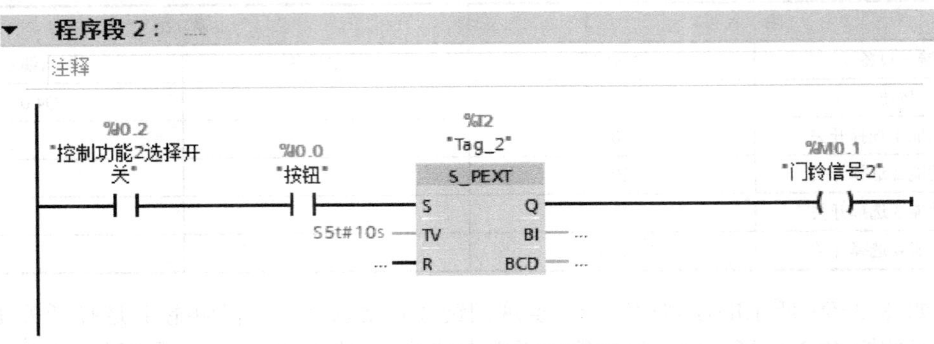

图 3-61　门铃控制要求 2 的控制程序一

图 3-62 为控制程序二，采用了扩展脉冲定时器线圈指令，也可实现门铃控制要求 2 的控制目的。

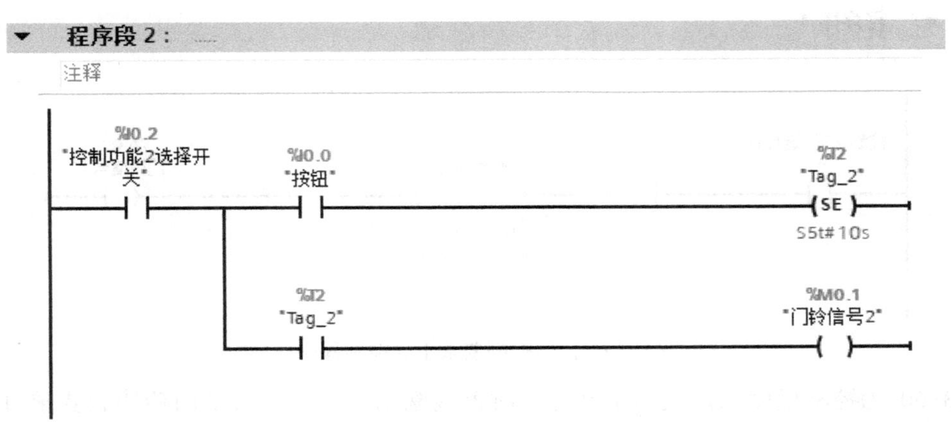

图 3-62　门铃控制要求 2 的控制程序二

采用如图 3-63 所示的控制程序一，实现门铃控制要求 3。控制功能 3 选择开关 I0.3 接通时，按下按钮 I0.0 接通，启动接通延时 S5 定时器 T3 定时，延迟 2s 后，M0.2 得电送出电信号，门铃发出响声。松开按钮，则关断 M0.2，门铃停止发声。若按下时间不足 2s 松开按钮时，则 M0.2 不接通，门铃不响。

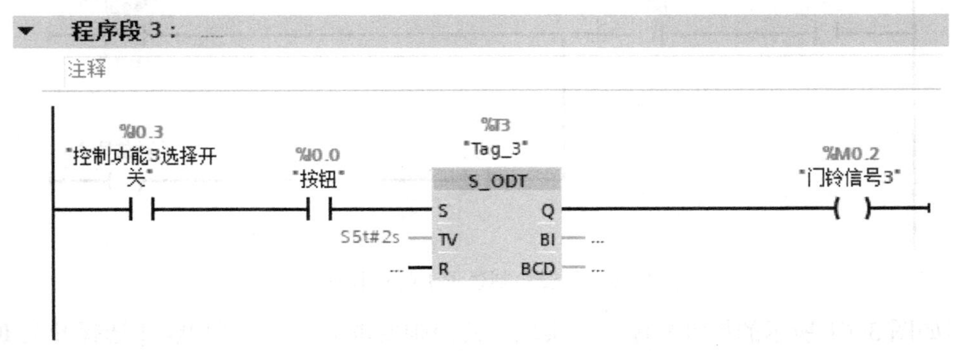

图 3-63　门铃控制要求 3 的控制程序一

图 3-64 为控制程序二，采用了接通延时定时器线圈指令，也可实现门铃控制要求 3 的控制目的。

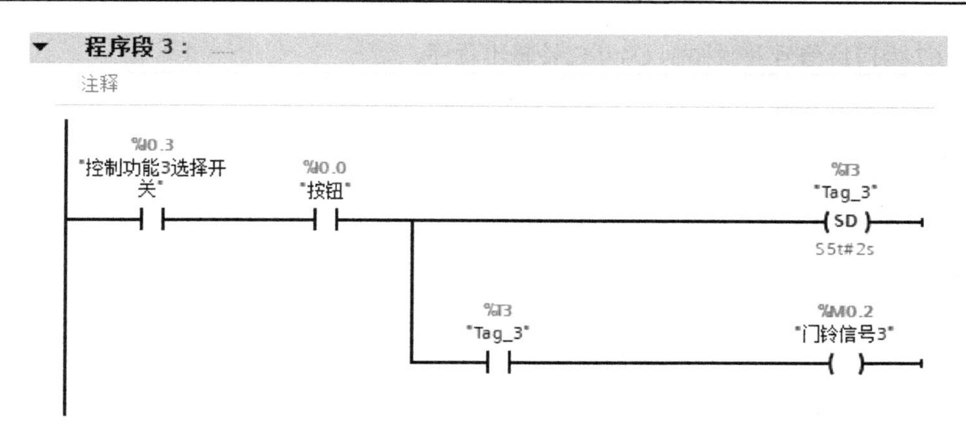

图 3-64　门铃控制要求 3 的控制程序二

采用如图 3-65 所示的控制程序一，实现门铃控制要求 4。控制功能 4 选择开关 I0.4 接通时，按下按钮 I0.0 接通断开延时 S5 定时器 T4，则 M0.3 得电送出电信号，门铃发出响声，当松开按钮后，断开延时 S5 定时器 T4 延时 5s 后 M0.3 自动断开，停止门铃发声。5s 内，若中途松开按钮后，又再次按下按钮，则断开延时 S5 定时器 T4 停止计时，直到最后一次松开时，再延迟 5s 后停止发声。

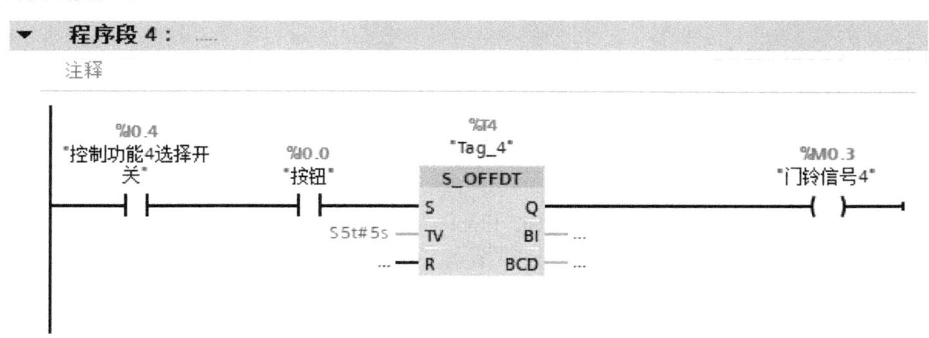

图 3-65　门铃控制要求 4 的控制程序一

图 3-66 为控制程序二，采用了接通延时定时器线圈指令，也可实现门铃控制要求 4 的控制目的。

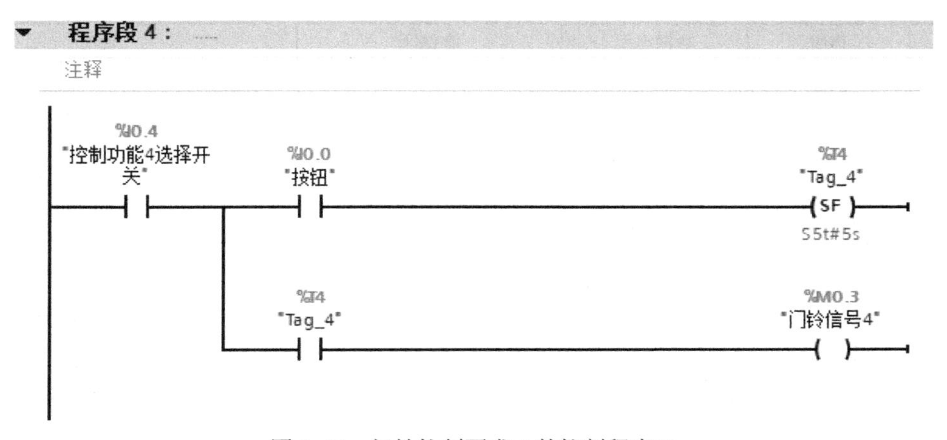

图 3-66　门铃控制要求 4 的控制程序二

图 3-67 为门铃信号并联控制 Q4.0 门铃输出程序。

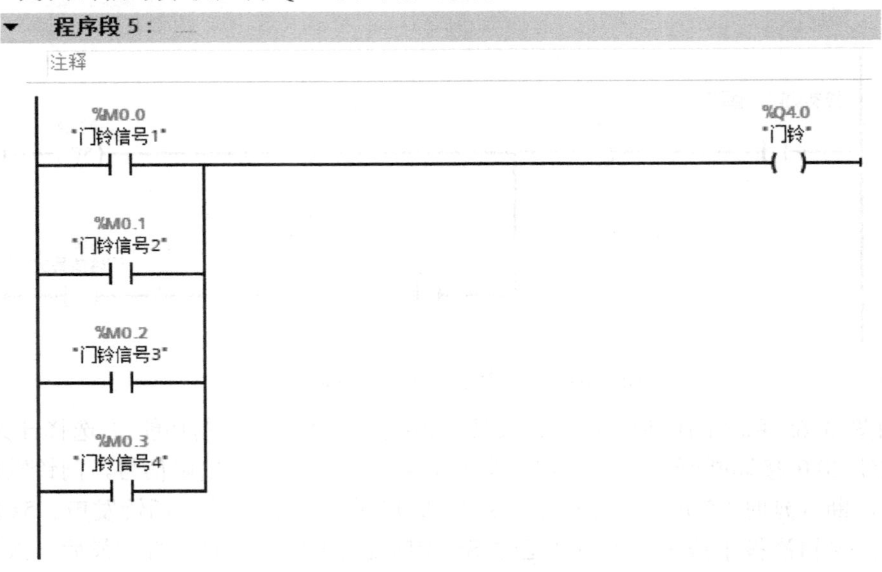

图 3-67　门铃信号并联控制 Q4.0 门铃输出程序

3.3.3　知识：TON 指令

1．接通延时指令

接通延时指令梯形图如图 3-68 所示，该指令的参数见表 3-26。

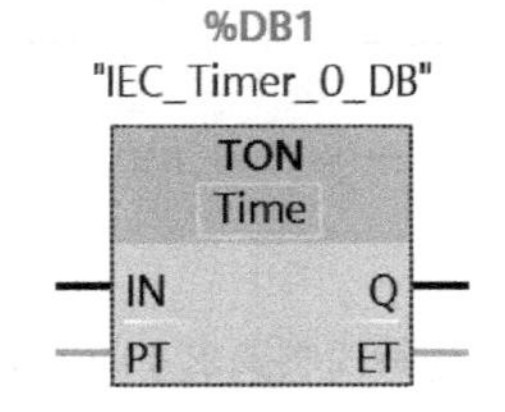

图 3-68　接通延时指令梯形图

表 3-26　接通延时指令的参数

参数	声明	数据类型	存储区	说明
IN	Input	BOOL	I、Q、M、D、L、P 或常量	启动输入
PT	Input	TIME、LTIME	I、Q、M、D、L、P 或常量	接通延时的持续时间 PT 参数的值必须为正数
Q	Output	BOOL	I、Q、M、D、L、P	超过时间 PT 后，置位的输出
ET	Output	TIME、LTIME	I、Q、M、D、L、P	当前时间值

使用接通延时指令可以将 Q 输出的设置延时 PT 中指定的一段时间。当输入 IN 的 RLO 从“0”变为“1”（信号上升沿）时，启动该指令。指令启动时，预设的时间 PT 即开始计时。超出时间 PT 之后，输出 Q 的信号状态将变为“1”。只要启动输入仍为“1”，输出 Q 就保持置位。启动输入的信号状态从“1”变为“0”时，将复位输出 Q。在启动输入检测到新的信号上升沿时，该定时器功能将再次启动。

可以在 ET 输出中查询当前的时间值。该定时器值从 T#0s 开始，在达到持续时间 PT 后结束。只要输入 IN 的信号状态变为“0”，输出 ET 就复位。如果在程序中未调用该指令（如跳过该指令），则 ET 输出会在超出时间 PT 后立即返回一个常数值。

接通延时指令可以放置在程序段的中间或者末尾，它需要一个前导逻辑运算。每次调用接通延时指令，必须将其分配给存储实例数据的 IEC 定时器。

对于 SIMATIC S7-1500 PLC 的 CPU 而言，IEC 定时器是一个 IEC_TIMER、IEC_LTIMER、TON_TIME 或 TON_LTIME 数据类型的结构，可声明为一个系统数据类型为 IEC_TIMER 或 IEC_LTIMER 的 DB（例如 MyIEC_TIMER）或声明为块中“Static”部分的 TON_TIME、TON_LTIME、IEC_TIMER 或 IEC_LTIMER 类型的局部变量（例如#MyIEC_TIMER）。

1）“接通延时”中的实例数据根据以下规则更新：

接通延时指令将当前 RLO 与保存在实例数据 IN 参数中上次查询的 RLO 进行比较。如果指令检测到 RLO 从“0”变为“1”，则说明出现了一个信号上升沿并开始进行时间测量。在接通延时指令处理完毕后，IN 参数的值在实例数据中更新，并作为存储位用于下次查询。注意：边沿检测将在其他功能写入或初始化 IN 参数的实际值时中断。

当边沿在 IN 输入处改变时，PT 输入处的值将写入实例数据中的 PT 参数。

2）Q 和 ET 输出的实际值在以下情况下更新：

当输出 ET 或 Q 互连时，调用该指令；或访问 Q 或 ET。

如果输出未互连并且还未被查询，则不更新 Q 和 ET 输出的当前时间值。即使在程序中跳过该指令，也不会对输出进行更新。

接通延时指令的内部参数用来计算 Q 和 ET 的时间值。注意：时间测量将在其他功能写入或初始化指令的实际值时中断。

接通延时指令的脉冲时序图如图 3-69 所示。

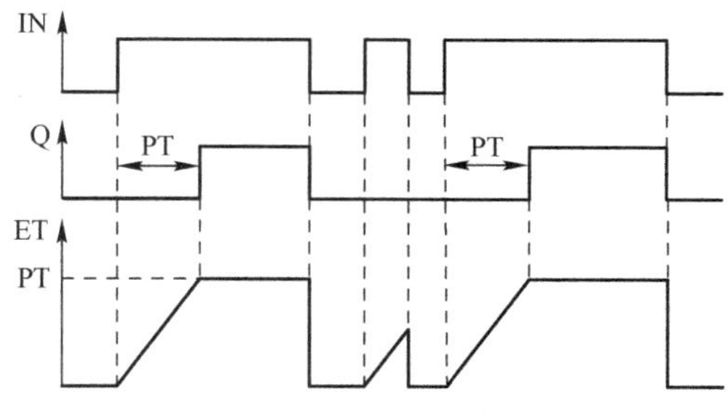

图 3-69　接通延时指令的脉冲时序图

2. 启动接通延时定时器指令 TON

启动接通延时定时器指令梯形图如图 3-70 所示，该指令的参数见表 3-27。

图 3-70　启动接通延时定时器指令梯形图

表 3-27　启动接通延时定时器指令的参数

参数	声明	数据类型	存储区	说明
<持续时间>	Input	TIME、LTIME	I、Q、M、D、L 或常量	IEC 定时器运行的持续时间
<IEC 时间>	InOut	IEC_TIMER、IEC_LTIMER、TON_TIME、TON_LTIME	D、L	启动的 IEC 定时器

启动将指定周期作为接通延时的 IEC 定时器。RLO 从“0”变为“1”(信号上升沿)时，启动 IEC 定时器。IEC 定时器运行一段指定的时间。如果该指令输入处 RLO 的信号状态为“1”，则输出的信号状态将为“1”。如果 RLO 在定时器计时结束之前变为“0”，则复位 IEC 定时器。此时，查询定时器状态将返回信号状态“0”。在该指令的输入处检测到下一个信号上升沿时，将重新启动 IEC 定时器。

当前定时器状态将保存在 IEC 定时器的结构组件“Q”中。可以通过常开触点查询定时器状态“1”，或通过常闭触点查询定时器状态“0”。启动接通延时定时器指令只可以放置在程序段的末尾，它需要一个前导逻辑运算。在指令下方的<操作数 1>(持续时间)中指定接通延时的持续时间，在指令上方的<操作数 2>(IEC 时间)中指定将要开始的 IEC 时间。启动接通延时定时器指令的脉冲时序图与接通延时指令的脉冲时序图完全相同，此处不再赘述。

3.3.4 案例：PLC 控制通电延时Y-△减压起动

PLC 控制电动机Y-△减压起动的继电-接触器电路如图 3-71 所示。其基本控制功能如下。

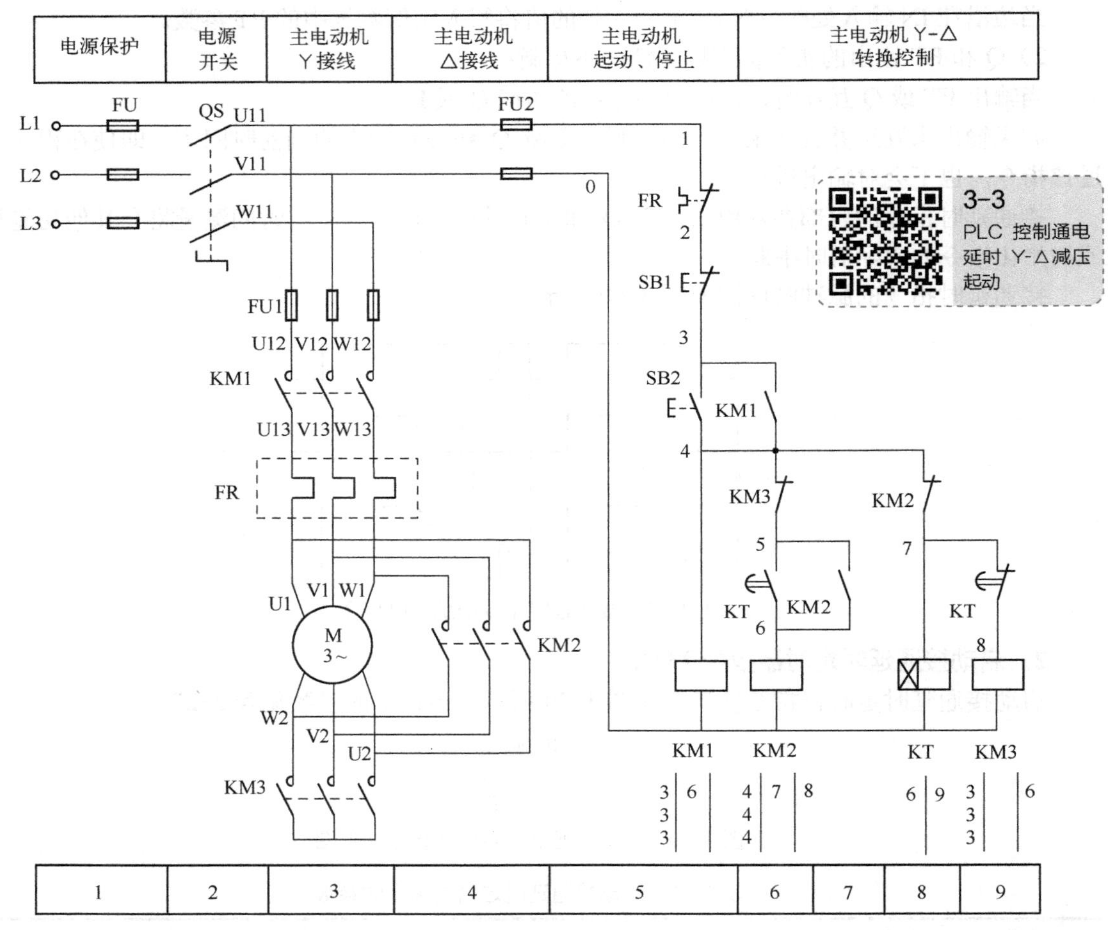

图 3-71 Y-△减压起动的继电-接触器电路

按下起动按钮 SB2 时，使 KM1 接触器线圈得电，KM1 主触点闭合使电动机 M 得电，同时 KM3 接触器线圈得电，KM3 主触点闭合使电动机接成Y(星形)起动，时间继电器 KT 接通开始定时。当松开起动按钮 SB2 后，由于 KM1 常开触点闭合自锁，使电动机 M 继续星形起动。当定时器定时时间到，则 KT 常闭触点断开，使 KM3 线圈失电，主触点断开星形联结，同时 KT 常开触点闭合，使 KM2 接触器线圈得电，KM2 主触点闭合使电动机接成△（三角形）运行。按下停止按钮 SB1 时，其常闭触点断开，使接触器 KM1、KM2 线圈失电，其主触点断开使电动机 M 失电停止。

当电路发生过载时，热继电器 FR 常闭触点断开，切断整个电路的通路，使接触器 KM1～KM3 线圈失电，其主触点断开使电动机 M 失电停止。

该控制电路 I/O 分配表见表 3-28。

表 3-28　Y-△减压起动控制电路的 I/O 分配表

输　入		输　出	
输入设备	输入编号	输出设备	输出编号
停止按钮 SB1	I0.0	接触器 KM1	Q0.0
起动按钮 SB2	I0.1	接触器 KM2	Q0.1
热继电器常闭触点 FR	I0.2	接触器 KM3	Q0.2

根据表 3-28，绘制硬件接线图如图 3-72 所示。注意图中 PLC 输出端的 KM2、KM3 线圈回路采用了接触器互锁的硬件保护形式，这是软件保护所不能替代的形式。其根本原因是：接触器互锁是为了当接触器硬件发生故障时，保证两个接触器不会同时接通，若只采用软件互锁保护则无法实现其保护目的。

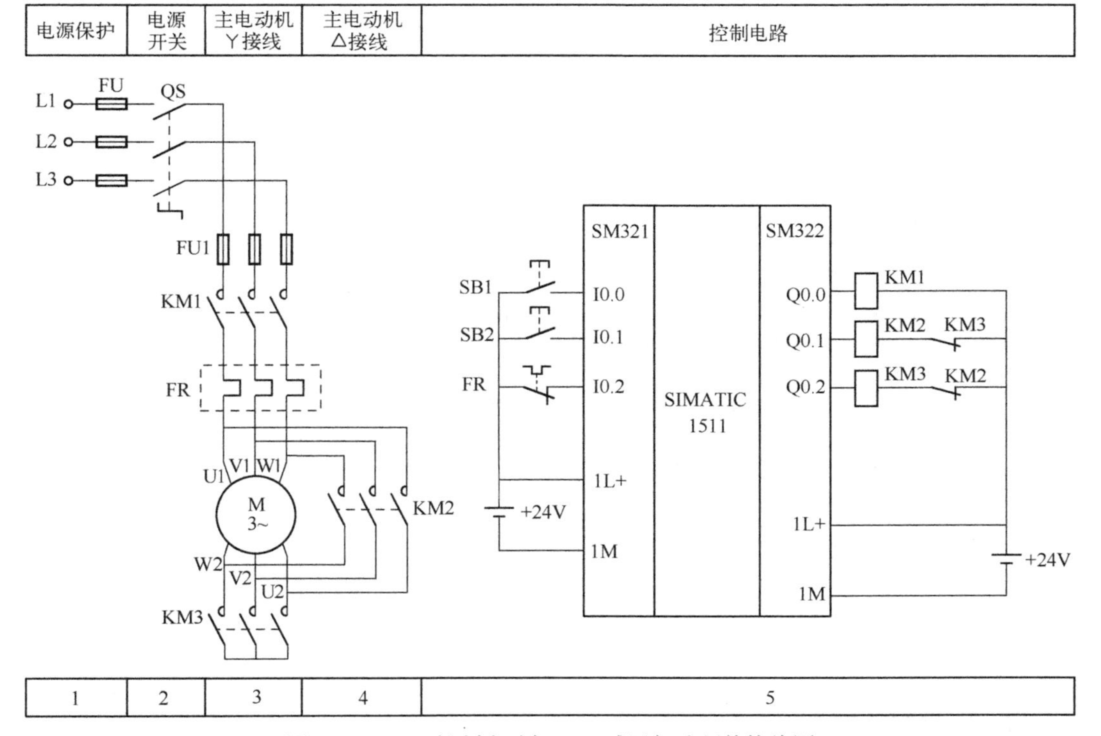

图 3-72　PLC 控制电动机Y-△减压起动硬件接线图

按表 3-28 编写出控制程序梯形图，如图 3-73 所示。在梯形图中使用"启动接通延时定时器 TON”需建立 IEC_TIMER 类型的 DB，如图 3-74 所示。注意：由于热继电器的保护触点采用常闭触点输入，因此程序中的 I0.2（FR 常闭）采用常开触点。由于 FR 为常闭，当 PLC 通电后 I0.2 得电，其常开触点闭合为电路起动做好准备。

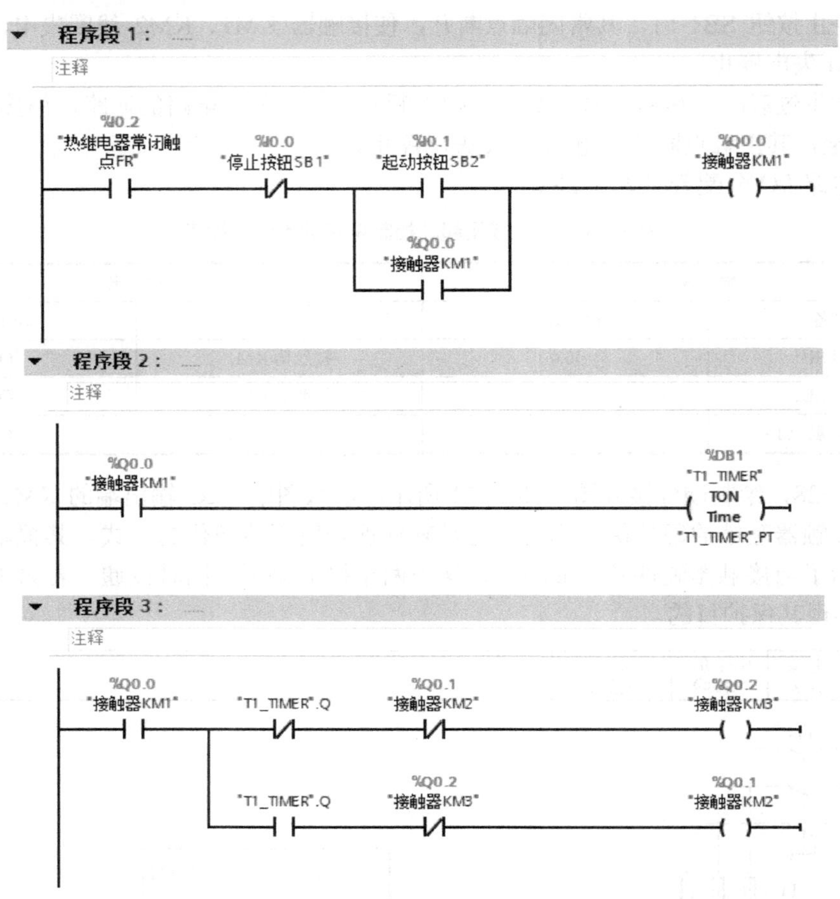

图 3-73　PLC 控制电动机Y-△减压起动的控制程序梯形图

3.3案例 ▸ 星-三角减压起动[CPU 1511C-1 PN] ▸ 程序块 ▸ 系统块 ▸ 程序资源 ▸ T1_TIMER [DB1]

保持实际值　快照　将快照值复制到起始值中　将起始值加载为实际值

T1_TIMER

	名称	数据类型	起始值	保持	可从 HMI/...	从 H...	在 HMI ...
1	▼ Static			☐	☐	☐	☐
2	■ PT	Time	T#5s	☐	☑	☑	☑
3	■ ET	Time	T#0ms	☐	☑	☐	☑
4	■ IN	Bool	false	☐	☑	☑	☑
5	■ Q	Bool	false	☐	☑	☐	☑

图 3-74　建立 IEC_TIMER 类型的 DB

3.3.5　知识：TOF 指令

1. 关断延时指令

关断延时指令梯形图如图 3-75 所示，该指令的参数见表 3-29。

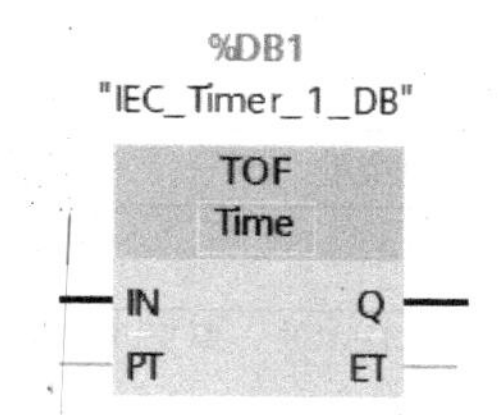

图 3-75　关断延时指令梯形图

表 3-29　关断延时指令的参数

参数	声明	数据类型	存储区	说明
IN	Input	BOOL	I、Q、M、D、L、P 或常量	启动输入
PT	Input	TIME、LTIME	I、Q、M、D、L、P 或常量	关断延时的持续时间 PT 参数的值必须为正数
Q	Output	BOOL	I、Q、M、D、L、P	超出时间 PT 时复位的输出
ET	Output	TIME、LTIME	I、Q、M、D、L、P	当前时间值

使用关断延时 TOF 指令，可以将 Q 输出的复位延时 PT 中指定的一段时间。当 IN 输入的 RLO 从“1”变为“0”（信号下降沿）时，将置位输出 Q。当输入 IN 处的信号状态变回“1”时，预设的时间 PT 开始计时。只要 PT 持续时间仍在计时，输出 Q 就保持置位。持续时间 PT 计时结束后，将复位输出 Q。如果输入 IN 的信号状态在持续时间 PT 计时结束之前变为“1”，则复位定时器。输出 Q 的信号状态仍将为“1”。

可以在 ET 输出中查询当前的时间值。该定时器值从 T#0s 开始，在达到持续时间 PT 后结束。当持续时间 PT 计时结束后，在输入 IN 变回“1”之前，输出 ET 会保持被设置为当前值的状态。在持续时间 PT 计时结束之前，如果输入 IN 的信号状态切换为“1”，则将 ET 输出复位为 T#0s。如果在程序中未调用该指令（如跳过该指令），则 ET 输出会在超出时间后立即返回一个常数值。

关断延时指令可以放置在程序段的中间或者末尾，它需要一个前导逻辑运算。每次调用关断延时指令，必须将其分配给存储实例数据的 IEC 定时器。

关断延时 TOF 指令的脉冲时序图如图 3-76 所示。

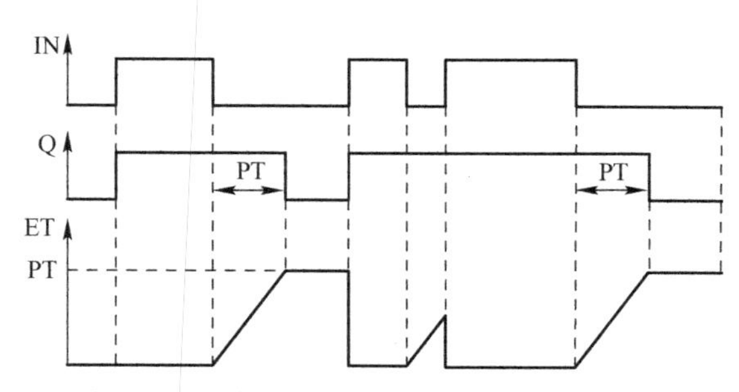

图 3-76　关断延时 TOF 指令的脉冲时序图

2．启动关断延时定时器指令

启动关断延时定时器指令梯形图如图 3-77 所示，该指令的参数见表 3-30。

图 3-77　启动关断延时定时器指令梯形图

表 3-30 启动关断延时定时器指令的参数

参数	声明	数据类型	存储区	说明
<持续时间>	Input	TIME、LTIME	I、Q、M、D、L 或常量	IEC 定时器运行的持续时间
<IEC 定时器>	InOut	IEC_TIMER、IEC_LTIMER、TOF_TIME、TOF_LTIME	D、L	启动的 IEC 定时器

使用启动关断延时定时器指令启动将指定周期作为接通延时的 IEC 定时器。如果指令输入 RLO 的信号状态为“1”，则定时器的查询状态将返回信号状态“1”。当 RLO 从“1”变为“0”（信号下降沿）时，启动 IEC 定时器一段指定的时间。只要 IEC 定时器正在计时，则定时器状态的信号状态将保持为“1”。定时器计时结束且指令输入 RLO 的信号状态为“0”时，定时器状态的信号状态将设置为“0”。如果 RLO 在计时结束之前变为“1”，则将复位 IEC 定时器，同时定时器状态保持为信号状态“1”。

当前定时器状态将保存在 IEC 定时器的结构组件 Q 中。可以通过常开触点查询定时器状态“1”，或通过常闭触点查询定时器状态“0”。在指令下方的<操作数 1>（持续时间）中指定关断延时的持续时间，在指令上方的<操作数 2>（IEC 时间）中指定将要开始的 IEC 时间。启动关断延时定时器指令可以放置在程序段的中间或者末尾，它需要一个前导逻辑运算。启动关断延时定时器指令的脉冲时序图与关断延时指令的脉冲时序图完全相同，此处不再赘述。

3.3.6 案例：PLC 控制断电延时Y-△减压起动

PLC 控制断电延时Y-△减压起动的继电-接触器电路如图 3-78 所示。

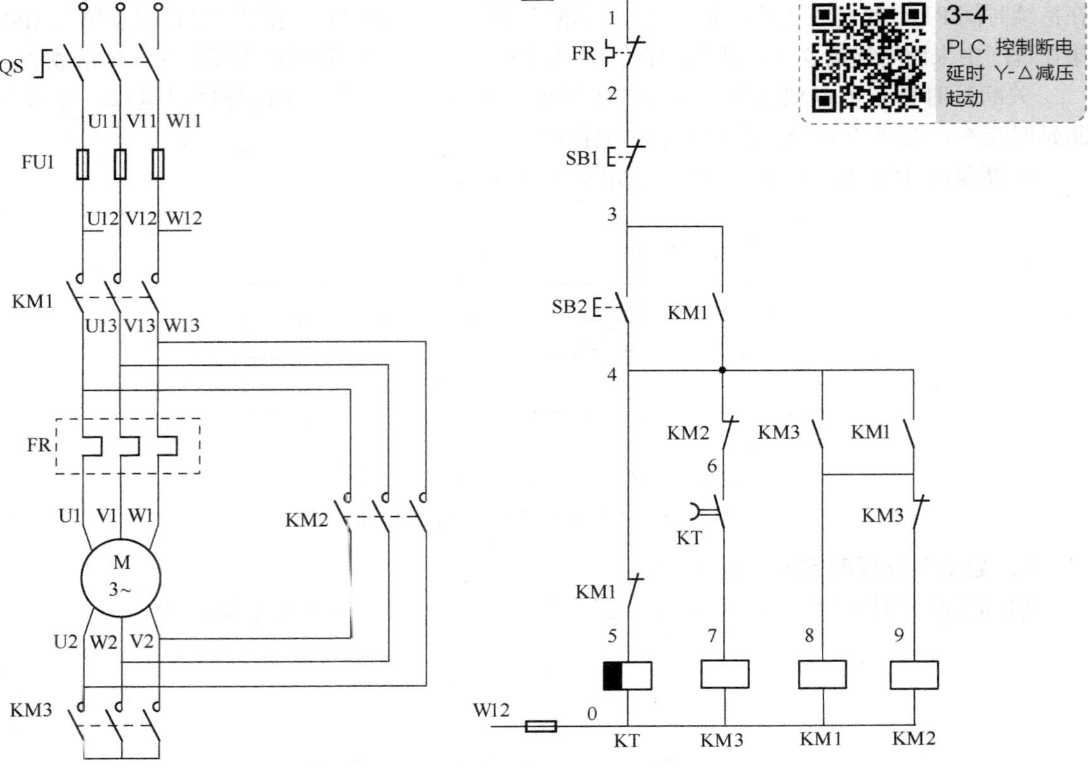

图 3-78 Y-△减压起动的继电-接触器电路

该控制电路的 I/O 分配表见表 3-31，控制程序梯形图如图 3-79 所示。

表 3-31　Y-△减压起动控制电路的 I/O 分配表

输　入		输　出	
输入设备	输入编号	输出设备	输出编号
停止按钮 SB1	I0.0	接触器 KM1	Q0.0
起动按钮 SB2	I0.1	接触器 KM2	Q0.1
热继电器常闭触点 FR	I0.2	接触器 KM3	Q0.2

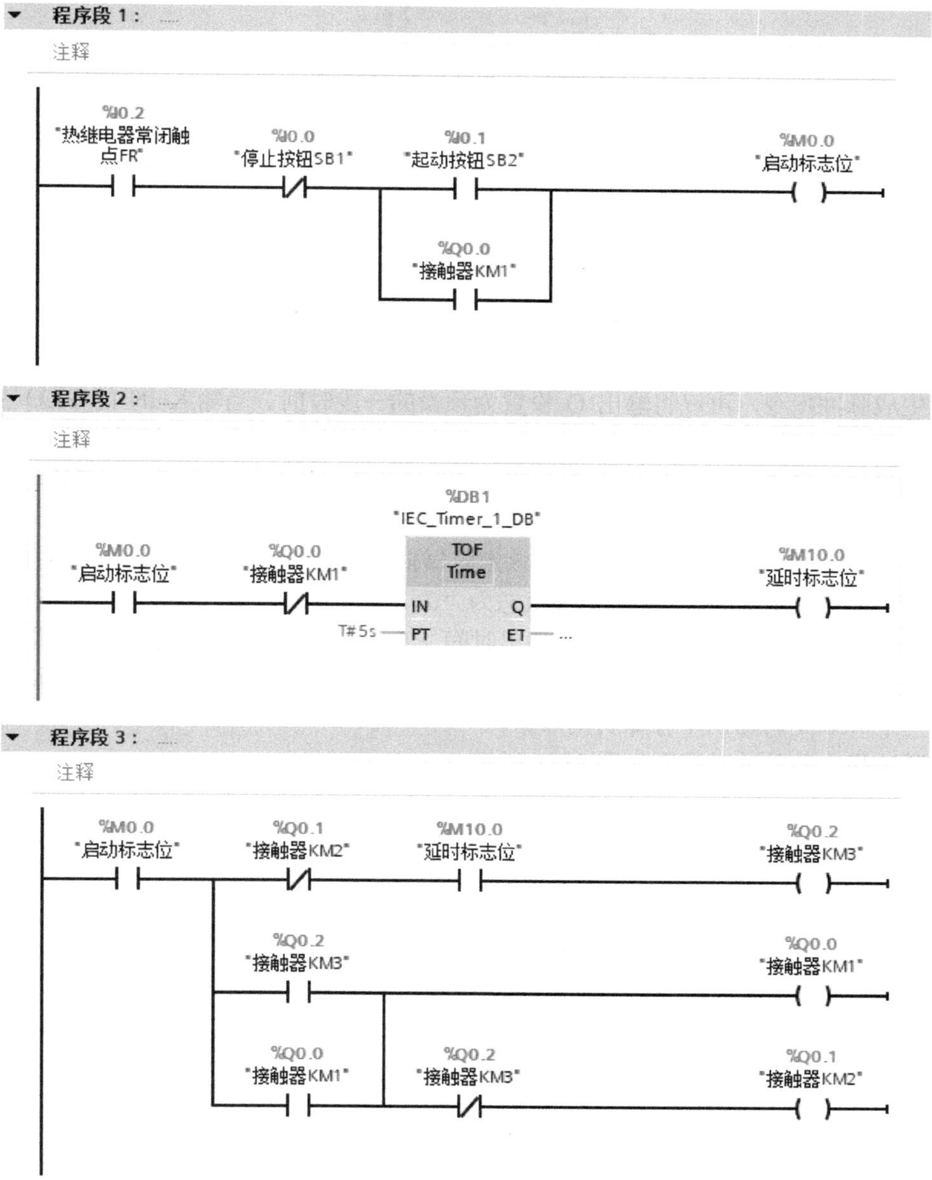

图 3-79　PLC 控制断电延时Y-△减压起动的控制程序梯形图

3.3.7 知识：TP 指令

1．生成脉冲指令

生成脉冲指令梯形图如图 3-80 所示，该指令的参数见表 3-32。

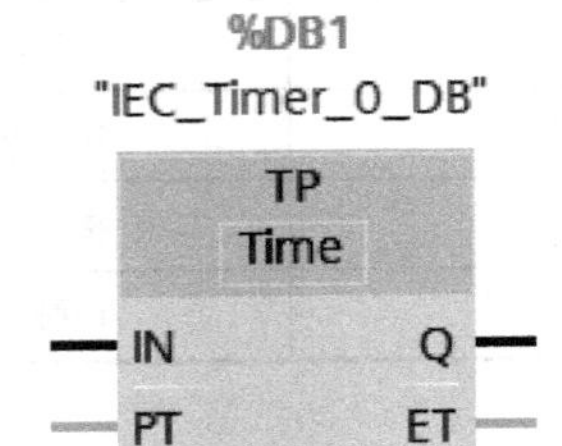

图 3-80 生成脉冲指令梯形图

表 3-32 生成脉冲指令的参数

参数	声明	数据类型	存储区	说明
IN	Input	BOOL	I、Q、M、D、L、P 或常量	启动输入
PT	Input	TIME、LTIME	I、Q、M、D、L、P 或常量	脉冲的持续时间 PT 参数的值必须为正数
Q	Output	BOOL	I、Q、M、D、L、P	脉冲输出
ET	Output	TIME、LTIME	I、Q、M、D、L、P	当前时间值

使用生成脉冲指令，可以将输出 Q 设置为预设的一段时间。当输入 IN 的 RLO 从“0”变为“1”（信号上升沿）时，启动该指令。指令启动时，预设的时间 PT 即开始计时。无论后续输入信号的状态如何变化，都将输出 Q 置位由 PT 指定的一段时间。若 PT 正在计时，在 IN 输入处检测到的新的信号上升沿对 Q 输出处的信号状态没有影响。

可以扫描 ET 输出处的当前时间值。该定时器值从 T#0s 开始，在达到持续时间 PT 后结束。如果 PT 时间用完且输入 IN 的信号状态为“0”，则复位 ET 输出。如果在程序中未调用该指令（如跳过该指令），则 ET 输出会在超出时间 PT 后立即返回一个常数值。生成脉冲指令可以放置在程序段的中间或者末尾，它需要一个前导逻辑运算。每次调用生成脉冲指令时，都会为其分配一个 IEC 定时器用于存储实例数据。

生成脉冲指令的脉冲时序图如图 3-81 所示。

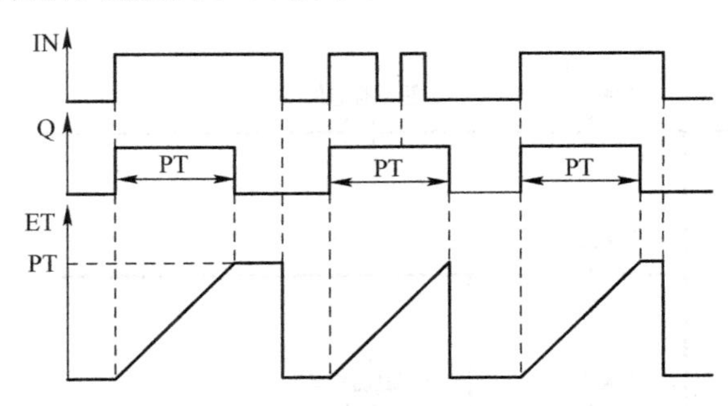

图 3-81 生成脉冲指令的脉冲时序图

2．启动脉冲定时器指令

启动脉冲定时器指令梯形图如图 3-82 所示，该指令的参数见表 3-33。

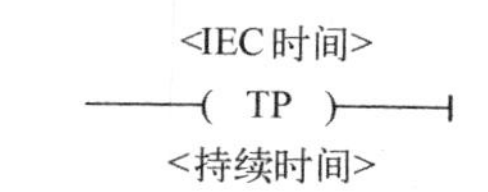

图 3-82　启动脉冲定时器指令梯形图

表 3-33　启动脉冲定时器指令的参数

参数	声明	数据类型	存储区	说明
<持续时间>	Input	TIME、LTIME	I、Q、M、D、L 或常量	IEC 定时器运行的持续时间
<IEC 时间>	InOut	IEC_TIMER、IEC_LTIMER、TP_TIME、TP_LTIME	D、L	启动的 IEC 定时器

使用启动脉冲定时器指令启动将指定周期作为脉冲的 IEC 定时器。RLO 从“0”变为“1”（信号上升沿）时，启动 IEC 定时器。无论 RLO 的后续变化如何，IEC 定时器都将运行指定的一段时间，检测到新的信号上升沿也不会影响该 IEC 定时器的运行。只要 IEC 定时器正在计时，对定时器状态是否为“1”的查询就会返回信号状态“1”。当 IEC 定时器计时结束之后，定时器的状态将返回信号状态“0”。

当前定时器状态将保存在 IEC 定时器的结构组件 Q 中。可以通过常开触点查询定时器状态“1”，或通过常闭触点查询定时器状态“0”。在指令下方的<操作数 1>（持续时间）中指定脉冲的持续时间，在指令上方的<操作数 2>（IEC 时间）中指定将要开始的 IEC 时间。启动脉冲定时器指令可以放置在程序段的中间或者末尾，它需要一个前导逻辑运算。

启动脉冲定时器指令的脉冲时序图与生成脉冲指令的脉冲时序图完全相同，此处不再赘述。

3.3.8　案例：PLC 实现的工业控制手柄

对于控制系统工程师来说，一种常用的安全手段就是使操作者必须处在一个相对任何控制设备都很安全的位置。其中最简单的方法是使操作者在远处操作，如图 3-83 所示，该安全系统被许多工程师称为“无暇手柄”，它是一种很简单但非常实用的控制方法。其端口（I/O）分配表见表 3-34。

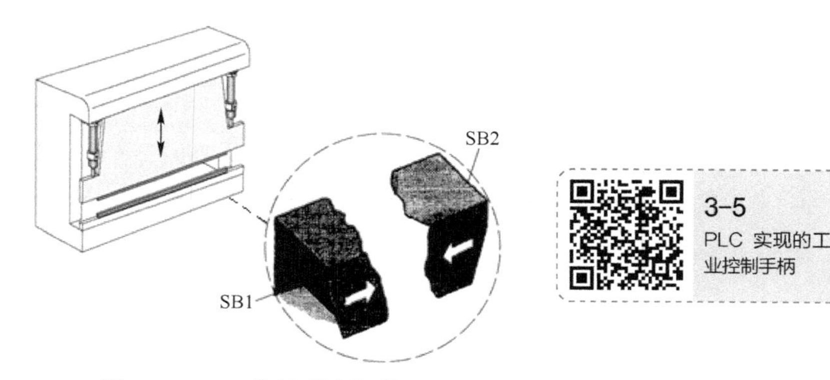

图 3-83　PLC 控制“无暇手柄”

表 3-34　工业控制手柄 I/O 分配表

输　入		输　出	
输入设备	输入编号	输出设备	输出编号
左手按钮 SB1	I0.0	预定作用	Q0.0
右手按钮 SB2	I0.1		

“柄”是指用来初始化和操作被控机器的方法，它用两个按钮构成一个“无暇手柄”（两个按钮必须同时按下），用此方法能防止只用一手就能进行控制的情况。通常把按钮放在控制板上直接相对的两端，按钮之间的距离保持在300mm左右。为了防止操作者误碰按钮，或者采取某种方式使得一只手操作按钮，每个按钮都放在一个金属罩下，最后的作用是使操作者处于一个没有危险的位置。操作者的两只手都在忙于控制按钮，按钮上的金属使手得到保护，而且也不容易更改对专用设施的安排。

图3-84为一个简单的两键控制实例程序梯形图，它采用串联的形式进行控制。

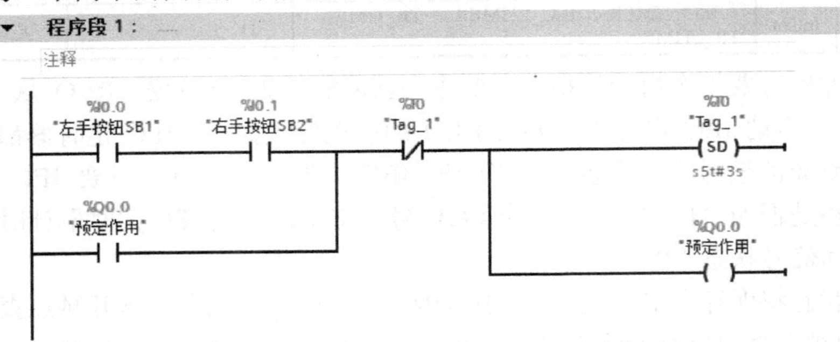

图3-84　PLC 控制“无暇手柄”程序梯形图

图 3-85 的方法又向前迈进了一步，采用了信号上升沿置位操作数指令，要求按钮同时按下，则M0.0、M0.1才能同时接通，驱动Q0.0动作。由于M0.0、M0.1只接通一个扫描周期，为保证Q0.0动作继续，应加入自锁。

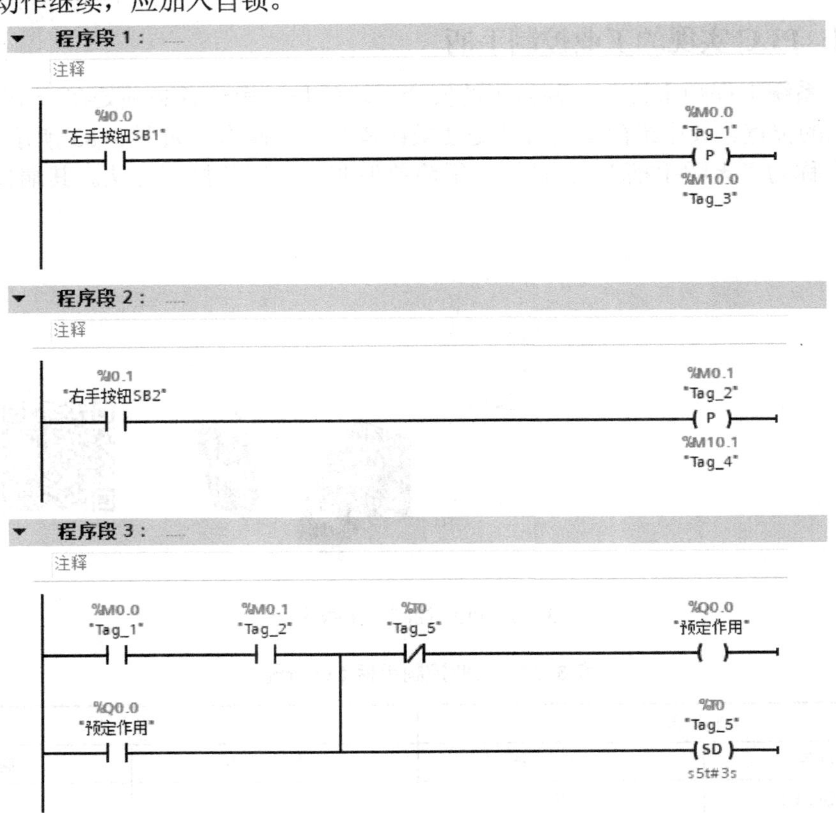

图3-85　采用了信号上升沿置位操作数指令的PLC控制“无暇手柄”程序梯形图

实际上由于人的双手同步性不会完全一致，因此图 3-85 中的程序只是在理论上成立，真实的程序梯形图如图 3-86 所示。在图 3-86 中采用了 M0.0、T10 将 I0.0 的上升沿信号接通 0.5s，M0.1、T11 将 I0.1 的上升沿信号接通 0.5s，以解决双手同步性不一致的问题。

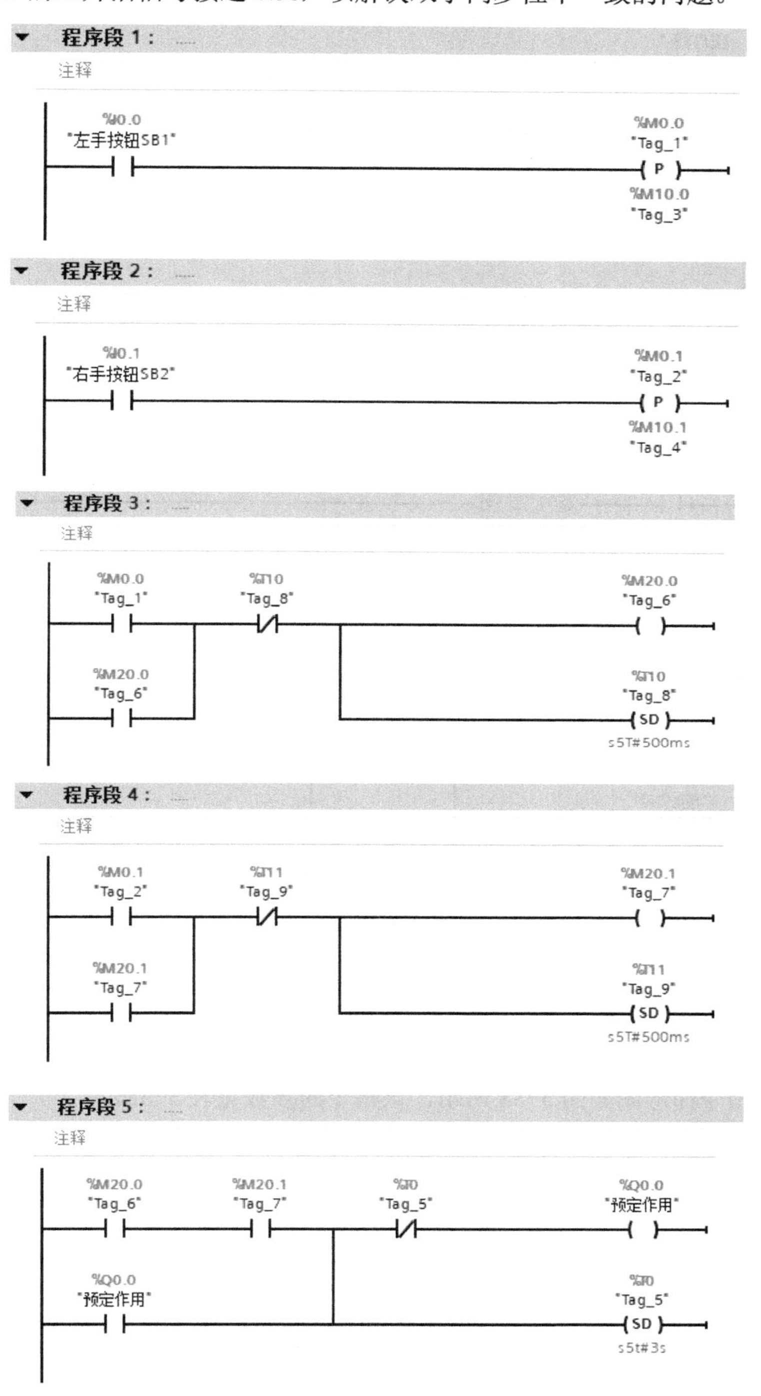

图 3-86　采用了信号上升沿置位操作数指令的真实 PLC 控制“无暇手柄”程序梯形图

图 3-87 为采用 TP 指令延时 0.5s 进行控制的梯形图。可见脉冲指令的实质是将长信号转化

为一个扫描周期的短信号，而只需借助时间继电器又可将一个扫描周期的信号转换成所需时长的长信号。有了这些指令，人们就不必再关心信号的长短问题，而只需考虑信号是否采集得到，因为只要能够采集到信号，信号本身的长短是可通过程序进行转换的。

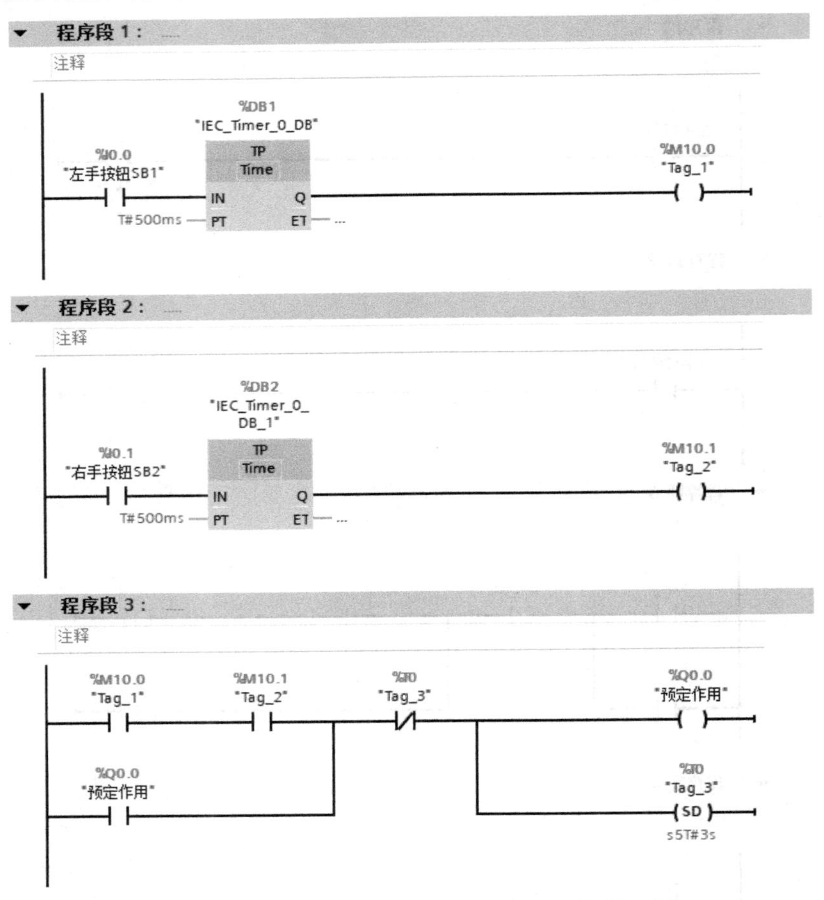

图 3-87　采用 TP 指令延时 0.5s 进行控制的梯形图

3.3.9　知识：TONR 指令

1. 时间累加器指令

时间累加器指令梯形图如图 3-88 所示，该指令的参数见表 3-35。

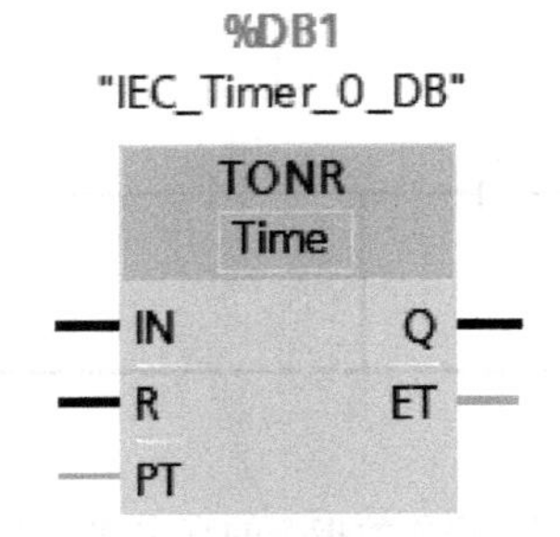

图 3-88　时间累加器指令梯形图

表 3-35　时间累加器指令的参数

参数	声明	数据类型	存储区	说明
IN	Input	BOOL	I、Q、M、D、L、P 或常量	启动输入
R	Input	BOOL	I、Q、M、D、L、P 或常量	复位输入
PT	Input	TIME、LTIME	I、Q、M、D、L、P 或常量	时间记录的最长持续时间 PT 参数的值必须为正数
Q	Output	BOOL	I、Q、M、D、L、P	超出时间 PT 时复位的输出
ET	Output	TIME、LTIME	I、Q、M、D、L、P	累计的时间

可以使用时间累加器指令来累加由参数 PT 设定的时间段内的时间值。输入 IN 的信号状态从“0”变为“1”（信号上升沿）时，将执行时间测量，同时时间 PT 开始计时。当 PT 正在计时时，加上在 IN 输入的信号状态为“1”时记录的时间值。累加得到的时间值将写入到输出 ET 中，并可以在此进行查询。持续时间 PT 计时结束后，输出 Q 的信号状态为“1”。即使 IN 参数的信号状态从“1”变为“0”（信号下降沿），Q 参数仍将保持置位为“1”。

无论启动输入的信号状态如何，输入 R 都将复位输出 ET 和 Q。时间累加器指令可以放置在程序段的中间或者末尾，它需要一个前导逻辑运算。每次调用时间累加器指令时，必须为其分配一个用于存储实例数据的 IEC 定时器。

时间累加器指令的脉冲时序图如图 3-89 所示。

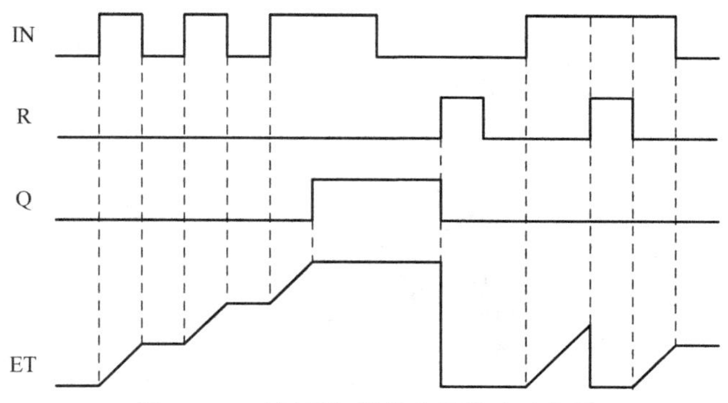

图 3-89　时间累加器指令的脉冲时序图

2. 启动时间累加器指令

启动时间累加器指令梯形图如图 3-90 所示，该指令的参数见表 3-36。

图 3-90　启动时间累加器指令梯形图

表 3-36　启动时间累加器指令的参数

参数	声明	数据类型	存储区	说明
<持续时间>	Input	TIME、LTIME	I、Q、M、D、L 或常量	IEC 定时器运行的持续时间
<IEC 定时器>	InOut	IEC_TIMER、IEC_LTIMER、TONR_TIME、TONR_LTIME	D、L	启动的 IEC 定时器

使用启动时间累加器指令，可以记录该指令输入为“1”时的信号长度。当 RLO 从“0”变为“1”（信号上升沿）时，启动时间测量。只要 RLO 为“1”，就记录该时间。如果 RLO 变为

“0”，则时间记录将停止。如果 RLO 更改回“1”，则继续记录运行时间。如果记录的时间超出了所指定的持续时间，并且线圈输入的 RLO 为“1”，则定时器状态“1”的查询将返回信号状态“1”。

当前定时器状态将保存在 IEC 定时器的结构组件 Q 中。可以通过常开触点查询定时器状态“1”，或通过常闭触点查询定时器状态“0”。使用复位定时器指令，可将定时器状态 Q 和当前记录的定时器 ET 复位为“0”。启动时间累加器指令的脉冲时序图与时间累加器指令的脉冲时序图完全相同，此处不再赘述。

3.3.10　案例：PLC 控制传送带

PLC 控制金属、非金属分拣系统结构示意图如图 3-91 所示。按起动按钮后，当落料口有物体落下，光电开关检测到物体后，启动传送带运行；在非金属落料口上方装有金属检测传感器，若传送带启动 3s 后，金属传感器仍未检测到信号则说明该物体为非金属，则非金属推料杆伸出将物料推入非金属出料槽后收回；若 3s 内金属传感器检测到物体，则在金属传感器检测到物料 6s 后由金属出料杆将物料推入金属出料槽。当按下急停按钮后，传送带立即停止，复位急停后，按起动按钮，分拣工作继续进行。其端口（I/O）分配表见表 3-37。

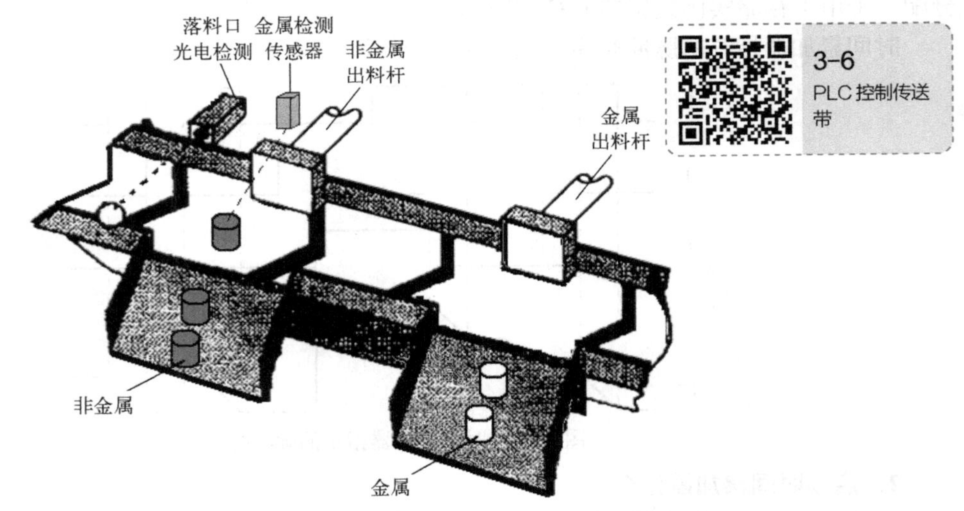

图 3-91　PLC 控制金属、非金属分拣系统结构示意图

表 3-37　PLC 控制金属、非金属分拣系统 I/O 分配表

输　入		输　出	
输入设备	输入编号	输出设备	输出编号
起动按钮	I0.0	传送带运行	Q0.0
急停按钮	I0.1	非金属出料杆电磁阀	Q0.1
落料口光电检测	I0.2	金属出料杆电磁阀	Q0.2
金属传感器	I0.3		
非金属出料杆伸出到位	I0.4		
金属出料杆伸出到位	I0.5		

图 3-92 为其控制程序梯形图，当 3s 内金属传感器未检测到信号，则 T0 常闭动作，停止传送带

Q0.0，非金属出料杆推出非金属，当非金属出料杆伸出到位后，复位 T0，等待下一次进料；当 3s 内金属传感器检测到信号后，使用置位辅助继电器 M1.0 保持该信号，将定时器 T0 常闭旁路，保证传送带 Q0.0 继续运行，T1 延时 6s 停止传送带 Q0.0，金属出料杆推出金属，当金属出料杆伸出到位后，复位记忆信号 M1.0，使定时器 T0、T1 复位，等待下一次进料。特别应该注意的是：案例中是采用时间进行定位的，必须确保只有在传送带运行时才能计时，若传送带出现停转（Q0.0=0），则应停止计时，在传送带恢复运行后（Q0.0=1），继续计时。因此考虑使用 TONR 指令。

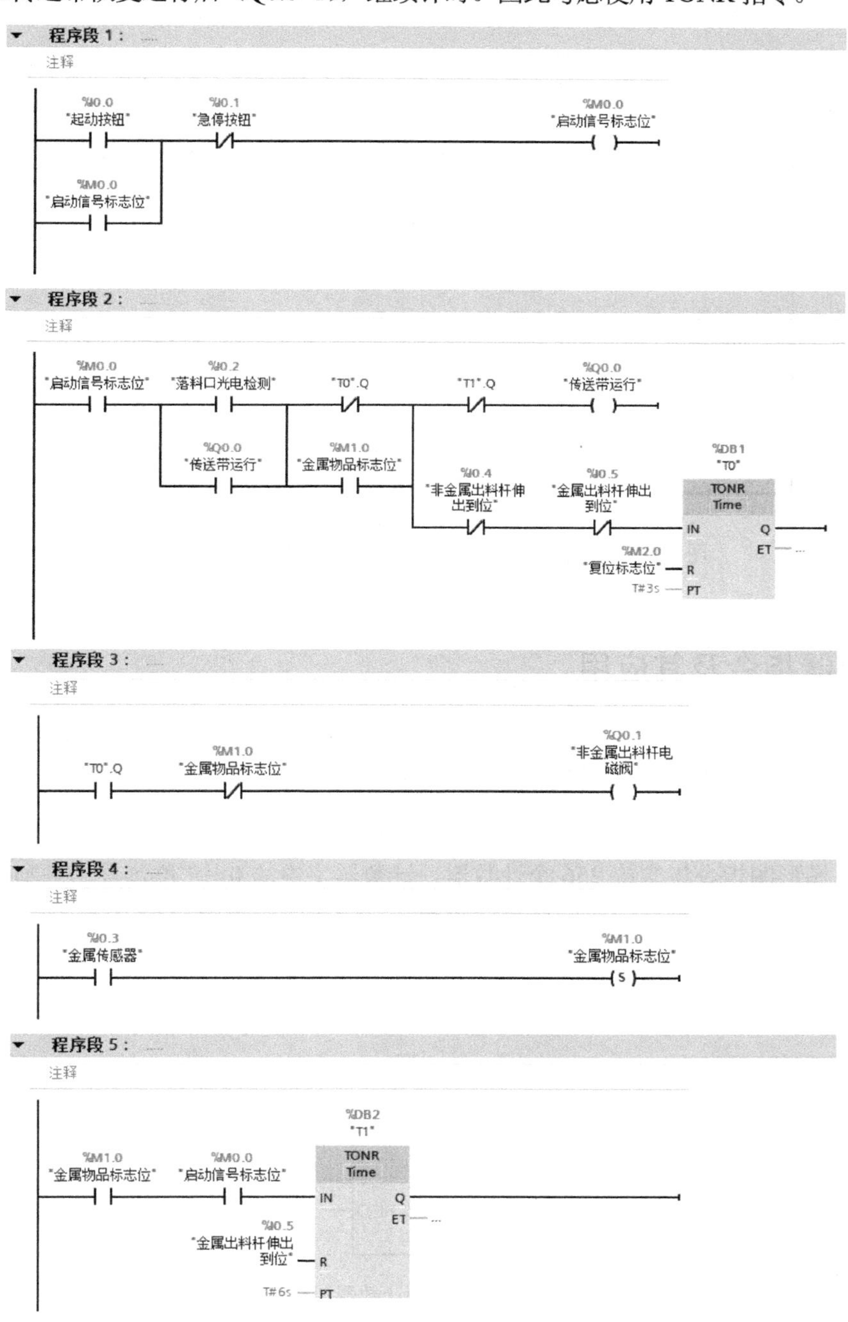

图 3-92　金属、非金属分拣系统控制程序梯形图

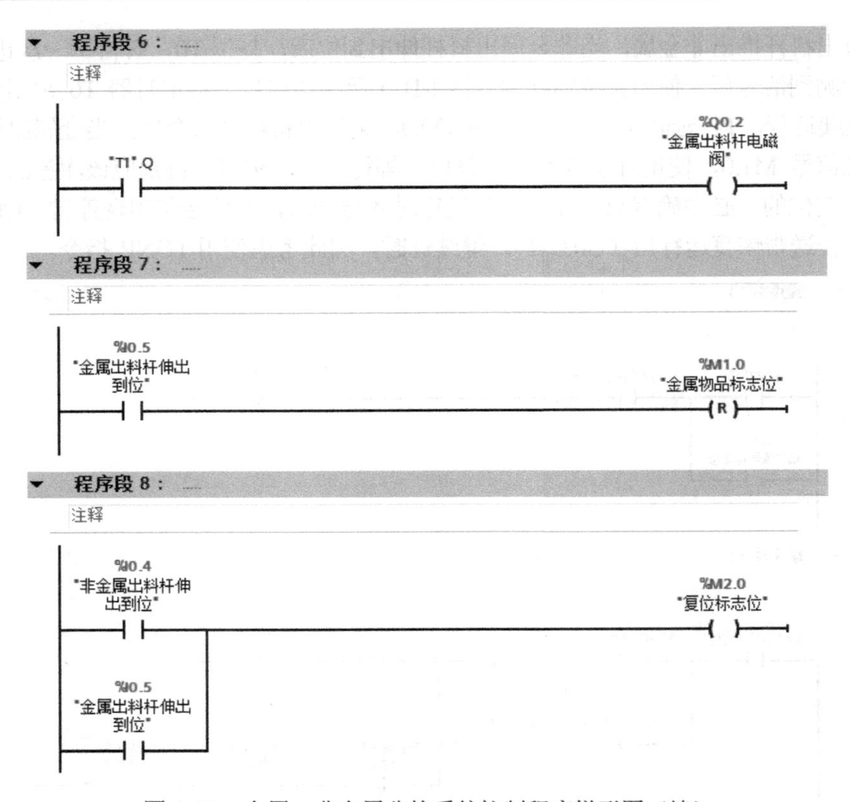

图 3-92　金属、非金属分拣系统控制程序梯形图（续）

3.4　计数器指令及其应用

3.4.1　知识：原有 SIMATIC 计数器

在 CPU 存储器中，有为计数器保留的区域。该存储区域为每个计数器地址保留了一个 16 位的字空间。梯形图指令集支持 256 个计数器。计数器字中的 0～9 位包含二进制代码形式的计数值。当设置某个计数器时，计数值移至计数器字。计数值的范围为 0～999。

1. S_CUD（双向计数器）

S_CUD（双向计数器）指令梯形图如图 3-93 所示，该指令的参数见表 3-38。

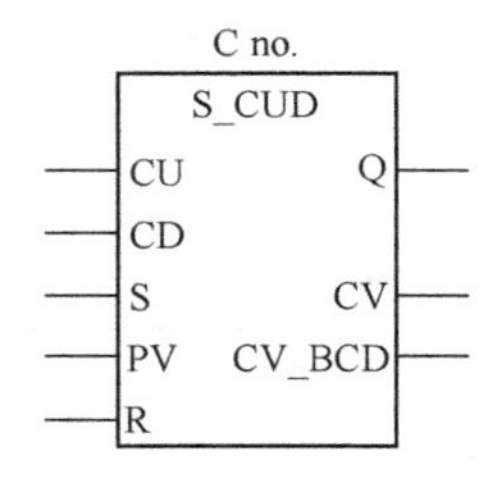

图 3-93　S_CUD（双向计数器）指令梯形图

表 3-38　S_CUD（双向计数器）指令参数

参数	数据类型	存储区	描述
C 编号	COUNTER	C	计数器标识号；其范围依赖于 CPU
CU	BOOL	I、Q、M、L、D	升值计数输入
CD	BOOL	I、Q、M、L、D	降值计数输入
S	BOOL	I、Q、M、L、D	为预设计数器设置输入
PV	WORD	I、Q、M、L、D 或常数	将计数器值以“C#<值>”的格式输入（范围 0～999）
		I、Q、M、L、D	预设计数器的值
R	BOOL	I、Q、M、L、D	复位输入
CV	WORD	I、Q、M、L、D	当前计数器值，十六进制数字
CV_BCD	WORD	I、Q、M、L、D	当前计数器值，BCD 码
Q	BOOL	I、Q、M、L、D	计数器的状态

其功能为：如果输入 S 有上升沿，S_CUD 预置为输入 PV 的值。如果输入 R 为 1，则计数器复位，并将计数值设置为“0”。如果输入 CU 的信号状态从“0”切换为“1”，并且计数器的值小于“999”，则计数器的值增 1。如果输入 CD 有上升沿，并且计数器的值大于“0”，则计数器的值减 1。

如果两个计数输入都有上升沿，则执行两个指令，并且计数值保持不变。

如果已设置计数器并且输入 CU/CD 为 RLO=1，则即使没有从上升沿到下降沿或从下降沿到上升沿的变化，计数器也会在下一个扫描周期进行相应的计数。

如果计数值大于或等于“0”，则输出 Q 的信号状态为“1”。

2. S_CU（升值计数器）

S_CU（升值计数器）指令梯形图如图 3-94 所示，该指令的参数见表 3-39。

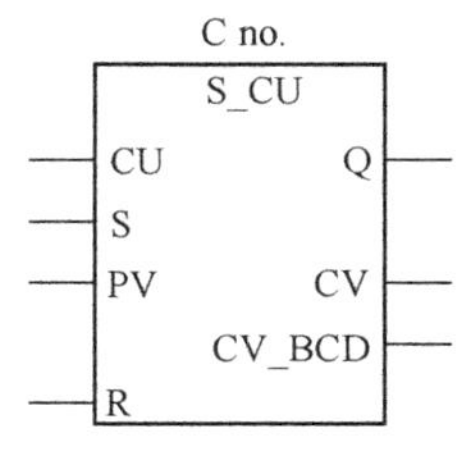

图 3-94　S_CU（升值计数器）指令梯形图

表 3-39　S_CU（升值计数器）指令参数

参数	数据类型	存储区	描述
C 编号	COUNTER	C	计数器标识号；其范围依赖于 CPU
CU	BOOL	I、Q、M、L、D	升值计数输入
S	BOOL	I、Q、M、L、D	为预设计数器设置输入
PV	WORD	I、Q、M、L、D 或常数	将计数器值以“C#<值>”的格式输入（范围 0～999）
		I、Q、M、L、D	预设计数器的值
R	BOOL	I、Q、M、L、D	复位输入
CV	WORD	I、Q、M、L、D	当前计数器值，十六进制数字
CV_BCD	WORD	I、Q、M、L、D	当前计数器值，BCD 码
Q	BOOL	I、Q、M、L、D	计数器的状态

其功能为：如果输入 S 有上升沿，则 S_CU 预置为输入 PV 的值。如果输入 R 为“1”，则计数器复位，并将计数值设置为“0”。

如果输入 CU 的信号状态从“0”切换为“1”，并且计数器的值小于“999”，则计数器的值增 1。

如果已设置计数器并且输入 CU 为 RLO=1，则即使没有从上升沿到下降沿或从下降沿到上升沿的变化，计数器也会在下一个扫描周期进行相应的计数。

如果计数值大于或等于“0”，则输出 Q 的信号状态为“1”。

3. S_CD（降值计数器）

S_CD（降值计数器）指令梯形图如图 3-95 所示，该指令的参数见表 3-40。

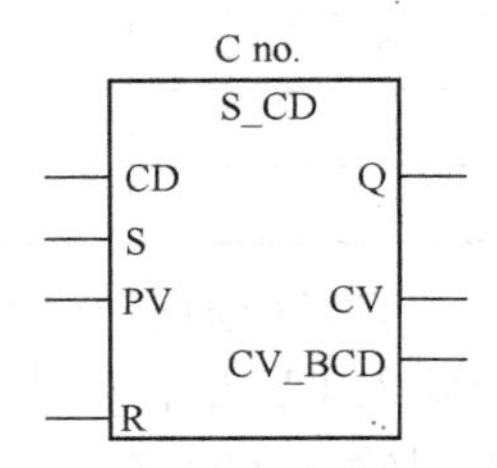

图 3-95　S_CD（降值计数器）指令梯形图

表 3-40　S_CD（降值计数器）指令参数

参数	数据类型	存储区	描述
C 编号	COUNTER	C	计数器标识号；其范围依赖于 CPU
CD	BOOL	I、Q、M、L、D	降值计数输入
S	BOOL	I、Q、M、L、D	为预设计数器设置输入
PV	WORD	I、Q、M、L、D 或常数	将计数器值以“C#<值>”的格式输入（范围 0～999）
		I、Q、M、L、D	预设计数器的值
R	BOOL	I、Q、M、L、D	复位输入
CV	WORD	I、Q、M、L、D	当前计数器值，十六进制数字
CV_BCD	WORD	I、Q、M、L、D	当前计数器值，BCD 码
Q	BOOL	I、Q、M、L、D	计数器的状态

其功能为：如果输入 S 有上升沿，则 S_CD 设置为输入 PV 的值。如果输入 R 为“1”，则计数器复位，并将计数值设置为“0”。

如果输入 CD 的信号状态从“0”切换为“1”，并且计数器的值大于“0”，则计数器的值减 1。

如果已设置计数器并且输入 CD 为 RLO=1，则即使没有从上升沿到下降沿或从下降沿到上升沿的变化，计数器也会在下一个扫描周期进行相应的计数。

如果计数值大于或等于“0”，则输出 Q 的信号状态为“1”。

4.（SC）设置计数器值

设置计数器值指令梯形图如图 3-96 所示，该指令的参数见表 3-41。

<C编号>
—(SC)—|
<预设值>

图 3-96　设置计数器值指令梯形图

表 3-41　设置计数器值指令参数

参数	数据类型	存储区	描述
<C 编号>	COUNTER	C	要预置的计数器编号
<预设值>	WORD	I、Q、M、L、D 或常数	预置 BCD 的值（0～999）

其功能为：仅在 RLO 中有上升沿时，设置计数器值才会执行。此时，预设值被传送至指定的计数器。

5. ---(CU)升值计数器线圈

升值计数器线圈指令梯形图如图 3-97 所示，该指令的参数见表 3-42。

<C编号>
——(CU)——|

图 3-97　升值计数器线圈指令梯形图

表 3-42　升值计数器线圈指令参数

参数	数据类型	存储区	描述
<C 编号>	COUNTER	C	要预置的计数器编号

其功能为：如在 RLO 中有上升沿，并且计数器的值小于“999”，则升值计数器线圈将指定计数器的值加 1。如果 RLO 中没有上升沿，或者计数器的值已经是“999”，则计数器值不变。图 3-98 为初值预置 SC 指令与 CU 指令配合实现 S_CU 指令的功能。

Network 1 : 设置计数器值
I0.0　C2 (SC) C#5

Network 2 : 计数器计数
I0.1　C2 (CU)

Network 3 : 计数器复位
I0.2　C2 (R)

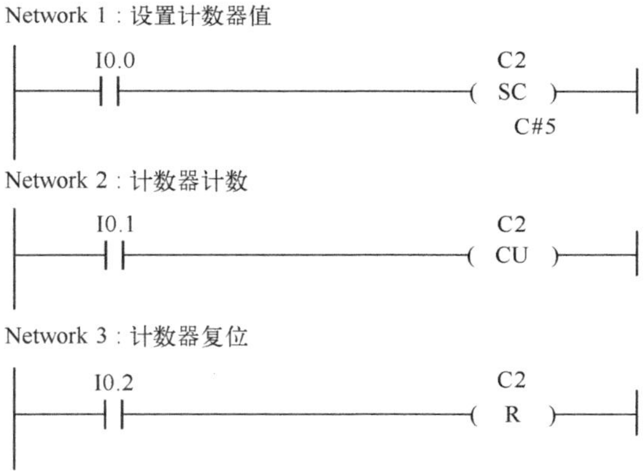

图 3-98　初值预置 SC 指令与 CU 指令配合实现 S_CU 指令的功能

6. ---(CD)降值计数器线圈

降值计数器线圈指令梯形图如图 3-99 所示，该指令的参数见表 3-43。

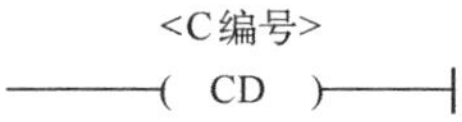

<C编号>
——(CD)——|

图 3-99　降值计数器线圈指令梯形图

表 3-43　降值计数器线圈指令参数

参数	数据类型	存储区	描述
<C 编号>	COUNTER	C	要预置的计数器编号

其功能为：如果 RLO 状态中有上升沿，并且计数器的值大于“0”，则降值计数器线圈将指定计数器的值减 1。如果 RLO 中没有上升沿，或者计数器的值已经是“0”，则计数器值不变。图 3-100 为初值预置 SC 指令与 CD 指令配合实现 S_CD 指令的功能。图 3-101 为 SC 指令与 CU 和 CD 配合实现 S_CUD 的功能。

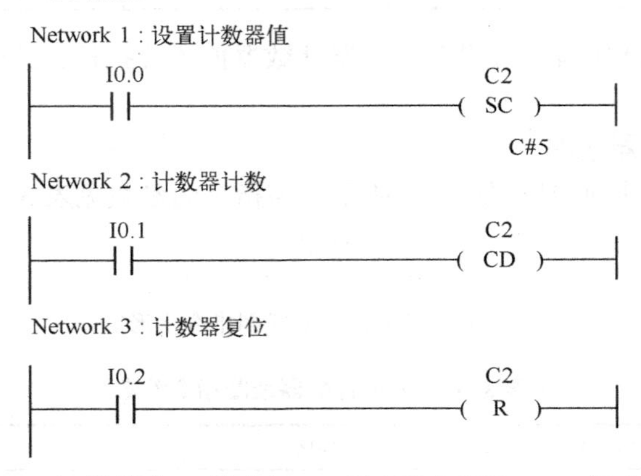

图 3-100　初值预置 SC 指令与 CD 指令配合实现 S_CD 指令的功能

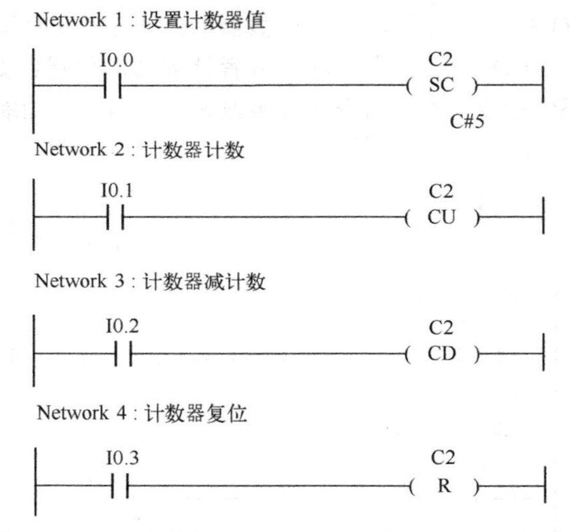

图 3-101　SC 指令与 CU 和 CD 配合实现 S_CUD 的功能

3.4.2　知识：CTU 指令

加计数指令 CTU 梯形图如图 3-102 所示，该指令的参数见表 3-44。

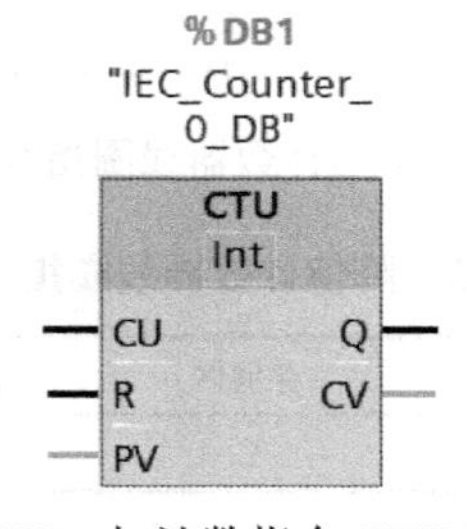

图 3-102　加计数指令 CTU 梯形图

表 3-44　加计数指令 CTU 的参数

参数	声明	数据类型	存储区	说明
CU	Input	BOOL	I、Q、M、D、L 或常数	计数输入
R	Input	BOOL	I、Q、M、T、C、D、L、P 或常数	复位输入
PV	Input	整数	I、Q、M、D、L、P 或常数	置位输出 Q 的值
Q	Output	BOOL	I、Q、M、D、L	计数器状态
CV	Output	整数、CHAR、WCHAR、DATE	I、Q、M、D、L、P	当前计数器值

可以使用加计数指令，递增输出 CV 的值。如果输入 CU 的信号状态从“0”变为“1”（信号上升沿），则执行该指令，同时输出 CV 的当前计数器值加 1。每检测到一个信号上升沿，计数器值就会递增，直到达到输出 CV 中所指定数据类型的上限。达到上限时，输入 CU 的信号状态将不再影响该指令。

可以查询 Q 输出中的计数器状态。输出 Q 的信号状态由参数 PV 决定。如果当前计数器值大于或等于参数 PV 的值，则将输出 Q 的信号状态置位为“1”。在其他任何情况下，输出 Q 的信号状态均为“0”。

输入 R 的信号状态变为“1”时，输出 CV 的值被复位为“0”。只要输入 R 的信号状态仍为“1”，输入 CU 的信号状态就不会影响该指令。

每次调用加计数指令，都会为其分配一个 IEC 计数器用于存储指令数据。IEC 计数器是一种具有以下某种数据类型的结构，SIMATIC S7-1500 PLC CPU 数据类型的结构见表 3-45。

表 3-45　SIMATIC S7-1500 PLC CPU 数据类型的结构

系统数据类型 IEC_<Counter> 的 DB（共享 DB）	局部变量
IEC_SCOUNTER/IEC_USCOUNTER IEC_COUNTER/IEC_UCOUNTER IEC_DCOUNTER/IEC_UDCOUNTER IEC_LCOUNTER/IEC_ULCOUNTER	CTU_SINT/CTU_USINT CTU_INT/CTU_UINT CTU_DINT/CTU_UDINT CTU_LINT/CTU_ULINT IEC_SCOUNTER/IEC_USCOUNTER IEC_COUNTER/IEC_UCOUNTER IEC_DCOUNTER/IEC_UDCOUNTER IEC_LCOUNTER/IEC_ULCOUNTER

可以按如下方式声明 IEC 计数器：

1）系统数据类型 IEC_<Counter>的 DB 声明（例如，“MyIEC_COUNTER”）。

2）声明为块中“Static”部分的 CTU_<Data type>或 IEC_<Counter>类型的局部变量（例如 #MyIEC_COUNTER）。

如果在单独的 DB 中设置 IEC 计数器（单背景），则将默认使用“优化的块访问”（optimized block access）创建 IDB，并将各个变量定义为具有保持性。如果在函数块中使用“优化的块访问”设置 IEC 计数器作为本地变量（多重背景），则其在块接口中定义为具有保持性。执行加计数指令之前，需要事先预设一个逻辑运算，该运算可以放置在程序段的中间或者末尾。

3.4.3　案例：用加计数实现 PLC 控制废品报警装置

图 3-103 为检测瓶子是否直立的装置。当瓶子从传送带上移过时，会被两个光电管检测以确定其是否直立，如果瓶子不是直立的，则被推出杆推到传送带外。若推出了 3 个空瓶，则点亮报警指示灯，提醒操作人员进行检查。其端口（I/O）分配表见表 3-46。

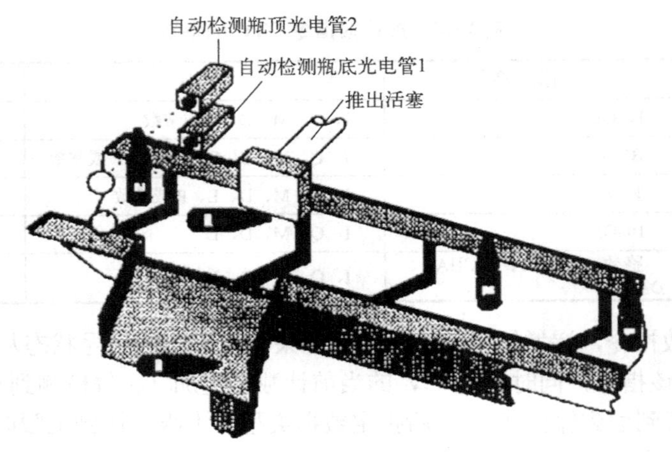

图 3-103　检测瓶子是否直立的装置

表 3-46　PLC 控制废品报警装置 I/O 分配表

输　入		输　出	
输入设备	输入编号	输出设备	输出编号
报警复位按钮	I0.0	推出活塞	Q0.0
自动检测瓶底光电管 1	I0.1	报警指示灯	Q0.1
自动检测瓶顶光电管 2	I0.2		

图 3-104 为采用绝对地址梯形图来实现以上装置，两个光电管检测，从而得到两个输入 I0.1 和 I0.2，如果瓶子不处于直立状态，光电管 2 就不能给出输入 I0.2 信号，则 Q0.0 得电，推出活塞将空瓶推出。使用加计数器对推出活塞接通次数进行计数，并使用报警复位按钮对计数器进行复位。图 3-105 为采用变量表后的程序梯形图。

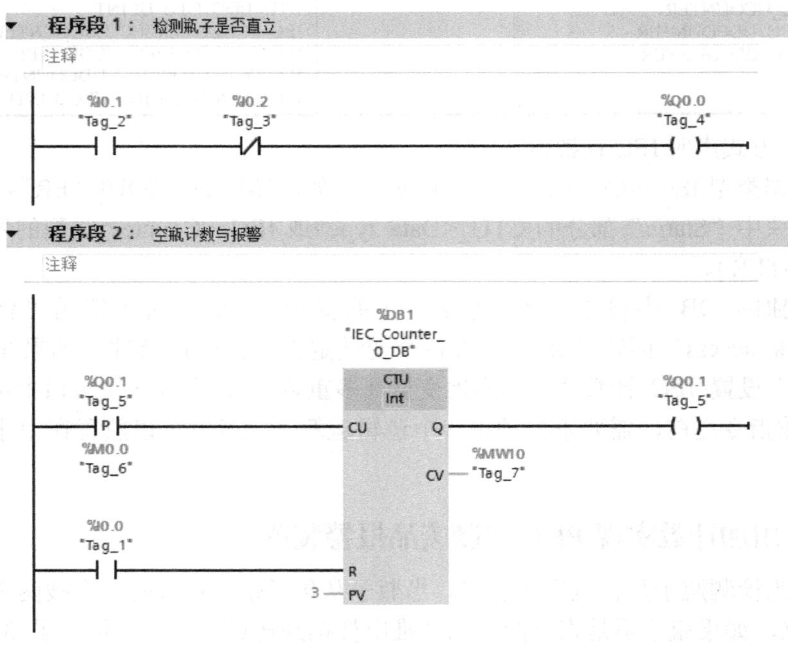

图 3-104　检测瓶子是否直立的装置绝对地址梯形图

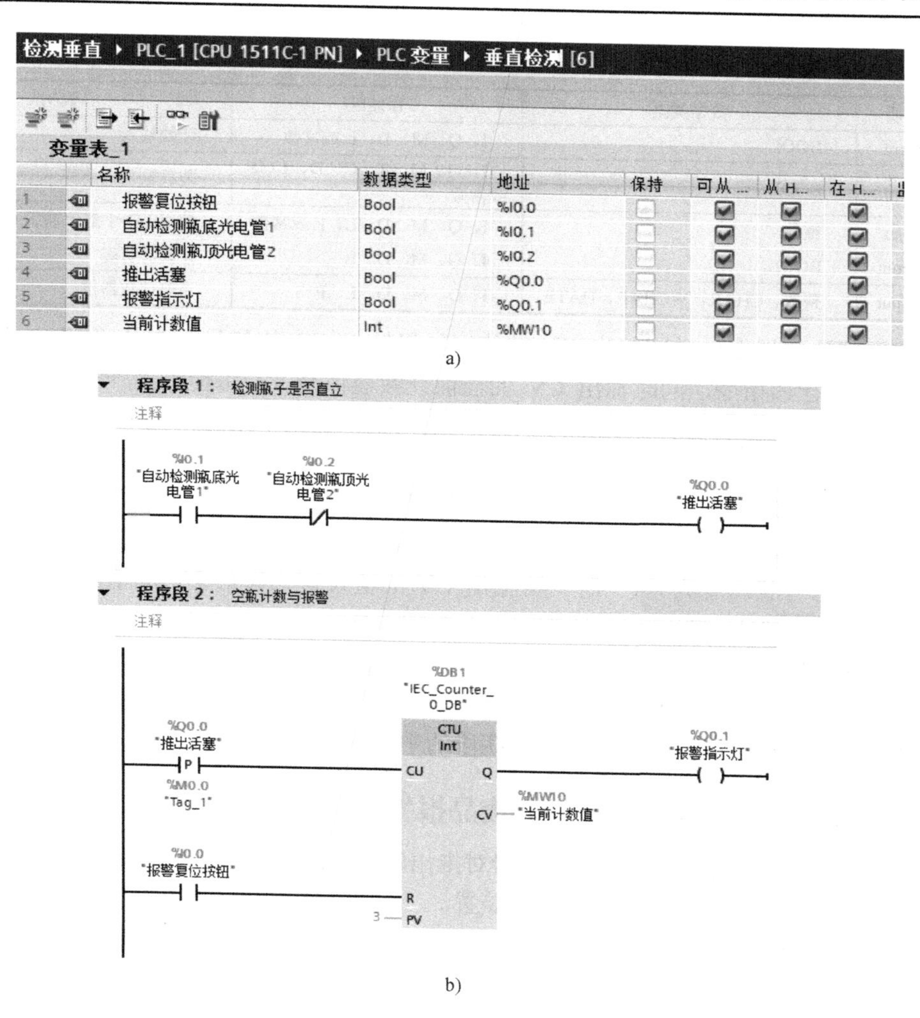

图 3-105　采用变量表后的程序梯形图

3.4.4　知识：CTD 指令

减计数指令 CTD 梯形图如图 3-106 所示，该指令的参数见表 3-47。

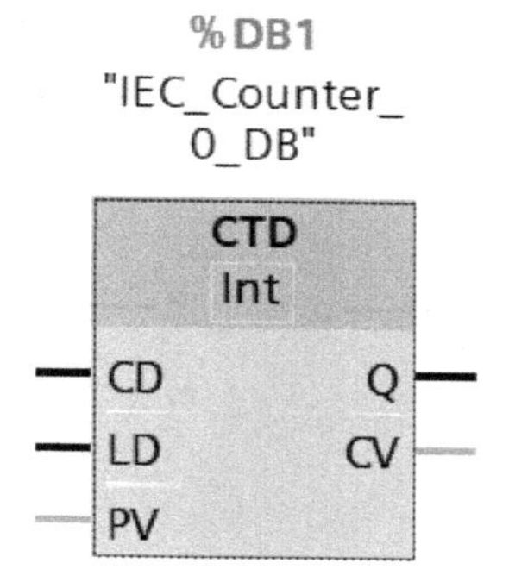

图 3-106　减计数指令 CTD 梯形图

表 3-47 减计数指令 CTD 的参数

参数	声明	数据类型	存储区	说明
CD	Input	BOOL	I、Q、M、D、L 或常数	计数输入
LD	Input	BOOL	I、Q、M、T、C、D、L、P 或常数	装载输入
PV	Input	整数	I、Q、M、D、L、P 或常数	使用 LD=1 置位输出 CV 的目标值
Q	Output	BOOL	I、Q、M、D、L	计数器状态
CV	Output	整数、CHAR、WCHAR、DATE	I、Q、M、D、L、P	当前计数器值

可以使用减计数指令，递减输出 CV 的值。如果输入 CD 的信号状态从“0”变为“1”（信号上升沿），则执行该指令，同时输出 CV 的当前计数器值减 1。每检测到一个信号上升沿，计数器值就会递减 1，直到达到指定数据类型的下限为止。达到下限时，输入 CD 的信号状态将不再影响该指令。

可以查询 Q 输出中的计数器状态。如果当前计数器值小于或等于“0”，则 Q 输出的信号状态将置位为“1”。在其他任何情况下，输出 Q 的信号状态均为“0”。

输入 LD 的信号状态变为“1”时，将输出 CV 的值设置为参数 PV 的值。只要输入 LD 的信号状态仍为“1”，输入 CD 的信号状态就不会影响该指令。

每次调用减计数指令，都会为其分配一个 IEC 计数器用于存储指令数据，IEC 计数器具有数据类型的结构见表 3-45，IEC 计数器声明方式与加计数相同。执行减计数指令之前，需要事先预设一个逻辑运算，该运算可以放置在程序段的中间或者末尾。

3.4.5 案例：用减计数实现 PLC 控制废品报警装置

如图 3-107 所示，程序中使用减计数器对推出活塞接通次数进行计数，并使用报警复位按钮对计数器进行复位，实现如图 3-103 所示装置。

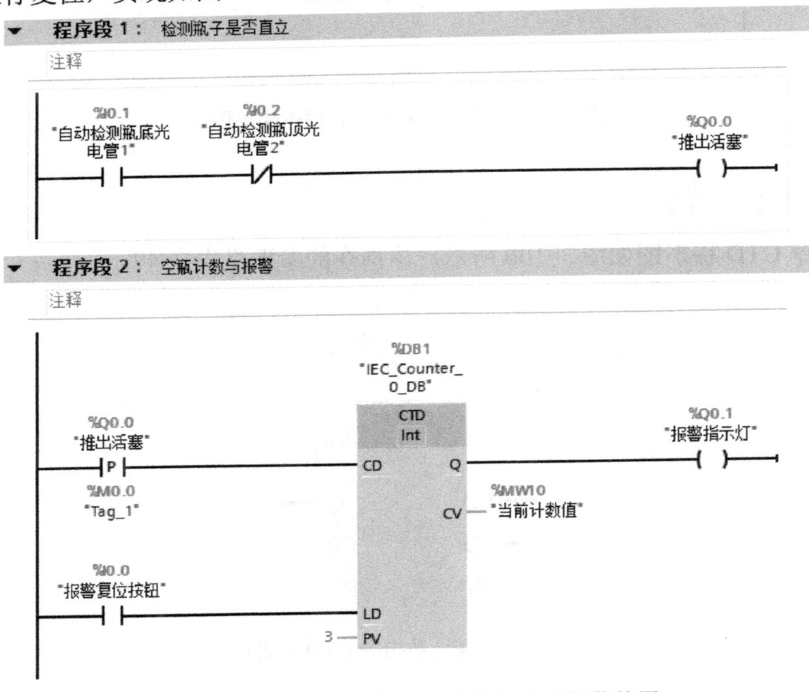

图 3-107 用减计数实现 PLC 控制废品报警装置

3.4.6　知识：CTUD 指令

加减计数指令 CTUD 梯形图如图 3-108 所示，该指令的参数见表 3-48。

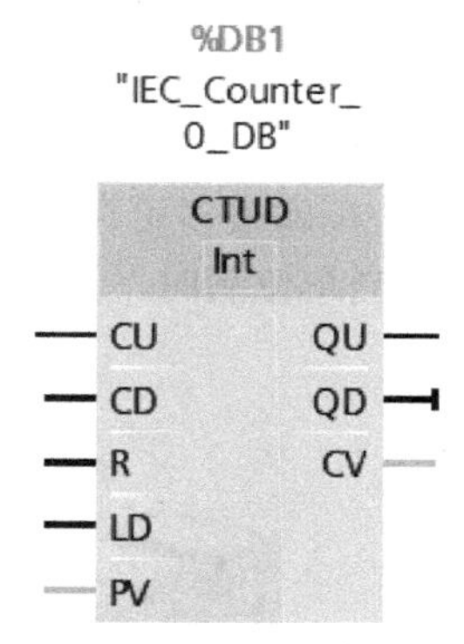

图 3-108　加减计数指令 CTUD 梯形图

表 3-48　加减计数指令 CTUD 的参数

参数	声明	数据类型	存储区	说明
CU	Input	BOOL	I、Q、M、D、L 或常数	加计数输入
CD	Input	BOOL	I、Q、M、D、L 或常数	减计数输入
R	Input	BOOL	I、Q、M、T、C、D、L、P 或常数	复位输入
LD	Input	BOOL	I、Q、M、T、C、D、L、P 或常数	装载输入
PV	Input	整数	I、Q、M、D、L、P 或常数	输出 QU 被设置的值/LD 为“1”的情况下，输出 CV 被设置的值
QU	Output	BOOL	I、Q、M、D、L	加计数器的状态
QD	Output	BOOL	I、Q、M、D、L	减计数器的状态
CV	Output	整数、CHAR、WCHAR、DATE	I、Q、M、D、L、P	当前计数器值

可以使用加减计数指令，递增和递减输出 CV 的计数器值。如果输入 CU 的信号状态从“0”变为“1”（信号上升沿），则当前计数器值加 1 并存储在输出 CV 中。如果输入 CD 的信号状态从“0”变为“1”（信号上升沿），则输出 CV 的计数器值减 1。如果在一个程序周期内，输入 CU 和 CD 都出现信号上升沿，则输出 CV 的当前计数器值保持不变。

计数器值可以一直递增，直到其达到输出 CV 处指定数据类型的上限。达到上限后，即使出现信号上升沿，计数器值也不会再递增。达到指定数据类型的下限后，计数器值便不再递减。

输入 LD 的信号状态变为“1”时，将输出 CV 的计数器值置位为参数 PV 的值。只要输入 LD 的信号状态仍为“1”，输入 CU 和 CD 的信号状态就不会影响该指令。

当输入 R 的信号状态变为“1”时，将计数器值置位为“0”。只要输入 R 的信号状态仍为“1”，输入 CU、CD 和 LD 信号状态的改变就不会影响加减计数指令。

可以在 QU 输出中查询加计数器的状态。如果当前计数器值大于或等于参数 PV 的值，则将输出 QU 的信号状态置位为“1”。在其他任何情况下，输出 QU 的信号状态均为“0”。

可以在 QD 输出中查询减计数器的状态。如果当前计数器值小于或等于“0”，则 QD 输出的信号状态将置位为“1”。在其他任何情况下，输出 QD 的信号状态均为“0”。

每次调用加减计数指令，都会为其分配一个 IEC 计数器用来存储指令数据，IEC 计数器具有数据类型的结构见表 3-45，IEC 计数器声明方式与加计数相同。执行加减计数指令之前，需要事先预设一个逻辑运算，该运算可以放置在程序段的中间或者末尾。

3.4.7 案例：PLC 控制车位统计系统

图 3-109 为车位自动统计系统。整个车库最多可存放 20 辆车，车库每进入一辆车，系统自动加 1，每出去一辆车，系统自动减 1。当车位满时，点亮指示灯，显示车库已满。

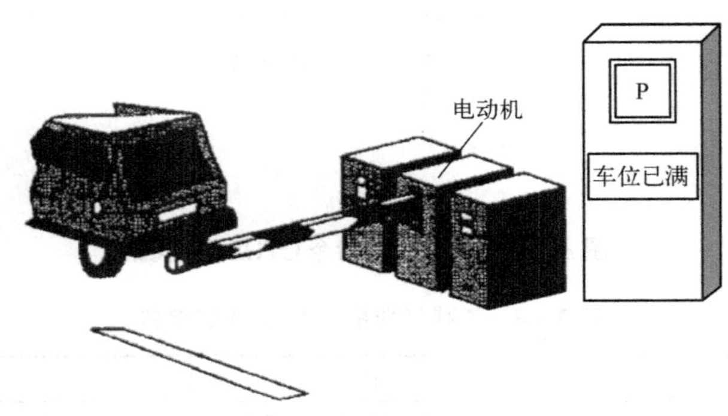

图 3-109 车位自动统计系统

其端口（I/O）分配表见表 3-49。

表 3-49 PLC 控制车位统计系统 I/O 分配表

输 入		输 出	
输入设备	输入编号	输出设备	输出编号
入口光电检测开关	I0.0	车库已满报警指示灯	Q0.0
出口光电检测开关	I0.1		

图 3-110 为车位自动统计系统 PLC 控制梯形图，梯形图采用加减计数指令 CTUD 进行计数，当计数值达到 20 时，则点亮车库已满报警指示灯，提醒外来车辆不要再进入。

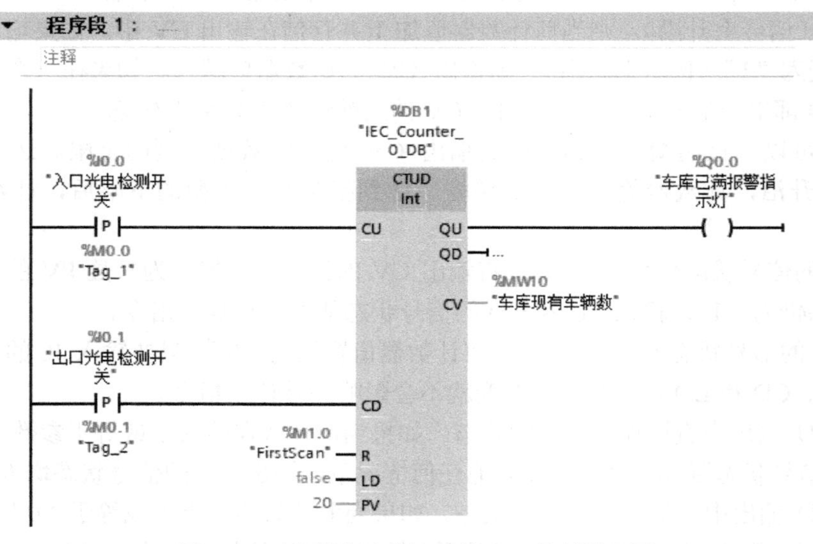

图 3-110 车位自动统计系统 PLC 控制梯形图

3.5 转换继电-接触器电路为梯形图

3.5.1 案例：PLC 实现电动机正反转控制

双重联锁正反转控制电路如图 3-111 所示。控制要求如下。

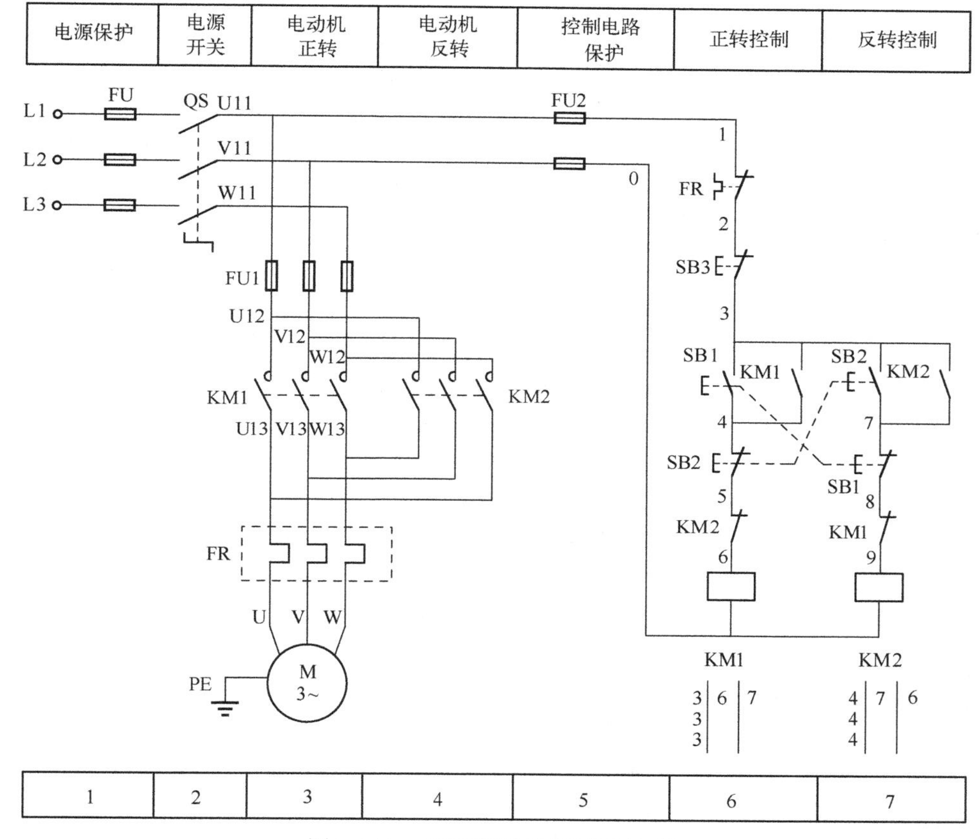

图 3-111　双重联锁正反转控制电路

按下正转起动按钮 SB1 电动机正转，按下反转起动按钮 SB2 电动机反转，再次按下正转起动按钮，电动机再次正转……按下停止按钮电动机停止运行。PLC 控制正反转 I/O 分配表见表 3-50。

表 3-50　PLC 控制正反转 I/O 分配表

输　入		输　出	
输入设备	输入编号	输出设备	输出编号
正转起动按钮 SB1	I0.0	正转接触器 KM1	Q0.0
反转起动按钮 SB2	I0.1	反转接触器 KM2	Q0.1
停止按钮 SB3	I0.2		
热继电器 FR（常闭）	I0.3		

根据表 3-50 绘制硬件接线图如图 3-112 所示。注意图中 PLC 输出端的 KM1、KM2 线圈回

路采用了接触器互锁的硬件保护形式，这是软件保护所不能替代的形式。其根本原因是：接触器互锁是为了当接触器硬件发生故障时，保证两个接触器不会同时接通，若只采用软件互锁保护则无法实现其保护目的。

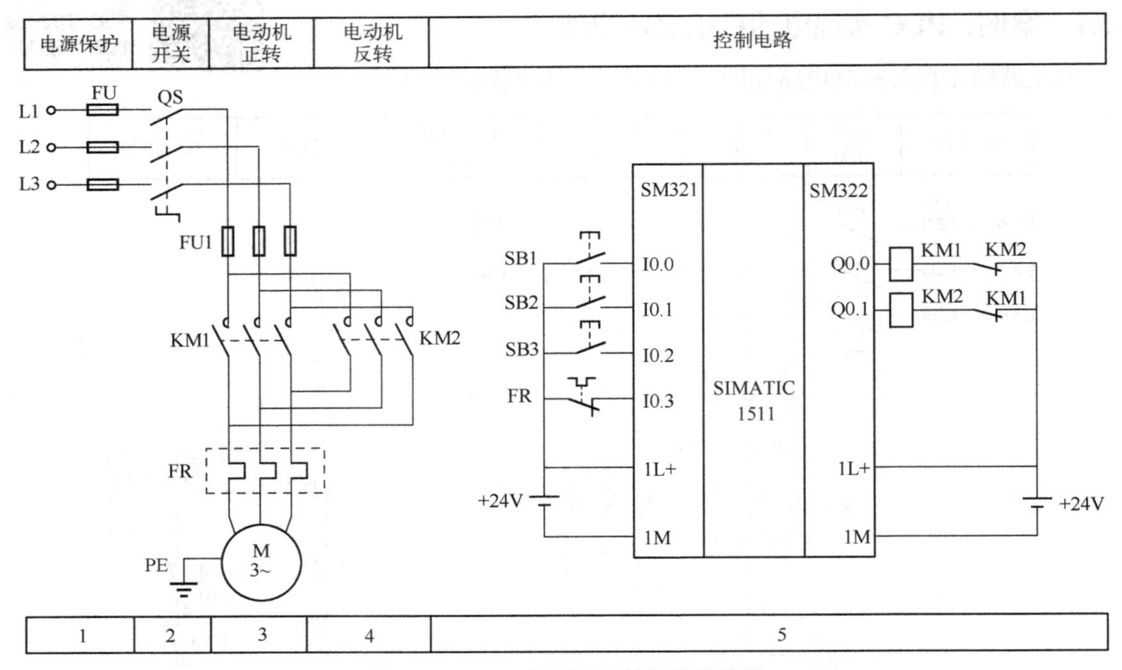

图 3-112　PLC 控制正反转硬件接线图

正反转控制的继电-接触器控制电路如图 3-113 所示，根据 I/O 分配表将对应的输入元器件编号用 PLC 的输入继电器替代，输出驱动元器件编号用 PLC 的输出继电器替代即可得到如图 3-114 所示转换后的梯形图。

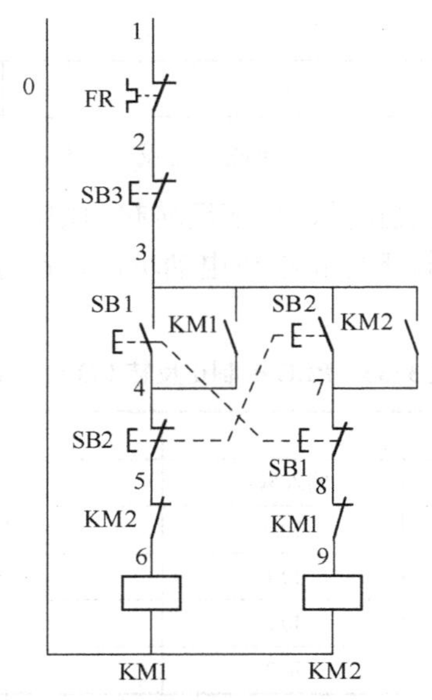

图 3-113　正反转控制的继电-接触器控制电路

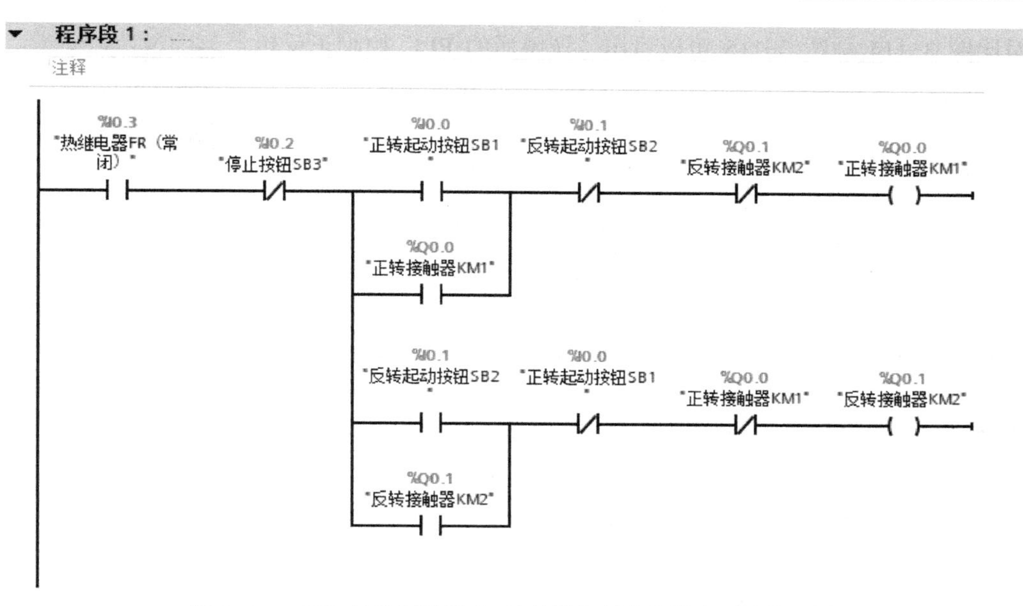

图 3-114　正反转控制的继电-接触器控制电路转换后的梯形图

注意：由于热继电器 FR 采用常闭输入形式，因此在梯形图中应采用常开触点进行替代。

通常会将图 3-114 按“串联触点多的程序放在上方、并联触点多的程序放在左方”的原则进行调整。考虑到接触-继电器控制要节省触点，而 PLC 控制对触点个数无限制，将停止按钮 I0.2 的常闭触点与热继电器 I0.3 的常开触点分别串联到 Q0.0、Q0.1 控制回路，可调整控制梯形图如图 3-115 所示。

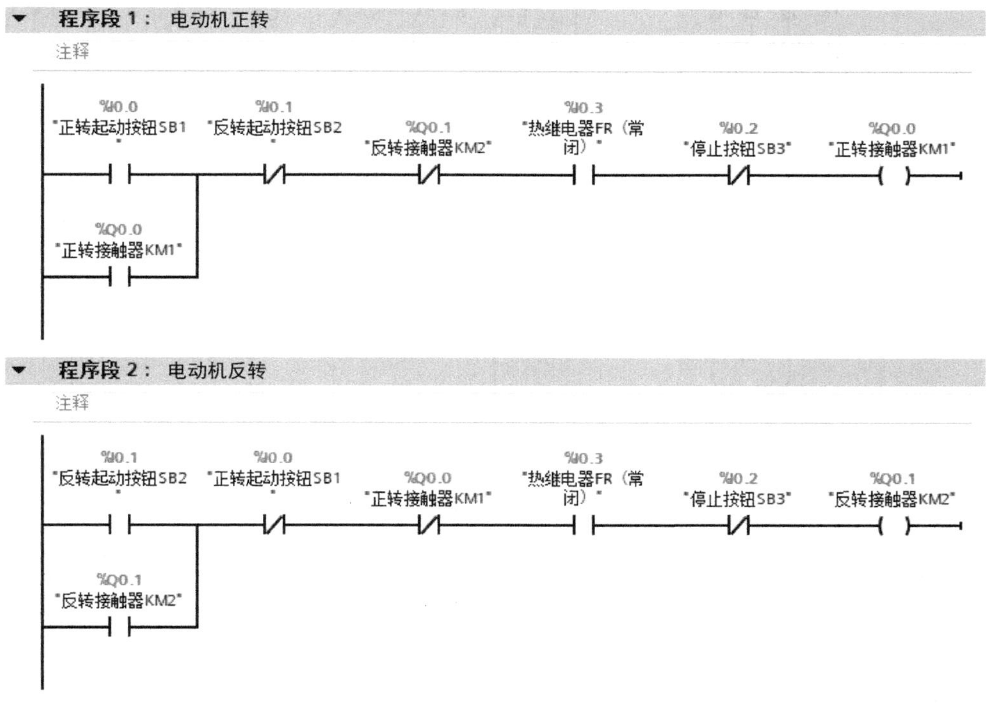

图 3-115　调整后的 PLC 控制正反转梯形图

对比图 3-114 与图 3-115 可以看出，调整后的 PLC 控制正反转的梯形图形式，其控制梯形图的功能更为简洁，可读性更好。

3-8
PLC 控制电动机延时起动、延时停止

3.5.2 案例：PLC 控制电动机延时起动、延时停止

当某些机械设备需要特殊控制时，可以利用时间继电器完成电动机延时起动、延时停止控制，控制电路如图 3-116 所示。合上主电路中开关 QS，起动时按下 5 区中的起动按钮 SB1，时间继电器 KT1、KT2 线圈得电，6 区中时间继电器 KT1 瞬时常开触点闭合自锁，10 区中的时间继电器 KT2 瞬时闭合延时断开触点闭合，为接触器 KM 线圈通电做好准备。同时 8 区中时间继电器 KT1 延时闭合瞬时断开触点延时 2s 后闭合，中间继电器 KA 线圈得电，7 区中的 KA 常开触点闭合给时间继电器 KT2 继续供电，9 区中 KA 常开触点闭合自锁，10 区中 KA 常开触点接通使接触器 KM 线圈得电。3 区中 KM 主触点闭合使电动机起动，11 区中 KM 辅助常开闭合自锁，5 区中 KM 辅助常闭断开，使时间继电器 KT1 线圈断电，KT1 在 6 区和 8 区的触点复位，完成延时起动。

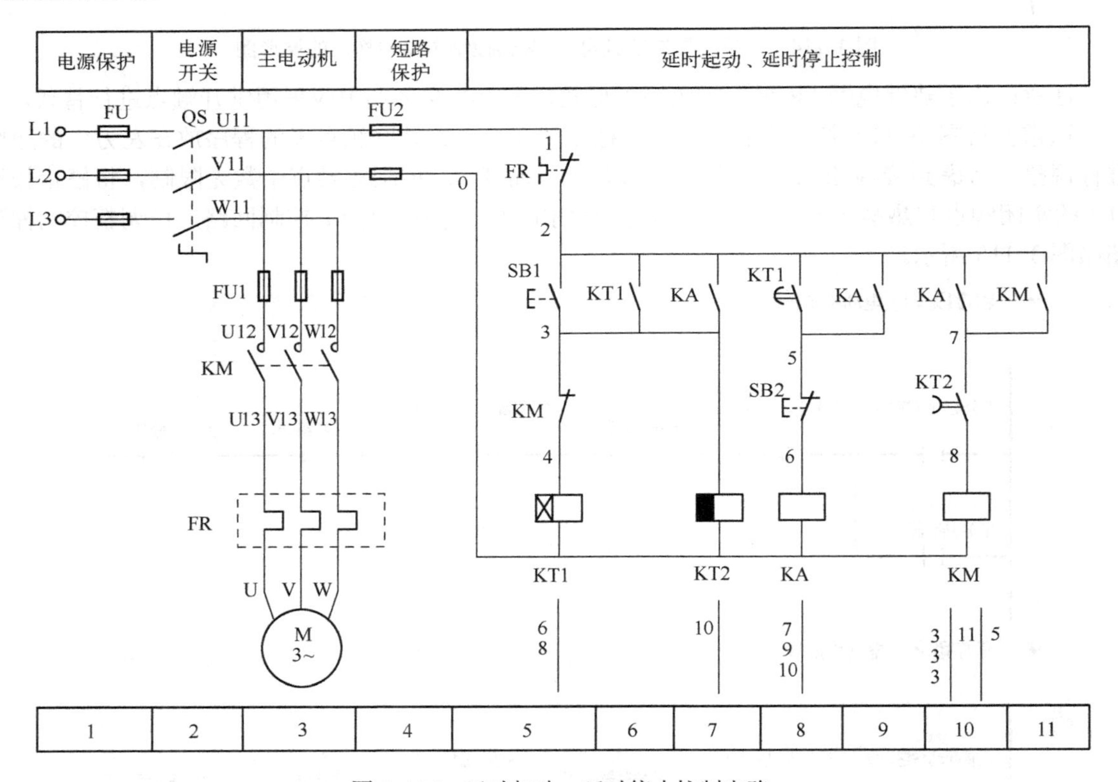

图 3-116　延时起动、延时停止控制电路

停止时按下 8 区中的停止按钮 SB2，中间继电器 KA 线圈失电，7、9、10 区中常开辅助触点复位断开，时间继电器 KT2 线圈失电，10 区中 KT2 延时断开触点断电延时 3s 后断开，接触器 KM 线圈失电。11 区中 KM 辅助常开断开，失去自锁信号，3 区中交流接触器 KM 主触头断开，控制电动机的停止，完成延时停止功能。其 I/O 分配表见表 3-51。

表 3-51　延时起动、延时停止控制电路的 I/O 分配表

输　入		输　出	
输入设备	输入编号	输出设备	输出编号
起动按钮 SB1	I0.0	接触器 KM	Q0.0
停止按钮 SB2	I0.1		
热继电器常闭触点 FR	I0.2		

根据 I/O 分配表绘制控制系统硬件接线图如图 3-117 所示。

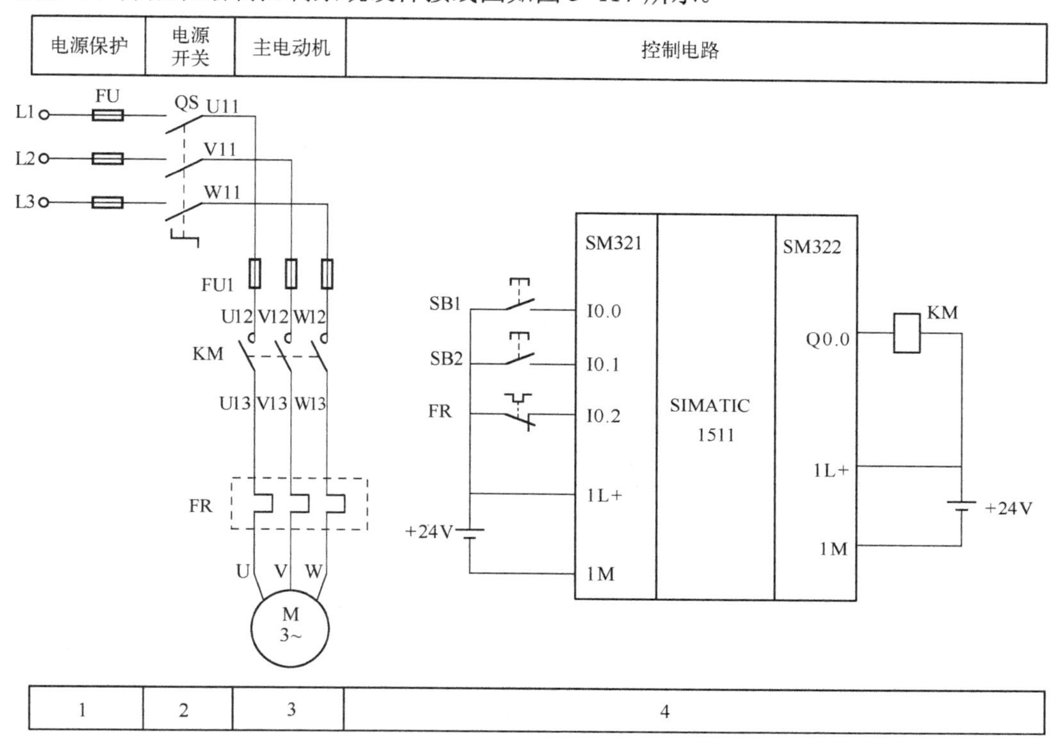

图 3-117　PLC 控制电动机延时起动、延时停止控制系统硬件接线图

电动机延时起动、延时停止控制系统的控制电路如图 3-118 所示。

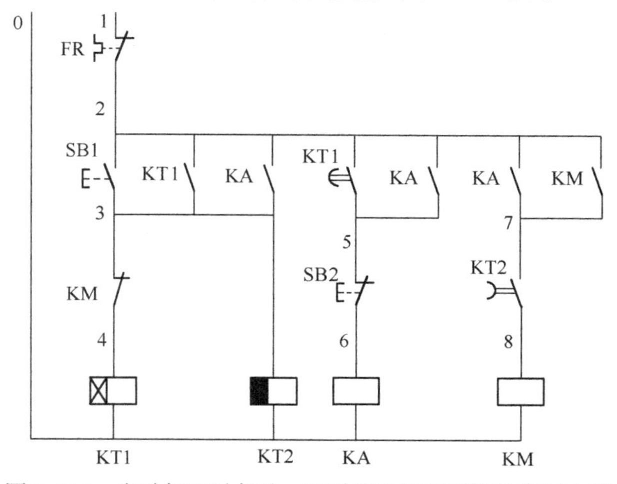

图 3-118　电动机延时起动、延时停止控制系统的控制电路

根据 I/O 分配表将对应的输入元器件编号用 PLC 的输入继电器替代，输出驱动元器件编号用 PLC 的输出继电器替代，时间继电器采用定时器替代，即可得到如图 3-119 所示转换后的梯形图。注意：由于热继电器的保护触点采用常闭触点输入，因此程序中的 I0.2（FR 常闭）采用常开触点。由于 FR 为常闭，当 PLC 通电后 I0.2 得电，其常开触点闭合为电路起动做好准备。由于定时器无瞬时触点，因此采用增加“启动状态标志位 M0.0”来实现控制。

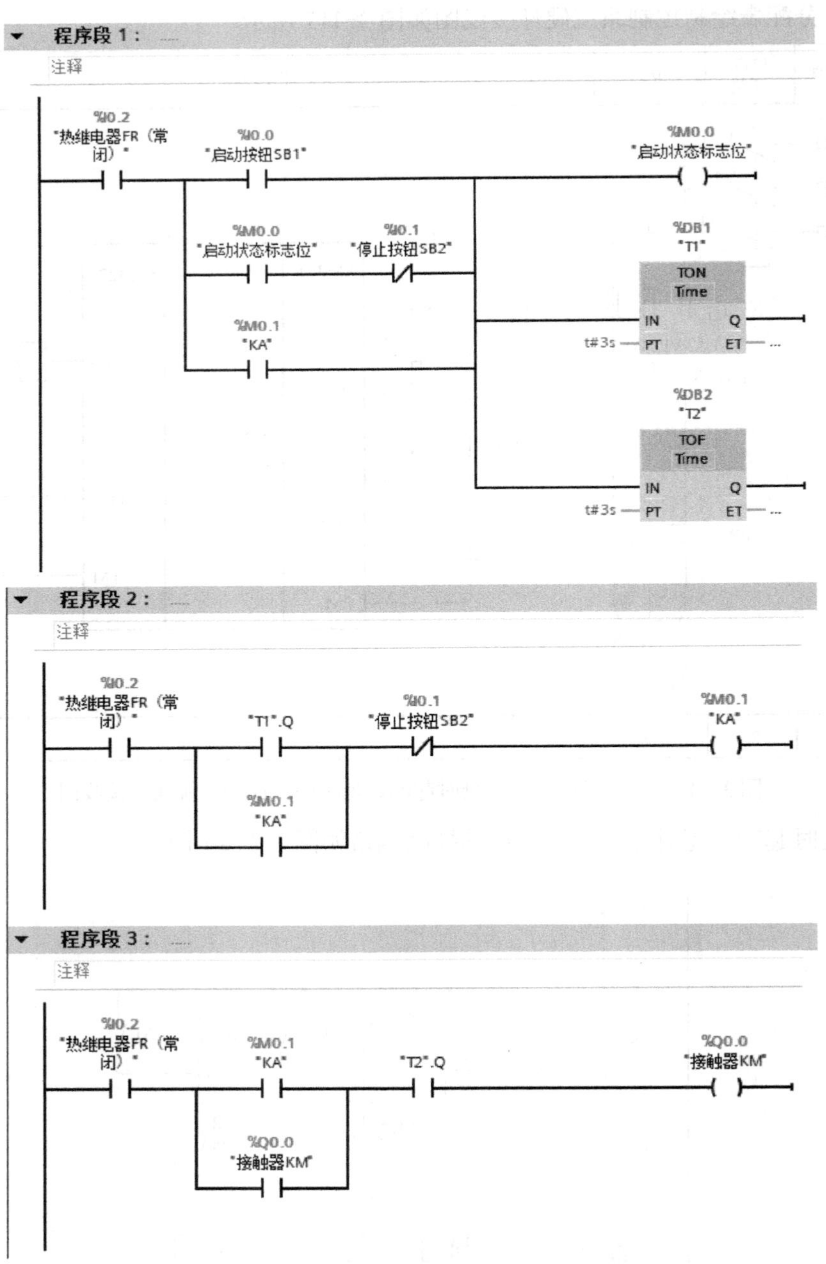

图 3-119　电动机延时起动、延时停止控制系统转换后的梯形图

3.6　起保停方式设计梯形图

3.6.1　案例：Y-△减压起动控制

若分析Y-△减压起动的控制的基本过程，可知其实质的输入输出关系为：按下起动按钮 SB2 时，则 KM1、KM3 接触器线圈得电，使电动机接成星形起动，时间继电器 KT 接通开始定时。当定时器定时时间到，改为 KM1、KM2 接触器线圈得电，使电动机接成三角形运行。按下停止按钮 SB1 或热继电器 FR 常闭断开时，使接触器 KM1～KM3 线圈失电，其主触点断开使电动机 M 失电停止。

针对 3 个输出可分别进行分析，首先，接触器 KM1（Q0.0）其启动条件为按下起动按钮 SB2（I0.1），其停止条件为按下停止按钮 SB1（I0.0）或热继电器 FR 常闭断开（I0.2），其间需要保持。其起保停控制梯形图如图 3-120 所示。

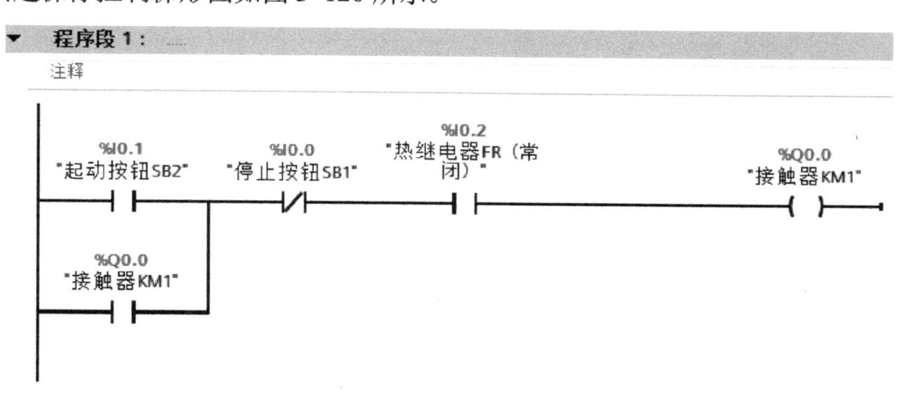

图 3-120　接触器 KM1（Q0.0）的起保停控制梯形图

接触器 KM2（Q0.1）其启动条件为延时 T0 时间到，其停止条件为按下停止按钮 SB1（I0.0）或热继电器 FR 常闭断开（I0.2），同时应考虑 Q0.1 的互锁，其间需要保持。其起保停控制梯形图如图 3-121 所示。

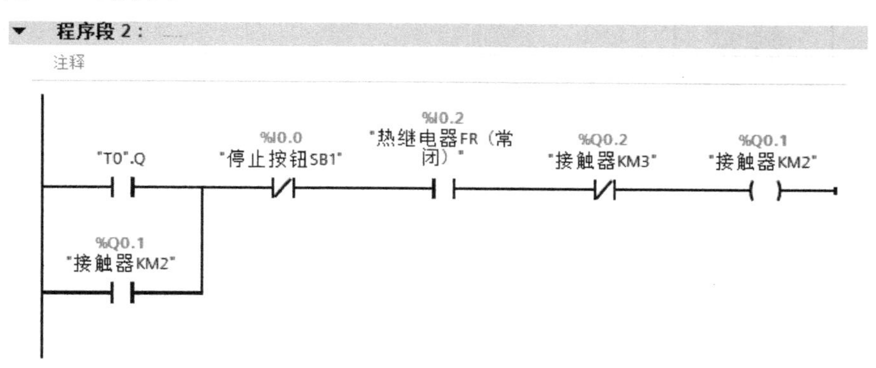

图 3-121　接触器 KM2（Q0.1）的起保停控制梯形图

接触器 KM3（Q0.2）其启动条件为按下起动按钮 SB2（I0.1），其停止条件为延时 T0 时间到或按下停止按钮 SB1（I0.0），或热继电器 FR 常闭断开（I0.2），同时应考虑 Q0.1 的互锁，其间需要保持。其起保停控制梯形图如图 3-122 所示。

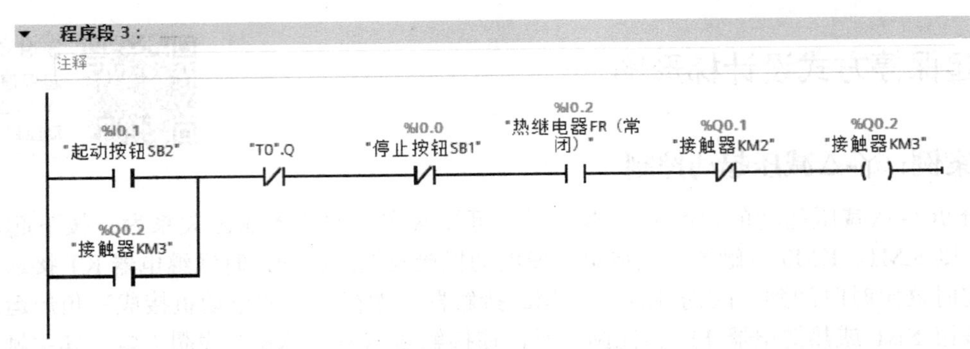

图 3-122 接触器 KM3（Q0.2）的起保停控制梯形图

定时器 T0 的起动条件为接触器 KM1（Q0.0）接通时，开始延时，不需要保持和停止，如图 3-123 所示。

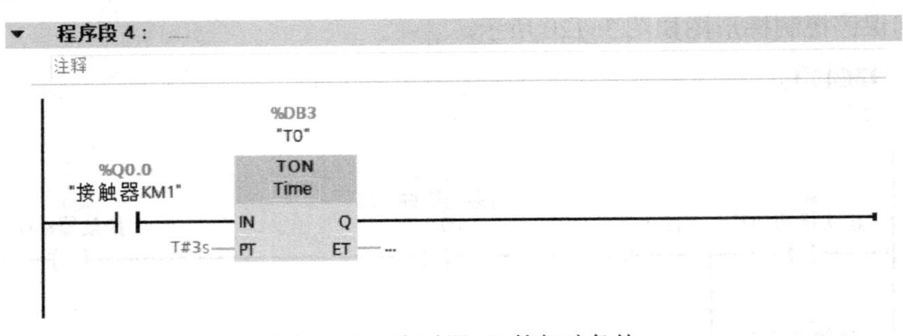

图 3-123 定时器 T0 的起动条件

将各输出的梯形图整合到一起，其整个的控制梯形图如图 3-124 所示。

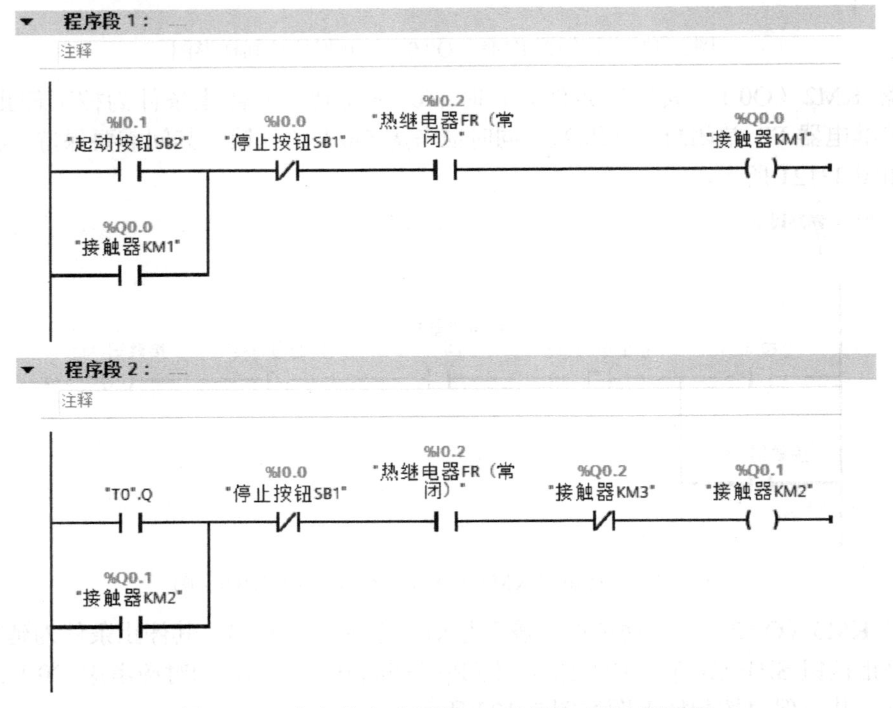

图 3-124 起保停方式设计Y-△减压起动控制梯形图

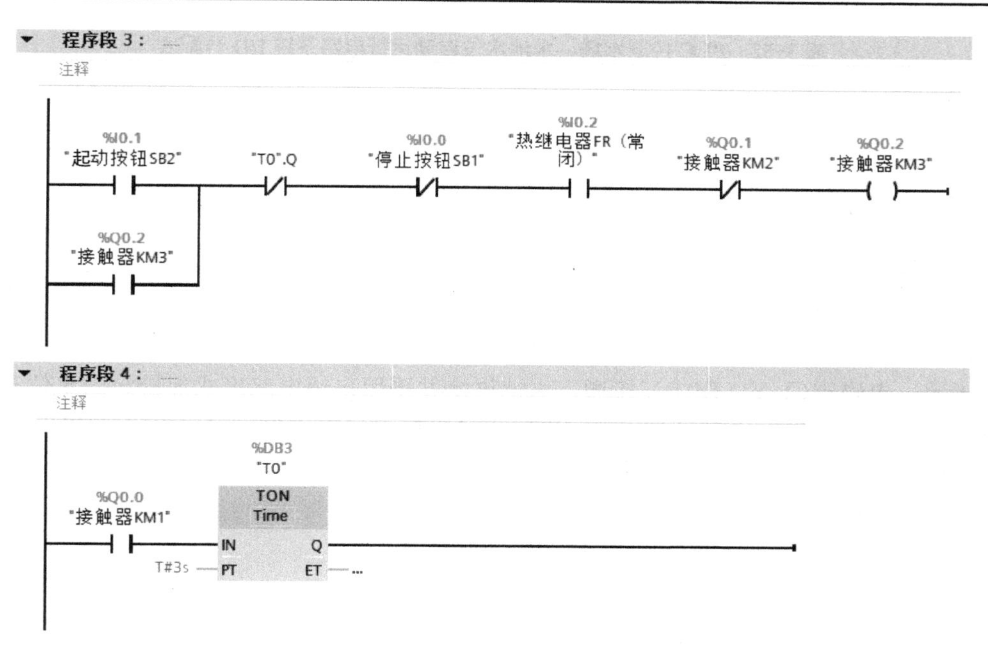

图 3-124　起保停方式设计Y-△减压起动控制梯形图（续）

3.6.2　案例：PLC 控制水塔、水池水位

水塔水位自动运行电路系统如图 3-125 所示，其控制要求如下。

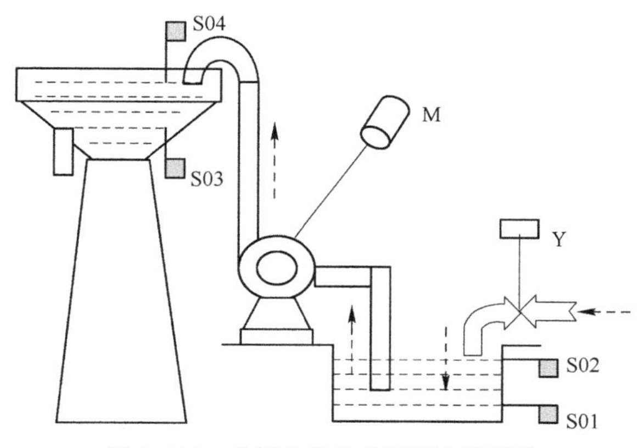

图 3-125　水塔水位自动运行电路系统

1）当水池水位低于水池低水位界限时，液面传感器开关 S01 接通（ON），发出低位信号，指示灯 1 闪烁（1s 一次）；电磁阀门 Y 打开，水池进水。水池水位高于水池低水位界限时，开关 S01 断开（OFF）；指示灯 1 停止闪烁。当水池水位升高到高于水池高水位界限时，液面传感器开关 S02 接通（ON），电磁阀门 Y 关闭，停止进水。

2）如果水塔水位低于水塔低水位界限时，液面传感器开关 S03 接通（ON），发出低位信号，指示灯 2 闪烁（2s 一次）；若此时 S01 为 OFF，则电动机 M 运转，水泵抽水。水塔水位高于水塔低水位界限时，开关 S03 断开（OFF）；指示灯 2 停止闪烁。水塔水位上升到高于水塔高水位界限时，液面传感器开关 S04 接通（ON），电动机停止运行，水泵停止抽水。电动机由接触器 KM 控制。设定 I/O 分配表见表 3-52。

表 3-52 PLC 控制水塔、水池水位自动运行电路系统 I/O 分配表

输 入		输 出	
输入设备	输入编号	输出设备	输出编号
水池低水位液面传感器开关 S01	I0.0	电磁阀门 Y	Q0.0
水池高水位液面传感器开关 S02	I0.1	水池低水位指示灯 1	Q0.1
水塔低水位液面传感器开关 S03	I0.2	接触器 KM	Q0.2
水塔高水位液面传感器开关 S04	I0.3	水塔低水位指示灯 2	Q0.3

可针对 4 个输出分别进行分析，当水池水位低于水池低水位界限时，液面传感器开关 S01（I0.0）接通，电磁阀门 Y（Q0.0）接通，水池进水并采用自锁电路形式保持。当水位升高到高于水池高水位界限时，液面传感器开关 S02（I0.1）接通，电磁阀门 Y 关闭（Q0.0），停止进水，其控制梯形图如图 3-126 所示。

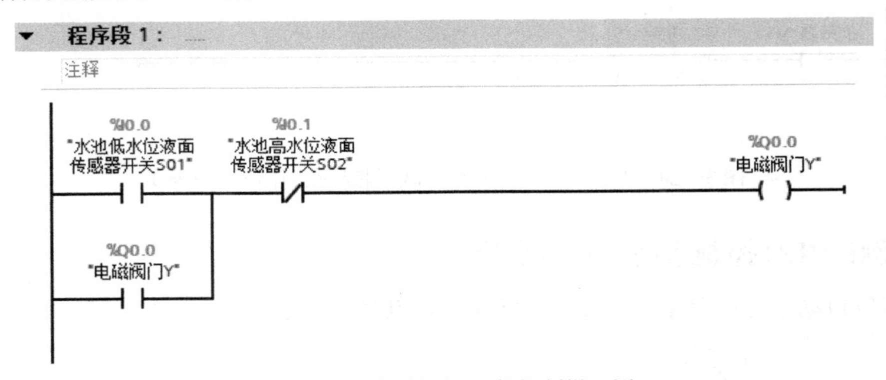

图 3-126 电磁阀门 Y 的控制梯形图

采用水池低水位液面传感器开关 S01（I0.0）控制由 T0、T1 所组成的周期为 1s 的闪烁电路，其梯形图如图 3-127 所示。

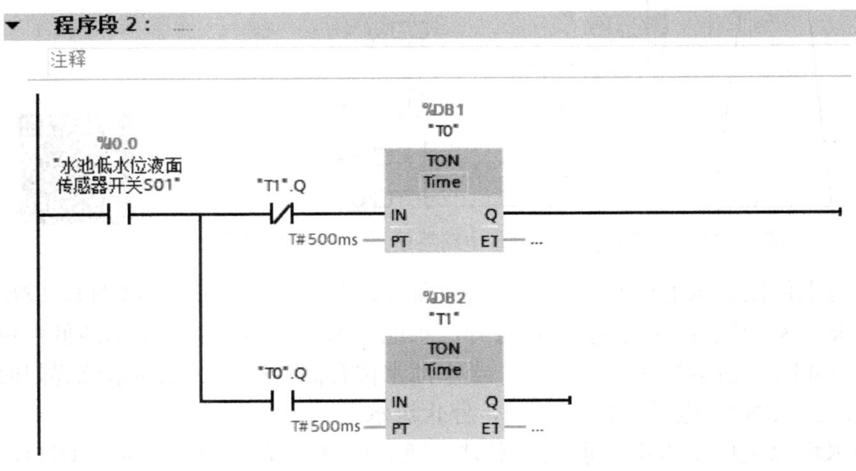

图 3-127 I0.0 控制由 T0、T1 所组成的闪烁电路梯形图

当 I0.0 接通则水池低水位指示灯 1（Q0.1）闪烁，实质为点动电路，即 I0.0 接通，Q0.1 闪烁，I0.0 断开，Q0.1 停止闪烁，其梯形图如图 3-128 所示。

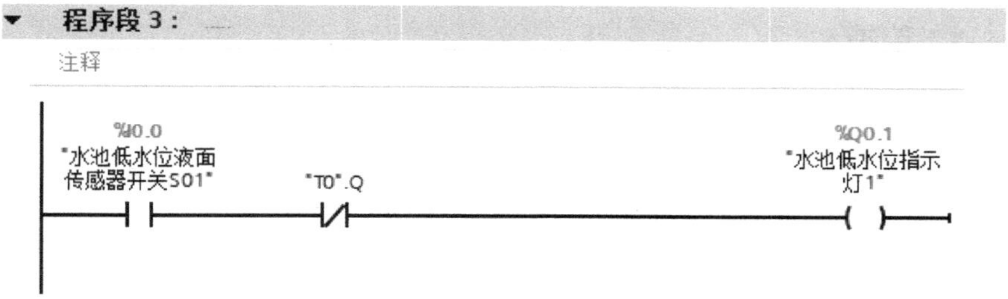

程序段 3：
注释
%I0.0
"水池低水位液面传感器开关S01"
"T0".Q
%Q0.1
"水池低水位指示灯1"

图 3-128　I0.0 接通则水池低水位指示灯 1（Q0.1）闪烁梯形图

水塔水位控制与水池水位控制类似，读者可自行分析。编写完整的控制程序梯形图如图 3-129 所示。

程序段 1：
注释
%I0.0
"水池低水位液面传感器开关S01"
%I0.1
"水池高水位液面传感器开关S02"
%Q0.0
"电磁阀门Y"
%Q0.0
"电磁阀门Y"
程序段 2：
注释
%I0.0
"水池低水位液面传感器开关S01"
"T1".Q
%DB1
"T0"
TON
Time
IN
Q
T#500ms
PT
ET
...
"T0".Q
%DB2
"T1"
TON
Time
IN
Q
T#500ms
PT
ET
...
程序段 3：
注释
%I0.0
"水池低水位液面传感器开关S01"
"T0".Q
%Q0.1
"水池低水位指示灯1"

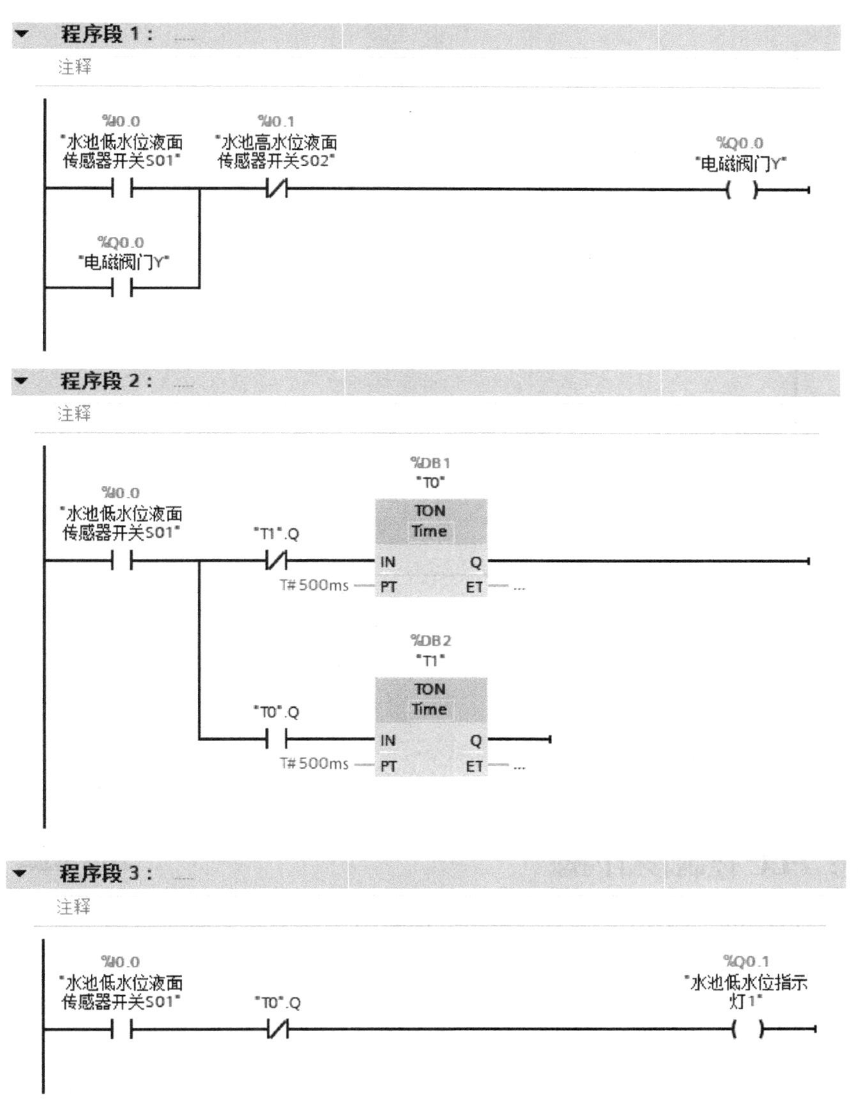

图 3-129　水塔、水池水位自动运行电路系统控制程序梯形图

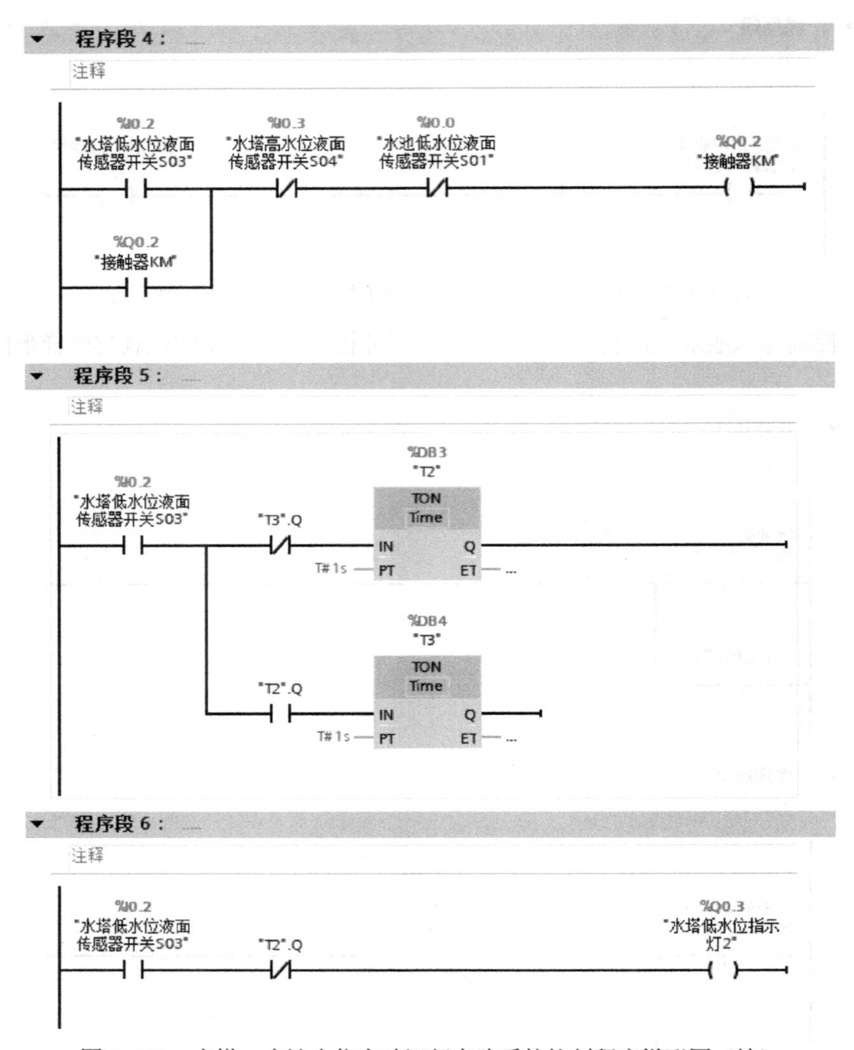

图 3-129　水塔、水池水位自动运行电路系统控制程序梯形图（续）

3.7　时序逻辑方式设计梯形图

3-11
PLC 控制彩灯闪烁

3.7.1　案例：PLC 控制彩灯闪烁

PLC 控制彩灯闪烁电路系统示意图如图 3-130 所示，其控制要求如下。

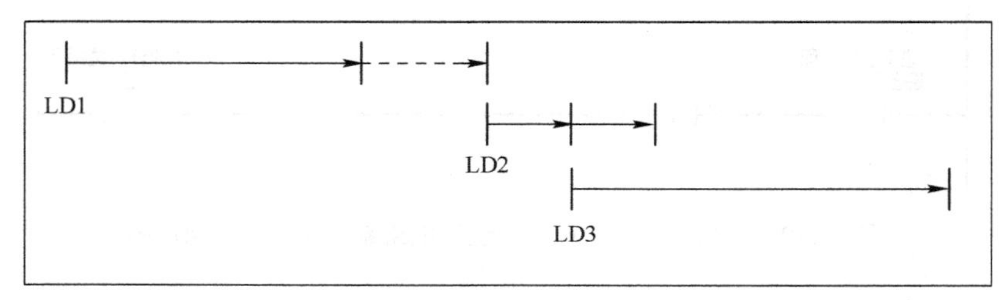

图 3-130　PLC 控制彩灯闪烁电路系统示意图

1）彩灯电路受起动开关 S07 控制，当 S07 接通时，彩灯系统 LD1～LD3 开始顺序工作。当 S07 断开时，彩灯全熄灭。

2）彩灯工作循环：LD1 彩灯亮，延时 8s 后，闪烁 3 次（每一周期为亮 0.5s 熄 0.5s），LD2 彩灯亮，延时 2s 后，LD3 彩灯亮；LD2 彩灯继续亮，延时 2s 后熄灭；LD3 彩灯延时 10s 后，进入再循环。

设定其 I/O 分配表见表 3-53。

表 3-53　PLC 控制彩灯闪烁电路系统 I/O 分配表

输　入		输　出	
输入设备	输入编号	输出设备	输出编号
起动开关 S07	I0.0	彩灯 LD1	Q0.0
		彩灯 LD2	Q0.1
		彩灯 LD3	Q0.2

在上述程序中采用了计数器进行计数，以实现彩灯 LD1 闪烁 3 次的问题。就分析过程而言，程序虽然不复杂，但在细节处理上要考虑的问题较多，同时还必须考虑整个周期完成后的计数器复位问题。此时可换个角度考虑，采用时间进行控制。由于每次闪烁周期为 1s，那么闪烁 3 次，花去时间为 3s，只需在 3s 后切换到 LD2（Q0.1）即可，采用定时器处理彩灯闪烁中闪烁次数如图 3-131 所示。

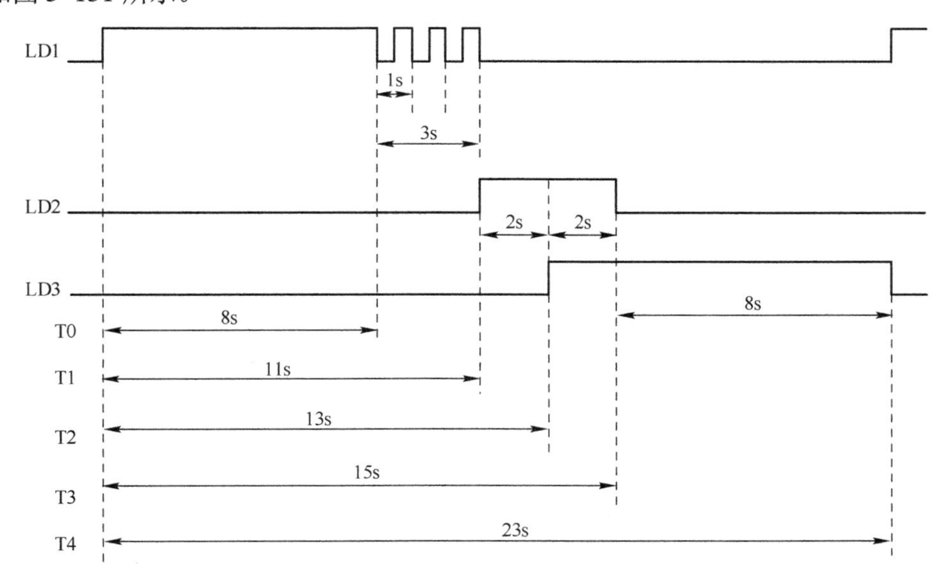

图 3-131　采用定时器处理彩灯闪烁中闪烁次数

根据图 3-131 的时序图，采用时间控制彩灯的梯形图如图 3-132 所示。

图 3-132　采用时间控制彩灯的梯形图

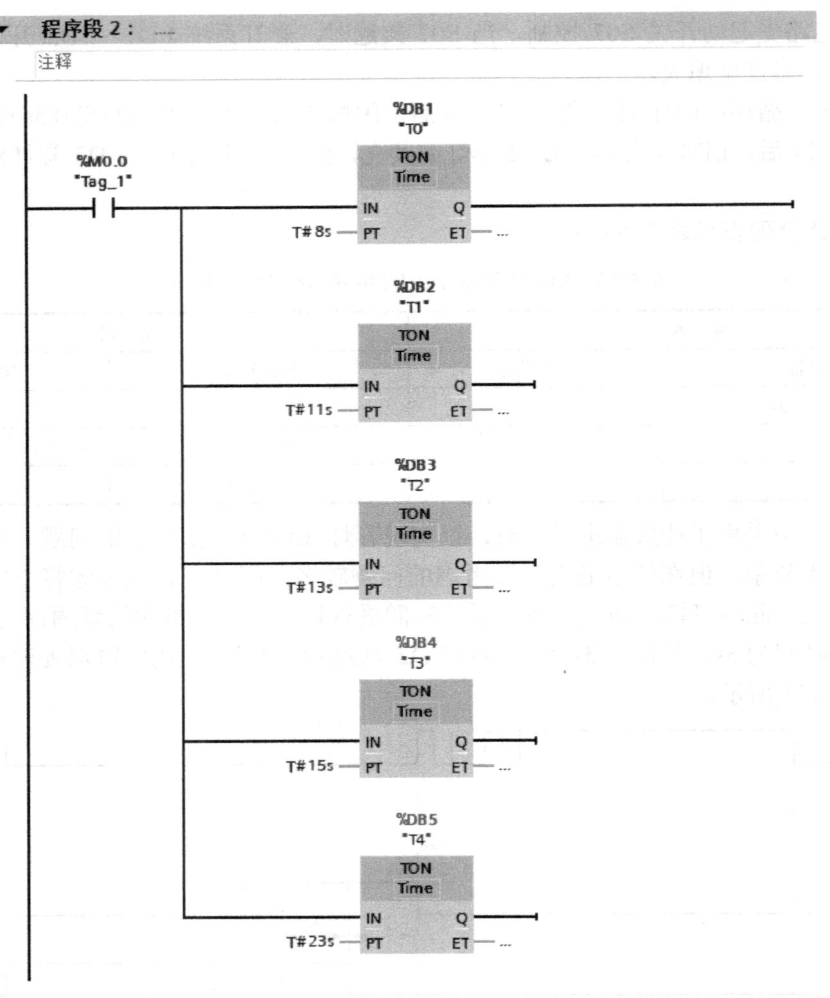

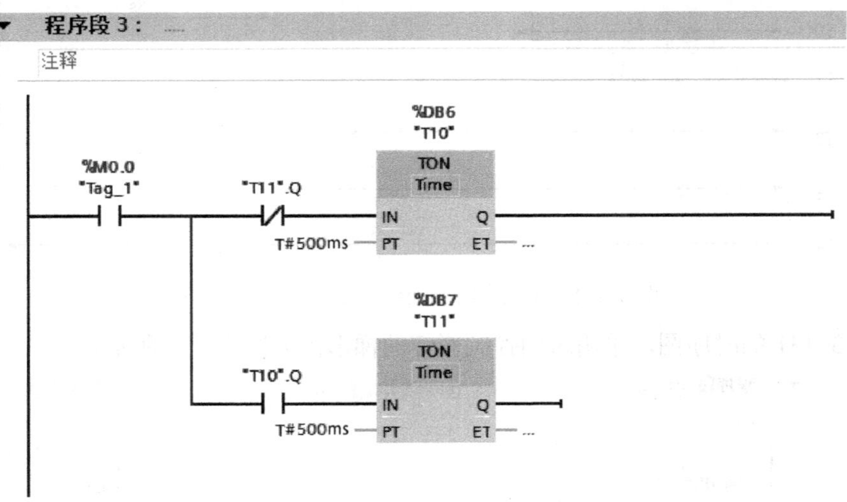

图 3-132　采用时间控制彩灯的梯形图（续）

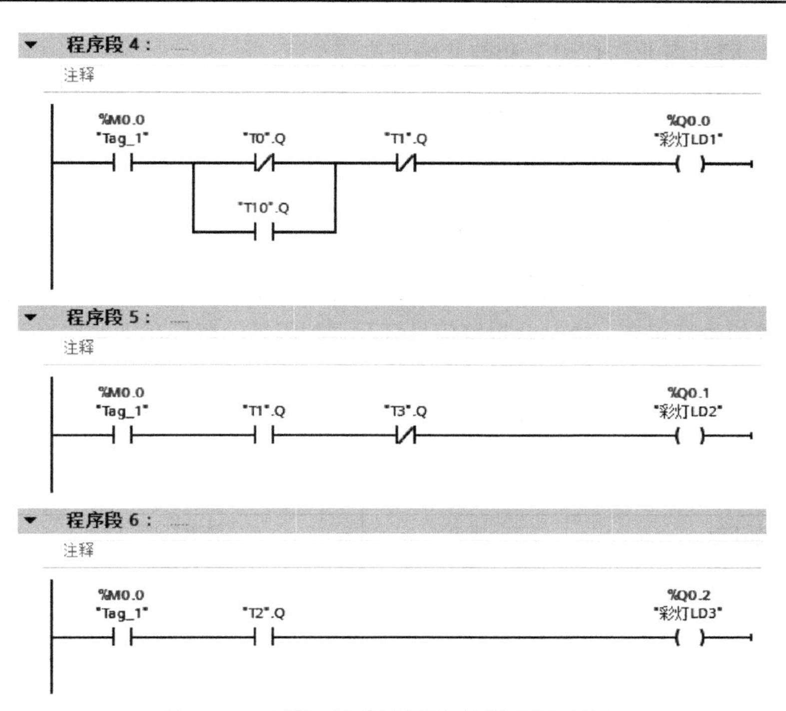

图 3-132　采用时间控制彩灯的梯形图（续）

3.7.2　案例：PLC 控制红绿灯

PLC 控制红绿灯的示意图如图 3-133 所示，其控制要求如下。

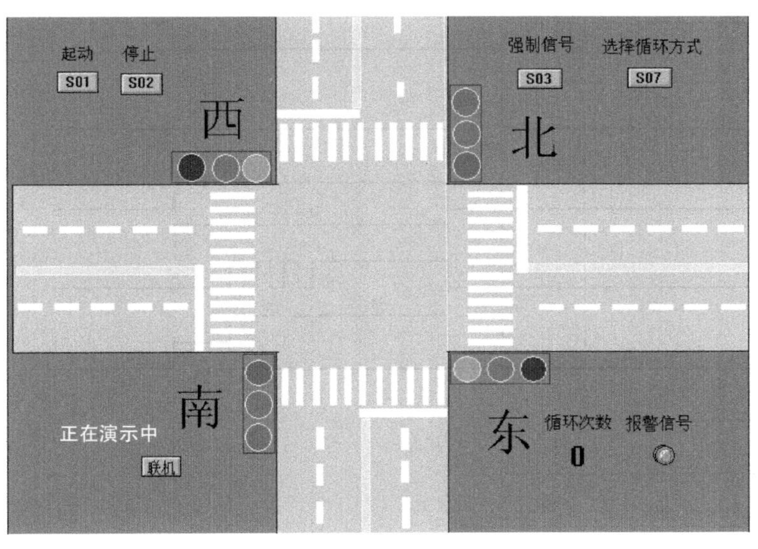

图 3-133　PLC 控制红绿灯的示意图

设置一个起动开关 SB1（S01），当它接通时，信号灯控制系统开始工作，且先南北红灯亮，再东西绿灯亮。设置一个停止开关 SB2（S02）。工艺流程如下：

1）按下起动按钮 SB1 后，南北红灯亮并保持 15s，同时东西绿灯亮，但保持 10s，到 10s 时东西绿灯闪烁 3 次（每周期 1s）后熄灭；继而东西黄灯亮，并保持 2s，2s 后，东西黄灯熄灭，东西红灯亮，同时南北红灯熄灭和南北绿灯亮。

2）东西红灯亮并保持 10s。同时南北绿灯亮，但保持 5s，到 5s 时南北绿灯闪烁 3 次（每周期 1s）后熄灭；继而南北黄灯亮，并保持 2s，2s 后，南北黄灯熄灭，南北红灯亮，同时东西红灯熄灭和东西绿灯亮。

3）上述过程做一次循环；按启动按钮后，红绿灯连续循环，按停止按钮 SB2，红绿灯立即停止。

4）当强制按钮 SB3（S03）接通时，南北黄灯和东西黄灯同时亮，并不断闪烁，周期为 2s，同时将控制台报警信号灯点亮。控制台报警信号灯及强制闪烁的黄灯在下一次起动时熄灭。

设定 PLC 控制红绿灯的 I/O 分配表见表 3-54。

表 3-54　PLC 控制红绿灯的 I/O 分配表

输　入		输　出	
输入设备	输入编号	输出设备	输出编号
起动按钮 SB1	I0.0	南北红灯	Q0.0
停止按钮 SB2	I0.1	东西绿灯	Q0.1
强制按钮 SB3	I0.2	东西黄灯	Q0.2
		东西红灯	Q0.3
		南北绿灯	Q0.4
		南北黄灯	Q0.5
		报警信号灯	Q0.6

根据以上控制要求绘制出红绿灯控制电路的时序图如图 3-134 所示。

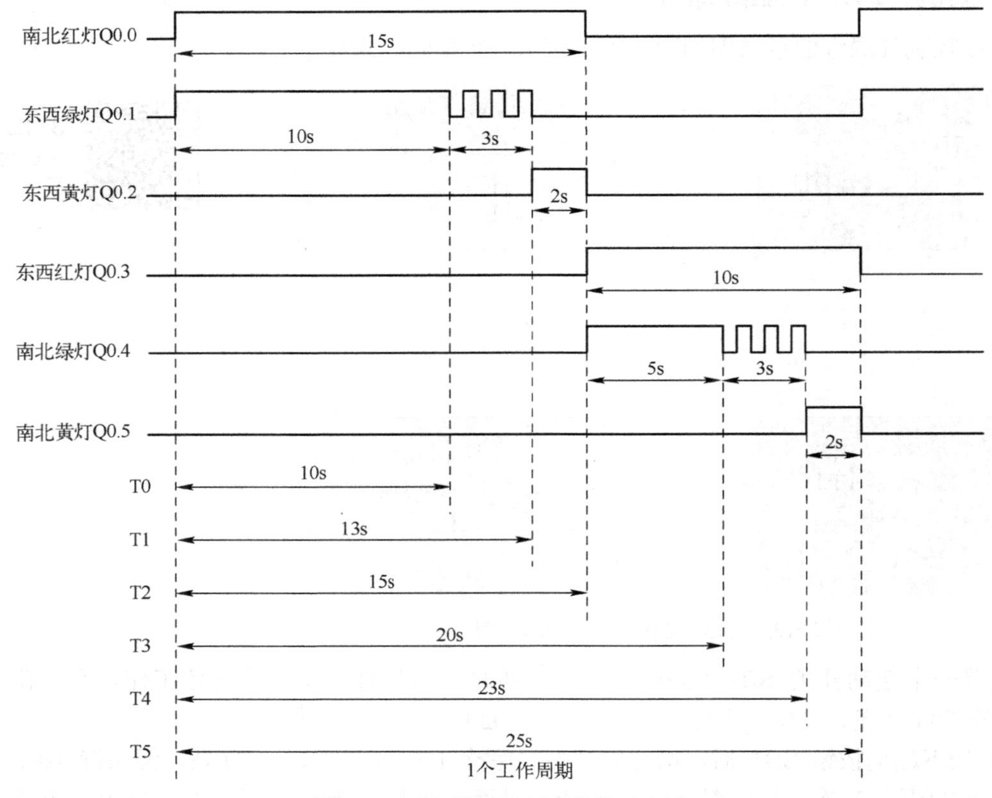

图 3-134　红绿灯控制电路的时序图

由时序图可知程序控制的复杂性主要体现在绿灯的闪烁问题。而处理绿灯的闪烁问题与 3.7.1 节中的彩灯闪烁问题相同，可考虑采用标准的振荡电路形式，其闪烁次数也可采用计数方法或时间控制的方式解决。采用时间控制方式控制红绿灯的梯形图如图 3-135 所示。在该控制梯形图中两次用到振荡电路：一次是采用 T10、T11 构成 1s 的振荡电路，用以满足绿灯的闪烁，另一次是采用 T12、T13 构成 2s 的振荡电路，用以满足报警时黄灯的闪烁。但实际上，由于报警时黄灯闪烁的周期是正常工作时绿灯闪烁周期的 2 倍，因此可采用二分频电路直接获取黄灯闪烁的信号，从而省略了采用 T12、T13 构成 2s 的振荡电路。

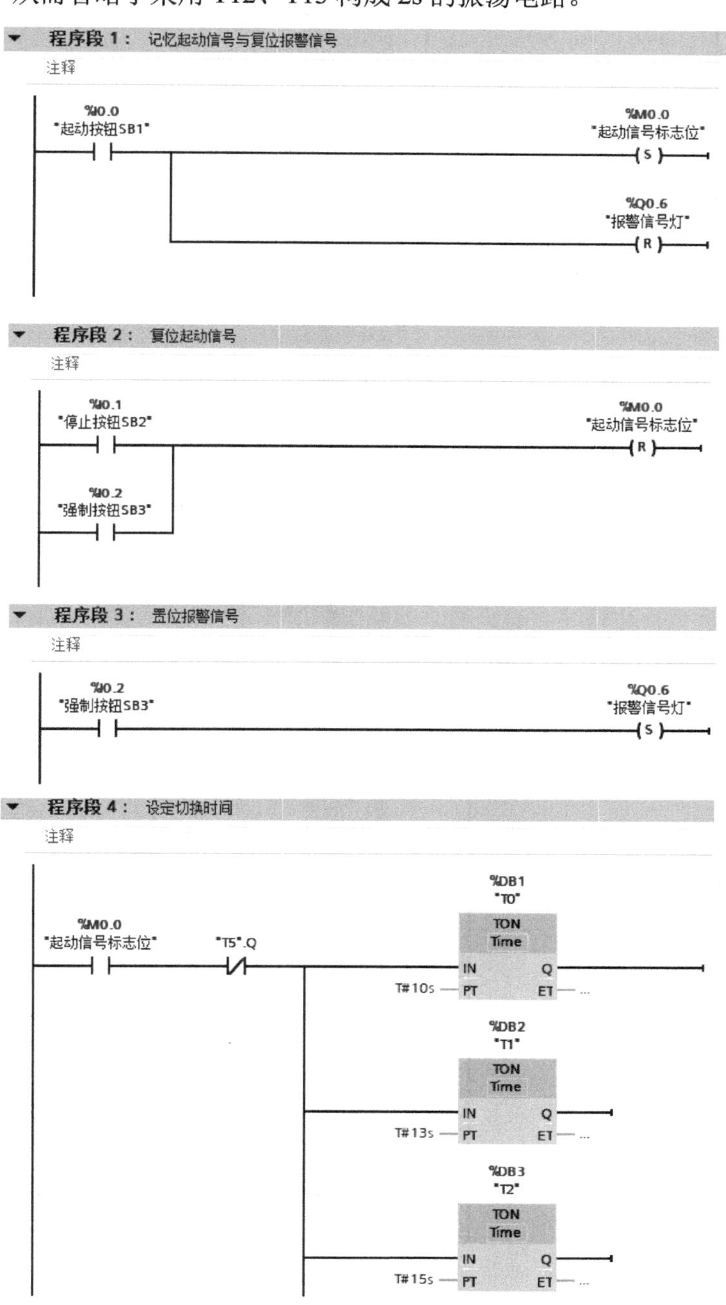

图 3-135　采用时间控制方式控制红绿灯的梯形图

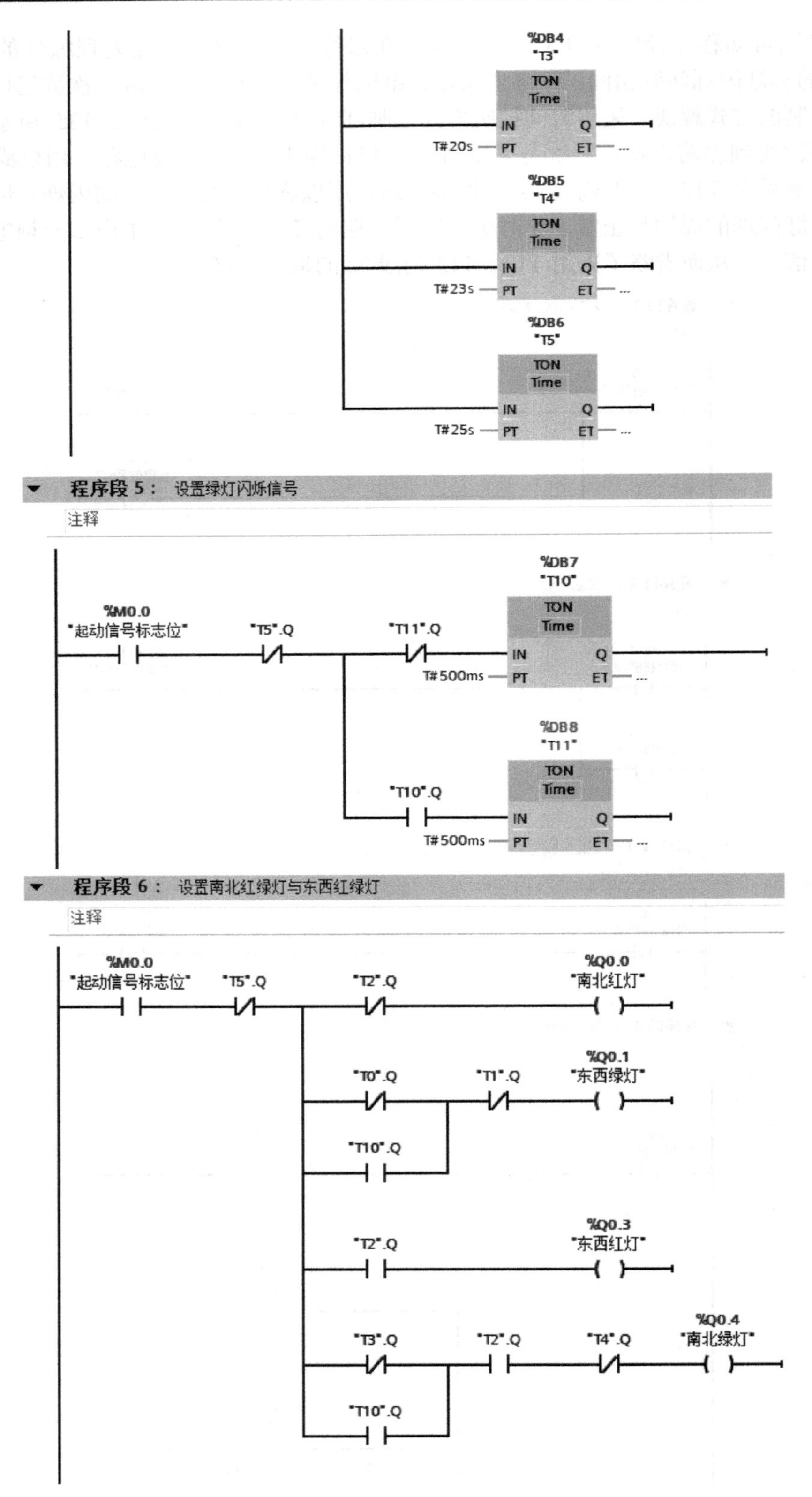

图 3-135 采用时间控制方式控制红绿灯的梯形图（续）

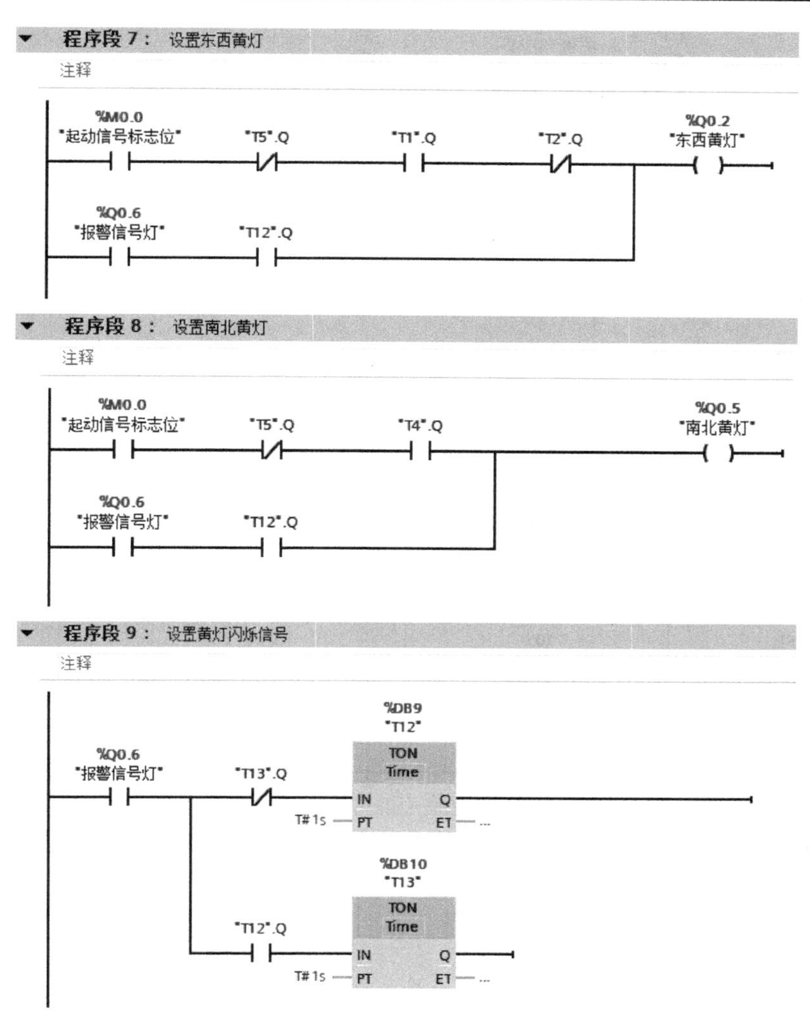

图 3-135　采用时间控制方式控制红绿灯的梯形图（续）

3.8　顺序控制方式设计梯形图

3.8.1　案例：PLC 控制钻孔动力头

3-13
PLC 控制钻孔动力头

某一冷加工自动线有一个钻孔动力头，该动力头的加工过程示意图如图 3-136 所示，其控制要求如下。

1）动力头在原位，并加以起动信号，这时接通电磁阀 YV1，动力头快进。

2）动力头碰到限位开关 SQ1 后，接通电磁阀 YV1 和 YV2，动力头由快进转为工进，同时动力头电动机转动（由 KM1 控制）。

3）动力头碰到限位开关 SQ2 后，开始延时 3s。

4）延时时间到，接通电磁阀 YV3，动力头快退。

5）动力头回到原位即停止。

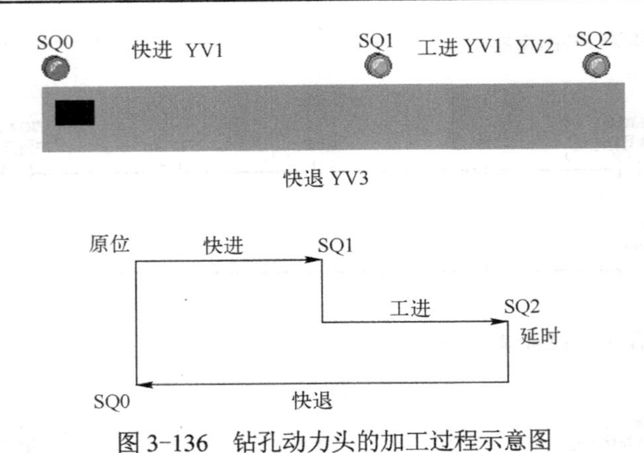

图 3-136 钻孔动力头的加工过程示意图

确定其 I/O 分配表见表 3-55。

表 3-55 钻孔动力头 I/O 分配表

输入		输出	
输入设备	输入编号	输出设备	输出编号
起动按钮 SB1	I0.0	电磁阀 YV1	Q0.0
限位开关 SQ0	I0.1	电磁阀 YV2	Q0.1
限位开关 SQ1	I0.2	电磁阀 YV3	Q0.2
限位开关 SQ2	I0.3	接触器 KM1	Q0.3

根据控制工艺，可将整个工作过程分为原点、快进、工进、停留和返回 5 个阶段，每个阶段用不同的辅助继电器表示该工作阶段，工作顺序关系如图 3-137 所示。

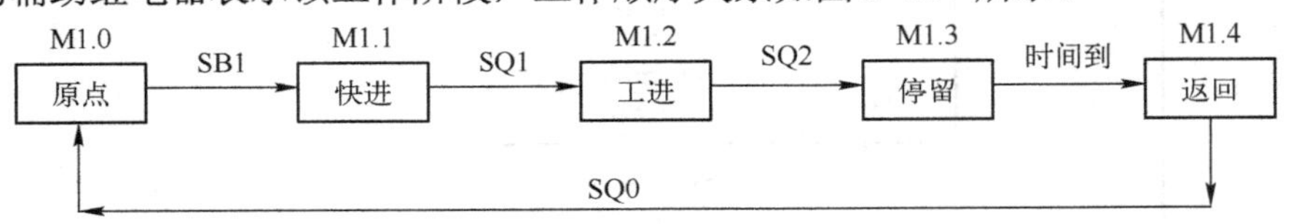

图 3-137 PLC 控制钻孔动力头工作顺序关系

按照顺序控制的结构形式，通常 M_i 表示当前工作阶段，M_{i-1} 表示前一个阶段，M_{i+1} 表示下一个阶段，此时梯形图通常采用顺控结构如图 3-138 所示。

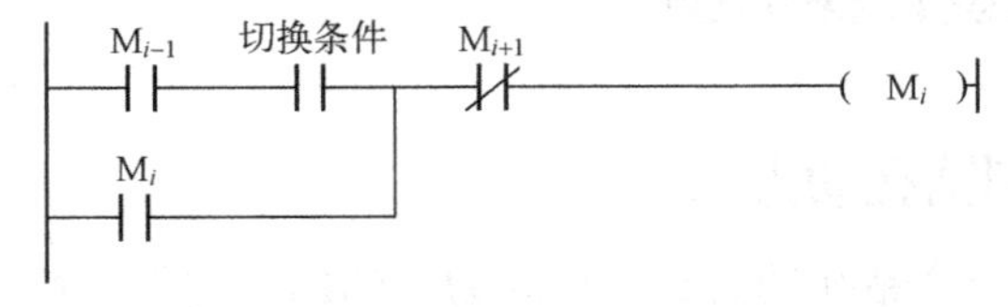

图 3-138 顺控结构梯形图

此后只需按照工艺判断某个输出在哪几个 M 阶段接通，然后就将这几个 M 并联即可。例如，Q0.0 在 M_{i-1} 和 M_{i+2} 阶段接通，此时对应的梯形图如图 3-139 所示。

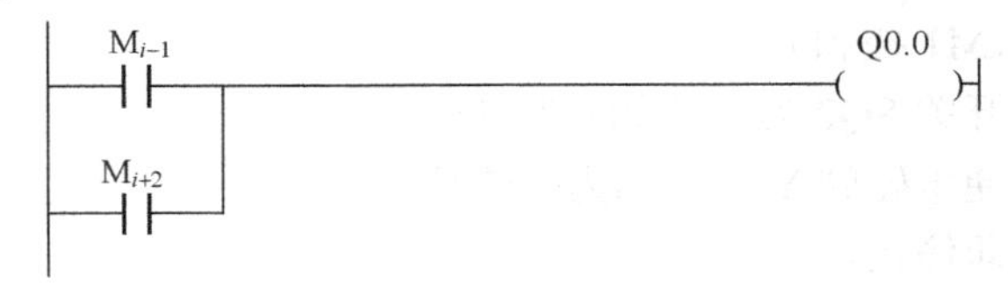

图 3-139 Q0.0 在 M_{i-1} 和 M_{i+2} 阶段接通时对应的梯形图

按照图 3-137 所示阶段，根据控制工艺，PLC 控制钻孔动力头控制程序如图 3-140 所示，此处不再赘述，读者可按以上原则自行分析。

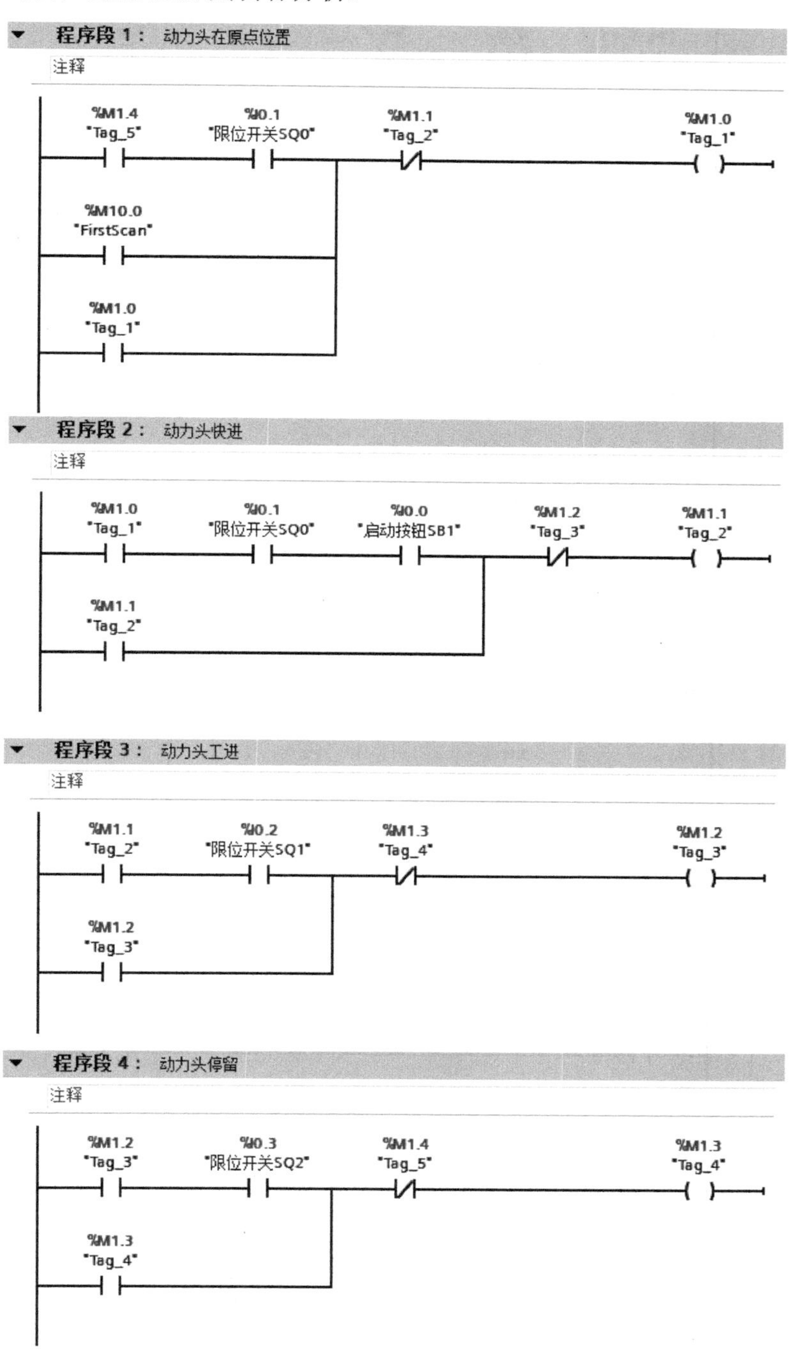

图 3-140　PLC 控制钻孔动力头控制程序

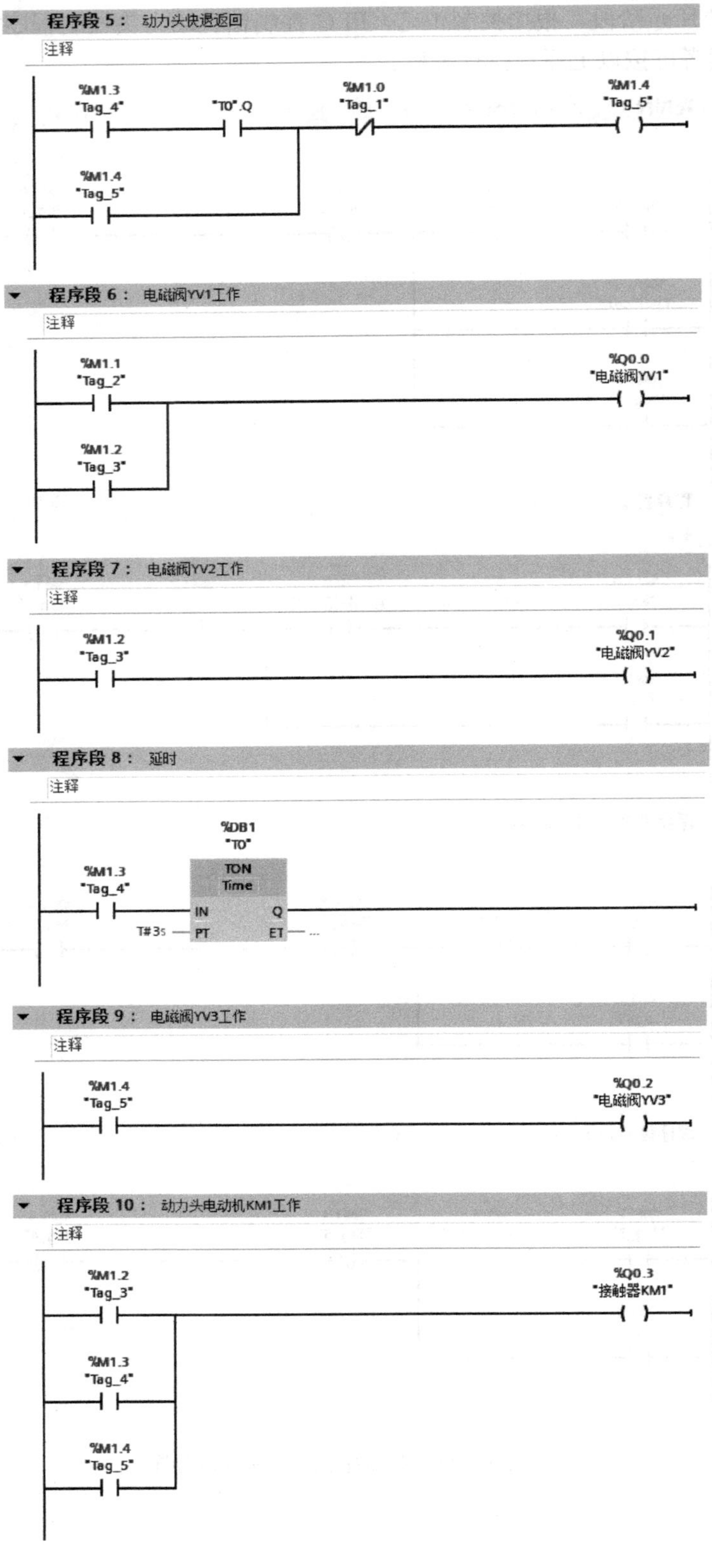

程序段 5： 动力头快退返回

注释

%M1.3 "Tag_4"　"T0".Q　%M1.0 "Tag_1"　%M1.4 "Tag_5"

%M1.4 "Tag_5"

程序段 6： 电磁阀YV1工作

注释

%M1.1 "Tag_2"　%Q0.0 "电磁阀YV1"

%M1.2 "Tag_3"

程序段 7： 电磁阀YV2工作

注释

%M1.2 "Tag_3"　%Q0.1 "电磁阀YV2"

程序段 8： 延时

注释

%DB1 "T0"

TON Time

%M1.3 "Tag_4"　IN　Q

T#3s　PT　ET　...

程序段 9： 电磁阀YV3工作

注释

%M1.4 "Tag_5"　%Q0.2 "电磁阀YV3"

程序段 10： 动力头电动机KM1工作

注释

%M1.2 "Tag_3"　%Q0.3 "接触器KM1"

%M1.3 "Tag_4"

%M1.4 "Tag_5"

图 3-140　PLC 控制钻孔动力头控制程序（续）

3.8.2　案例：PLC 控制传送带装置

设计传感器控制传送带电动机的运行系统，如图 3-141 所示，其控制要求如下。

某车间运料传送带分为 3 段，由 3 台电动机分别驱动，使载有物品的传送带运行，未载有物品的传送带停止运行，以节省能源。但是要保证物品在整个运输过程中连续地从上段运行到下段，所以既不能使下段电动机起动太早，又不能使上段电动机停止太迟。

工作流程：

1）按起动按钮 SB1，电动机 M3 开始运行并保持连续工作，被运送的物品前进。

2）物品被 3#传感器检测到，起动电动机 M2 运载物品前进。

3）物品被 2#传感器检测到，起动电动机 M1 运载物品前进；延时 2s，停止电动机 M2。

4）物品被 1#传感器检测到，延时 2s，停止电动机 M1。

5）上述过程不断进行，直到按下停止按钮 SB2 电动机 M3 立刻停止。

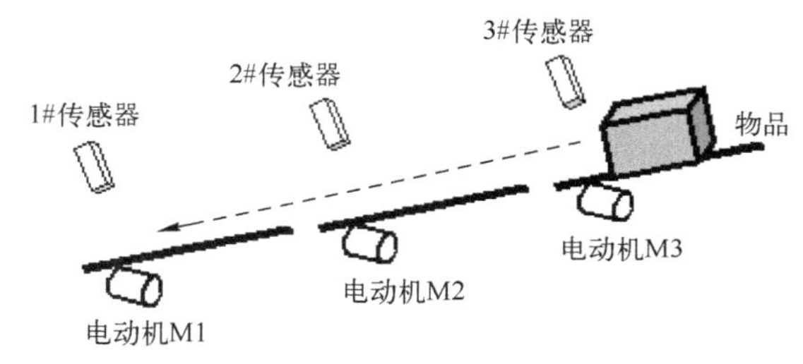

图 3-141　传感器控制传送带电动机的运行系统

设定其 I/O 分配表见表 3-56。

表 3-56　PLC 控制传送带装置 I/O 分配表

输　入		输　出	
输入设备	输入编号	输出设备	输出编号
起动按钮 SB1	I0.0	电动机 M3	Q0.0
停止按钮 SB2	I0.1	电动机 M2	Q0.1
3#传感器	I0.2	电动机 M1	Q0.2
2#传感器	I0.3		
1#传感器	I0.4		

当一个输出只对应一个控制阶段时，可直接使用输出表示阶段，省略一些辅助继电器以简化电路。根据系统控制要求和 I/O 分配表，编写传送带控制系统程序梯形图如图 3-142 所示。对于电动机 M3（Q0.0），按下起动按钮 SB1（I0.0）后电动机一直运行，直至按下停止按钮 SB2 后停止运行，因此是一个自锁控制电路。对于电动机 M2（Q0.1），由 3#传感器（I0.2）检测起动，电动机 M1 起动 2s 后停止。对于电动机 M1（Q0.2），由 2#传感器（I0.3）检测起动，当物品被 1#传感器（I0.4）检测，延时 2s，停止电动机 M1（Q0.2）。但 1#传感器（I0.4）检测到物品后，物品继续前进，1#传感器（I0.4）不会长期接通，因此程序中采用辅助继电器 M0.0 来记忆 I0.4 被接通，延时 2s 后，停止电动机 M1（Q0.2）与辅助继电器 M0.0。同时 M3 是 M2 的发生条件、M2 是 M1 的发生条件，体现了一个顺序控制。

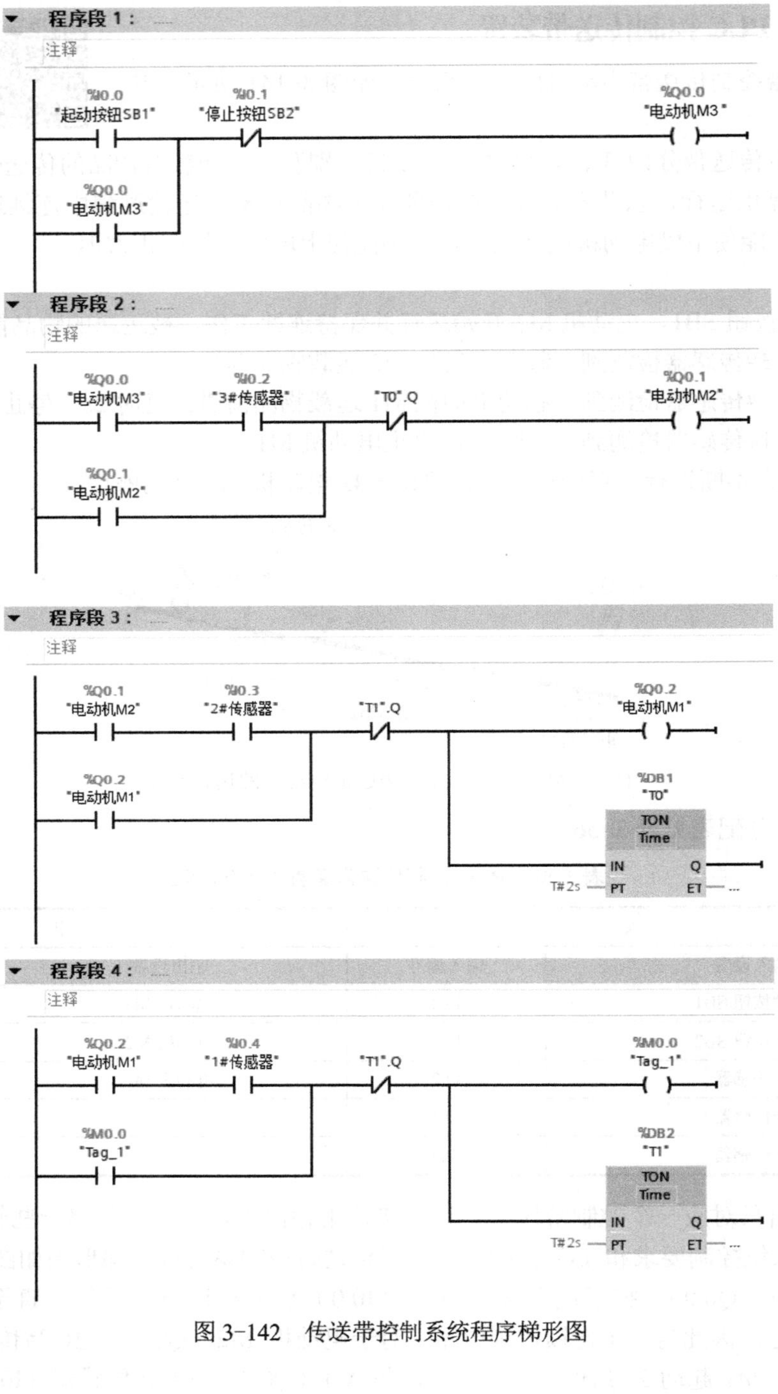

程序段 1：......

注释

%I0.0 "起动按钮SB1"　%I0.1 "停止按钮SB2"　%Q0.0 "电动机M3"

%Q0.0 "电动机M3"

程序段 2：......

注释

%Q0.0 "电动机M3"　%I0.2 "3#传感器"　"T0".Q　%Q0.1 "电动机M2"

%Q0.1 "电动机M2"

程序段 3：......

注释

%Q0.1 "电动机M2"　%I0.3 "2#传感器"　"T1".Q　%Q0.2 "电动机M1"

%Q0.2 "电动机M1"

%DB1 "T0"

TON Time

IN Q

T#2s PT ET ...

程序段 4：......

注释

%Q0.2 "电动机M1"　%I0.4 "1#传感器"　"T1".Q　%M0.0 "Tag_1"

%M0.0 "Tag_1"

%DB2 "T1"

TON Time

IN Q

T#2s PT ET ...

图 3-142　传送带控制系统程序梯形图

第 4 章　S7-1500 PLC 常见数据操作指令及其应用

4.1　比较操作指令及其应用

4.1.1　知识：比较指令

S7-1500 PLC 的比较操作指令主要包括常规比较指令及变量比较指令。常规比较指令不仅包括等于、不等于、大于或等于、小于或等于、大于以及小于这 6 种关系比较，还包括值在范围内、值超出范围、有效浮点数和无效浮点数的判断。变量比较指令与 VARIANT 数据类型有关。

1．等于与不等于指令

等于指令如图 4-1a 所示，不等于指令如图 4-1b 所示。该指令的操作数见表 4-1。如果启用了 IEC 检查，则要比较的操作数必须属于同一数据类型。如果未启用 IEC 检查，则操作数的宽度必须相同。

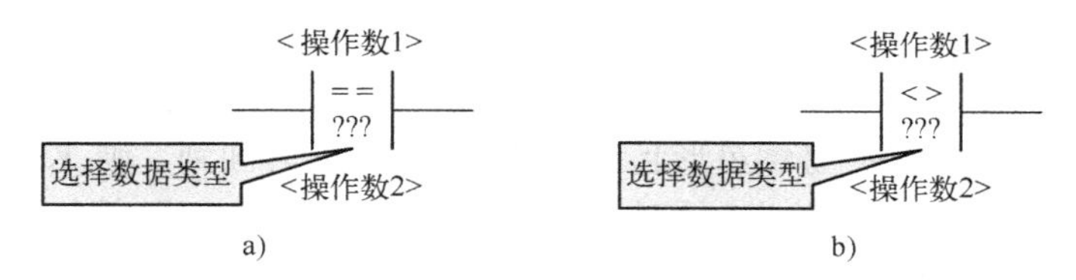

图 4-1　等于与不等于指令

a) 等于指令　b) 不等于指令

表 4-1　等于与不等于指令的操作数

参数	声明	数据类型	存储区	说明
<操作数 1>	Input	位字符串、整数、浮点数、字符串、定时器、日期时间、ARRAY of <数据类型>（ARRAY 限值固定/可变）、STRUCT、VARIANT、ANY、PLC 数据类型	I、Q、M、D、L、P 或常量	第一个比较值
<操作数 2>				第二个比较值

注：如表中详细列示，数据类型 ARRAY、STRUCT（PLC 数据类型中）、VARIANT、ANY 和 PLC 数据类型（UDT）仅适用于固件版本 V2.0 或 V4.2 及更高版本。

如果满足比较条件，则指令返回逻辑运算结果（RLO）为“1”。如果不满足比较条件，则该指令返回 RLO 为“0”。该指令的 RLO 通过以下方式与整个程序段中的 RLO 进行逻辑运算：串联比较指令时，将执行“与”运算；并联比较指令时，将进行“或”运算。

2．大于或等于、小于或等于、大于以及小于指令

大于或等于指令如图 4-2a 所示，小于或等于指令如图 4-2b 所示，大于指令如图 4-2c 所示，小于指令如图 4-2d 所示，指令的操作数见表 4-2。

如果满足比较条件，则指令返回 RLO 为“1”。如果不满足比较条件，则该指令返回 RLO 为“0”。该指令的 RLO 通过以下方式与整个程序段中的 RLO 进行逻辑运算：串联比较指令时，将执行“与”运算；并联比较指令时，将进行“或”运算。

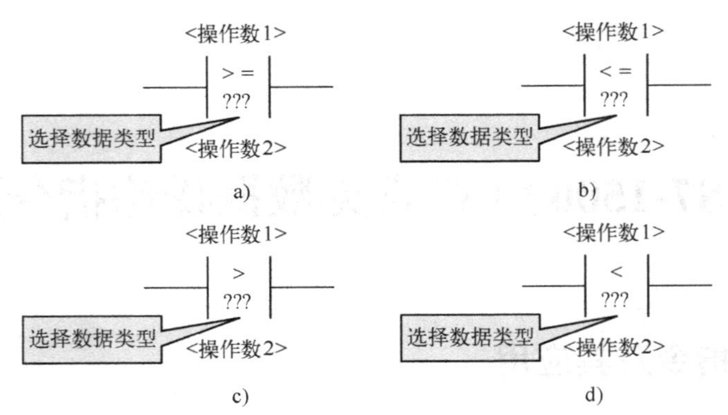

图 4-2 大于或等于、小于或等于、大于以及小于指令
a) 大于或等于指令 b) 小于或等于指令 c) 大于指令 d) 小于指令

表 4-2 大于或等于、小于或等于、大于以及小于指令的操作数

参数	声明	数据类型	存储区	说明
<操作数 1>	Input	位字符串、整数、浮点数、字符串、定时器、日期和时间	I、Q、M、D、L、P 或常数	第一个比较值
<操作数 2>				第二个比较值

4.1.2 案例：采用比较指令实现 PLC 控制Y-△减压起动

Y-△减压起动控制主电路如图 4-3 所示。其基本控制功能为：按下起动按钮 SB2 时，使 KM1 接触器线圈得电，KM1 主触点闭合使电动机 M 得电，同时 KM3 接触器线圈得电，KM3 主触点闭合使电动机接成星形起动，时间继电器 KT 接通开始定时。当松开起动按钮 SB2 后，由于 KM1 常开触点闭合自锁，使电动机 M 继续星形起动。当定时器定时时间到，则 KT 常闭触点断开，使 KM3 线圈失电，主触点断开星形联结，同时 KT 常开触点闭合，使 KM2 接触器线圈得电，KM2 主触点闭合使电动机接成三角形运行。按下停止按钮 SB1 时，其常闭触点断开，使接触器 KM1、KM2 线圈失电，其主触点断开使电动机 M 失电停止。当电路发生过载时，热继电器 FR 常闭断开，切断整个电路的通路，使接触器 KM1～KM3 线圈失电，其主触点断开使电动机 M 失电停止。

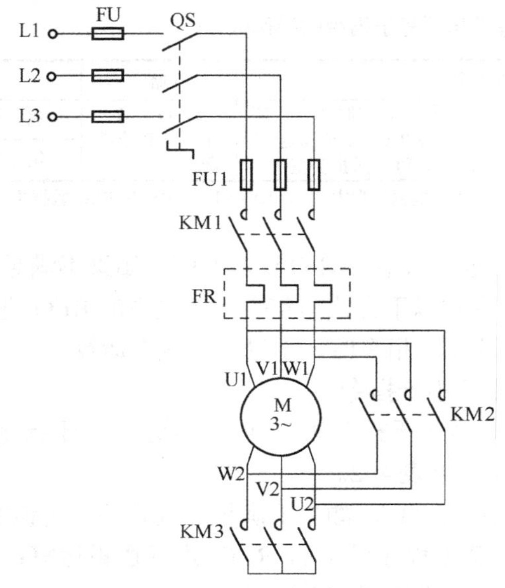

图 4-3 Y-△减压起动控制主电路

1）其 I/O 分配表见表 4-3。

表 4-3　PLC 控制Y-△减压起动电路的 I/O 分配表

输　入		输　出	
输入设备	输入编号	输出设备	输出编号
停止按钮 SB1	I0.0	接触器 KM1	Q0.0
起动按钮 SB2	I0.1	接触器 KM2	Q0.1
热继电器常闭触点 FR	I0.2	接触器 KM3	Q0.2

2）Y-△起动采用定时器延时，设延时时间为 3s，可采用如图 4-4 所示程序实现控制功能。该梯形图中按下起动按钮 SB2（I0.1），则接触器 KM1（Q0.0）接通，所谓Y-△起动只是 KM3（Q0.2）与 KM2（Q0.1）的一个切换动作。因此可考虑采用在 Q0.0 接通时，开始计时 3s，然后采用比较指令进行控制，3s 未到时，接通 KM3（Q0.2），到 3s 或 3s 以上接通 KM2（Q0.1）。

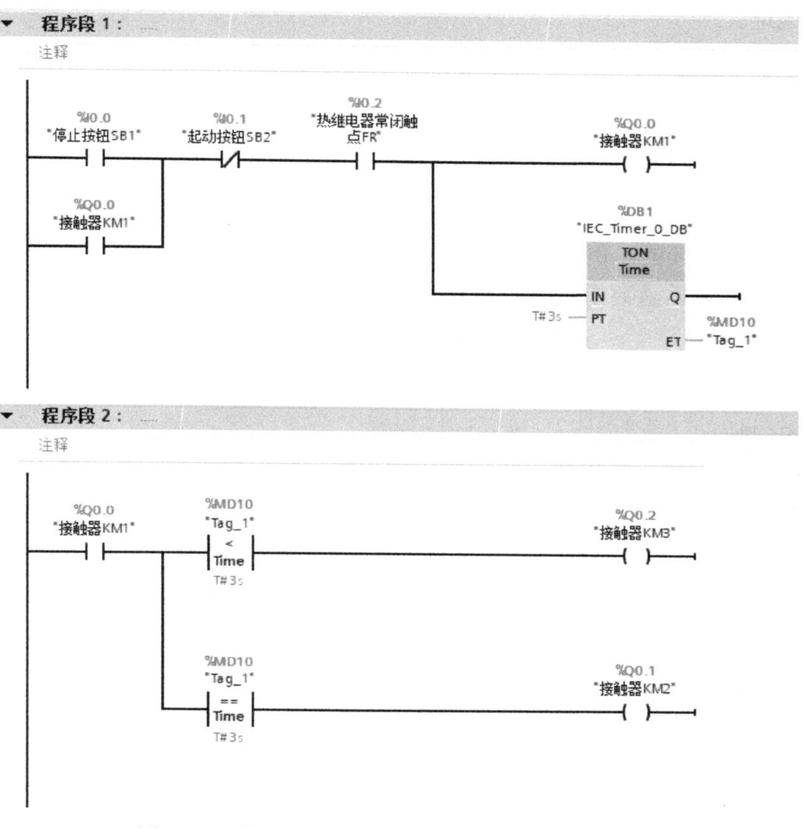

图 4-4　采用比较指令实现 PLC 控制Y-△减压起动

4.2　数学函数指令及其应用

4.2.1　知识：数学函数指令

1．CALCULATE：计算

CALCULATE 计算指令如图 4-5 所示。

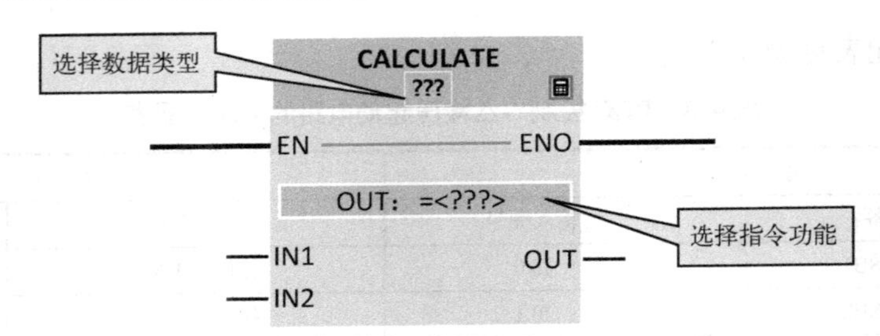

图 4-5　CALCULATE 计算指令

可以使用计算指令定义并执行表达式，根据所选数据类型计算数学运算或复杂逻辑运算。可以从指令框的“???”下拉列表中选择该指令的数据类型。根据所选的数据类型，可以组合某些指令的函数以执行复杂计算。单击指令框上方的“计算器”图标将打开对话框，可在该对话框中指定待计算的表达式。表达式可以包含输入参数的名称和指令的语法，但不能指定操作数名称和操作数地址。

在初始状态下，指令框至少包含两个输入（IN1 和 IN2），可以扩展输入数目，在功能框中按升序对插入的输入编号，使用输入的值执行指定表达式，表达式中不一定会使用所有的已定义输入。该指令的结果将传送到输出 OUT 中，如果表达式中的一个数学运算失败，则没有结果传送到输出 OUT，并且使能输出 ENO 返回信号状态“1”。

如果在表达式中使用了功能框中不可用的输入，则会自动插入这些输入，这要求表达式中新定义的输入编号是连续的。例如，如果表达式中未定义输入 IN3，就不能使用输入 IN4。

计算指令中常见数学函数指令见表 4-4。表 4-5 为计算指令的参数。

表 4-4　计算指令中常见数学函数指令

数据类型	指令	语法	示例
整数	ADD：加	+	(IN1+IN2)*IN3 (ABS(IN2))*(ABS(IN1))
	SUB：减	-	
	MUL：乘	*	
	DIV：除	/	
	MOD：返回除法的余数	MOD	
	INV：求反码	NOT	
	NEG：取反	-（IN1）	
	ABS：计算绝对值	ABS( )	
浮点数	ADD：加	+	((SIN(IN2)*SIN(IN2)+(SIN(IN3)*SIN(IN3))/IN3)) (SQR(SIN(IN2))+(SQR(COS(IN3))/IN2))
	SUB：减	-	
	MUL：乘	*	
	DIV：除	/	
	EXPT：取幂	**	
	ABS：计算绝对值	ABS( )	
	SQR：计算平方	SQR( )	
	SQRT：计算平方根	SQRT( )	
	LN：计算自然对数	LN( )	
	EXP：计算指数值	EXP( )	
	FRAC：返回小数	FRAC( )	

（续）

数据类型	指令	语法	示例
浮点数	SIN：计算正弦值	SIN( )	((SIN(IN2)*SIN(IN2)+(SIN(IN3)*SIN(IN3))/IN3)) (SQR(SIN(IN2))+(SQR(COS(IN3))/IN2))
	COS：计算余弦值	COS( )	
	TAN：计算正切值	TAN( )	
	ASIN：计算反正弦值	ASIN( )	
	ACOS：计算反余弦值	ACOS( )	
	ATAN：计算反正切值	ATAN( )	
	NEG：取反	-（IN1）	
	TRUNC：截尾取整	TRUNC( )	
	ROUND：取整	ROUND( )	
	CEIL：浮点数向上取整	CEIL( )	
	FLOOR：浮点数向下取整	FLOOR( )	

注：不可使用数据类型 BYTE。

表 4-5　计算指令的参数

参数	声明	数据类型	存储区	说明
EN	Input	BOOL	I、Q、M、D、L 或常量	使能输入
ENO	Output	BOOL	I、Q、M、D、L	使能输出
IN1	Input	位字符串、整数、浮点数	I、Q、M、D、L、P 或常量	第一个可用的输入
IN2				第二个可用的输入
INn				其他插入的值
OUT	Output	位字符串、整数、浮点数	I、Q、M、D、L、P	最终结果要传送到的输出

2. ADD：加

ADD 加指令如图 4-6 所示，该指令的参数见表 4-6。

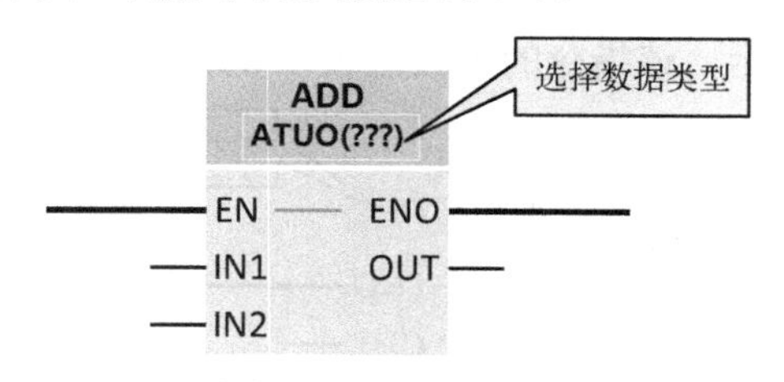

图 4-6　ADD 加指令

表 4-6　加指令的参数

参数	声明	数据类型	存储区	说明
EN	Input	BOOL	I、Q、M、D、L 或常量	使能输入
ENO	Output	BOOL	I、Q、M、D、L	使能输出
IN1	Input	整数、浮点数	I、Q、M、D、L、P 或常量	要相加的第一个数
IN2				要相加的第二个数
INn				要相加的可选输入值
OUT	Output	整数、浮点数	I、Q、M、D、L、P	总和

使用加指令，将输入 IN1 的值与输入 IN2 的值相加，并在输出 OUT（OUT:=IN1+IN2）处

查询总和。在初始状态下，指令框中至少包含两个输入（IN1 和 IN2），可以扩展输入数目，在功能框中按升序对插入的输入编号。执行该指令时，将所有可用输入参数的值相加，求得的和存储在输出 OUT 中。

当使能输入 EN 的信号状态为“0”，或指令结果超出输出 OUT 指定的数据类型的允许范围，或浮点数的值无效时，使能输出 ENO 的信号状态为“0”。

3．SUB：减

SUB 减指令如图 4-7 所示，该指令的参数见表 4-7。

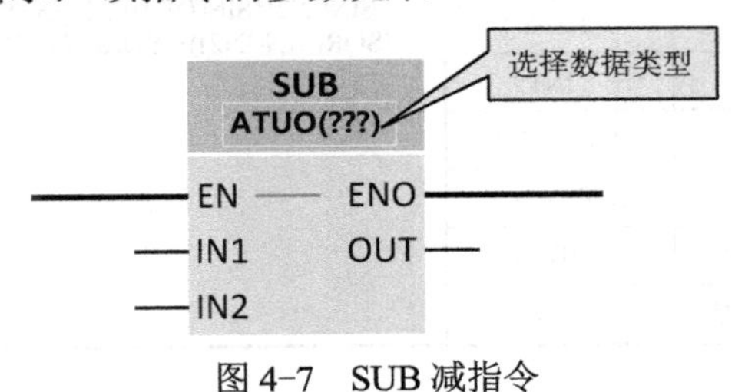

图 4-7　SUB 减指令

表 4-7　减指令的参数

参数	声明	数据类型	存储区	说明
EN	Input	BOOL	I、Q、M、D、L 或常量	使能输入
ENO	Output	BOOL	I、Q、M、D、L	使能输出
IN1	Input	整数、浮点数	I、Q、M、D、L、P 或常量	被减数
IN2				减数
OUT	Output	整数、浮点数	I、Q、M、D、L、P	差值

使用减指令，将输入 IN2 的值从输入 IN1 的值中减去，并在输出 OUT（OUT:=IN1−IN2）处查询差值。使能输入 EN 的信号状态为“0”的情况与加指令相同。

4．MUL：乘

MUL 乘指令如图 4-8 所示，该指令的参数见表 4-8。

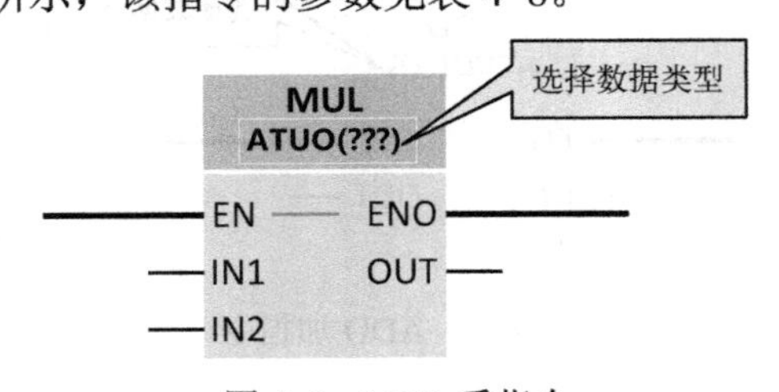

图 4-8　MUL 乘指令

表 4-8　乘指令的参数

参数	声明	数据类型	存储区	说明
EN	Input	BOOL	I、Q、M、D、L 或常量	使能输入
ENO	Output	BOOL	I、Q、M、D、L	使能输出
IN1	Input	整数、浮点数	I、Q、M、D、L、P 或常量	乘数
IN2				相乘的数
INn				可相乘的可选输入值
OUT	Output	整数、浮点数	I、Q、M、D、L、P	乘积

使用乘指令，将输入 IN1 的值与输入 IN2 的值相乘，并在输出 OUT（OUT:=IN1*IN2）处查询乘积。可以在指令功能框中展开输入的数字，在功能框中以升序对相乘的输入进行编号。指令执行时，将所有可用输入参数的值相乘，乘积存储在输出 OUT 中。使能输出 ENO 的信号状态为“0”的情况与加指令相同。

5．DIV：除

DIV 除指令如图 4-9 所示，该指令的参数见表 4-9。

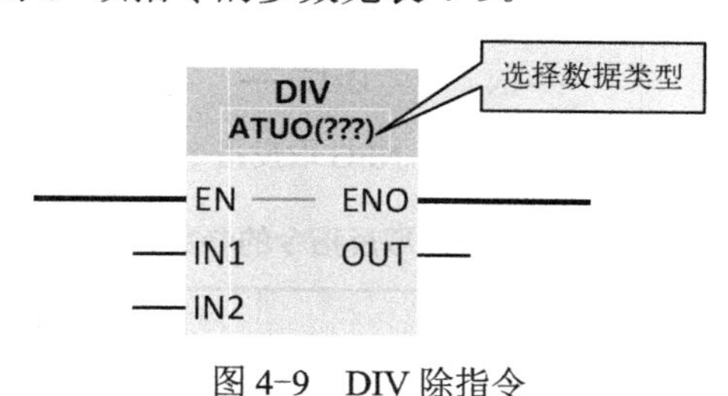

图 4-9　DIV 除指令

表 4-9　除指令的参数

参数	声明	数据类型	存储区	说明
EN	Input	BOOL	I、Q、M、D、L 或常量	使能输入
ENO	Output	BOOL	I、Q、M、D、L	使能输出
IN1	Input	整数、浮点数	I、Q、M、D、L、P 或常量	被除数
IN2				除数
OUT	Output	整数、浮点数	I、Q、M、D、L、P	商值

使用除指令，可以将输入 IN1 的值除以输入 IN2 的值，并在输出 OUT（OUT:=IN1/IN2）处查询商值。使能输出 ENO 的信号状态为“0”的情况与加指令相同。

6．MOD：返回除法的余数指令

MOD 返回除法的余数指令如图 4-10 所示，该指令的参数见表 4-10。

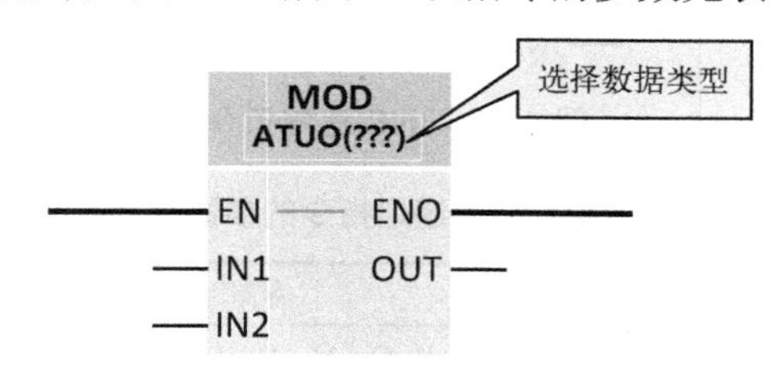

图 4-10　MOD 返回除法的余数指令

表 4-10　返回除法的余数指令的参数

参数	声明	数据类型	存储区	说明
EN	Input	BOOL	I、Q、M、D、L 或常量	使能输入
ENO	Output	BOOL	I、Q、M、D、L	使能输出
IN1	Input	整数	I、Q、M、D、L、P 或常量	被除数
IN2				除数
OUT	Output	整数	I、Q、M、D、L、P	除法的余数

可以使用返回除法的余数指令，将输入 IN1 的值除以输入 IN2 的值，并通过输出 OUT 查

询余数。

7．NEG：取反

NEG 取反指令如图 4-11 所示，该指令的参数见表 4-11。

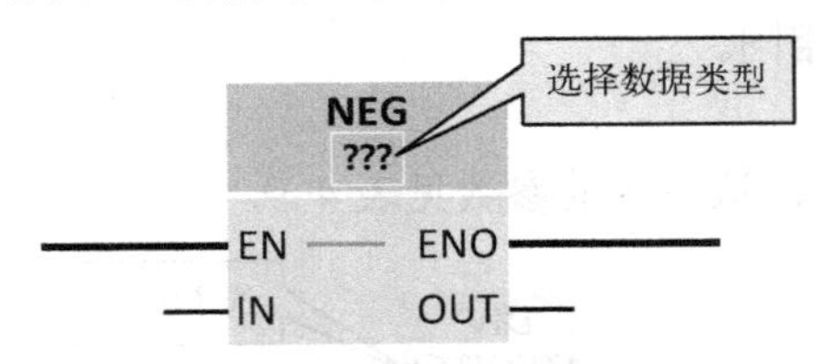

图 4-11　NEG 取反指令

表 4-11　取反指令的参数

参数	声明	数据类型	存储区	说明
EN	Input	BOOL	I、Q、M、D、L 或常量	使能输入
ENO	Output	BOOL	I、Q、M、D、L	使能输出
IN	Input	SINT、INT、DINT、LINT、浮点数	I、Q、M、D、L、P 或常量	输入值
OUT	Output	SINT、INT、DINT、LINT、浮点数	I、Q、M、D、L、P	输入值取反

可以使用取反指令更改输入 IN 中值的符号，并在输出 OUT 中查询结果。例如，如果输入 IN 为正值，则该值的负等效值将被发送到输出 OUT。使能输出 ENO 的信号状态为“0”的情况与加指令相同。

8．INC：递增

INC 递增指令如图 4-12 所示，该指令的参数见表 4-12。

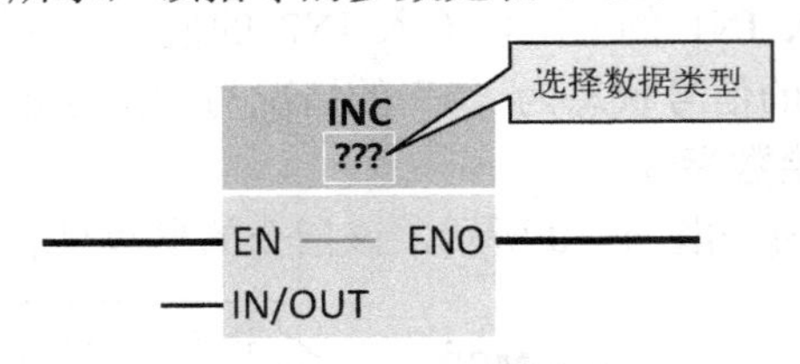

图 4-12　INC 递增指令

表 4-12　递增指令的参数

参数	声明	数据类型	存储区	说明
EN	Input	BOOL	I、Q、M、D、L 或常量	使能输入
ENO	Output	BOOL	I、Q、M、D、L	使能输出
IN/OUT	InOut	整数	I、Q、M、D、L	要递增的值

可以使用递增指令将参数 IN/OUT 中操作数的值更改为下一个更大的值，并查询结果。只有当使能输入 EN 的信号状态为“1”时，才执行递增指令。如果在执行期间未发生溢出错误，则使能输出 ENO 的信号状态也为“1”。当使能输入 EN 的信号状态为“0”或浮点数的值无效时，使能输出 ENO 的信号状态为“0”。

9．DEC：递减

DEC 递减指令如图 4-13 所示，该指令的参数见表 4-13。

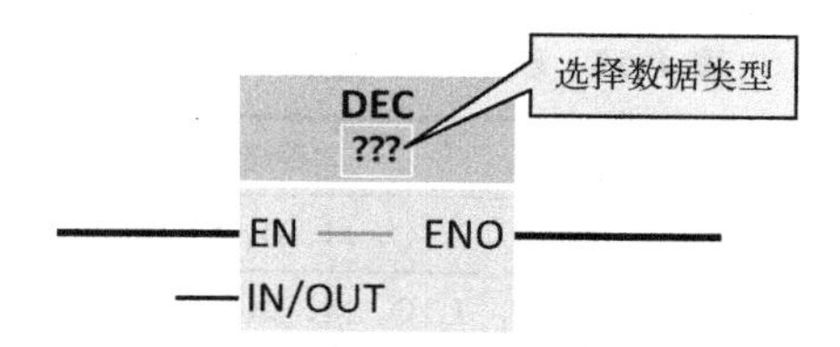

图 4-13　DEC 递减指令

表 4-13　递减指令的参数

参数	声明	数据类型	存储区	说明
EN	Input	BOOL	I、Q、M、D、L 或常量	使能输入
ENO	Output	BOOL	I、Q、M、D、L	使能输出
IN/OUT	InOut	整数	I、Q、M、D、L	要递增的值

可以使用递减指令将参数 IN/OUT 中操作数的值更改为下一个更小的值，并查询结果。只有当使能输入 EN 的信号状态为“1”时，才执行递减指令。如果在执行期间未超出所选数据类型值的范围，则输出 ENO 的信号状态也为“1”。当使能输入 EN 的信号状态为“0”，或浮点数的值无效时，使能输出 ENO 的信号状态为“0”。

10．ABS：计算绝对值

ABS 计算绝对值指令如图 4-14 所示，该指令的参数见表 4-14。

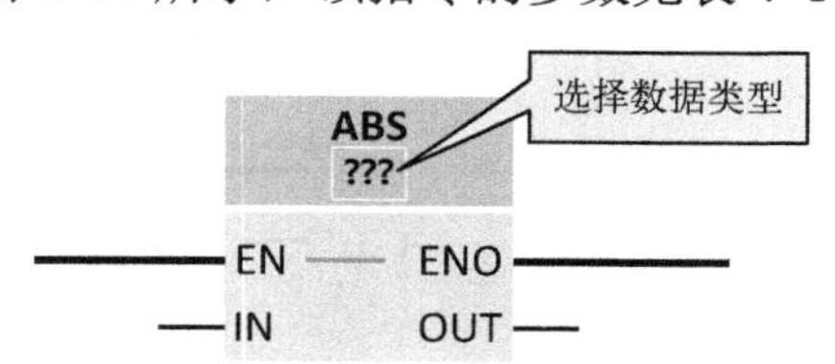

图 4-14　ABS 计算绝对值指令

表 4-14　计算绝对值指令的参数

参数	声明	数据类型	存储区	说明
EN	Input	BOOL	I、Q、M、D、L 或常量	使能输入
ENO	Output	BOOL	I、Q、M、D、L	使能输出
IN	Input	SINT、INT、DINT、LINT、浮点数	I、Q、M、D、L、P 或常量	输入值
OUT	Output	SINT、INT、DINT、LINT、浮点数	I、Q、M、D、L、P	输入值的绝对值

可以使用计算绝对值指令，计算输入 IN 处指定的值的绝对值。指令结果被发送到输出 OUT，可供查询。

11．MIN：获取最小值

MIN 获取最小值指令如图 4-15 所示，该指令的参数见表 4-15。

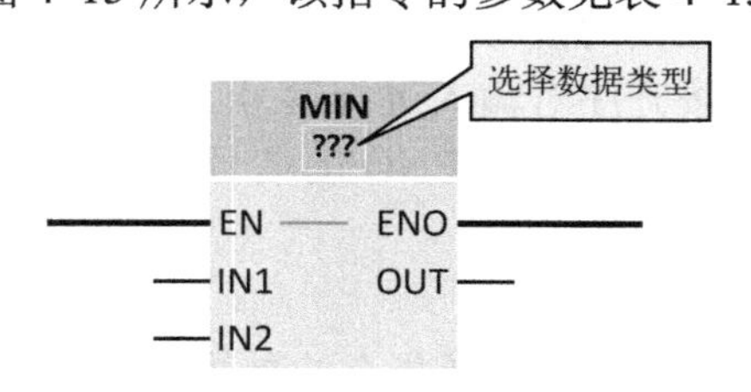

图 4-15　MIN 获取最小值指令

表 4-15 获取最小值指令的参数

参数	声明	数据类型	存储区	说明
EN	Input	BOOL	I、Q、M、D、L 或常量	使能输入
ENO	Output	BOOL	I、Q、M、D、L	使能输出
IN1	Input	整数、浮点数、DTL、DT	I、Q、M、D、L、P 或常量	第一个输入值
IN2				第二个输入值
INn				其他插入的输入（其值待比较）
OUT	Output	整数、浮点数、DTL、DT	I、Q、M、D、L、P	结果

注：在不激活 IEC 检查时，还可以使用 TIME、LTIME、TOD、LTOD、DATE 和 LDT 数据类型的变量，方法是选择长度相同的位串或整数作为指令的数据类型（例如，用 UDINT 或 DWORD=32 位来代替 TIME=>DINT）。

比较可用输入的值，并将最小的值写入输出 OUT 中。在指令框中可以通过其他输入来扩展输入的数量，在功能框中按升序对输入进行编号。要执行该指令，最少需要指定 2 个输入，最多可以指定 100 个输入。当使能输入 EN 的信号状态为“0”，或在执行该指令的过程中，后台转换数据类型失败，以及浮点数的值无效时，使能输出 ENO 的信号状态为“0”。

12．MAX：获取最大值

MAX 获取最大值指令如图 4-16 所示，该指令的参数见表 4-16。

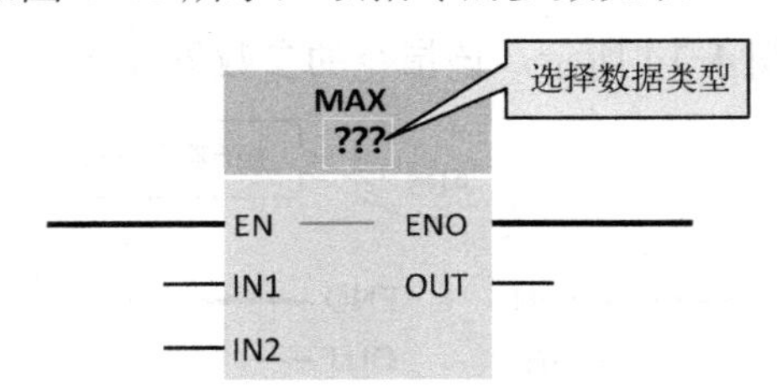

图 4-16 MAX 获取最大值指令

表 4-16 获取最大值指令的参数

参数	声明	数据类型	存储区	说明
EN	Input	BOOL	I、Q、M、D、L 或常量	使能输入
ENO	Output	BOOL	I、Q、M、D、L	使能输出
IN1	Input	整数、浮点数、DTL、DT	I、Q、M、D、L、P 或常量	第一个输入值
IN2				第二个输入值
INn				其他插入的输入（其值待比较）
OUT	Output	整数、浮点数、DTL、DT	I、Q、M、D、L、P	结果

注：在不激活 IEC 检查时，还可以使用 TIME、LTIME、TOD、LTOD、DATE 和 LDT 数据类型的变量，方法是选择长度相同的位串或整数作为指令的数据类型（例如，用 UDINT 或 DWORD=32 位来代替 TIME=>DINT）。

比较可用输入的值，并将最大的值写入输出 OUT 中。在指令框中可以通过其他输入来扩展输入的数量，在功能框中按升序对输入进行编号。要执行该指令，最少需要指定 2 个输入，最多可以指定 100 个输入。使能输出 ENO 的信号状态为“0”的情况与获取最小值指令相同。

13．LIMIT：设置限值

LIMIT 设置限值指令如图 4-17 所示，该指令的参数见表 4-17。

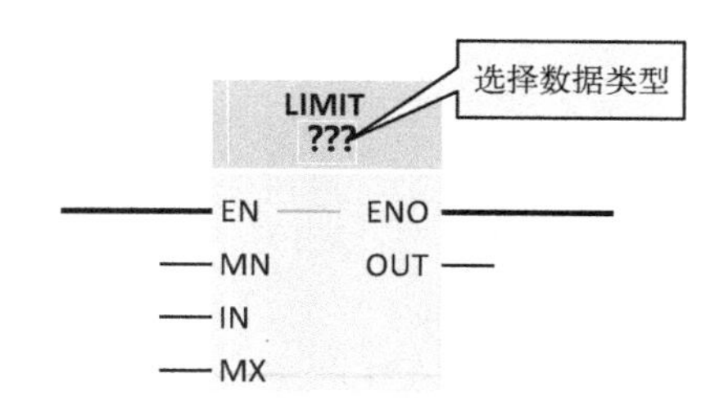

图 4-17　LIMIT 设置限值指令

表 4-17　设置限值指令的参数

参数	声明	数据类型	存储区	说明
EN	Input	BOOL	I、Q、M、D、L 或常量	使能输入
ENO	Output	BOOL	I、Q、M、D、L	使能输出
MN	Input	整数、浮点数、TIME、LTIME、TOD、LTOD、DATE、LDT、DTL、DT	I、Q、M、D、L、P 或常量	下限
IN	Input	整数、浮点数、TIME、LTIME、TOD、LTOD、DATE、LDT、DTL、DT	I、Q、M、D、L、P 或常量	输入值
MX	Input	整数、浮点数、TIME、LTIME、TOD、LTOD、DATE、LDT、DTL、DT	I、Q、M、D、L、P 或常量	上限
OUT	Output	整数、浮点数、TIME、LTIME、TOD、LTOD、DATE、LDT、DTL、DT	I、Q、M、D、L、P	结果

注：如果未启用 IEC 测试，则不能使用数据类型 TOD、LTOD、DATE 和 LDT。

可以使用设置限值指令，将输入 IN 的值限制在输入 MN 与 MX 值的范围之间。如果输入 IN 的值满足条件“MN<=IN<=MX”，则复制到 OUT 输出中。如果不满足该条件且输入值 IN 低于下限 MN，则将输出 OUT 设置为输入 MN 的值。如果超出上限 MX，则将输出 OUT 设置为输入 MX 的值。如果输入 MN 的值大于输入 MX 的值，则结果为 IN 参数中的指定值且使能输出 ENO 为“0”。

4.2.2　案例：“除 3 取余”方式实现 PLC 控制水泵电动机随机起动

通常在水塔控制的过程中，为保证控制的可靠性，在水塔泵房内安装有 3 台交流异步电动机水泵，3 台水泵电动机正常情况下只运转两台，另一台为备用。为了防止备用机组因长期闲置而出现锈蚀等故障，正常情况下，按下起动按钮，3 台水泵电动机中运转的两台水泵电动机和备用的另一台水泵电动机的选择是随机的。设定其 I/O 分配表见表 4-18。

表 4-18　“除 3 取余”方式实现 PLC 控制水泵电动机随机起动 I/O 分配表

输　入		输　出	
输入设备	输入编号	输出设备	输出编号
起动按钮 SB1	I0.0	1#水泵	Q0.0
停止按钮 SB2	I0.1	2#水泵	Q0.1
		3#水泵	Q0.2

从该控制的实质来说，随机输入可考虑是起动按钮按下后，对扫描周期进行计数，因为即便是同一个人按同一个按钮其扫描周期也是不确定的。因此可对起动按钮按下后的扫描周期进行计数，然后采用“除 3 取余”的方法来处理这个随机输入信号，其控制梯形图如图 4-18 所示。

4-2
“除 3 取余”方式实现 PLC 控制水泵电动机随机起动

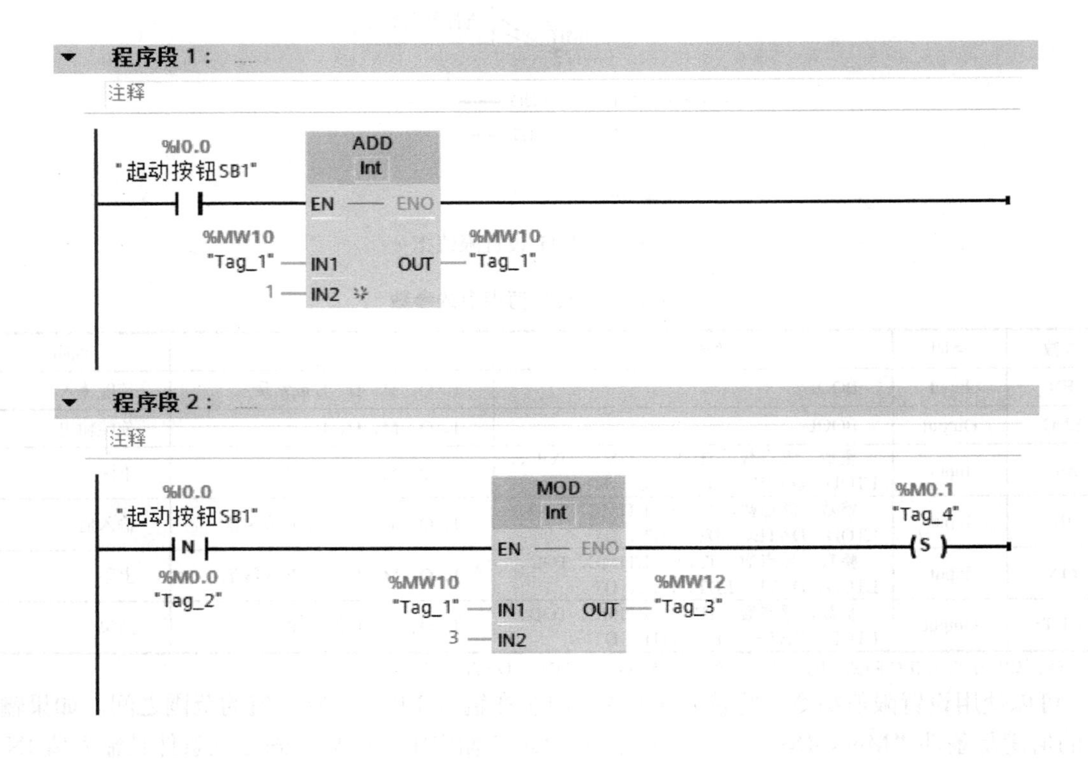

程序段 3：

注释

%M0.1
"Tag_4"

%MW12
"Tag_3"
<
Int
1

%M1.0
"Tag_5"

%MW12
"Tag_3"
==
Int
1

%M1.1
"Tag_6"

%MW12
"Tag_3"
>
Int
1

%M1.2
"Tag_7"

图 4-18 “除 3 取余”方式实现 PLC 控制水泵电动机随机起动控制梯形图

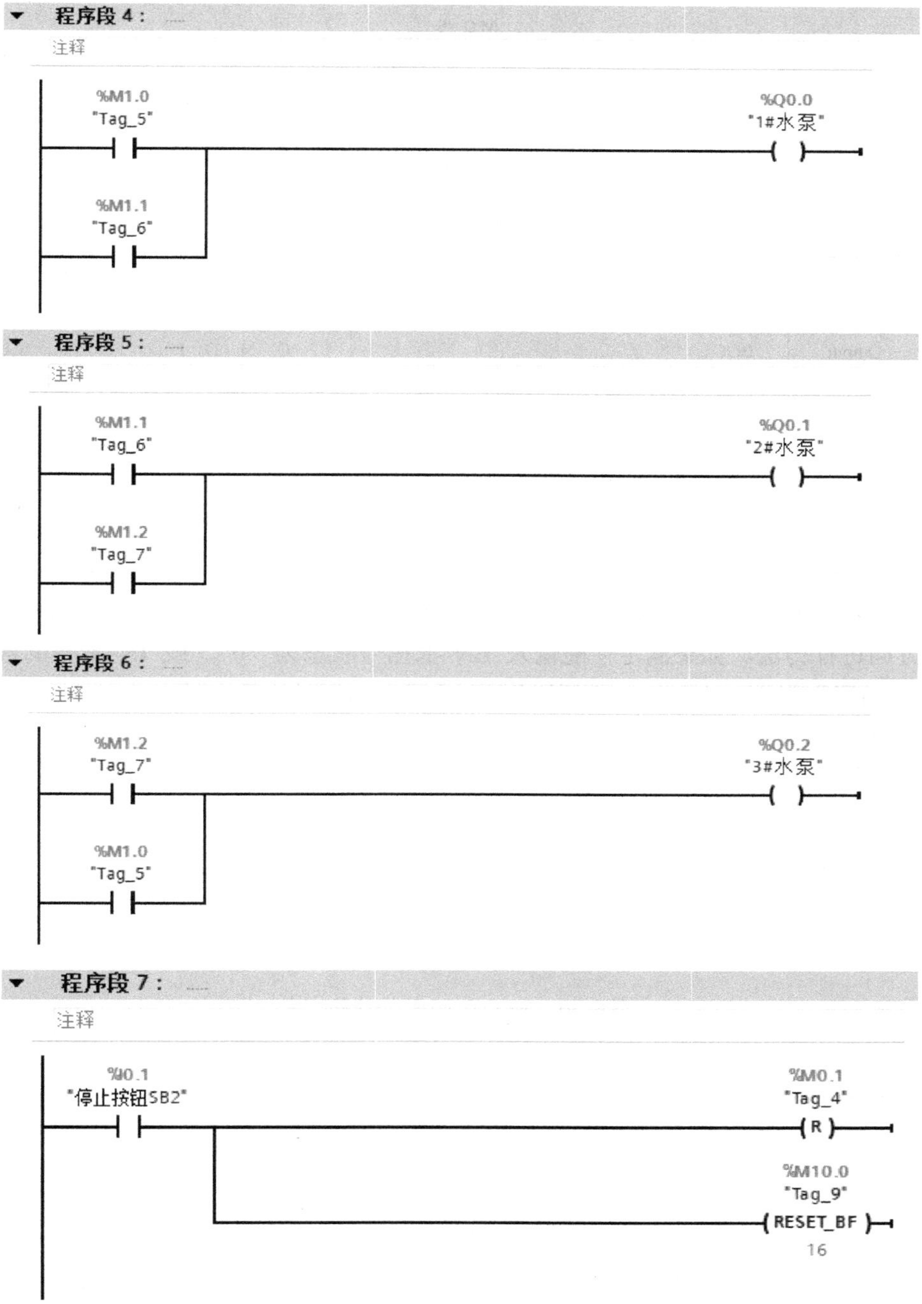

程序段 4：……
注释
%M1.0 "Tag_5"
%M1.1 "Tag_6"
%Q0.0 "1#水泵"

程序段 5：……
注释
%M1.1 "Tag_6"
%M1.2 "Tag_7"
%Q0.1 "2#水泵"

程序段 6：……
注释
%M1.2 "Tag_7"
%M1.0 "Tag_5"
%Q0.2 "3#水泵"

程序段 7：……
注释
%I0.1 "停止按钮SB2"
%M0.1 "Tag_4" R
%M10.0 "Tag_9" RESET_BF 16

图 4-18 “除 3 取余”方式实现 PLC 控制水泵电动机随机起动控制梯形图（续）

4.3　移动操作指令及其应用

4.3.1　知识：移动指令

1. MOVE：移动值

MOVE 移动值指令如图 4-19 所示，该指令的参数见表 4-19。

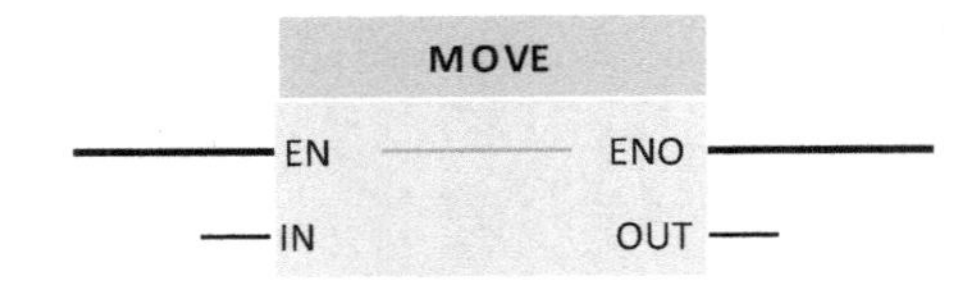

图 4-19　MOVE 移动值指令

表 4-19　移动值指令的参数

参数	声明	数据类型	存储区	说明
EN	Input	BOOL	I、Q、M、D、L 或常量	使能输入
ENO	Output	BOOL	I、Q、M、D、L	使能输出
IN	Input	位字符串、整数、浮点数、定时器、日期时间、CHAR、WCHAR、STRUCT、ARRAY、TIMER、COUNTER、IEC 数据类型、PLC 数据类型（UDT）	I、Q、M、D、L 或常量	源值
OUT	Output	位字符串、整数、浮点数、定时器、日期时间、CHAR、WCHAR、STRUCT、ARRAY、TIMER、COUNTER、IEC 数据类型、PLC 数据类型（UDT）	I、Q、M、D、L	传送源值中的操作数

可以使用移动值指令，将 IN 输入处操作数中的内容传送到 OUT 输出的操作数中，始终沿地址升序方向进行传送。如果满足使能输入 EN 的信号状态为“0”，或 IN 参数的数据类型与 OUT 参数的指定数据类型不对应，使能输出 ENO 将返回信号状态“0”。

2．MOVE_BLK：块移动

MOVE_BLK 块移动指令如图 4-20 所示，该指令的参数见表 4-20。

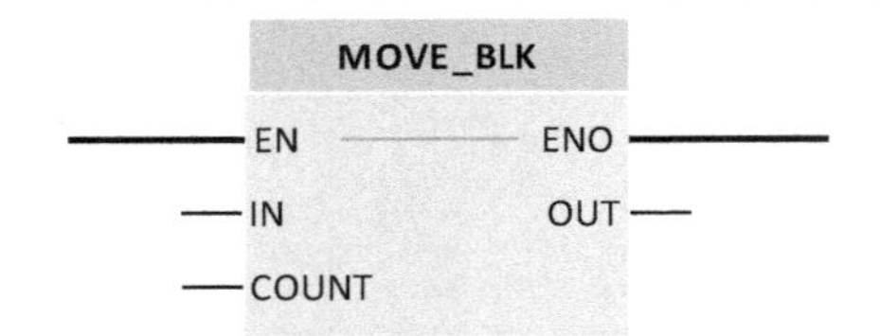

图 4-20　MOVE_BLK 块移动指令

表 4-20　块移动指令的参数

参数	声明	数据类型	存储区	说明
EN	Input	BOOL	I、Q、M、D、L 或常量	使能输入
ENO	Output	BOOL	I、Q、M、D、L	使能输出
IN①	Input	二进制数、整数、浮点数、定时器、DATE、CHAR、WCHAR、TOD、LTOD	D、L	待复制源区域中的首个元素
COUNT	Input	USINT、UINT、UDINT、ULINT	I、Q、M、D、L、P 或常量	要从源范围移动到目标范围的元素个数
OUT①	Output	二进制数、整数、浮点数、定时器、DATE、CHAR、WCHAR、TOD、LTOD	D、L	源范围内容要复制到的目标范围中的首个元素

① ARRAY 结构中的元素只能使用指定的数据类型。

可以使用块移动指令将一个存储区（源范围）中的数据移动到另一个存储区（目标范围）中。使用输入 COUNT 可以指定将移动到目标范围中的元素个数。可通过输入 IN 中元素的宽度来定义元素待移动的宽度。仅当源范围和目标范围的数据类型相同时，才能执行该指令。使能输入 EN 的信号状态为“0”，或移动的数据量超出输入 IN 或输出 OUT 所能容纳的数据量，使能输出 ENO 将返回信号状态“0”。当复制 ARRAY of BOOL 时，溢出的使能输出 ENO 将设置为“1”，直至超出 ARRAY 结构的字节限制。如果 COUNT 输入的值超出了 ARRAY 结构的字节限制，则使能输出 ENO 将复位为“0”。

3．MOVE_BLK_VARIANT：移动块

MOVE_BLK_VARIANT 移动块指令如图 4-21 所示，该指令的参数见表 4-21。

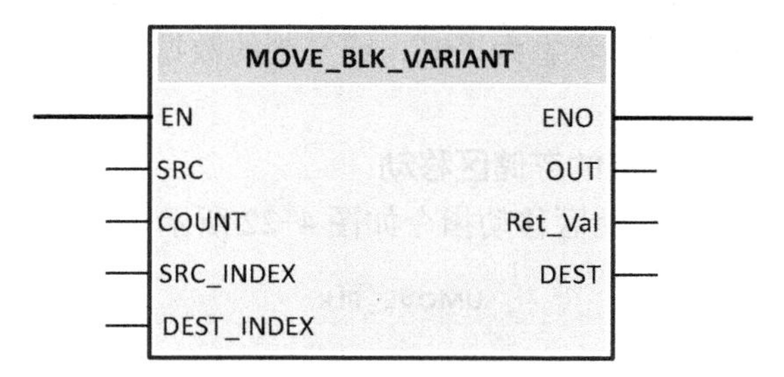

图 4-21　MOVE_BLK_VARIANT 移动块指令

表 4-21　移动块指令的参数

参数	声明	数据类型	存储区	说明
EN	Input	BOOL	I、Q、M、D、L 或常量	使能输入
ENO	Output	BOOL	I、Q、M、D、L	使能输出
SRC	Input①	VARIANT（指向一个 ARRAY 或一个 ARRAY 元素），ARRAY of <数据类型>	L（可在块接口的“Input”“InOut”和“Temp”部分进行声明）	待复制的源块
COUNT	Input	UDINT	I、Q、M、D、L 或常量	已复制的元素数目 如果参数 SRC 或参数 DEST 中未指定任何 ARRAY，则将参数 COUNT 的值设置为“1”
SRC_INDEX	Input	DINT	I、Q、M、D、L 或常量	定义要复制的第一个元素 SRC_INDEX 参数将从 0 开始计算。如果参数 SRC 中指定了 ARRAY，则参数 SRC_INDEX 中的整数将指定待复制源区域中的第一个元素，而与所声明的 ARRAY 限值无关 如果 SRC 参数中未指定 ARRAY 或者仅指定了 ARRAY 的某个元素，则将 SRC_INDEX 参数的值赋值为“0”
DEST_INDEX	Input	DINT	I、Q、M、D、L 或常量	定义了目标存储区的起点 DEST_INDEX 参数将从 0 开始计算。如果参数 DEST 中指定了 ARRAY，则参数 DEST_INDEX 中的整数将指定待复制目标范围中的第一个元素，而与所声明的 ARRAY 限值无关 如果参数 DEST 中未指定任何 ARRAY，则将参数 DEST_INDEX 赋值为“0”
DEST	Output②	VARIANT	L（可在块接口的“Input”“InOut”和“Temp”部分进行声明）	源块中内容将复制到的目标区域
Ret_Val	Output	INT	I、Q、M、D、L	错误信息 如果在该指令执行期间出错，则在参数 Ret_Val 中输出一个错误代码

① 参数 SRC 的数据类型不能为 BOOL 和 BOOL 型 ARRAY。

② DEST 参数声明为 Output，因为数据流入变量，但此变量本身在块接口中必须声明为 InOut。

可以使用移动块指令将一个存储区（源范围）的数据移动到另一个存储区（目标范围）中，可以将一个完整的 ARRAY 或 ARRAY 的元素复制到另一个相同数据类型的 ARRAY 中，源 ARRAY 和目标 ARRAY 的大小（元素个数）可能会不同，可以复制一个 ARRAY 内的多个或单个元素，要复制的元素数量不得超过所选的源范围或目标范围。

如果在创建块时使用该指令，则不需要确定该 ARRAY，源和目标将使用 VARIANT 进行传输。无论后期如何声明该 ARRAY，参数 SRC_INDEX 和 DEST_INDEX 始终从下限“0”开始计数。如果使能输入 EN 的信号状态为“0”，或复制的数据多于可用的数据，使能输出 ENO 将返回信号状态“0”。

4．UMOVE_BLK：不可中断的存储区移动

UMOVE_BLK 不可中断的存储区移动指令如图 4-22 所示，该指令的参数见表 4-22。

图 4-22　UMOVE_BLK 不可中断的存储区移动指令

表 4-22　不可中断的存储区移动指令的参数

参数	声明	数据类型	存储区	说明
EN	Input	BOOL	I、Q、M、D、L 或常量	使能输入
ENO	Output	BOOL	I、Q、M、D、L	使能输出
IN	Input	二进制数、整数、浮点数、定时器、DATE、CHAR、WCHAR、TOD、LTOD	D、L	待复制源区域中的首个元素
COUNT	Input	USINT、UINT、UDINT、ULINT	I、Q、M、D、L、P 或常量	要从源范围移动到目标范围的元素个数
OUT①	Output	二进制数、整数、浮点数、定时器、DATE、CHAR、WCHAR、TOD、LTOD	D、L	源范围内容要复制到的目标范围中的首个元素

① ARRAY 结构中的元素只能使用指定的数据类型。

可以使用不可中断的存储区移动（Move block uninterruptible）指令将一个存储区（源范围）的数据移动到另一个存储区（目标范围）中，该指令不可中断。使用参数 COUNT 可以指定将移动到目标范围中的元素个数。可通过输入 IN 中元素的宽度来定义元素待移动的宽度。仅当源范围和目标范围的数据类型相同时，才能执行该指令。

此移动操作不会被操作系统的其他任务打断。这也解释了在执行不可中断的存储区移动指令期间，CPU 中断响应次数增加的原因。如果使能输入 EN 的信号状态为“0”，或移动的数据量超出输入 IN/输出 OUT 所能容纳的数据量，使能输出 ENO 将返回信号状态“0”。

当复制 ARRAY of BOOL 时，溢出的使能输出 ENO 将设置为“1”，直至超出 ARRAY 结构的字节限制。如果 COUNT 输入的值超出了 ARRAY 结构的字节限制，则使能输出 ENO 将复位为“0”。

5．FILL_BLK：填充块

FILL_BLK 填充块指令如图 4-23 所示，该指令的参数见表 4-23。

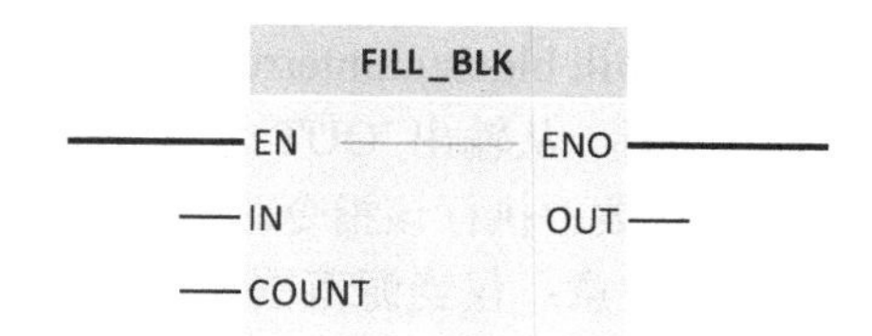

图 4-23　FILL_BLK 填充块指令

表 4-23　填充块指令的参数

参数	声明	数据类型	存储区	说明
EN	Input	BOOL	I、Q、M、D、L 或常量	使能输入
ENO	Output	BOOL	I、Q、M、D、L	使能输出
IN	Input	二进制数、整数、浮点数、定时器、DATE、CHAR、WCHAR、TOD、LTOD	I、Q、M、D、L、P 或常量	用于填充目标范围的元素
COUNT	Input	USINT、UINT、UDINT、ULINT	I、Q、M、D、L、P 或常量	移动操作的重复次数
OUT	Output	二进制数、整数、浮点数、定时器、DATE、CHAR、WCHAR、TOD、LTOD	D、L	目标范围中填充的起始地址

可以使用填充块指令，用 IN 输入的值填充一个存储区域（目标范围），从输出 OUT 指定的地址开始填充目标范围。可以使用参数 COUNT 指定复制操作的重复次数。执行该指令时，输入 IN 中的值将移动到目标范围，重复次数由参数 COUNT 的值指定。注意：仅当源范围和目标范围的数据类型相同时，才能执行该指令。

使能输入 EN 的信号状态为“0”，变更元素的最大值为 ARRAY 或结构中的元素个数。如果复制的数据超过 OUT 输出中的元素，则将返回一个意外结果，使能输出 ENO 的信号状态为“0”。

当复制 ARRAY of BOOL 时，溢出的使能输出 ENO 将设置为“1”，直至超出 ARRAY 结构的字节限制。如果 COUNT 输入的值超出了 ARRAY 结构的字节限制，则使能输出 ENO 将复位为“0”。

6．UFILL_BLK：不可中断的存储区填充

UFILL_BLK 不可中断的存储区填充指令如图 4-24 所示，该指令的参数见表 4-24。

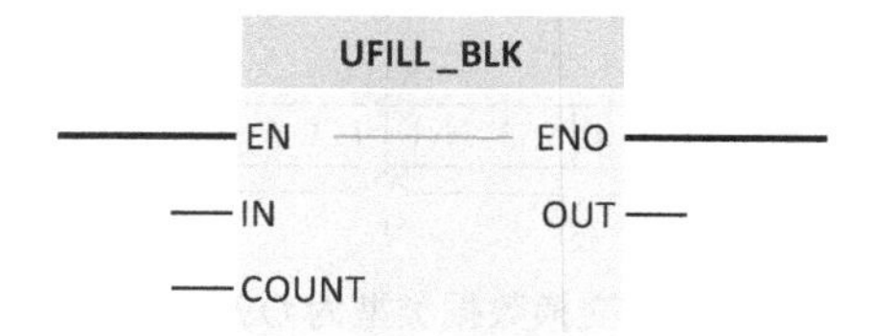

图 4-24　UFILL_BLK 不可中断的存储区填充指令

表 4-24　不可中断的存储区填充指令的参数

参数	声明	数据类型	存储区	说明
EN	Input	BOOL	I、Q、M、D、L 或常量	使能输入
ENO	Output	BOOL	I、Q、M、D、L	使能输出
IN	Input	二进制数、整数、浮点数、定时器、DATE、CHAR、WCHAR、TOD、LTOD	I、Q、M、D、L、P 或常量	用于填充目标范围的元素
COUNT	Input	USINT、UINT、UDINT、ULINT	I、Q、M、D、L、P 或常量	移动操作的重复次数
OUT	Output	二进制数、整数、浮点数、定时器、DATE、CHAR、WCHAR、TOD、LTOD	D、L	目标范围中填充的起始地址

可以使用不可中断的存储区填充（Fill block uninterruptible）指令，用 IN 输入的值填充一个存储区域（目标范围），该指令不可中断。从输出 OUT 指定的地址开始填充目标范围。可以使用参数 COUNT 指定复制操作的重复次数。执行该指令时，输入 IN 中的值将移动到目标范围，重复次数由参数 COUNT 的值指定。注意：仅当源范围和目标范围的数据类型相同时，才能执行该指令。

7. SWAP：交换

SWAP 交换指令如图 4-25 所示，该指令的参数见表 4-25。

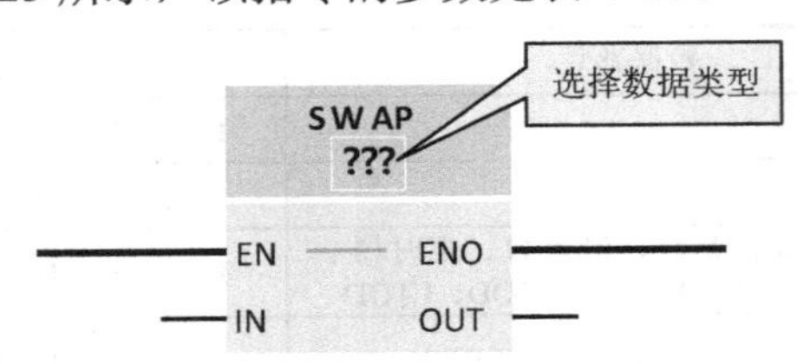

图 4-25　SWAP 交换指令

表 4-25　交换指令的参数

参数	声明	数据类型	存储区	说明
EN	Input	BOOL	I、Q、M、D、L 或常量	使能输入
ENO	Output	BOOL	I、Q、M、D、L	使能输出
IN	Input	WORD、DWORD、LWORD	I、Q、M、D、L、P 或常量	要交换其字节的操作数
OUT	Output	WORD、DWORD、LWORD	I、Q、M、D、L、P	结果

可以使用交换指令更改输入 IN 中字节的顺序，并在输出 OUT 中查询结果。图 4-26 为使用交换指令交换数据类型为 DWORD 的操作数的字节。

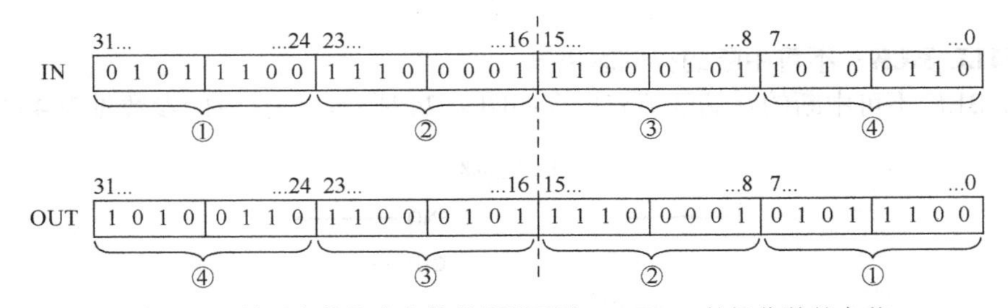

图 4-26　使用交换指令交换数据类型为 DWORD 的操作数的字节

4.3.2　案例：采用移动指令实现 PLC 控制Y-△减压起动

接触器控制电动机Y-△起动的控制电路如图 4-27 所示。通常采用端口（I/O）分配表来确立输入、输出与实际元件的控制关系，根据图 4-27 设置该控制电路的 I/O 分配表见表 4-26。

4-3
采用移动指令实现 PLC 控制Y-△减压起动

根据Y-△起动的要求，电动机起动时，Q0.0 与 Q0.2 有信号输出；电动机运行时 Q0.0 与 Q0.1 有信号输出，对应字元件状态见表 4-27。

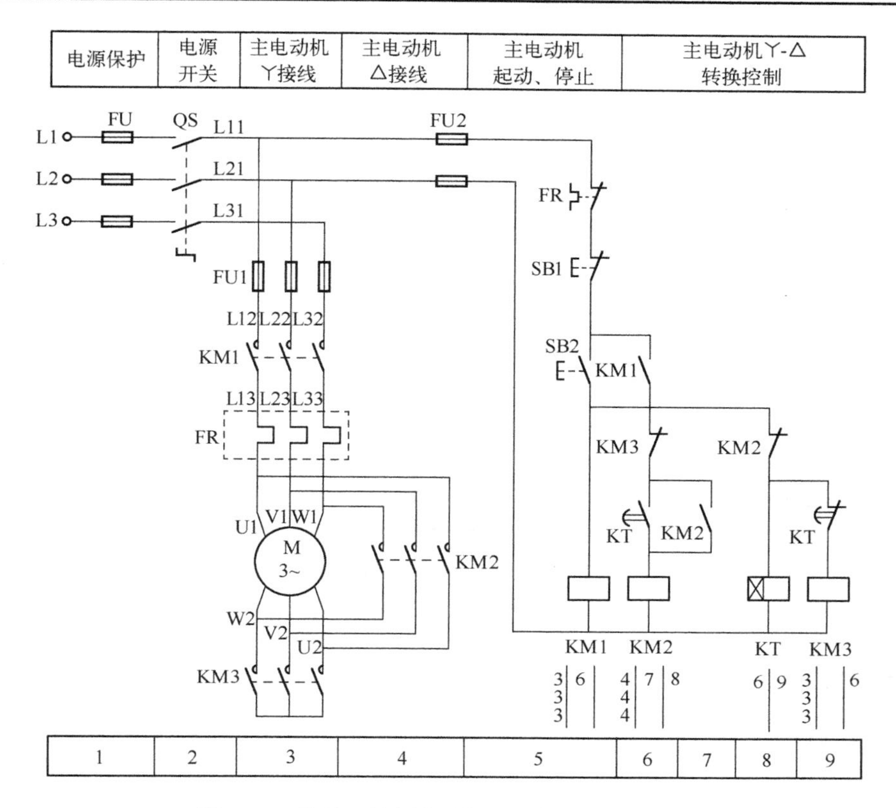

图 4-27　接触器控制电动机Y-△起动的控制电路

表 4-26　Y-△起动控制电路的 I/O 分配表

输　入		输　出	
输入设备	输入编号	输出设备	输出编号
停止按钮 SB1	I0.0	接触器 KM1	Q0.0
起动按钮 SB2	I0.1	接触器 KM2	Q0.1
热继电器常闭触点 FR	I0.2	接触器 KM3	Q0.2

表 4-27　Y-△起动控制电路对应字元件状态

工作状态	Q0.3	Q0.2	Q0.1	Q0.0	控制常数
起动	0	1	0	1	5
运行	0	0	1	1	3
停止	0	0	0	0	0

通过传送指令将常数 5 传送到输出字节 QB0 中，可使 Q0.0 与 Q0.2 有信号输出，实现电动机的星形起动。将常数 3 传送到输出字节 QB0 中，可使 Q0.0 与 Q0.1 有信号输出，实现电动机三角形运行。其控制程序梯形图如图 4-28 所示。

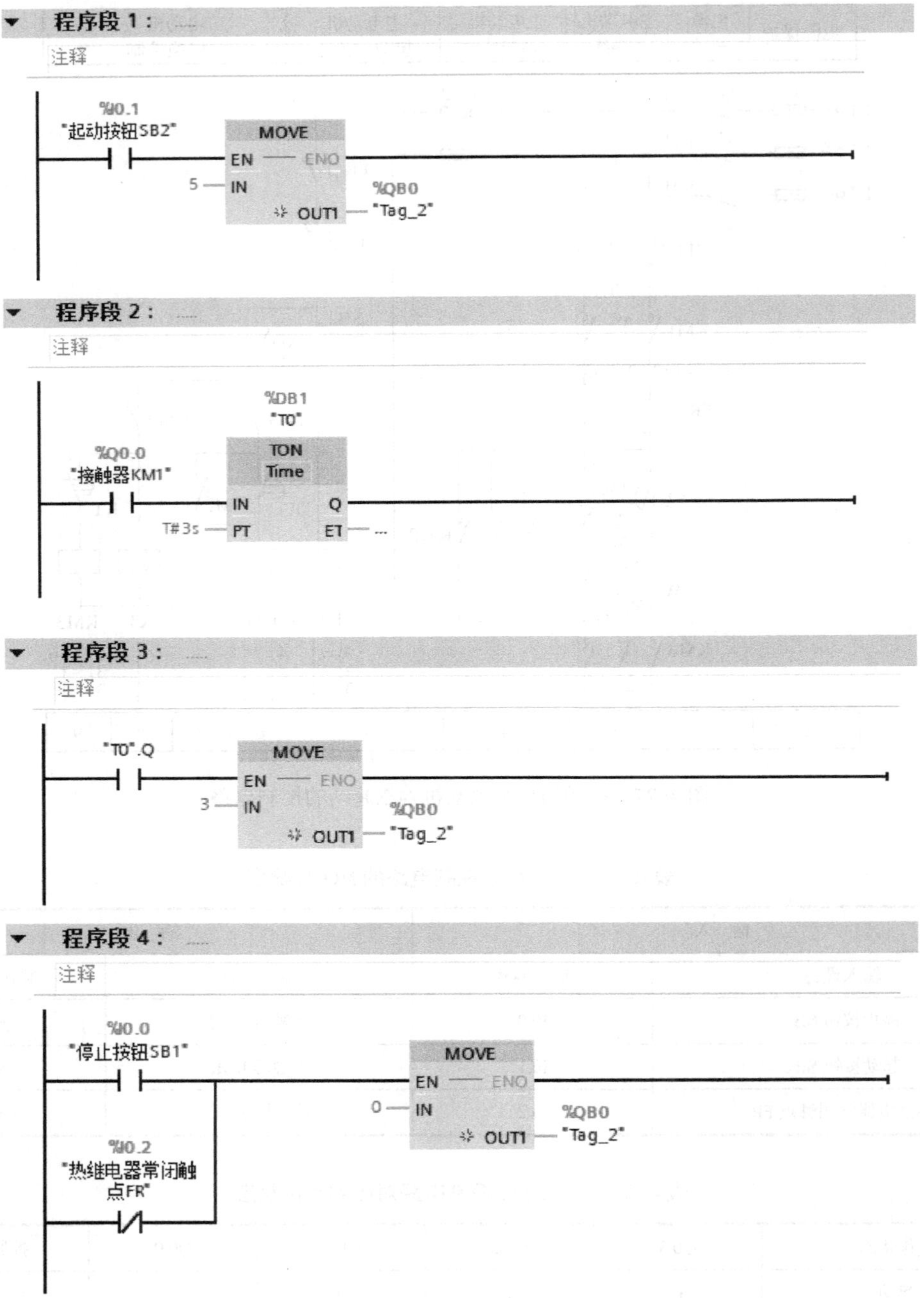

程序段 1：……
注释
%I0.1
"起动按钮SB2"
MOVE
EN — ENO
5 — IN
OUT1 — %QB0 "Tag_2"

程序段 2：……
注释
%DB1
"T0"
TON
Time
%Q0.0
"接触器KM1"
IN Q
T#3s — PT ET — ...

程序段 3：……
注释
"T0".Q
MOVE
EN — ENO
3 — IN
OUT1 — %QB0 "Tag_2"

程序段 4：……
注释
%I0.0
"停止按钮SB1"
%I0.2
"热继电器常闭触点FR"
MOVE
EN — ENO
0 — IN
OUT1 — %QB0 "Tag_2"

图 4-28　PLC 控制电动机Y-△起动的控制程序梯形图

4.4　转换操作指令及其应用

4.4.1　知识：转换操作指令

1. CONVERT：转换值

CONVERT 转换值指令如图 4-29 所示，该指令的参数见表 4-28。

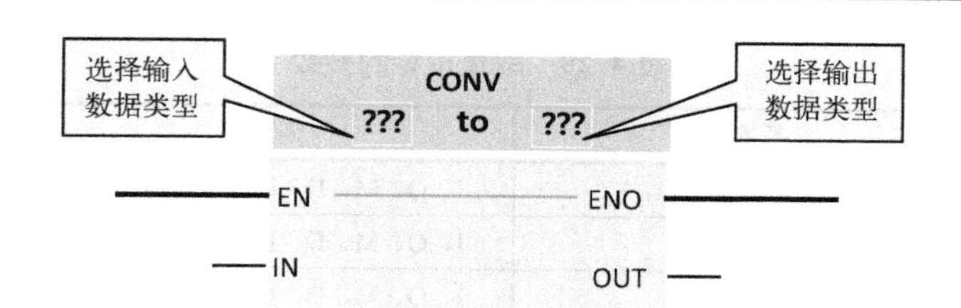

图 4-29　CONVERT 转换值指令

表 4-28　转换值指令的参数

参数	声明	数据类型	存储区	说明
EN	Input	BOOL	I、Q、M、D、L 或常量	使能输入
ENO	Output	BOOL	I、Q、M、D、L	使能输出
IN	Input	位字符串、整数、浮点数、CHAR、WCHAR、BCD16、BCD32	I、Q、M、D、L、P 或常量	要转换的值
OUT	Output	位字符串、整数、浮点数、CHAR、WCHAR、BCD16、BCD32	I、Q、M、D、L、P	转换结果

转换值指令将读取参数 IN 的内容，并根据指令框中选择的数据类型对其进行转换。转换值将在 OUT 输出处输出。

如果使能输入 EN 的信号状态为“0”，或执行过程中发生溢出之类的错误，则使能输出 ENO 的信号状态为“0”。

位字符串的转换方式：在指令功能框中，不能选择位字符串 BYTE 和 WORD。但如果输入和输出操作数的长度匹配，则可以在该指令的参数处指定 DWORD 或 LWORD 数据类型的操作数。然后此操作数根据输入/输出参数的数据类型，自动匹配位字符串的数据类型，并进行隐式转换。例如，数据类型 DWORD 将解释为 DINT/UDINT，而 LWORD 将解释为 LINT/ULINT。启用 IEC 检查时，也可使用这些转换方式。

对于 S7-1500 系列 PLC CPU 而言，数据类型 DWORD 和 LWORD 只能与数据类型 REAL 或 LREAL 互相转换。

在转换过程中，源值的位模式以右对齐的方式原样传递到目标数据类型中。如果在转换过程中无错误，则使能输出 ENO 的信号状态为“1”；如果在处理过程中出错，则使能输出 ENO 的信号状态为“0”。

2. ROUND：取整

ROUND 取整指令如图 4-30 所示，该指令的参数见表 4-29。

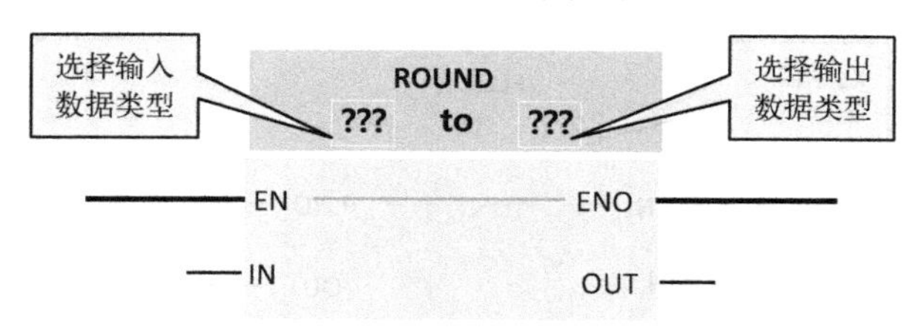

图 4-30　ROUND 取整指令

表 4-29　取整指令的参数

参数	声明	数据类型	存储区	说明
EN	Input	BOOL	I、Q、M、D、L 或常量	使能输入
ENO	Output	BOOL	I、Q、M、D、L	使能输出
IN	Input	浮点数	I、Q、M、D、L、P 或常量	要取整的输入值
OUT	Output	整数、浮点数	I、Q、M、D、L、P	取整的结果

可以使用取整指令将输入 IN 的值四舍五入取整为最接近的整数。该指令将输入 IN 的值解释为浮点数，并转换为一个 DINT 数据类型的整数。如果输入值恰好是在一个偶数和一个奇数之间，则选择偶数。指令结果被发送到输出 OUT，可供查询。当使能输入 EN 的信号状态为“0”或执行过程中发生溢出之类的错误时，则使能输出 ENO 的信号状态为“0”。

3. CEIL：浮点数向上取整

CEIL 浮点数向上取整指令如图 4-31 所示，该指令的参数见表 4-30。

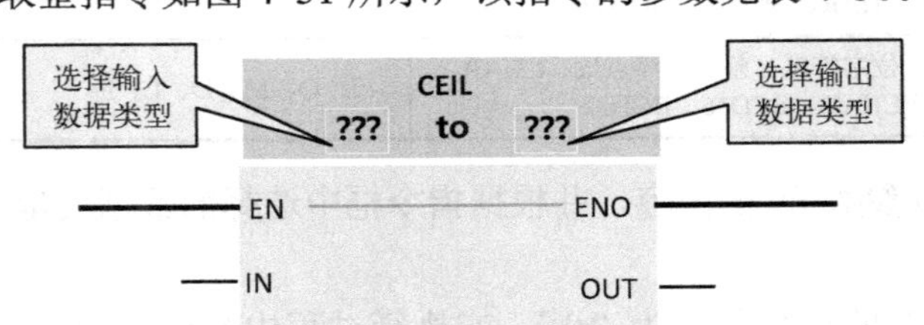

图 4-31　CEIL 浮点数向上取整指令

表 4-30　浮点数向上取整指令的参数

参数	声明	数据类型	存储区	说明
EN	Input	BOOL	I、Q、M、D、L 或常量	使能输入
ENO	Output	BOOL	I、Q、M、D、L	使能输出
IN	Input	浮点数	I、Q、M、D、L、P 或常量	输入值
OUT	Output	整数、浮点数	I、Q、M、D、L、P	结果为相邻的较大整数

可以使用浮点数向上取整指令，将输入 IN 的值向上取整为相邻整数。该指令将输入 IN 的值解释为浮点数并将其转换为较大的相邻整数。指令结果被发送到输出 OUT，可供查询。输出值可以大于或等于输入值。当使能输入 EN 的信号状态为“0”或执行过程中发生溢出之类的错误时，则使能输出 ENO 的信号状态为“0”。

4. FLOOR：浮点数向下取整

FLOOR 浮点数向下取整指令如图 4-32 所示，该指令的参数见表 4-31。

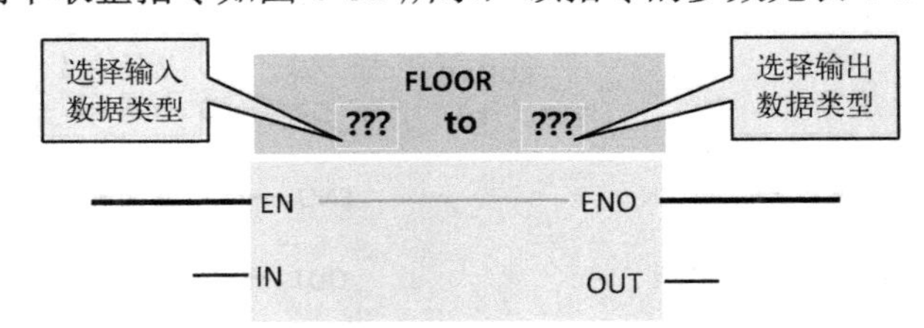

图 4-32　FLOOR 浮点数向下取整指令

表 4-31　浮点数向下取整指令的参数

参数	声明	数据类型	存储区	说明
EN	Input	BOOL	I、Q、M、D、L 或常量	使能输入
ENO	Output	BOOL	I、Q、M、D、L	使能输出
IN	Input	浮点数	I、Q、M、D、L、P 或常量	输入值
OUT	Output	整数、浮点数	I、Q、M、D、L、P	结果为相邻的较小整数

可以使用浮点数向下取整指令，将输入 IN 的值向下取整为相邻整数。该指令将输入 IN 的值解释为浮点数，并将其向下转换为相邻的较小整数。指令结果被发送到输出 OUT，可供查询。输出值可以小于或等于输入值。当使能输入 EN 的信号状态为“0”或执行过程中发生溢出之类的错误时，则使能输出 ENO 的信号状态为“0”。

5. TRUNC：截尾取整

TRUNC 截尾取整指令如图 4-33 所示，该指令的参数见表 4-32。

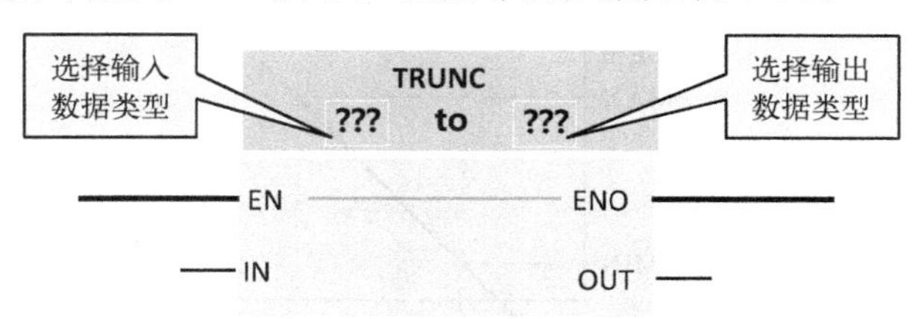

图 4-33　TRUNC 截尾取整指令

表 4-32　截尾取整指令的参数

参数	声明	数据类型	存储区	说明
EN	Input	BOOL	I、Q、M、D、L 或常量	使能输入
ENO	Output	BOOL	I、Q、M、D、L	使能输出
IN	Input	浮点数	I、Q、M、D、L 或常量	输入值
OUT	Output	整数、浮点数	I、Q、M、D、L	输入值的整数部分

可以使用截尾取整指令由输入 IN 的值得出整数。输入 IN 的值被视为浮点数，该指令仅选择浮点数的整数部分，并将其发送到输出 OUT 中，不带小数位。当使能输入 EN 的信号状态为“0”或执行过程中发生溢出之类的错误时，则使能输出 ENO 的信号状态为“0”。

6. SCALE_X：缩放

SCALE_X 缩放指令如图 4-34 所示，该指令的参数见表 4-33。

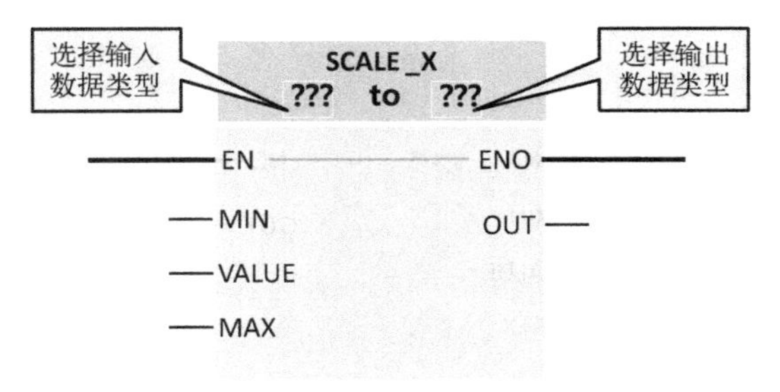

图 4-34　SCALE_X 缩放指令

表 4-33　缩放指令的参数

参数	声明	数据类型	存储区	说明
EN	Input	BOOL	I、Q、M、D、L 或常量	使能输入
ENO	Output	BOOL	I、Q、M、D、L	使能输出
MIN	Input	整数、浮点数	I、Q、M、D、L 或常量	取值范围的下限
VALUE	Input	浮点数	I、Q、M、D、L 或常量	要缩放的值 如果输入一个常量，则必须对其声明
MAX	Input	整数、浮点数	I、Q、M、D、L 或常量	取值范围的上限
OUT	Output	整数、浮点数	I、Q、M、D、L	缩放的结果

可以使用缩放指令，通过将输入 VALUE 的值映射到指定的值范围内，对该值进行缩放。当执行缩放指令时，输入 VALUE 的浮点值会被缩放到由参数 MIN 和 MAX 定义的值范围。缩放结果为整数，存储在 OUT 输出中。举例如图 4-35 所示。

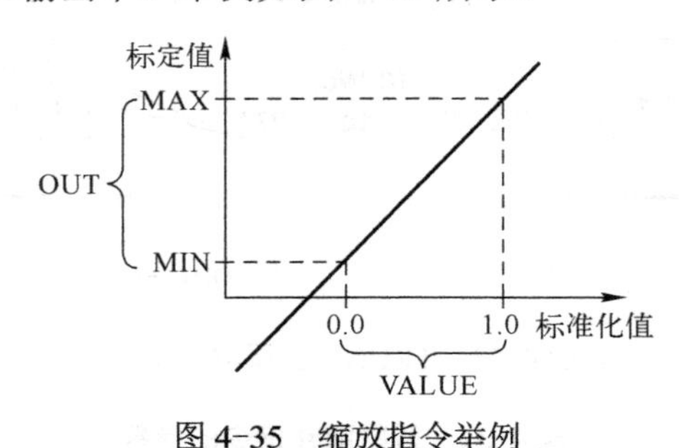

图 4-35　缩放指令举例

缩放指令将按以下公式进行计算：

$$OUT=[VALUE\times(MAX-MIN)]+MIN$$

如果满足下列条件之一，则使能输出 ENO 的信号状态为“0”：

1）使能输入 EN 的信号状态为“0”。

2）输入 MIN 的值大于或等于输入 MAX 的值。

3）根据 IEEE 754 标准，指定的浮点数的值超出了标准的数范围。

4）发生溢出。

5）输入 VALUE 的值为 NaN（非数字=无效算术运算的结果）。

7. NORM_X：标准化

NORM_X 标准化指令如图 4-36 所示，该指令的参数见表 4-34。

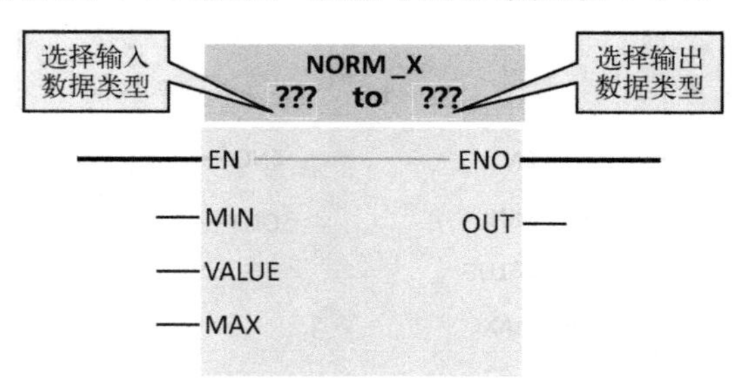

图 4-36　NORM_X 标准化指令

表 4-34　标准化指令的参数

参数	声明	数据类型	存储区	说明
EN	Input	BOOL	I、Q、M、D、L 或常量	使能输入
ENO	Output	BOOL	I、Q、M、D、L	使能输出
MIN①	Input	整数、浮点数	I、Q、M、D、L 或常量	取值范围的下限
VALUE①	Input	整数、浮点数	I、Q、M、D、L 或常量	要标准化的值
MAX①	Input	整数、浮点数	I、Q、M、D、L 或常量	取值范围的上限
OUT	Output	浮点数	I、Q、M、D、L	标准化结果

① 如果在这 3 个参数中都使用常量，则仅需声明其中一个。

可以使用标准化指令，通过将输入 VALUE 中变量的值映射到线性标尺对其进行标准化。可以使用参数 MIN 和 MAX 定义（应用于该标尺的）值范围的限值。输出 OUT 中的结果经过计算并存储为浮点数，这取决于要标准化的值在该值范围中的位置。如果要标准化的值等于输入 MIN 中的值，则输出 OUT 将返回值“0.0”。如果要标准化的值等于输入 MAX 的值，则输出 OUT 将返回值“1.0”。举例如图 4-37 所示。

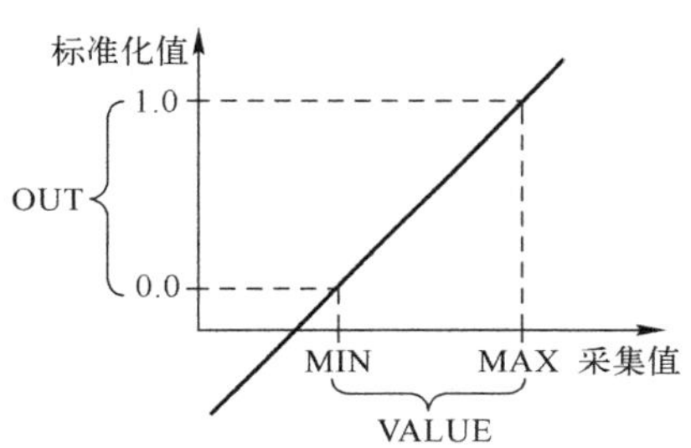

图 4-37　标准化指令举例

标准化指令将按以下公式进行计算：

OUT=(VALUE－MIN)/(MAX－MIN)

如果满足下列条件之一，则使能输出 ENO 的信号状态为“0”：

1）使能输入 EN 的信号状态为“0”。

2）输入 MIN 的值大于或等于输入 MAX 的值。

3）根据 IEEE 754 标准，指定的浮点数的值超出了标准的数范围。

4）输入 VALUE 的值为 NaN（无效算术运算的结果）。

4.4.2　案例：PLC 控制将拨码盘数据显示在数码管上

实际应用中经常需要进行人机交互，如图 4-38 所示。采用拨码盘进行用户数据输入，同时采用数码管进行 PLC 信号显示。编写控制程序，实现将拨码盘数据显示在数码管上。

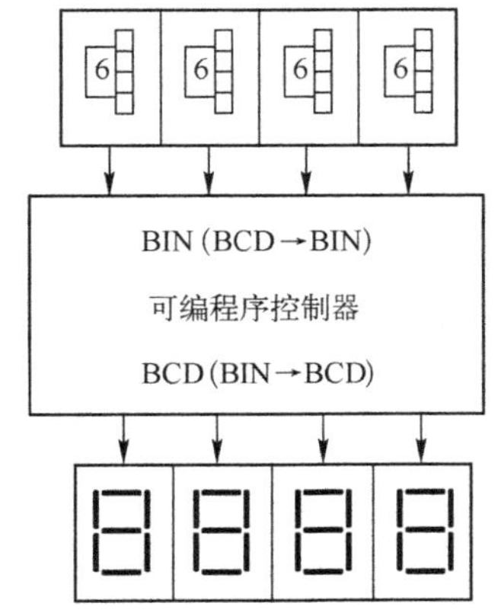

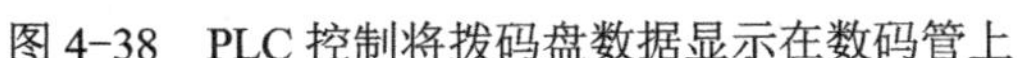
图 4-38　PLC 控制将拨码盘数据显示在数码管上

四则运算与增量指令、减量指令等运算都用 BIN 码运行，因此 PLC 获取 BCD 的数字开关信息时要使用 BIN 转换传送指令，另外 PLC 向 BCD 的七段显示器输出时应使用 BCD 转换传送指令。设定其 I/O 分配表见表 4-35。

表 4-35 PLC 控制将拨码盘数据显示在数码管上的 I/O 分配表

输入		输出	
输入设备	输入编号	输出设备	输出编号
拨码盘	ID0	BCD 输出	QD1

编写梯形图如图 4-39 所示。

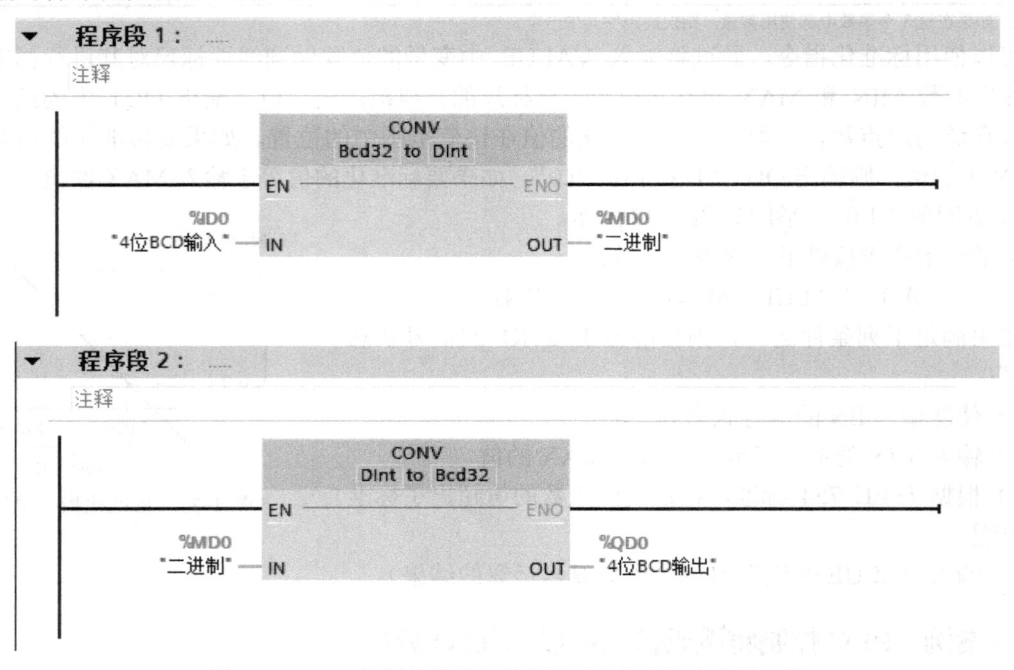

图 4-39 PLC 控制将拨码盘数据显示在数码管上的梯形图

但需注意由于是将 4 位 BCD 码转换成二进制数，而 CONV 指令中的 Bcd16 to Int 只能将参数 IN 里的内容以 3 位 BCD 码数字（+/−999）进行读取，并将其转换成 16 位整型值。故若需要将 4 位 BCD 码转换成二进制，则需通过 CONV 指令中的 Bcd32 to DInt 来实现读取与转换。同理，将二进制转换为 4 位 BCD 码输出时也需要使用 DInt to Bcd32 来实现。

4.4.3 案例：PLC 控制用按钮设定循环次数的装卸料小车

PLC 控制用按钮设定循环次数的装卸料小车如图 4-40 所示，其控制功能如下。小车初始位置在原点（限位开关 SQ1 被压下）。按启动按钮 SB1，小车在 1 号仓装料 2s 后由 1 号仓送料到 2 号仓。到达限位开关 SQ2 后，停留（卸料）3s，然后空车返回到 1 号仓，碰到限位开关 SQ1 后停车，然后重复上述工作过程（循环次数可自由设置）。当满足循环工作次数后，小车停止。当单击切换按钮时，可切换显示设定循环次数、当前循环次数和剩余循环次数状态，并将循环次数以 BCD 码形式输出。在显示设定循环次数时，可单击加、减按钮，设定循环次数（1～99）。若将按钮长按 1s 后，可快速设置循环次数。

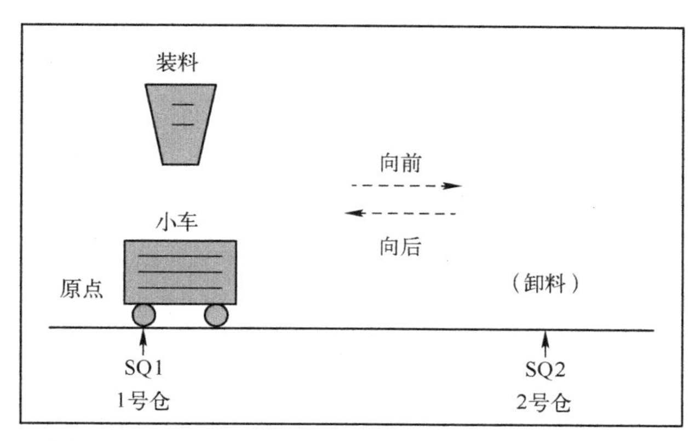

图 4-40　PLC 控制用按钮设定循环次数的装卸料小车

设定其 I/O 分配表见表 4-36。

表 4-36　用按钮设定循环次数的装卸料小车的 I/O 分配表

输　入		输　出	
输入设备	输入编号	输出设备	输出编号
加按钮	I0.0	显示设定循环次数	Q0.0
减按钮	I0.1	显示当前循环次数	Q0.1
切换按钮	I0.2	显示剩余循环次数	Q0.2
SQ1	I0.3	小车前进	Q0.3
SQ2	I0.4	小车后退	Q0.4
启动按钮 SB1	I0.5	小车装料	Q0.5
		小车卸料	Q0.6
		BCD 输出	QW1

当 CPU 第一次启动时，在 OB100 中对状态转换数据 MB10 与首次循环次数进行初始化，如图 4-41 所示。

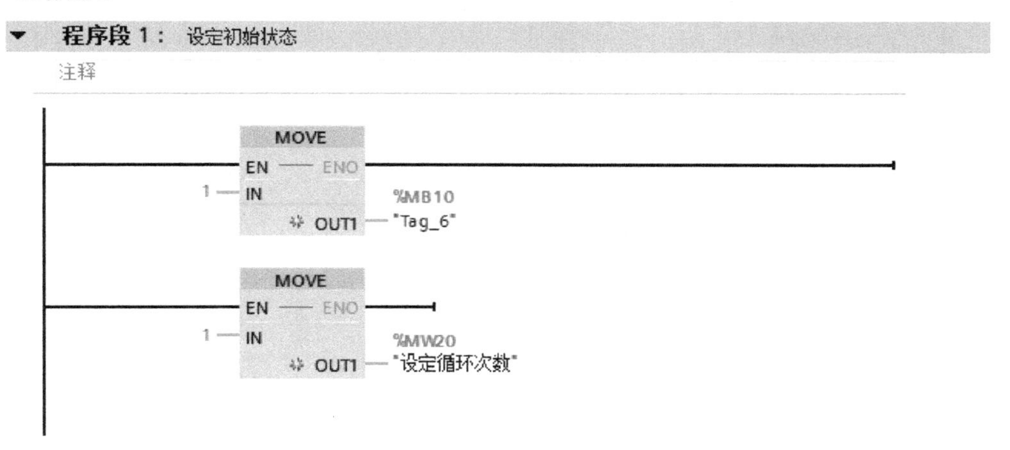

图 4-41　装卸料小车工作及循环次数初始化

按下启动按钮 SB1，小车在初始位置 SQ1 处装料 2s，同时将当前循环次数写入数据寄存器 MW22 中。小车基本工作过程如图 4-42 所示。

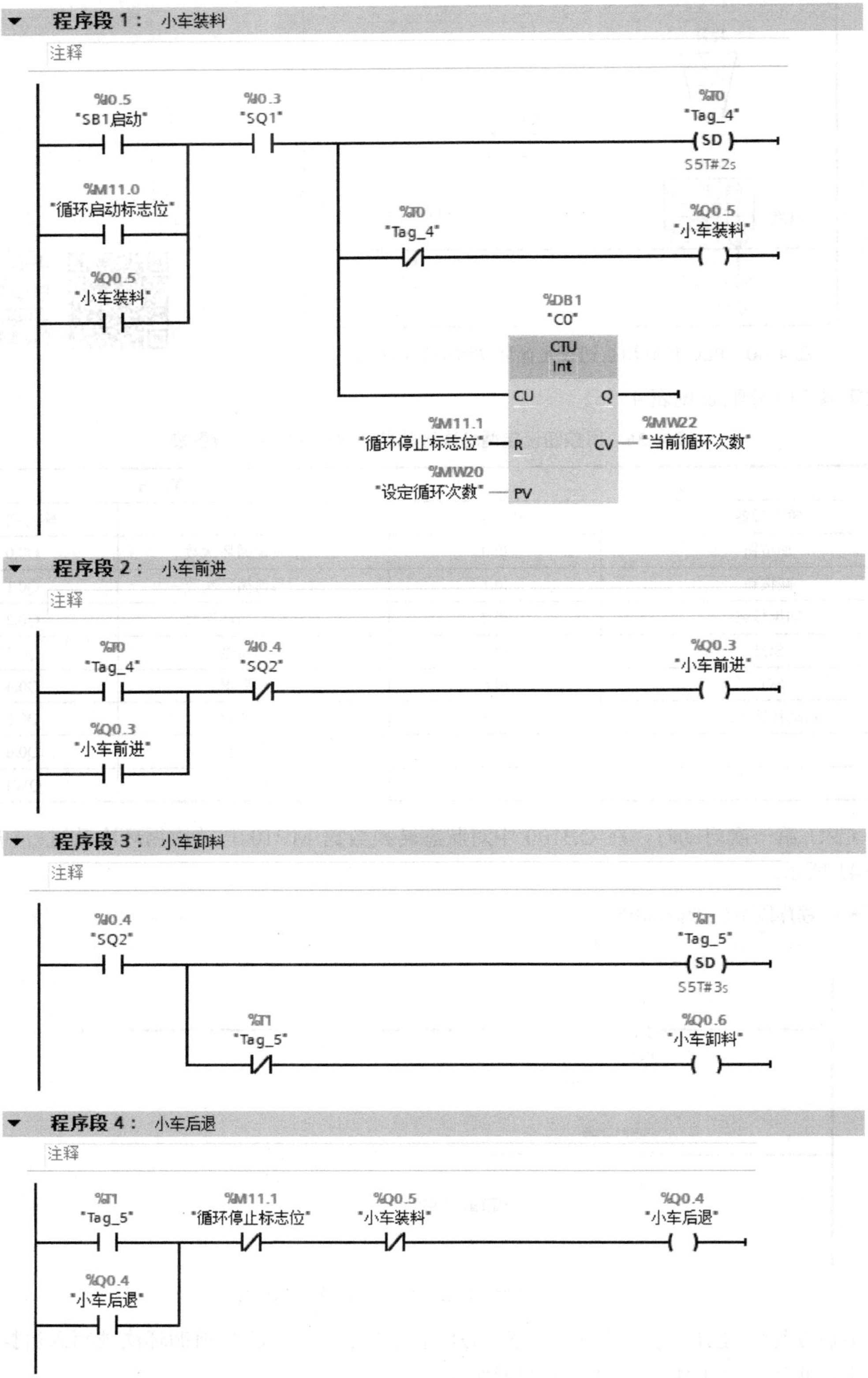

图 4-42 小车基本工作过程

在后退至 SQ1 前，判断小车是否满足停止条件。若当前循环次数小于设定循环次数，小车将继续循环运行。若当前循环次数已达到设定循环次数，则小车停止运行。小车循环状态判断如图 4-43 所示。

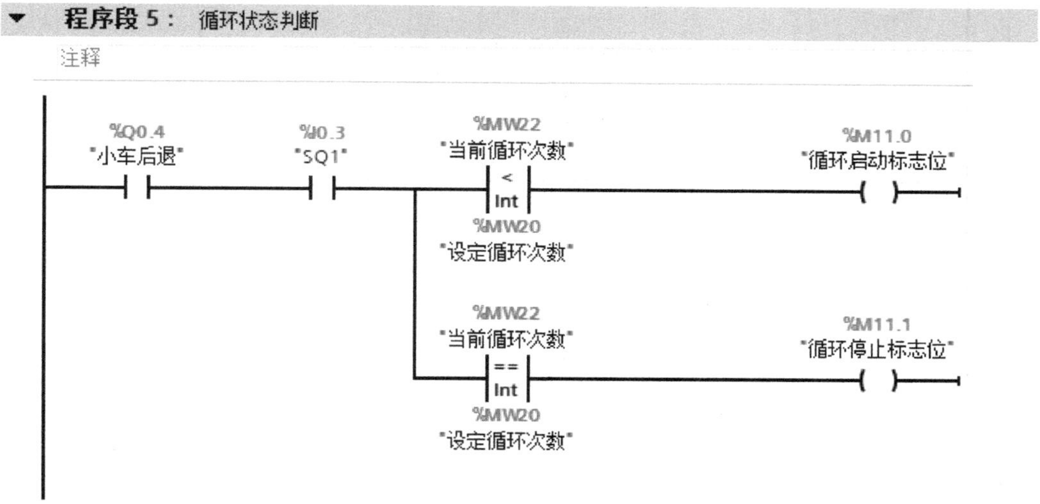

图 4-43　小车循环状态判断

当单击切换按钮时，可通过乘法运算对 MB10 中的数据进行移位，从而实现设定循环次数、当前循环次数和剩余循环次数的显示及状态的切换，如图 4-44 所示。各功能的显示如图 4-45 所示。

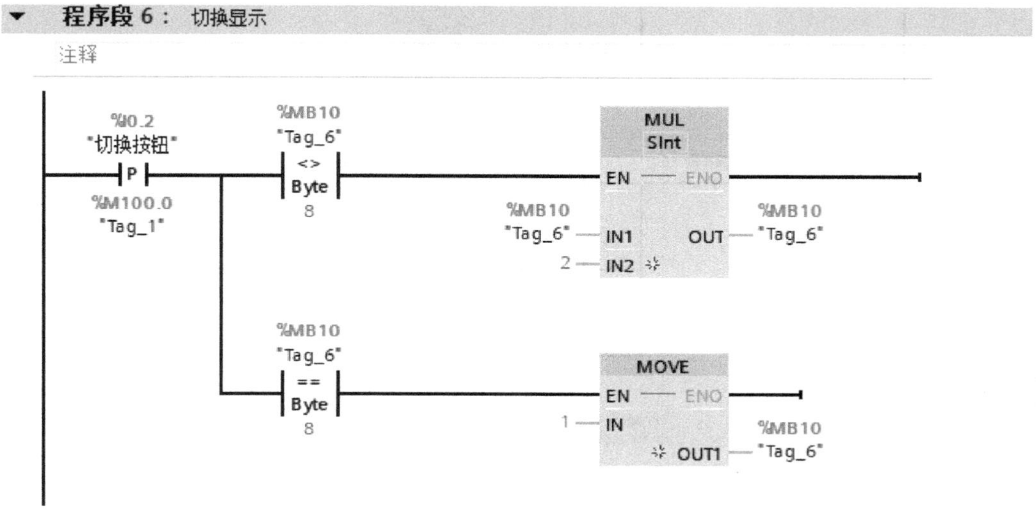

图 4-44　通过乘法运算进行数据移位

在设定与显示循环次数状态时，可短按加、减按钮对小车进行循环次数的设定，当长按加、减按钮 1s 之后，可快速设置循环次数，如图 4-46 所示。

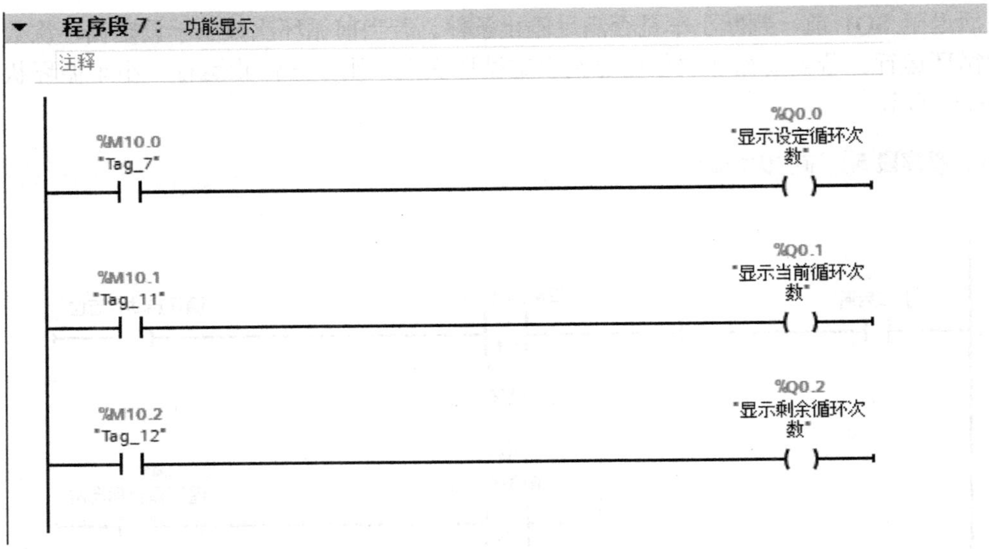

程序段 7： 功能显示

注释

%M10.0 "Tag_7" —— %Q0.0 "显示设定循环次数"

%M10.1 "Tag_11" —— %Q0.1 "显示当前循环次数"

%M10.2 "Tag_12" —— %Q0.2 "显示剩余循环次数"

图 4-45　各功能的显示

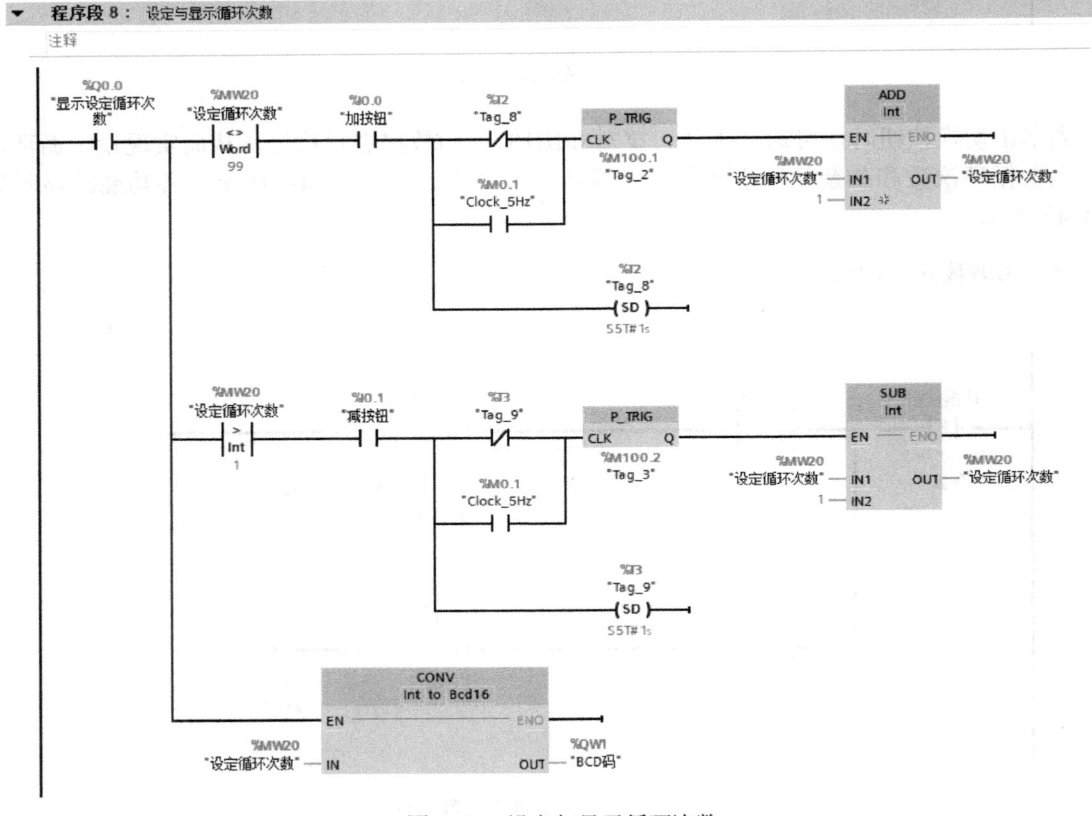

图 4-46　设定与显示循环次数

当设定循环次数完成后可将设定循环次数、当前循环次数以及剩余循环次数转换为 BCD 码形式输出，用来驱动两个数码管显示，如图 4-47 所示。

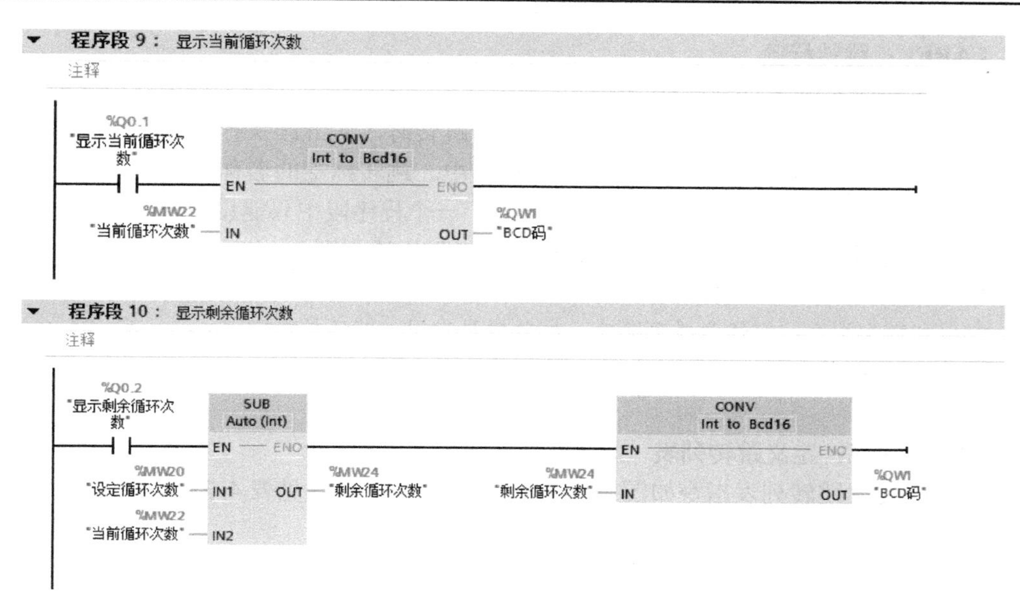

图 4-47　设定循环次数、当前循环次数以及剩余循环次数转换为 BCD 码形式输出

4.5　程序控制指令及其应用

4.5.1　知识：程序控制指令

1. ---(JMP)：若 RLO="1"则跳转

JMP 跳转指令如图 4-48 所示。

可以使用 JMP 跳转指令中断程序的顺序执行，并从其他程序段继续执行。目标程序段必须由跳转标签（LABEL）进行标识。在指令上方的占位符指定该跳转标签的名称。

指定的跳转标签与执行的指令必须位于同一数据块中，且指定的名称在块中只能出现一次。一个程度段中只能使用一个跳转线圈。

如果该指令输入的逻辑运算结果 RLO=1，则将跳转到由指定跳转标签标识的程序段。可以跳转到更大或更小的程序段编号。如果不满足该指令输入的条件（RLO=0），则程序将继续执行下一程序段。

2. ---(JMPN)：若 RLO="0"则跳转

JMPN 跳转指令如图 4-49 所示。

图 4-48　JMP 跳转指令　　　　图 4-49　JMPN 跳转指令

当该指令输入的 RLO 为“0”时，使用 JMPN 指令，可中断程序的顺序执行，并从其他程序段继续执行，目标程序段必须由跳转标签（LABEL）进行标识。在指令上方的占位符指定该跳转标签的名称。

指定的跳转标签与执行的指令必须位于同一数据块中，且指定的名称在块中只能出现一次。一个程度段中只能使用一个跳转线圈。

如果该指令输入端的 RLO 为“1”，则程序在下一个程序段中继续执行。

3．LABEL：跳转标签

LABEL 跳转标签指令如图 4-50 所示。

可使用跳转标签来标识一个目标程序段。执行跳转时，应继续执行该程序段中的程序。跳转标签与指定跳转标签的指令必须位于同一数据块中。跳转标签的名称在块中只能分配一次。S7-1500 PLC CPU 最多可以声明 256 个跳转标签。一个程序段中只能设置一个跳转标签。每个跳转标签可以跳转到多个位置。应遵守跳转标签的以下语法规则：

1）字母（a～z，A～Z）。

2）字母和数字组合；需注意排列顺序，如首先是字母，然后是数字（a～z，A～Z，0～9）。

3）不能使用特殊字符或反向排序字母与数字组合，如首先是数字，然后是字母（0～9，a～z，A～Z）。

4．JMP_LIST：定义跳转列表

JMP_LIST 定义跳转列表指令如图 4-51 所示，该指令的参数见表 4-37。

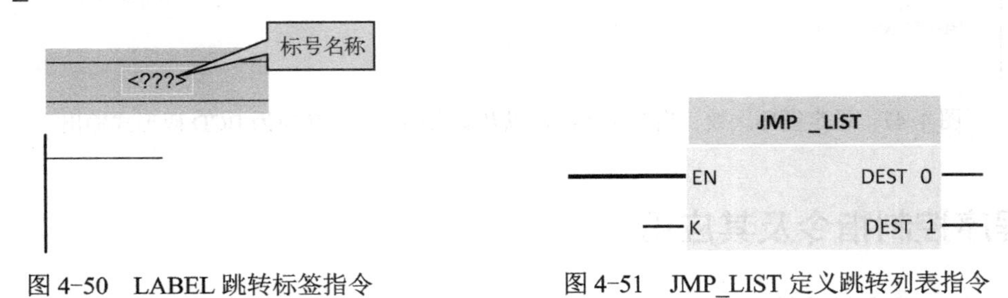

图 4-50　LABEL 跳转标签指令　　　图 4-51　JMP_LIST 定义跳转列表指令

表 4-37　定义跳转列表指令的参数

参数	声明	数据类型	存储区	说明
EN	Input	BOOL	I、Q、M、D、L 或常量	使能输入
K	Input	UINT	I、Q、M、D、L 或常量	指定输出的编号以及要执行的跳转
DEST0	—	—	—	第一个跳转标签
DEST1	—	—	—	第二个跳转标签
DESTn	—	—	—	可选跳转标签

使用定义跳转列表指令，可定义多个有条件跳转，并继续执行由 K 参数值指定的程序段中的程序。

可使用跳转标签（LABEL）定义跳转，跳转标签则可以在指令框的输出中指定。可在指令框中增加输出的数量。S7-1500 PLC CPU 最多可以声明 256 个输出。输出从值“0”开始编号，每次新增输出后以升序继续编号。在指令的输出中只能指定跳转标签，而不能指定指令或操作数。

K 参数值将指定输出编号，因而程序将从跳转标签处继续执行。如果 K 参数值大于可用的输出编号，则继续执行块中下个程序段中的程序。仅在 EN 使能输入的信号状态为“1”时，才执行定义跳转列表指令。

5．SWITCH：跳转分支指令

SWITCH 跳转分支指令如图 4-52 所示，该指令的参数见表 4-38。

可以使用跳转分支指令，根据一个或多个比较指令的结果，定义要执行的多个程序跳转。在参数 K 中指定要比较的值，将该值与各个输入提供的值进行比较，也可以为每个输入选择比较方法。各比较指令的可用性取决于指令的数据类型，见表 4-39。

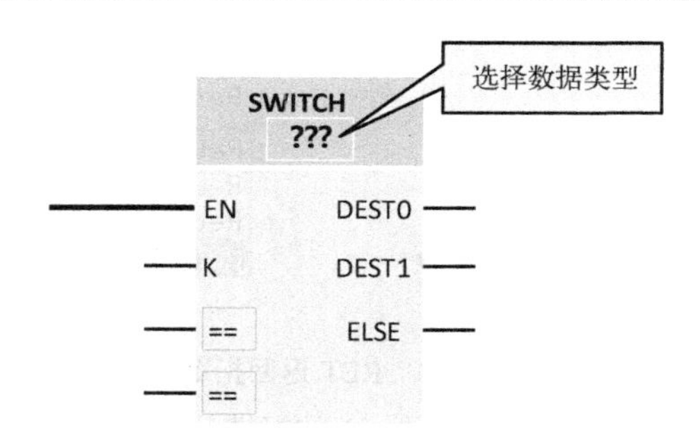

图 4-52　SWITCH 跳转分支指令

表 4-38　跳转分支指令的参数

参数	声明	数据类型	存储区	说明
EN	Input	BOOL	I、Q、M、D、L 或常量	使能输入
K	Input	UINT	I、Q、M、D、L 或常量	指定要比较的值
<比较值>	Input	位字符串、整数、浮点数、TIME、LTIME、DATE、TOD、LTOD、LDT	I、Q、M、D、L 或常量	要与参数 K 的值比较的输入值
DEST0	—	—	—	第一个跳转标签
DEST1	—	—	—	第二个跳转标签
DESTn	—	—	—	可选跳转标签 S7-1500 PLC：n=2～256
ELSE	—	—	—	不满足任何比较条件时，执行的程序跳转

表 4-39　选定数据类型的可用比较指令

数据类型	比较指令	说明
位字符串	等于	==
	不等于	<>
整数、浮点数、TIME、LTIME、DATE、TOD、LTOD、LDT	等于	==
	不等于	<>
	大于或等于	>=
	小于或等于	<=
	大于	>
	小于	<

可以从指令框的“???”下拉列表中选择该指令的数据类型。如果选择了比较指令而尚未定义指令的数据类型，“???”下拉列表将仅列出所选比较指令允许的数据类型。

该指令从第一个比较开始执行，直至满足比较条件为止。如果满足比较条件，则将不考虑后续比较条件。如果未满足任何指定的比较条件，将在输出 ELSE 处执行跳转。如果输出 ELSE 中未定义程序跳转，则程序从下一个程序段继续执行。

可在指令框中增加输出的数量。输出值从“0”开始编号，每次新增输出后以升序继续编号。可以在指令的输出中指定跳转标签（LABEL），但不能在该指令的输出上指定指令或操作数。输入将自动插入到每个附加输出中。如果满足输入的比较条件，则将执行相应输出处设定的跳转。

6．---(RET)：返回

RET 返回指令如图 4-53 所示。

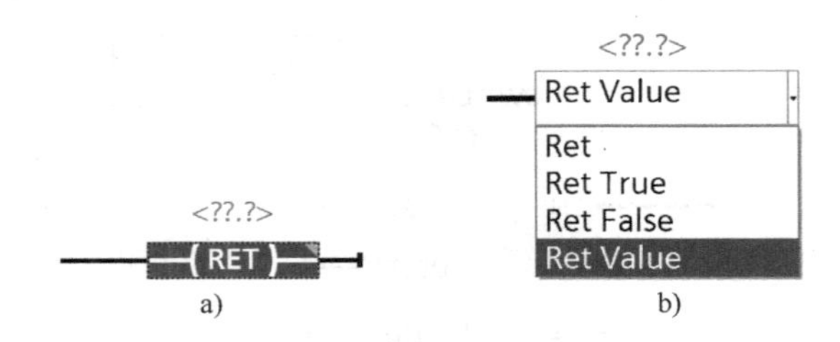

图 4-53　RET 返回指令

a) 指令　b) 下拉列表

可使用返回指令停止有条件执行或无条件执行的块。程序块退出时，返回值（操作数）的信号状态与调用程序块的使能输出 ENO 相对应。

可通过 3 种方式结束程序块的执行，见表 4-40。

表 4-40　3 种方式结束程序块的执行

结束程序块	说明
无指令调用	在执行完最后一个程序段后，退出程序块。并将该调用程序块使能输出 ENO 的信号状态置位为“1”
通过前置逻辑运算调用该指令	如果满足前置逻辑运算的条件，则在程序块结束当前所调用程序块中的运行（条件程序块结束），在程序块调用后继续在调用程序块中执行该程序，并将该调用程序块的使能输出 ENO 与该操作数相匹配
不通过前置逻辑运算调用该指令，或者将指令直接连接到左侧电源线上	程序块无条件退出（程序块无条件结束）并将该调用程序块的使能输出 ENO 与该操作数相匹配

如果结束了某个组织块（OB），则执行等级系统将选择另一个程序块开始执行或继续执行。在该 OB 程序循环结束时，重新启动。如果 OB 结束并中断了其他块（如中断 OB），则中断的程序块（如，程序循环 OB）将继续执行。

RET 与 JMP 和 JMPN 指令相关：如果程序段中已包含有 JMP 或 JMPN 指令，则不得使用 RET 返回指令。每个程序段中只能使用一个跳转线圈。该指令的返回值可以为：

1）Ret（RLO）由于当条件为 TRUE 时，RET 指令只能运行为条件指令，因此调用程序块使能输出 ENO 的信号状态为“1”。

2）Ret TRUE 或 Ret FALSE（常量的对应值，调用程序块的值为 TRUE 或 FALSE）。

3）Ret TRUE（调用程序块的值为布尔型变量<操作数>的值）。

要设置该指令的返回值，可单击该指令旁的小三角（黄色）并在下拉列表中选择相应值。当所调用程序块中的程序段写入该指令时，调用函数的状态见表 4-41。

表 4-41　调用函数的状态

RLO	返回值	调用程序块的 ENO
1	RLO	1
	TRUE	1
	FALSE	0
	<操作数>布尔型变量的存储区 I、Q、M、D、L、T 和 C	<操作数>
0	RLO	该程序块在所调用程序块的下一段程序中继续执行
	TRUE	
	FALSE	
	<操作数>	

4.5.2　案例：PLC 控制混料系统（点动与连续的混合控制）

图 4-54 为 PLC 控制的混料控制系统，该系统能够根据液位的高低，对液体的混合生产具有重要意义。系统具有不同的进料方式,具体进料方式由转换开关 SC 选择，混料控制系统的控制要求如下。

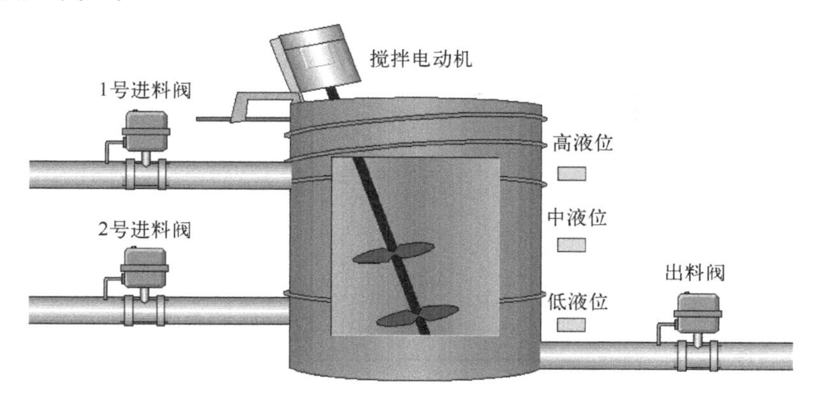

图 4-54　PLC 控制的混料控制系统

按下启动按钮，当进料方式 SC=0 时，1 号进料阀先开启，液面到达中液位时，2 号进料阀开启；当 SC=1 时，1 号进料阀开启，液面到达中液位时，2 号进料阀不开启。液面到达高液位时，关闭 1、2 号进料阀。搅拌电动机开始搅匀，搅拌电动机工作 3s 后停止搅动，出料阀打开，开始放出混合液体。当液面下降到低限位时，出料阀关闭，按启动按钮后开始下一次工作。

1）确定其 I/O 分配表见表 4-42。

表 4-42　PLC 控制混料系统的 I/O 分配表

输　入		输　出	
输入设备	输入编号	输出设备	输出编号
启动按钮 SB1	I0.0	1 号进料阀 YV1	Q0.0
低液位 S1	I0.1	2 号进料阀 YV2	Q0.1
中液位 S2	I0.2	出料阀 YV3	Q0.2
高液位 S3	I0.3	搅拌电动机 MA1	Q0.3
转换开关 SC	I0.4		

2）根据工艺要求画其梯形图如图 4-55 所示。

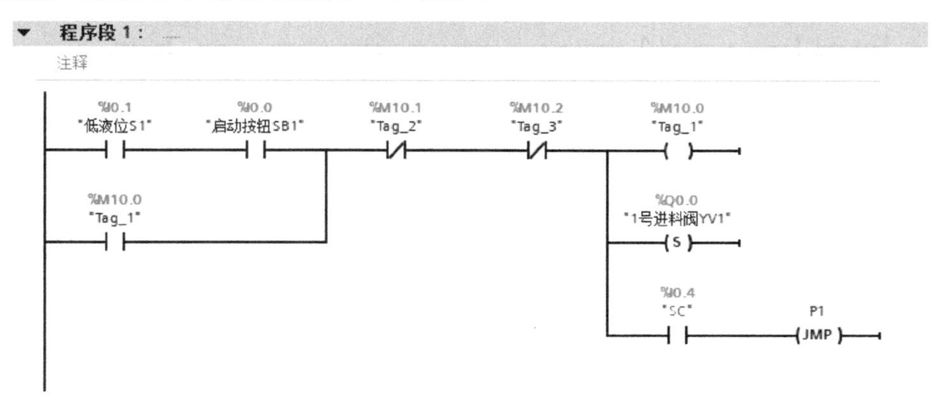

图 4-55　PLC 控制混料系统的梯形图

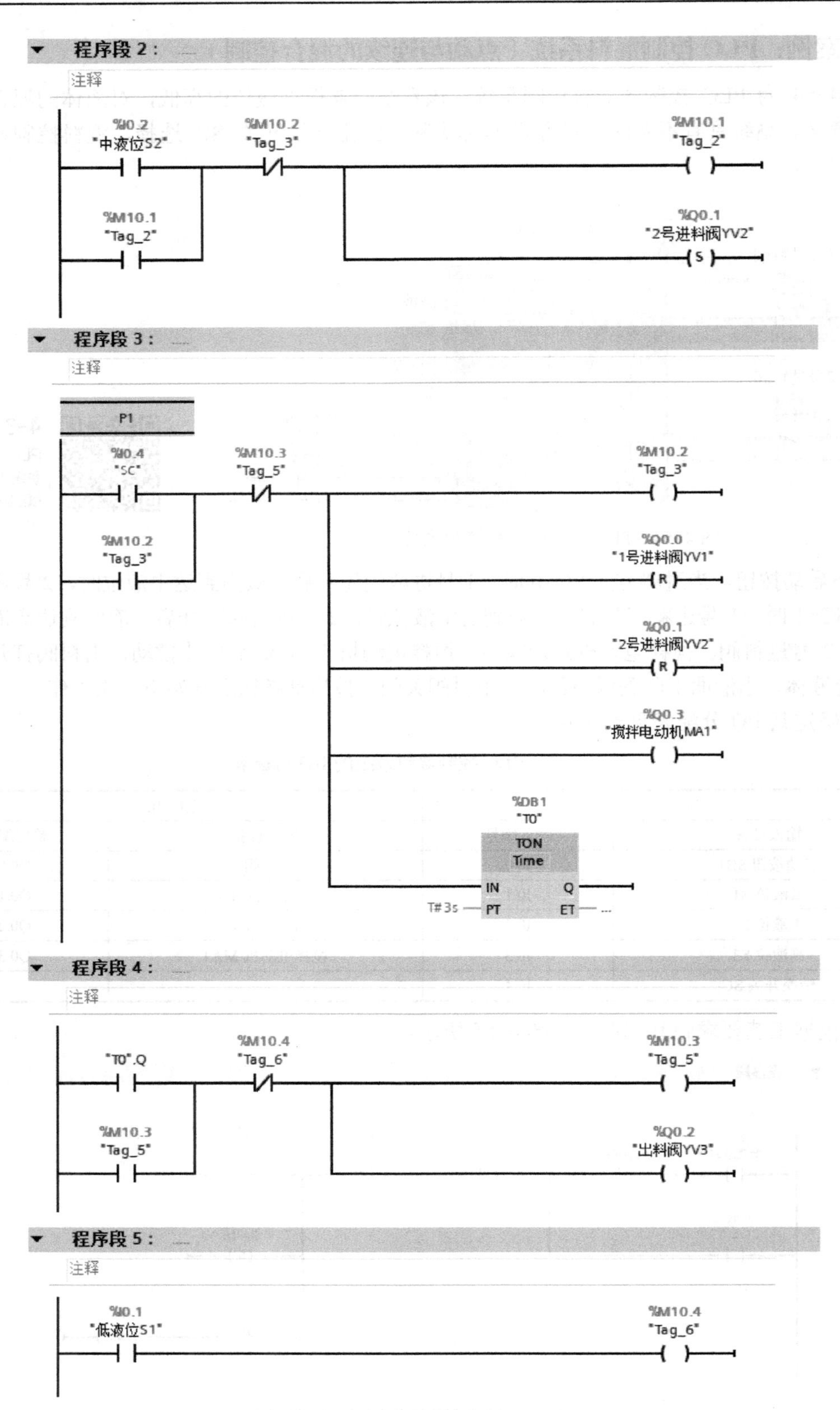

图 4-55 PLC 控制混料系统的梯形图（续）

4.6　字逻辑运算指令及其应用

4.6.1　知识：字逻辑运算指令

1. AND："与"运算

AND"与"运算指令如图 4-56 所示，该指令的参数见表 4-43。

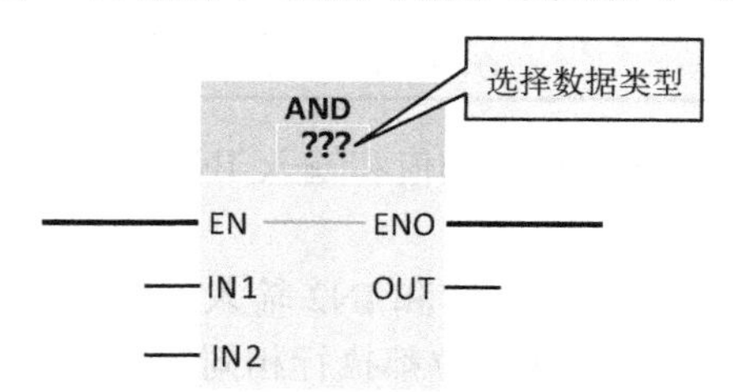

图 4-56　AND"与"运算指令

表 4-43　"与"运算指令的参数

参数	声明	数据类型	存储区	说明
EN	Input	BOOL	I、Q、M、D、L 或常量	使能输入
ENO	Output	BOOL	I、Q、M、D、L	使能输出
IN1	Input	位字符串	I、Q、M、D、L、P 或常量	逻辑运算的第一个值
IN2				逻辑运算的第二个值
INn				其值要进行逻辑组合的其他输入
OUT	Output	位字符串	I、Q、M、D、L、P	指令的结果

可以使用"与"运算指令将输入 IN1 的值和输入 IN2 的值按位进行"与"运算，并在输出 OUT 中查询结果。执行该指令时，输入 IN1 的值的位 0 和输入 IN2 的值的位 0 进行"与"运算。结果存储在输出 OUT 的位 0 中。对指定值的所有其他位都执行相同的逻辑运算。

可以在指令功能框中展开输入的数字。在功能框中以升序对相加的输入进行编号。执行该指令时，将对所有可用输入参数的值进行"与"运算。结果存储在输出 OUT 中。只有该逻辑运算中的两个位的信号状态均为"1"时，结果位的信号状态才为"1"。如果该逻辑运算的两个位中有一个位的信号状态为"0"，则对应的结果位将复位。

2. OR："或"运算

OR"或"运算指令如图 4-57 所示，该指令的参数见表 4-44。

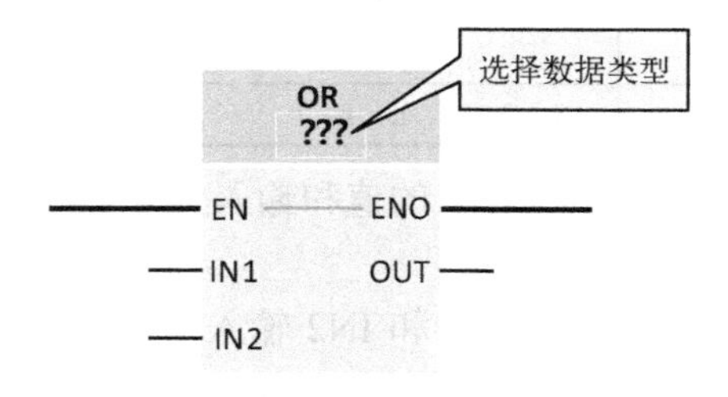

图 4-57　OR"或"运算指令

表 4-44 “或”运算指令的参数

参数	声明	数据类型	存储区	说明
EN	Input	BOOL	I、Q、M、D、L 或常量	使能输入
ENO	Output	BOOL	I、Q、M、D、L	使能输出
IN1	Input	位字符串	I、Q、M、D、L、P 或常量	逻辑运算的第一个值
IN2				逻辑运算的第二个值
INn				其值要进行逻辑组合的其他输入
OUT	Output	位字符串	I、Q、M、D、L、P	指令的结果

可以使用“或”运算指令将输入 IN1 的值和输入 IN2 的值按位进行“或”运算，并在输出 OUT 中查询结果。

执行该指令后，将 IN1 输入的值的位 0 和 IN2 输入的值的位 0 进行“或”运算。结果存储在输出 OUT 的位 0 中。对指定变量的所有位都执行相同的逻辑运算。

可以在指令功能框中展开输入的数字。在功能框中以升序对相加的输入进行编号。执行该指令时，将对所有可用输入参数的值进行“或”运算。结果存储在输出 OUT 中。

只要该逻辑运算中的两个位中至少有一个位的信号状态为“1”，结果位的信号状态就为“1”。如果该逻辑运算的两个位的信号状态均为“0”，则对应的结果位将复位。

3. XOR：“异或”运算

XOR“异或”运算指令如图 4-58 所示，该指令的参数见表 4-45。

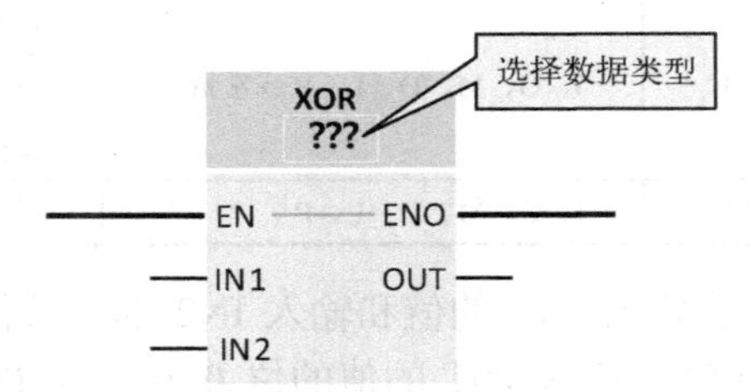

图 4-58 XOR“异或”运算指令

表 4-45 “异或”运算指令的参数

参数	声明	数据类型	存储区	说明
EN	Input	BOOL	I、Q、M、D、L 或常量	使能输入
ENO	Output	BOOL	I、Q、M、D、L	使能输出
IN1	Input	位字符串	I、Q、M、D、L、P 或常量	逻辑运算的第一个值
IN2				逻辑运算的第二个值
INn				其值要进行逻辑组合的其他输入
OUT	Output	位字符串	I、Q、M、D、L、P	指令的结果

可以使用“异或”运算指令将输入 IN1 的值和输入 IN2 的值按位进行“异或”运算，并在输出 OUT 中查询结果。

执行该指令后，将 IN1 输入的值的位 0 和 IN2 输入的值的位 0 进行“异或”运算。结果存储在输出 OUT 的位 0 中。对指定值的所有其他位都执行相同的逻辑运算。

可以在指令功能框中展开输入的数字。在功能框中以升序对相加的输入进行编号。执行该指令时，将对所有可用输入参数的值进行“异或”运算。结果存储在输出 OUT 中。

当该逻辑运算中的两个位中有一个位的信号状态为“1”时，结果位的信号状态为“1”。如果该逻辑运算的两个位的信号状态均为“1”或均为“0”，则对应的结果位将复位。

4．INVERT：求反码

INVERT 求反码指令如图 4-59 所示，该指令的参数见表 4-46。

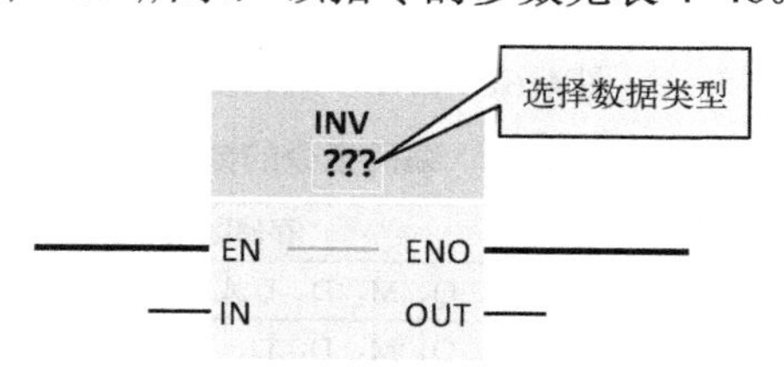

图 4-59　INVERT 求反码指令

表 4-46　求反码指令的参数

参数	声明	数据类型	存储区	说明
EN	Input	BOOL	I、Q、M、D、L 或常量	使能输入
ENO	Output	BOOL	I、Q、M、D、L	使能输出
IN	Input	位字符串、整数	I、Q、M、D、L、P 或常量	输入值
OUT	Output	位字符串、整数	I、Q、M、D、L、P	输入 IN 的值的反码

可以使用求反码指令对输入 IN 的各个位的信号状态取反。在处理该指令时，输入 IN 的值与一个十六进制掩码（表示 16 位数的 W#16#FFFF 或表示 32 位数的 DW#16#FFFFFFFF）进行“异或”运算。这会将各个位的信号状态取反，并且结果存储在输出 OUT 中。

5．DECO：解码

DECO 解码指令如图 4-60 所示，该指令的参数见表 4-47。

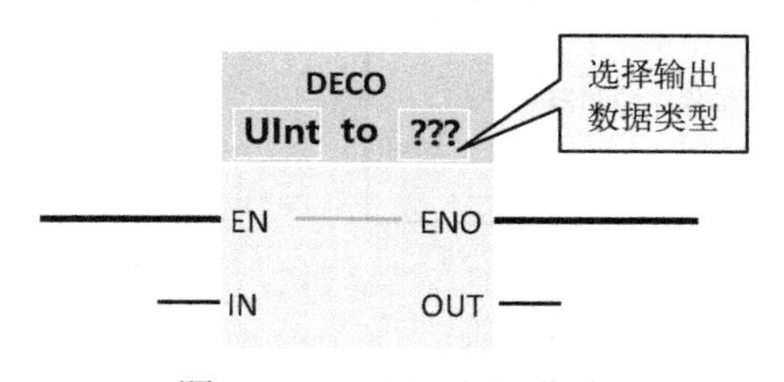

图 4-60　DECO 解码指令

表 4-47　解码指令的参数

参数	声明	数据类型	存储区	说明
EN	Input	BOOL	I、Q、M、D、L 或常量	使能输入
ENO	Output	BOOL	I、Q、M、D、L	使能输出
IN	Input	UINT	I、Q、M、D、L、P 或常量	输出值中待置位位的位置
OUT	Output	位字符串	I、Q、M、D、L、P	输出值

可以使用解码指令读取输入 IN 的值，并将输出值中位号与读取值对应的那个位置位。输出值中的其他位则以 0 填充。当输入 IN 的值大于 31 时，则将执行以 32 为模的指令。

6．ENCO：编码

ENCO 编码指令如图 4-61 所示，该指令的参数见表 4-48。

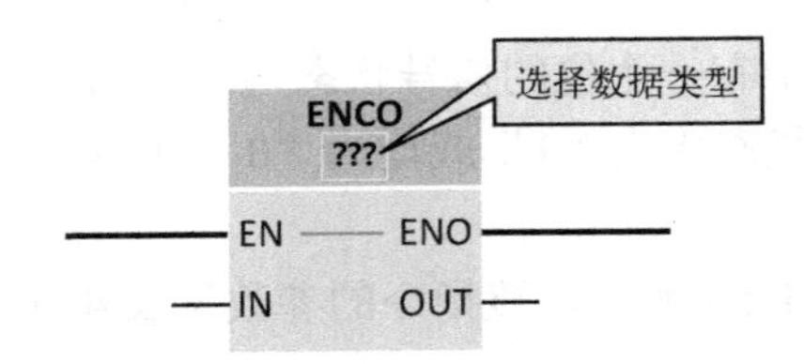

图 4-61　ENCO 编码指令

表 4-48　编码指令的参数

参数	声明	数据类型	存储区	说明
EN	Input	BOOL	I、Q、M、D、L 或常量	使能输入
ENO	Output	BOOL	I、Q、M、D、L	使能输出
IN	Input	位字符串	I、Q、M、D、L、P 或常量	输入值
OUT	Output	INT	I、Q、M、D、L、P	输出值

可以使用编码指令选择输入 IN 值的最低有效位，并将该位号写入到输出 OUT 的变量中。

4.6.2　案例：拨码开关数据采集与处理

拨码开关数据采集与处理系统示意图如图 4-62 所示。使用 BCD 码拨码开关输入一个 2 位数的数值，按下数值输入 SB1 按钮，进行数据采集，要求输入 4～20 个数字，按下求平均值 SB2 按钮，将平均值数据保存至 PLC 中。根据控制要求确定其 I/O 分配表见表 4-49。

4-7
拨码开关数据采集与处理

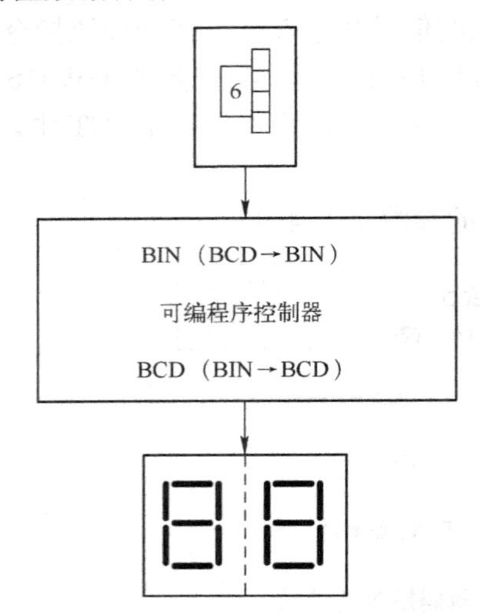

图 4-62　拨码开关数据采集与处理系统示意图

表 4-49　拨码开关数据采集与处理系统 I/O 分配表

输　入		输　出	
输入设备	输入编号	输出设备	输出编号
数值输入 SB1	I0.0	BCD 个位选通	Q0.0
求平均值 SB2	I0.1	BCD 十位选通	Q0.1
数值清零 SB3	I0.2	计算完成指示灯	Q1.0
BCD 输入 1	I10.0		
BCD 输入 2	I10.1		
BCD 输入 3	I10.2		
BCD 输入 4	I10.3		

1）通过两个定时器交替导通对 BCD 码进行数据采样的控制梯形图如图 4-63 所示。

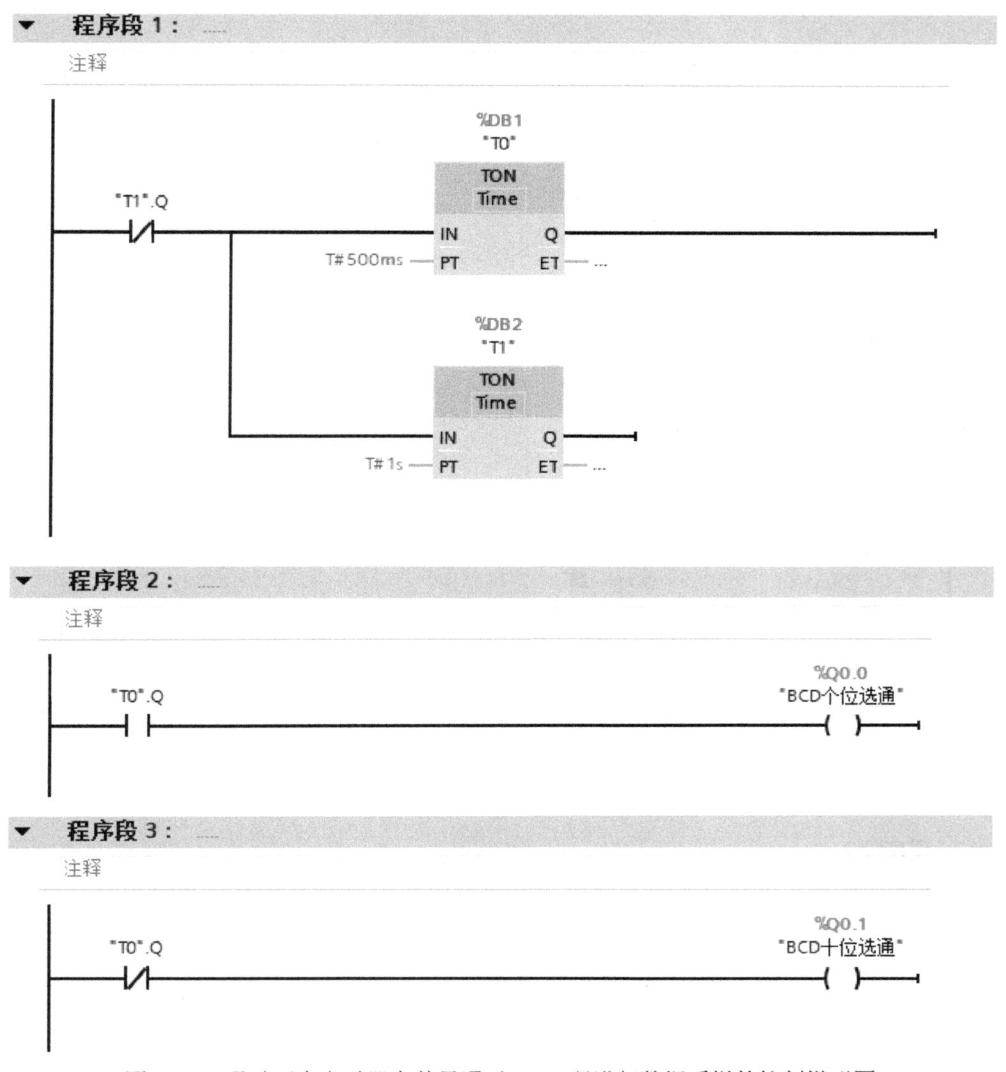

图 4-63　通过两个定时器交替导通对 BCD 码进行数据采样的控制梯形图

2）使用字“与”方式处理采样个位数值与采样十位数值并剔除无用数据的控制梯形图如图 4-64 所示。

程序段 4：

注释

%Q0.0 "BCD个位选通"　AND Word　EN　ENO　%IW9 "Tag_1"　IN1　OUT　%MW10 "采样个位数值"　16#F　IN2

图 4-64　使用字“与”方式处理采样个位数值与采样十位数值并剔除无用数据的控制梯形图

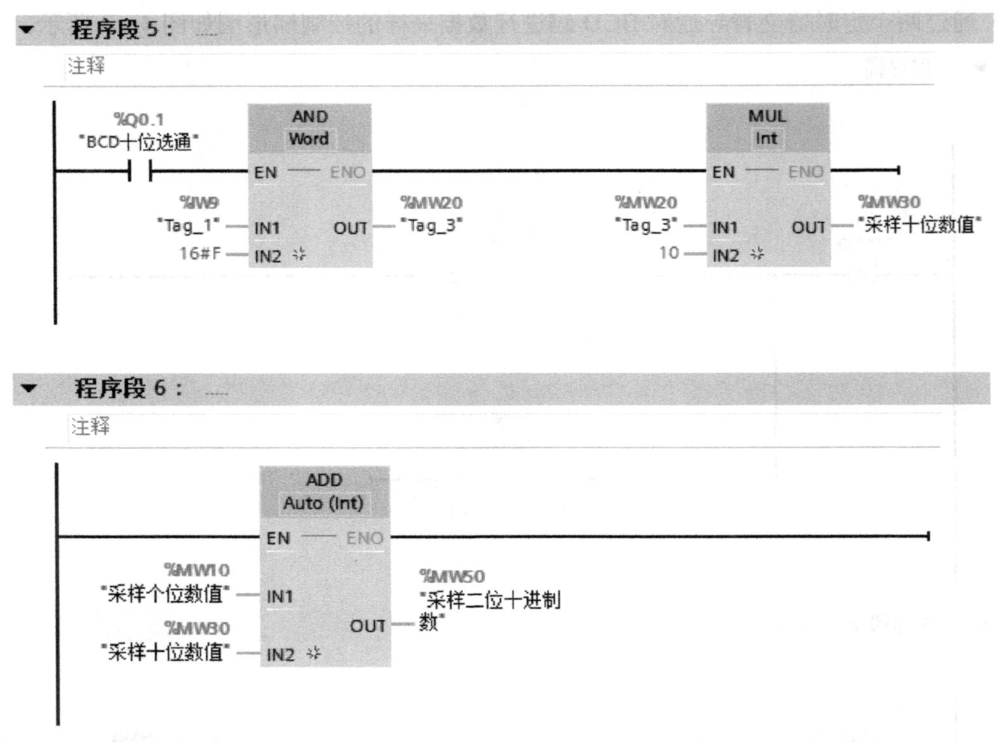

图 4-64　使用字“与”方式处理采样个位数值与采样十位数值并剔除无用数据的控制梯形图（续）

3）按下数值输入按钮，获取当前 BCD 码所拨的数值，每拨一次输入个数加一，同时采样数值总和累加。其控制梯形图如图 4-65 所示。

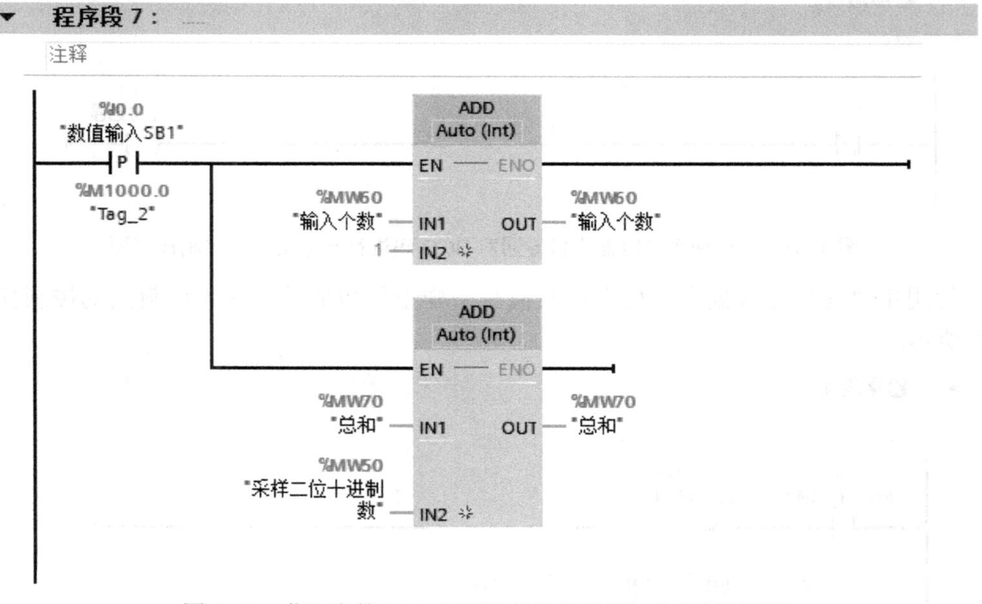

图 4-65　获取当前 BCD 码所拨的数值并累加的控制梯形图

4）当输入数值个数在 4～20 个范围内时，可对数据进行求平均值操作，操作完成后，指示灯 Q1.0 亮起。其控制梯形图如图 4-66 所示。

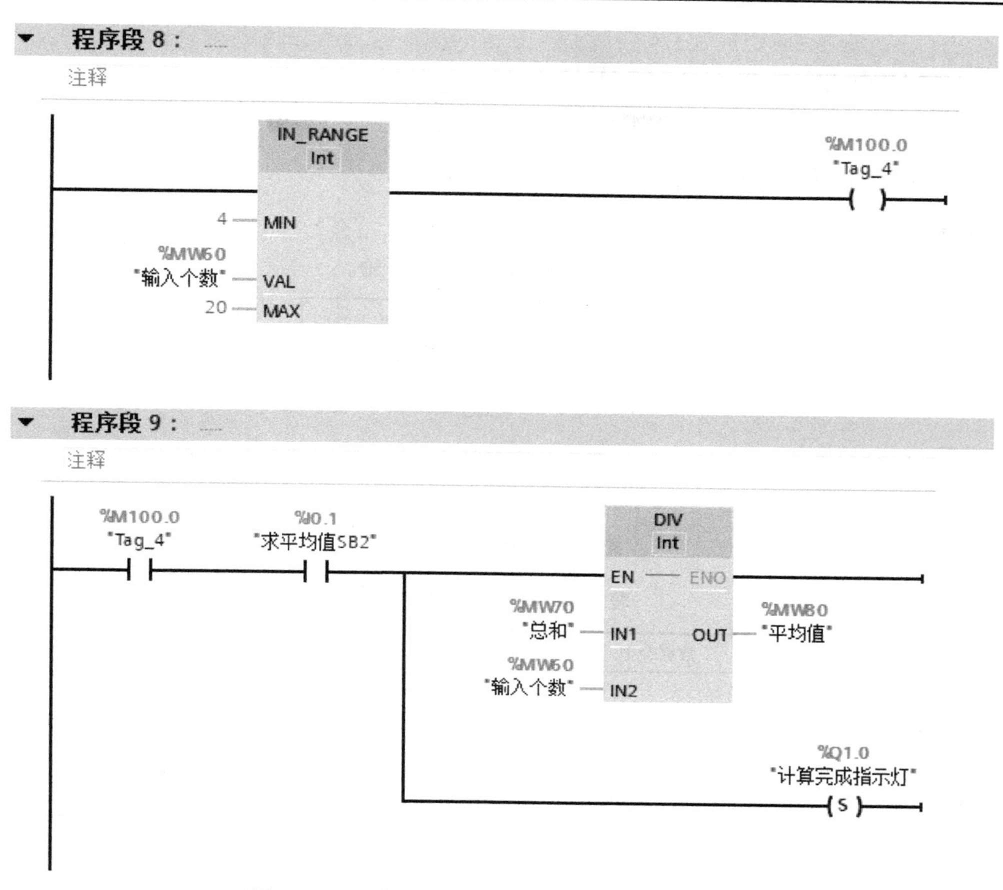

图 4-66　对数据进行求平均值操作的控制梯形图

5）当完成数据求平均值操作后，可按下数值清零 SB3 按钮对输入个数与输入总和进行清零，同时复位计算完成指示灯。其控制梯形图如图 4-67 所示。

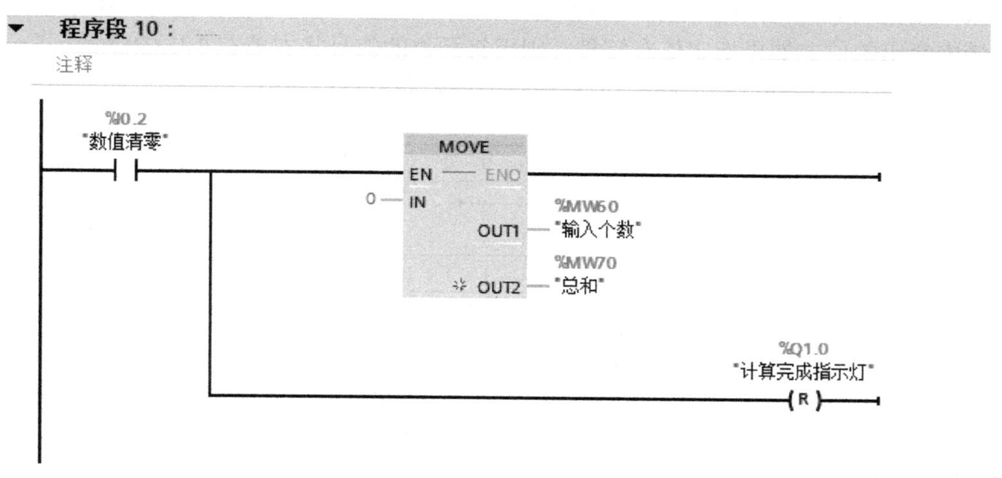

图 4-67　数值清零控制梯形图

4.7 移位和循环指令及其应用

4.7.1 知识：移位和循环指令

1. SHR：右移

SHR 右移指令如图 4-68 所示，该指令的参数见表 4-50。

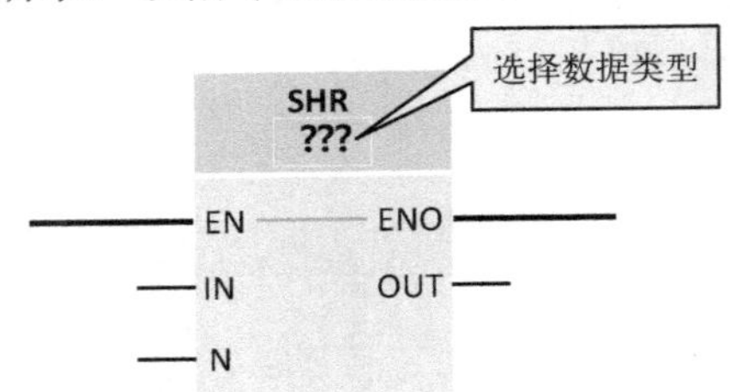

图 4-68 SHR 右移指令

表 4-50 右移指令的参数

参数	声明	数据类型	存储区	说明
EN	Input	BOOL	I、Q、M、D、L 或常量	使能输入
ENO	Output	BOOL	I、Q、M、D、L	使能输出
IN	Input	位字符串、整数	I、Q、M、D、L 或常量	要移位的值
N	Input	USINT、UINT、UDINT、ULINT	I、Q、M、D、L 或常量	将对值进行移位的位数
OUT	Output	位字符串、整数	I、Q、M、D、L	指令的结果

可以使用右移指令将输入 IN 中操作数的内容按位向右移位，并在输出 OUT 中查询结果。参数 N 用于指定移位的位数。

如果参数 N 的值为“0”，则将输入 IN 的值复制到输出 OUT 的操作数中。如果参数 N 的值大于位数，则输入 IN 的操作数值将向右移动该位数个位置。无符号值移位时，用 0 填充操作数左侧区域中空出的位。如果指定值有符号，则用符号位的信号状态填充空出的位。

图 4-69 说明了如何将整数数据类型操作数的内容向右移动 4 位。

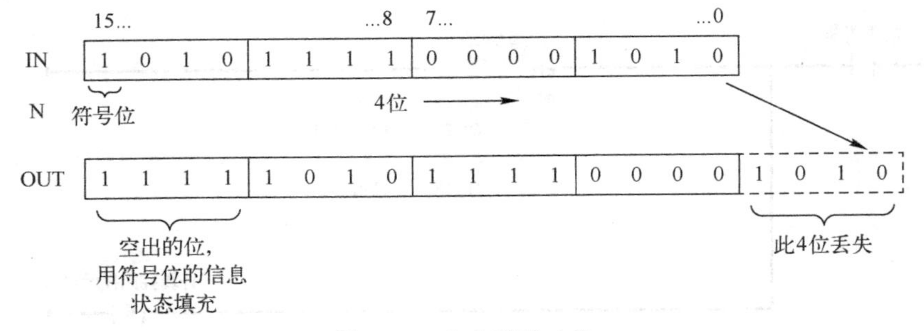

图 4-69 向右移动 4 位

2. SHL：左移

SHL 左移指令如图 4-70 所示，该指令的参数与右移指令的参数相同，见表 4-50。

可以使用左移指令将输入 IN 中操作数的内容按位向左移位，并在输出 OUT 中查询结果。参数 N 用于指定将指定值移位的位数。

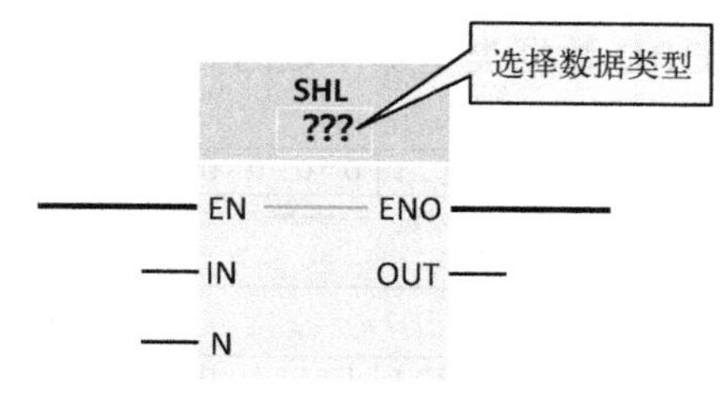

图 4-70　SHL 左移指令

如果参数 N 的值为“0”，则将输入 IN 的值复制到输出 OUT 的操作数中。如果参数 N 的值大于位数，则输入 IN 的操作数值将向左移动该位数个位置。用 0 填充操作数右侧部分因移位空出的位。

图 4-71 说明了如何将 WORD 数据类型操作数的内容向左移动 6 位。

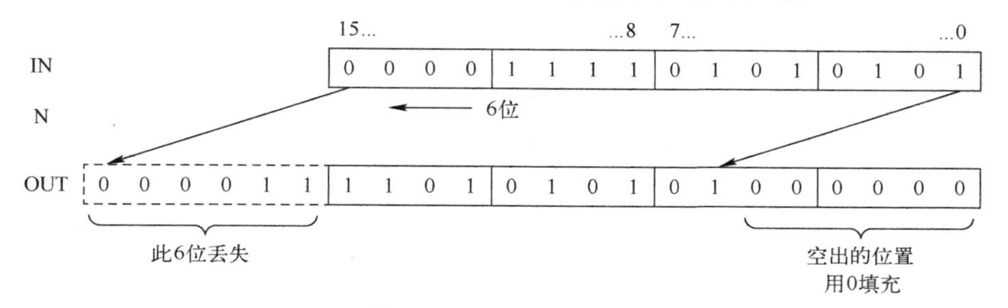

图 4-71　向左移动 6 位

3．ROR：循环右移

ROR 循环右移指令如图 4-72 所示，该指令的参数见表 4-51。

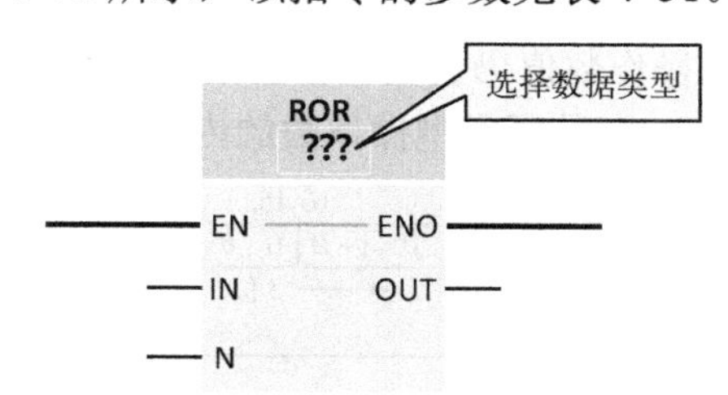

图 4-72　ROR 循环右移指令

表 4-51　循环右移指令的参数

参数	声明	数据类型	存储区	说明
EN	Input	BOOL	I、Q、M、D、L 或常量	使能输入
ENO	Output	BOOL	I、Q、M、D、L	使能输出
IN	Input	位字符串、整数	I、Q、M、D、L 或常量	要循环移位的值
N	Input	USINT、UINT、UDINT、ULINT	I、Q、M、D、L 或常量	将值循环移动的位数
OUT	Output	位字符串、整数	I、Q、M、D、L	指令的结果

可以使用循环右移指令将输入 IN 中操作数的内容按位向右循环移位，并在输出 OUT 中查询结果。参数 N 用于指定循环移位中待移动的位数。用移出的位填充因循环移位而空出的位。

如果参数 N 的值为“0”，则将输入 IN 的值复制到输出 OUT 的操作数中。如果参数 N 的值大于可用位数，则输入 IN 中的操作数值仍会循环移动指定位数。

图 4-73 显示了如何将 DWORD 数据类型操作数的内容向右循环移动 3 位。

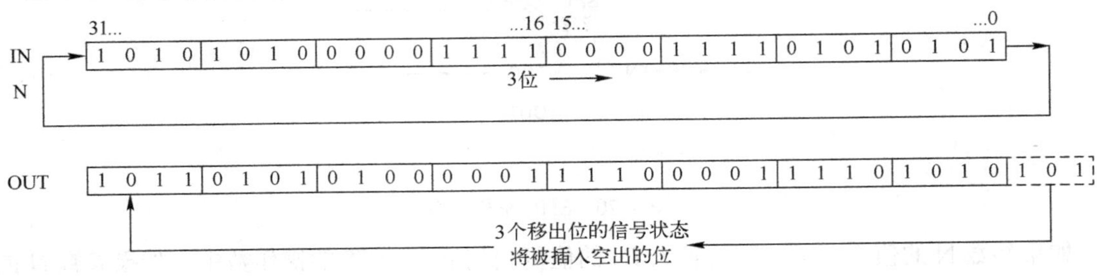

图 4-73　向右循环移动 3 位

4．ROL：循环左移

ROL 循环左移指令如图 4-74 所示，该指令的参数与循环右移指令的参数相同，见表 4-51。

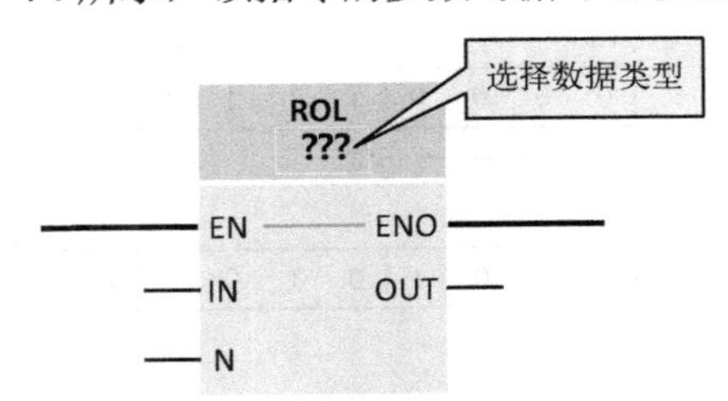

图 4-74　ROL 循环左移指令

可以使用循环左移指令将输入 IN 中操作数的内容按位向左循环移位，并在输出 OUT 中查询结果。参数 N 用于指定循环移位中待移动的位数。用移出的位填充因循环移位而空出的位。

如果参数 N 的值为“0”，则将输入 IN 的值复制到输出 OUT 的操作数中。如果参数 N 的值大于可用位数，则输入 IN 中的操作数值仍会循环移动指定位数。

图 4-75 显示了如何将 DWORD 数据类型操作数的内容向左循环移动 3 位。

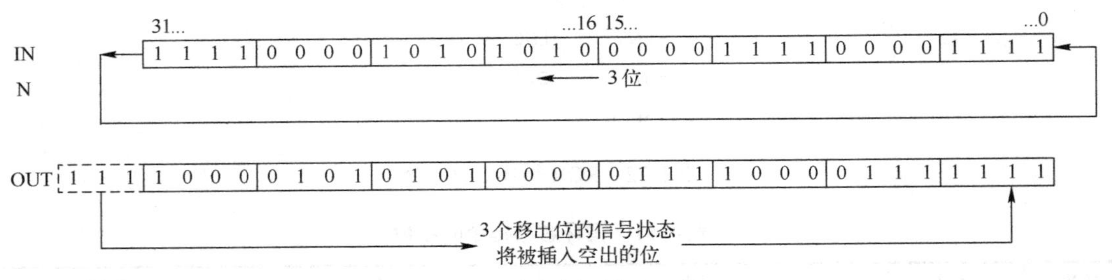

图 4-75　向左循环移动 3 位

4.7.2　案例：PLC 控制水泵电动机随机起动

通常在水塔控制的过程中，为保证控制的可靠性，在水塔泵房内安装有 3 台交流异步电动机水泵，3 台水泵电动机正常情况下只运转两台，另一台为备用。为了防止备用机组因长期闲置而出现锈蚀等故障，正常情况下，按下起动按钮，3 台水泵电动机中运转的两台水泵电动机和备用的另一台水泵电动机的选择是随机的。

设定其 I/O 分配表见表 4-52。

表 4-52　PLC 控制水泵电动机随机起动 I/O 分配表

输　入		输　出	
输入设备	输入编号	输出设备	输出编号
起动按钮 SB1	I0.0	1#水泵	Q0.0
停止按钮 SB2	I0.1	2#水泵	Q0.1
		3#水泵	Q0.2

该问题实际上是一个随机处理问题，即按下按钮后两台水泵的起动是不确定的。这对于 PLC 来说是有难度的，因为程序控制通常是根据自身的规律性，而依靠程序来处理缺乏规律的问题就会比较麻烦。对于控制来说，首先是要找到一个随机的信号，起动按钮按下，运行多少个扫描周期是不确定的。设定 M10.0 为“1”，使每个扫描周期的“1”信号在 M10.0～M10.3 中循环右移 1 次，由于 M10.0～M10.3 中只有 1 位为“1”，此方法类似“击鼓传花”游戏，故输出信号只有两个水泵随机输出。但要注意的是当信号“1”移位至 M10.3（M12.3）时，因在该状态下没有对应的水泵驱动信号，故需将此状态提前转移至有效位，采用移位指令的梯形图如图 4-76 所示。

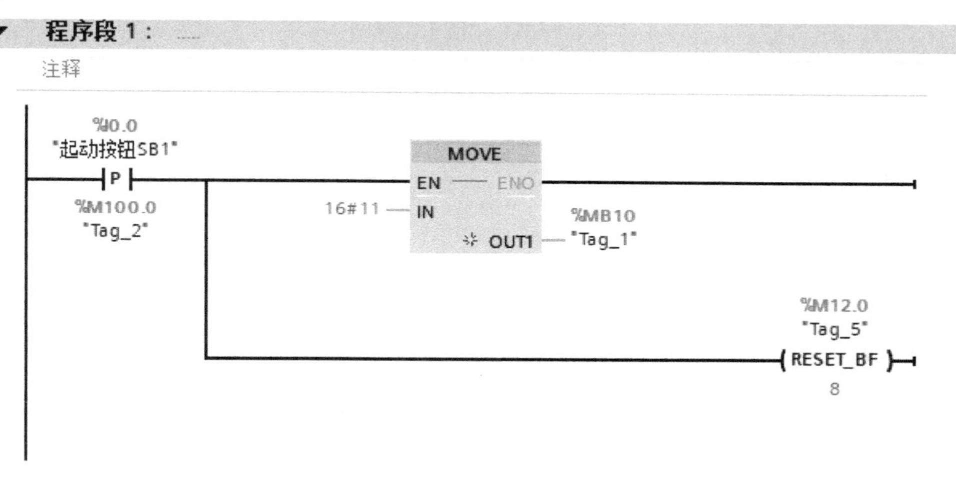

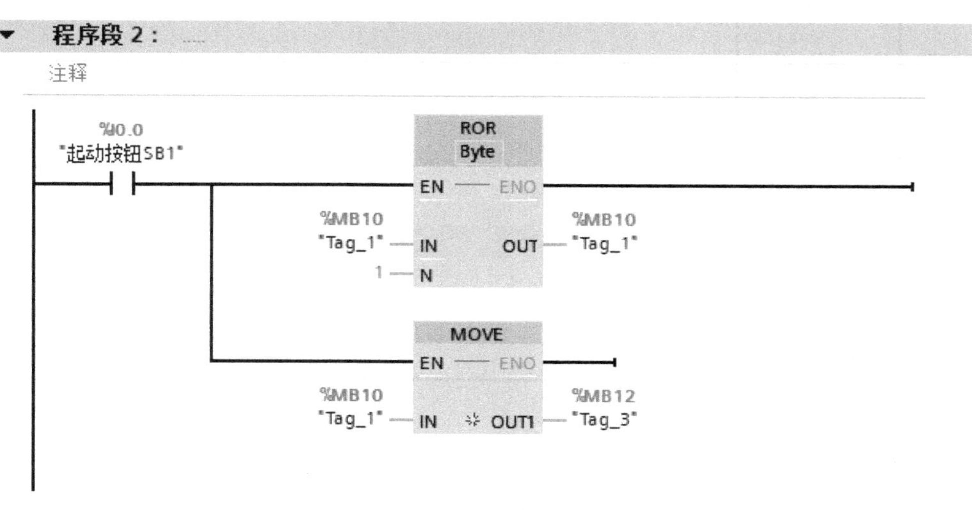

图 4-76　采用移位指令的梯形图

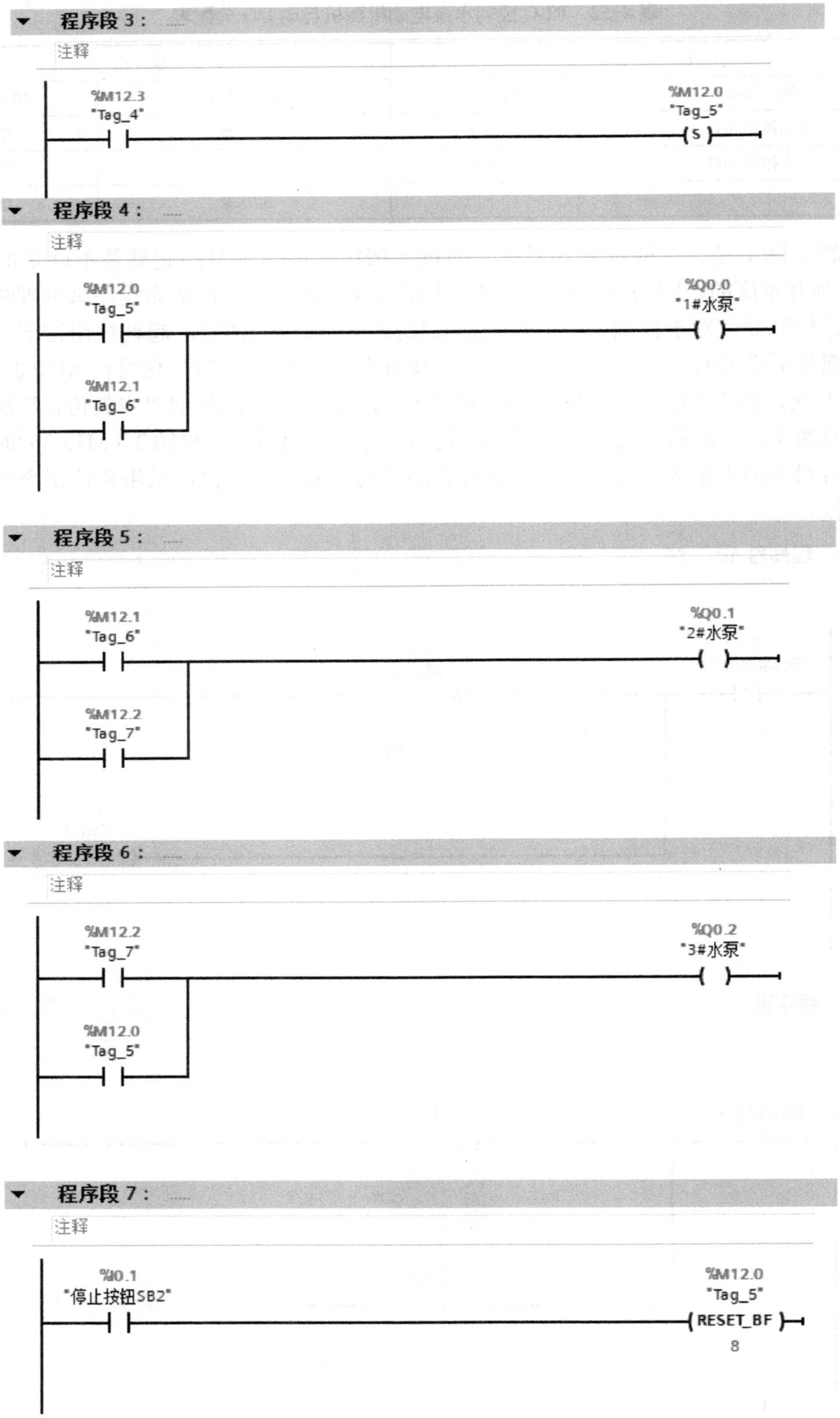

程序段 3：……

注释

%M12.3 "Tag_4" —| |— %M12.0 "Tag_5" —(S)—

程序段 4：……

注释

%M12.0 "Tag_5" —| |— %Q0.0 "1#水泵" —( )—

%M12.1 "Tag_6" —| |—

程序段 5：……

注释

%M12.1 "Tag_6" —| |— %Q0.1 "2#水泵" —( )—

%M12.2 "Tag_7" —| |—

程序段 6：……

注释

%M12.2 "Tag_7" —| |— %Q0.2 "3#水泵" —( )—

%M12.0 "Tag_5" —| |—

程序段 7：……

注释

%I0.1 "停止按钮SB2" —| |— %M12.0 "Tag_5" —(RESET_BF)— 8

图 4-76　采用移位指令的梯形图（续）

第 5 章* SIMATIC S7-1500 PLC 的结构化程序设计

5.1 程序结构与程序块

5.1.1 知识：用户程序的结构

1. 线性化编程

图 5-1 为一个线性程序示意图："Main1"程序循环 OB 包含整个用户程序。这是一种在程序循环 OB 中通过线性设计处理小型自动化任务解决方案的程序，在本书第 3 章、第 4 章的程序中普遍采用这种结构。通常建议仅对简单程序采用线性编程。

2. 结构化编程

所谓结构化编程，是将复杂自动化任务分割成与过程工艺功能相对应或可重复使用的更小的子任务，从而更易于对这些复杂任务进行处理和管理。这些子任务在用户程序中以块来表示。因此，每个块是用户程序的独立部分。

结构化程序有以下优点：

1）通过结构化更容易进行大程序编程。

2）各个程序段都可实现标准化，通过更改参数可实现反复使用。

3）程序结构更简单。

4）更改程序变得更容易。

5）可分别测试程序段，因而可简化程序排错过程。

6）简化了调试。

图 5-2 为一个结构化程序示意图："Main1"程序循环 OB 依次调用一些子程序，它们执行所定义的子任务。

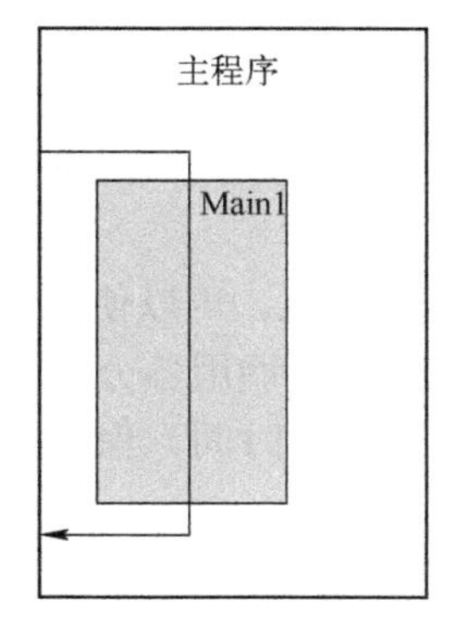

图 5-1 线性程序示意图

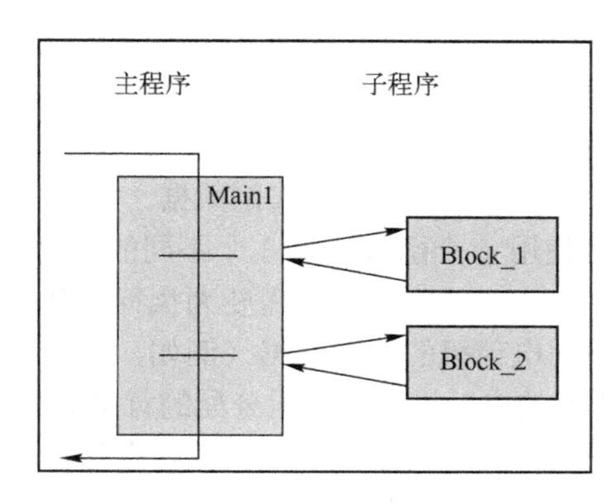

图 5-2 结构化程序示意图

要执行用户程序中的块，必须通过其他块对它们进行调用。当一个块调用另一个块时，将执行被调用块的指令。只有完成被调用块的执行后，才会继续执行调用块。并且继续执行块调用后的指令。图 5-3 为用户程序中块调用的顺序。

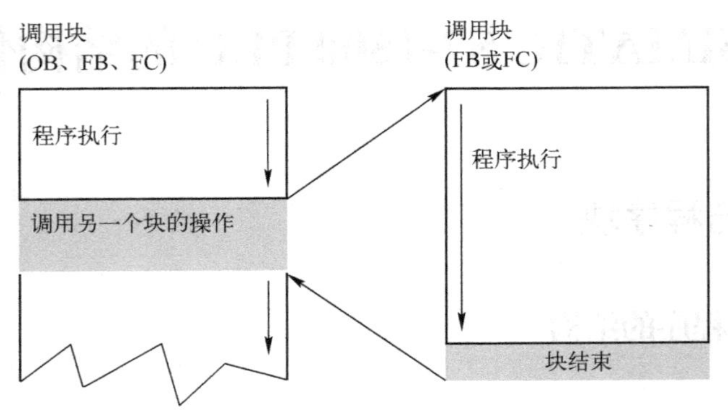

图 5-3　用户程序中块调用的顺序

调用块时，必须给块接口中的参数赋值。通过提供输入参数，用户可以指定用于执行块的数据。通过提供输出参数，用户可以指定执行结果的保存位置。块调用的顺序和嵌套称为调用层级。可用的嵌套深度取决于 CPU。图 5-4 为在一个执行周期内的块调用顺序和嵌套深度。

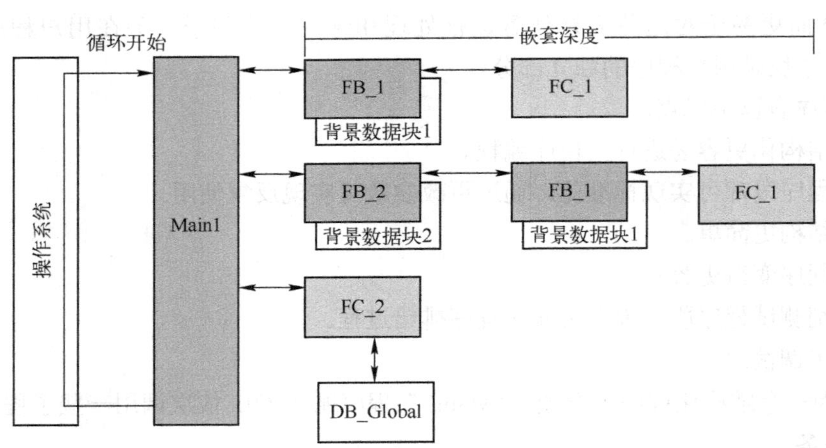

图 5-4　在一个执行周期内的块调用顺序和嵌套深度

分配有自己的背景数据块的函数块调用称为单个背景数据块。通过分配背景数据块，可以指定要存储函数块实例数据的位置。通过为每次调用分配不同的背景数据块，可以多次使用相同的函数块，而每次具有不同的实例数据。

图 5-5 为使用 1 个函数块和 3 个不同的数据块来控制 3 台电动机。可以使用一个函数块控制多台电动机。为实现此目的，需要为执行电动机控制的每个函数块调用各分配一个不同的背景数据块。不同电动机的不同数据（例如，速度、加速时间、总运行时间）保存在不同的背景数据块中。不同的电动机将根据所分配的背景数据块进行控制。

多重背景允许被调用函数块将其数据存储在调用函数块的背景数据块中。这样便可将实例数据集中放在一个背景数据块中，从而更有效地使用可用的背景数据块。

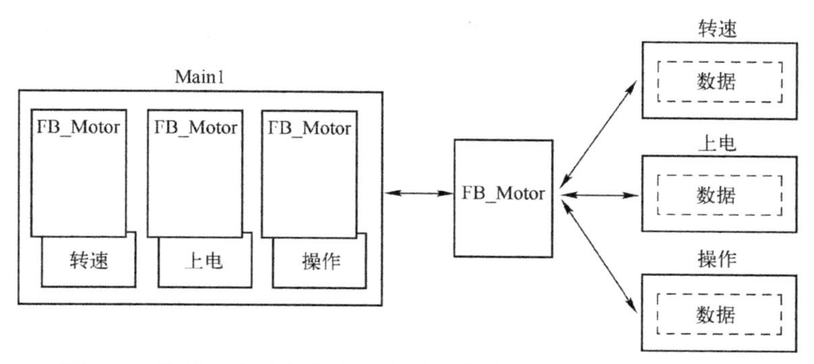

图 5-5　使用 1 个函数块和 3 个不同的数据块来控制 3 台电动机

同样也可以将一个背景数据块用于不同函数块的实例。图 5-6 为多个不同的函数块将数据存储在同一个调用块中。FB_Workpiece 逐个调用以下块：FB_Grid、FB_Punch 和 FB_Conveyor。被调用的块将其数据存储在 DB_Workpiece 中，它是调用块的背景数据块。

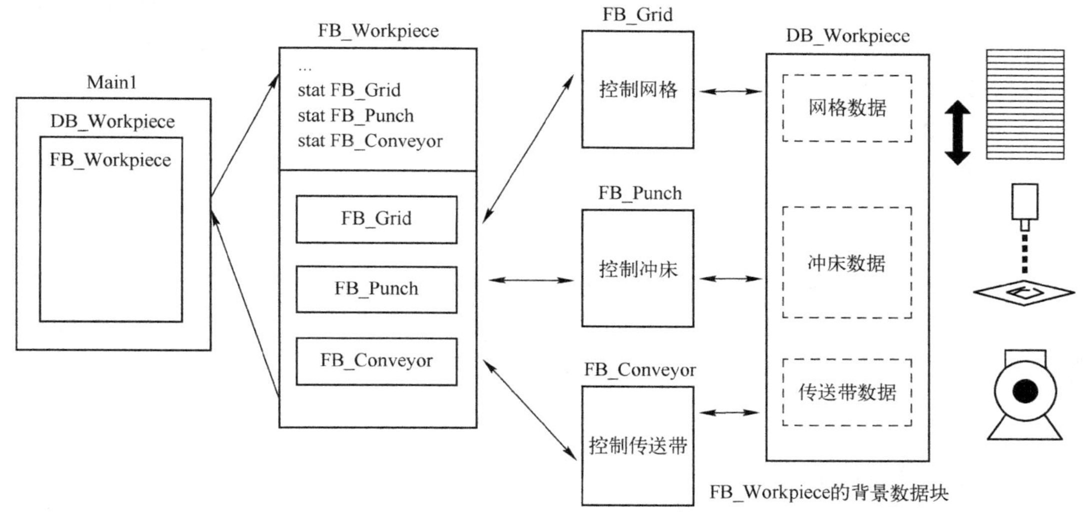

图 5-6　多个不同的函数块将数据存储在同一个调用块中

图 5-7 为在多个实例中调用的一个函数块如何在一个背景数据块中存储所有实例的数据。

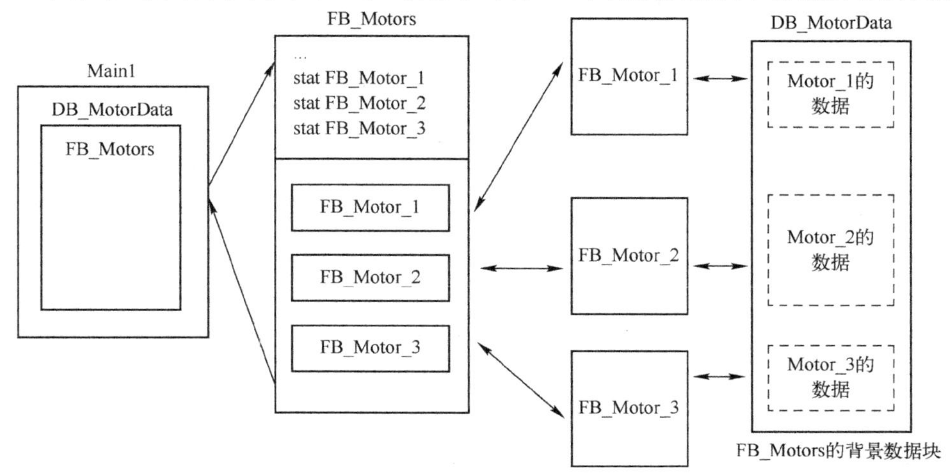

图 5-7　在多个实例中调用的一个函数块如何在一个背景数据块中存储所有实例的数据

函数块 FB_Motors 调用 FB_Motor 的 3 个实例，实例为“Motor_1”“Motor_2”和“Motor_3”。每个调用使用不同的实例数据。然而，所有实例数据都位于同一个背景数据块 DB_MotorData 中。

调用块为被调用块提供要使用的值，这些值称为块参数。输入参数向被调用块提供其必须处理的值。该块通过输出参数返回结果。因此，块参数是调用块和被调用块之间的接口。若仅要查询或读取值，使用输入参数；若要设置或写入值，则使用输出参数。若要读取和写入块参数，则必须创建输入/输出参数。

块参数在被调用块的接口中定义，这些参数称为形参，它们是调用块时传递给该块的参数的占位符。调用块时传递给块的参数称为实参。

在块内使用块参数时，同样可选择输入参数只可读取、输出参数只可写入和输入/输出参数可以读取和写入 3 种形式。调用带有块参数的块时，可为其形参分配实参。常见数据类型如下：

（1）传送 ARRAY　可以将 ARRAY 作为参数传送。如果块具有 ARRAY 类型的输入参数，则必须传送具有相同结构的 ARRAY 作为实参。也可以传送 ARRAY 的个别元素作为实参，但这些元素必须与形参的数据类型一致。

（2）传送 PLC 数据类型　也可以将声明为 PLC 数据类型的变量作为实参来传送。如果形参在变量声明中声明为 PLC 数据类型，则必须传送与实参具有相同 PLC 数据类型的变量。通过 PLC 数据类型声明的变量的元素也可以作为实参在块调用时传送，前提是变量元素的数据类型应与形参数据类型相匹配。

（3）传送结构（STRUCT）　可以将结构作为参数传送。如果块具有 STRUCT 类型的输入参数，则必须传送具有相同结构的 STRUCT 作为实参。这意味着所有结构组件的名称和数据类型都必须相同。也可以传送 STRUCT 的个别元素作为实参，但这些元素必须与形参的数据类型一致。

5.1.2　知识：程序块的类型

1. 组织块（OB）

OB 构成了操作系统和用户程序之间的接口，它由操作系统调用，可以控制自动化系统的启动特性、循环程序处理、中断驱动的程序执行和错误处理等操作。用户可以对 OB 进行编程并同时确定 CPU 的特性。根据使用的 CPU，提供有各种不同的 OB。启动某些 OB 之后，操作系统将提供可以在用户程序中进行评估的信息。OB 的基本信息见表 5-1。

表 5-1　OB 的基本信息

事件源的类型	优先级（默认优先级）	可能的 OB 编号	默认的系统响应	支持的 OB 数量
启动	1	100，>=123	忽略	100
循环程序	1	1，>=123	忽略	100
时间中断	2～24（2）	10～17，>=123	不适用	20
状态中断	2～24（4）	55	忽略	1
更新中断	2～24（4）	56	忽略	1
制造商或配置文件特定的中断	2～24（4）	57	忽略	1
延时中断	2～24（3）	20～23，>=123	不适用	20

（续）

事件源的类型	优先级（默认优先级）	可能的 OB 编号	默认的系统响应	支持的 OB 数量
循环中断	2～24（8～17，取决于循环时间）	30～38，>=123	不适用	20
硬件中断	2～26（18）	40～47，>=123	忽略	50
等时同步模式中断	16～26（21）	61～64，>=123	忽略	20（每个等时同步接口一个）
MC 伺服中断	17～31（25）	91	不适用	1
MC 插补器中断	16～30（24）	92	不适用	1
时间错误	22	80	忽略	1

（1）启动（Start up）OB　将在 PLC 的工作模式从 STOP 切换为 RUN 时执行一次。完成后，将开始执行主循环程序 OB。启动 OB 只在 CPU 启动时执行一次，以后不再被执行，可以将一些初始化的指令编写在启动 OB 中。

（2）循环执行 OB　要启动用户程序执行，项目中至少要有一个循环程序 OB。循环程序 OB 也称主程序（Main），优先级最低，在每个循环扫描周期都会被扫描执行。对于 S7-1500 PLC 和 S7-1200 PLC，循环程序 OB 允许有多个，每个循环程序 OB 的编号均不同，执行程序时，多个循环程序 OB 按照 OB 的编号以升序顺序执行。对于 S7-200/300/400 PLC，循环程序 OB 只有一个。

（3）中断 OB　细分为延时中断 OB、循环中断 OB、硬件中断 OB 和时间中断等，中断服务程序编写在中断 OB 中。在 CPU 进入 RUN 模式下，当发生中断源事件时，若已分配了对应的 OB，则操作系统会中断当前低优先级的 OB（如循环程序 OB）的执行而转向执行对应的高优先级的中断 OB 一次，执行完毕后返回断点处继续执行。

2．函数（FC）

函数是不带存储器的代码块。由于没有可以存储块参数值的数据存储器。因此，调用函数时，必须给所有形参分配实参。函数可以使用全局数据块永久性存储数据。

函数包含一个程序，在其他代码块中调用该函数时将执行此程序。例如，可以将函数用于下列目的：

1）将函数值返回给调用块。例如，数学函数。

2）执行工艺功能。例如，通过位逻辑运算进行单个的控制。

可以在程序中的不同位置多次调用同一个函数。

3．函数块（FB）

函数块是一种代码块，它将输入、输出和输入/输出参数永久地存储在背景数据块中，从而在执行块之后，这些值依然有效，所以函数块也称为有存储器的块。函数块也可以使用临时变量，临时变量并不存储在背景数据块中，而用于一个循环。

函数块中包含总是在其他代码块调用该函数块时执行的子例程。可以在程序中的不同位置多次调用同一个函数块，因此，函数块简化了对重复发生的函数的编程。

4．数据块（DB）

（1）全局数据块　该数据块用于存储程序数据。因此，数据块包含由用户程序使用的变量数据。全局数据块存储所有其他块都可使用的数据。数据块的最大大小因 CPU 的不同而各异，用户可以以自己喜欢的方式定义全局数据块的结构，还可以选择使用 PLC 数据类型作为创建全局数据块的模板。

每个函数块、函数或 OB 都可以从全局数据块中读取数据或向其中写入数据。即使在退出数据块后，这些数据仍然会保存在其中。可以同时打开一个全局数据块和一个背景数据块。不同的数据块访问情况如图 5-8 所示。

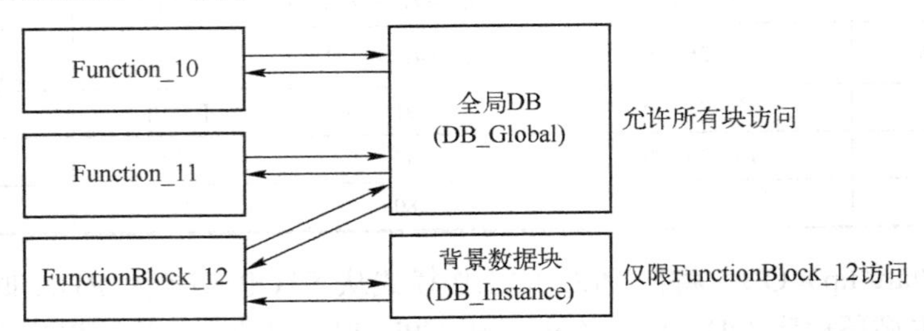

图 5-8 不同的数据块访问情况

S7-1500 PLC 提供两种不同的全局数据块访问选项，可在调用函数块时分配给函数块：

1）可优化访问的数据块。无固定定义的存储器结构，在声明中，数据元素仅包含一个符号名，因此在块中没有固定的地址。

2）可一般访问的数据块（与 S7-300/400 PLC 兼容）。具有固定的存储器结构，声明元素在声明中包含一个符号名，并且在块中有固定地址。

（2）ARRAY 数据块（S7-1500 PLC） ARRAY 数据块是一种特殊类型的全局数据块。这些数据块包含一个任意数据类型的 ARRAY，例如，可以是 PLC 数据类型（UDT）的 ARRAY。但这种数据块不能包含除 ARRAY 之外的其他元素。由于采用平面结构，ARRAY 数据块可访问 ARRAY 元素，并将这些元素传递给被调用块。ARRAY 数据块中始终启用“优化块访问”（Optimized block access）属性。ARRAY 数据块不可能进行标准访问。可通过“指令”（Instructions）任务卡上“移动操作”（Move operations）部分中的选项，对 ARRAY 数据块进行寻址。

（3）背景数据块 函数块的调用称为实例。函数块的每个实例都需要一个背景数据块，其中包含函数块中所声明的形参的实例特定值。函数块可以将实例特定的数据存储在自己的背景数据块中，也可以存储在调用块的背景数据块中。S7-1500 PLC 提供可优化访问的数据块和可一般访问的数据块（与 S7-300/400 PLC 兼容）这两种不同的背景数据块访问选项。

（4）CPU 数据块 CPU 数据块由 CPU 在运行期间生成。为此，在用户程序中插入“CREATEDB”指令可以使用在运行期间生成的数据块来保存数据。CPU 数据块由可用节点“程序块”文件夹中的小 CPU 图标来表示。与监视其他数据块类型的值类似，可以在在线模式下监视 CPU 数据块的变量值。无法在离线项目中创建 CPU 数据块。

将 CPU 数据块加载到离线项目中之后，可以打开并查看这些数据块的内容。但是应注意项目中的 CPU 数据块受到写保护，因此，项目中的 CPU 数据块受到以下限制：

1）无法编辑 CPU 数据块或将这些数据块转换为其他数据块类型。

2）无法为 CPU 数据块指定专有技术保护。

3）无法更改 CPU 数据块的编程语言。

4）无法编译 CPU 数据块或将其下载到设备。

5.2 逻辑块（FC 和 FB）的结构及编程

5.2.1 知识：逻辑块（FC 和 FB）的结构

逻辑块（OB、FB、FC）由变量声明表、代码段及其属性等几部分组成。

1. 局部变量声明表

每个逻辑块前都有一个变量声明表，称为局部变量声明表。局部变量声明表见表 5-2。

表 5-2 局部变量声明表

变量名	类型	说明
输入参数	In	由调用逻辑块的块提供数据，输入给逻辑块的指令
输出参数	Out	向调用逻辑块的块返回参数，即从逻辑块输出结果数据
I/O 参数	InOut	参数的值由调用该块的其他块提供，由逻辑块处理修改，然后返回
静态变量	Stat	静态变量存储在背景数据块中，块调用结束后，其内容被保留
状态变量	Temp	临时变量存储在 L 堆栈中，块执行结束后，变量的值会因被其他内容覆盖而丢失

2. 逻辑块局部变量的数据类型

局部数据分为参数和局部变量两大类，局部变量又包括静态变量和临时变量（暂态变量）两种。

对于功能块（FB），操作系统为参数及静态变量分配的存储空间是背景数据块。这样参数变量在背景数据块中留有运行结果备份。在调用 FB 时，若没有提供实参，则功能块将会使用背景数据块中的数值。操作系统在 L 堆栈中给 FB 的临时变量分配存储空间。

对于功能（FC），操作系统在 L 堆栈中给 FC 的临时变量分配存储空间。由于没有背景数据块，因而 FC 不能使用静态变量。输入、输出、I/O 参数将以指向实参的指针形式存储在操作系统为参数传递而保留的额外空间中。

对于 OB 来说，其调用是由操作系统管理的，用户不能参与。因此，OB 只有定义在 L 堆栈中的临时变量。

局部变量可以是基本数据类型或复合数据类型，也可以是专门用于参数传递的所谓的“参数类型”。参数类型包括定时器、计数器、块的地址或指针等，见表 5-3。

表 5-3 逻辑块局部变量的参数类型

参数类型	大小	说明
定时器	2B	在功能块中定义一个定时器形参，调用时赋予定时器实参
计数器	2B	在功能块中定义一个计数器形参，调用时赋予定时器实参
FB、FC、DB、SDB	2B	在功能块中定义一个功能块或数据块形参变量，调用时给功能块类或数据块类形参赋予实际的功能块或数据块编号
指针	6B	在功能块中定义一个形参，该形参说明的是内存的地址指针 例如，调用时可给形参赋予实参：P#M50.0 以访问内存 M500.0
ANY	10B	当实参的数据未知时，可以使用该类型

3. 逻辑块的调用过程及内存分配

CPU 提供块堆栈（B 堆栈）来存储与处理被中断块的有关信息，其调用时的工作过程与内存分配如图 5-9 所示。

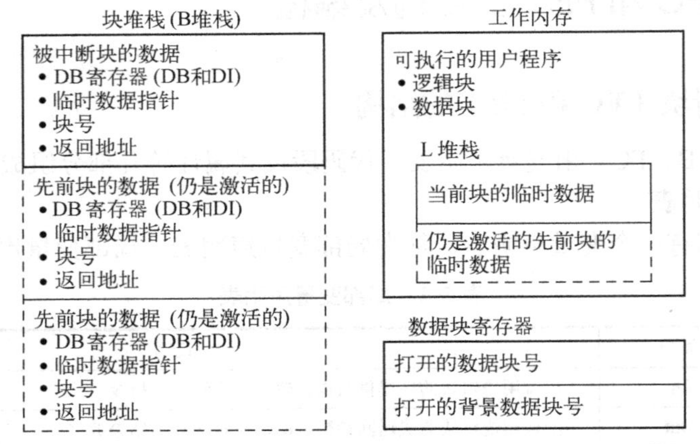

图 5-9　B 堆栈调用时的工作过程与内存分配

（1）用户程序使用的堆栈分类

1）局部数据堆栈。简称 L 堆栈，是 CPU 中单独的存储器/区，可用来存储逻辑块的局部变量（包括 OB 的起始信息）、调用 FC 时要传递的实际参数和梯形图程序中的中间逻辑结果等，可以按位、字节、字和双字来存取。

2）块堆栈。简称 B 堆栈，是 CPU 系统内存中的一部分，用来存储被中断的块的类型、编号、优先级和返回地址，用来存储中断时打开的共享数据块和背景数据块的编号，用来存储临时变量的指针（被中断块的 L 堆栈地址）。

3）中断堆栈。简称 I 堆栈，用来存储当前累加器和地址寄存器的内容、数据块寄存器 DB 和 DI 的内容、局域数据的指针、状态字、MCR（主控继电器）寄存器和 B 堆栈的指针。

（2）调用 FB 时的堆栈操作　当调用 FB 时，会有以下事件发生：

1）调用块的地址和返回位置存储在块堆栈中，调用块的临时变量压入 L 堆栈。

2）数据块 DB 寄存器内容与 DI 寄存器内容交换。

3）新的数据块地址装入 DI 寄存器。

4）被调用块的实参装入 DB 和 L 堆栈上部。

5）当 FB 结束时，先前块的现场信息从块堆栈中弹出，临时变量弹出 L 堆栈。

6）DB 和 DI 寄存器内容交换。

当调用 FB 时，STEP7 并不一定要求给 FB 形参赋予实参，除非参数是复合数据类型的 I/O 形参或参数类型形参。如果没有给 FB 的形参赋予实参，则 FB 就会调用背景数据块内的数值，该数值是在 FB 的变量声明表或背景数据块内为形参所设置的初始数值。

（3）调用 FC 时的堆栈操作　当调用 FC 时会有以下事件发生：

FC 实参的指针存到调用块的 L 堆栈；调用块的地址和返回位置存储在块堆栈，调用块的局部数据压入 L 堆栈；FC 存储临时变量的 L 堆栈区被推入 L 堆栈上部；当被调用 FC 结束时，先前块的信息存储在块堆栈中，临时变量弹出 L 堆栈。

因为 FC 不用背景数据块，不能分配初始数值给 FC 的局部数据，所以必须给 FC 提供实参。以 FC 调用为例，L 堆栈操作示意如图 5-10 所示。

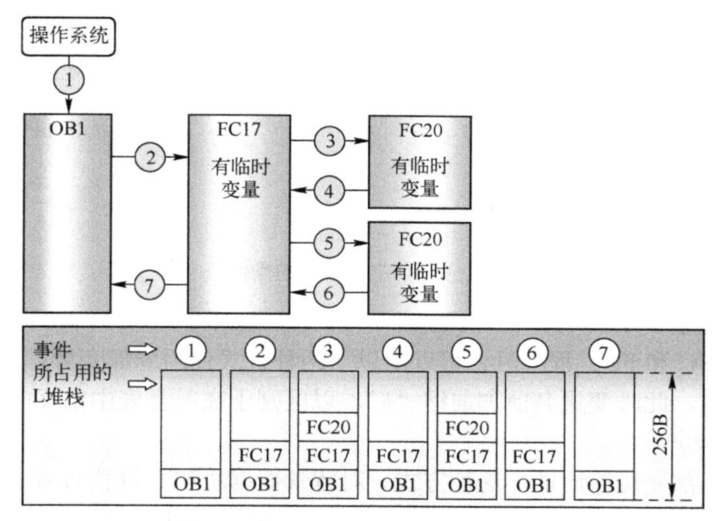

图 5-10 FC 调用时 L 堆栈操作示意

5.2.2 知识：逻辑块（FC 和 FB）的编程

对逻辑块编程时必须编辑下列 3 个部分。

1）变量声明：分别定义形参、静态变量和临时变量（FC 中不包括静态变量）；确定各变量的声明类型（Decl.）、变量名（Name）和数据类型（Data Type），还要为变量设置初始值（Initial Value），如果需要还可为变量注释（Comment）。在增量编程模式下，STEP7 将自动产生局部变量地址（Address）。

2）代码段：对将要由 PLC 进行处理的块代码进行编程。

3）块属性：块属性包含了其他附加的信息，例如由系统输入的时间标志或路径。此外，也可输入相关详细资料。

1. 临时变量的定义和使用

临时变量的定义和使用如图 5-11 所示。

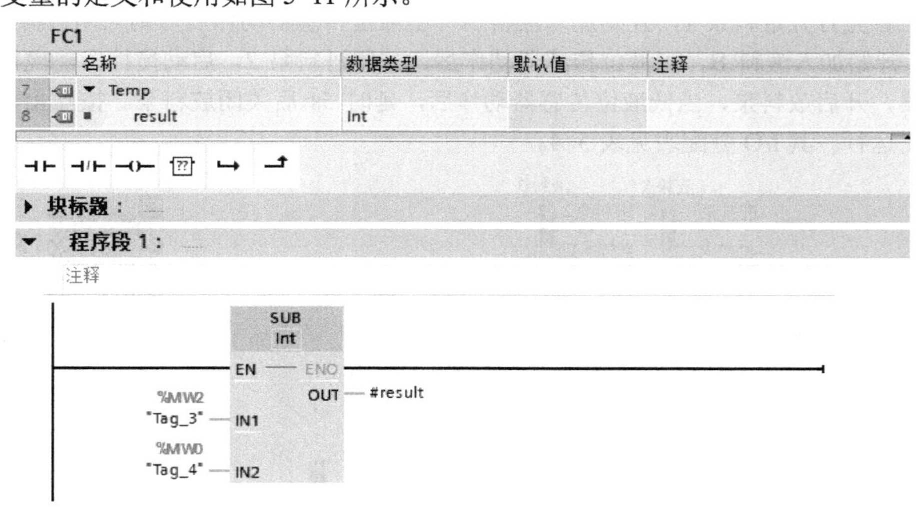

图 5-11 临时变量的定义和使用

2. 定义形参

定义形参的操作如图 5-12 所示。

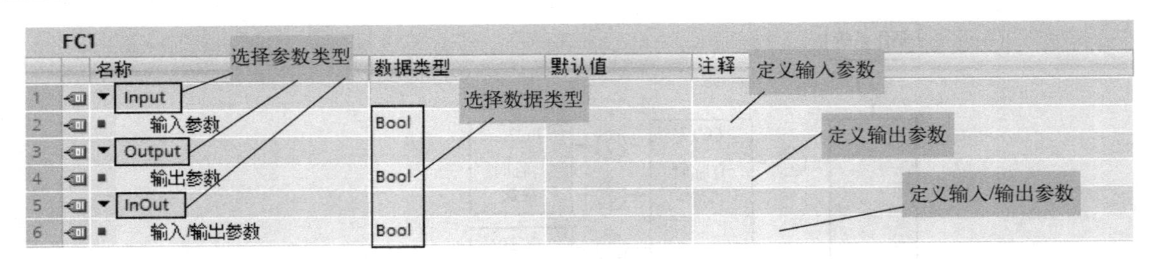

图 5-12　定义形参的操作

3. 编写控制程序

编写逻辑块（FC 和 FB）程序时，可以用以下两种方式使用局部变量：

1）使用变量名，此时变量名前加前缀“#”，以区别于在符号表中定义的符号地址。在增量方式下，前缀会自动产生。

2）直接使用局部变量的地址，这种方式只对背景数据块和 L 堆栈有效。

在调用 FB 时，要说明其背景数据块。背景数据块应在调用前生成，其顺序格式与变量声明表必须保持一致。

5.3　逻辑块编程实例

5.3.1　案例：编辑并调用无参功能（FC）——搅拌控制系统

所谓无参 FC，是指在编辑 FC 时，在局部变量声明表中不进行形参的定义，在 FC 中直接使用绝对地址完成控制程序的编程。这种方式一般应用于分布式结构的程序编写，每个 FC 实现整个控制任务的一部分，不重复调用。

图 5-13 为搅拌控制系统示意图，有 3 个开关量液位传感器，分别检测液位的高、中和低。现要求对 A、B 两种液体原料按等比例混合，请编写控制程序。控制要求：按启动按钮后系统自动运行，首先打开进料泵 1，开始加入液料 A，中液位传感器动作后，则关闭进料泵 1，打开进料泵 2，开始加入液料 B，高液位传感器动作后，关闭进料泵 2，启动搅拌器，搅拌 10s 后，关闭搅拌器，开启放料泵，当低液位传感器动作后，延时 5s 后关闭放料泵。按停止按钮，系统应立即停止运行。其 I/O 分配表见表 5-4。

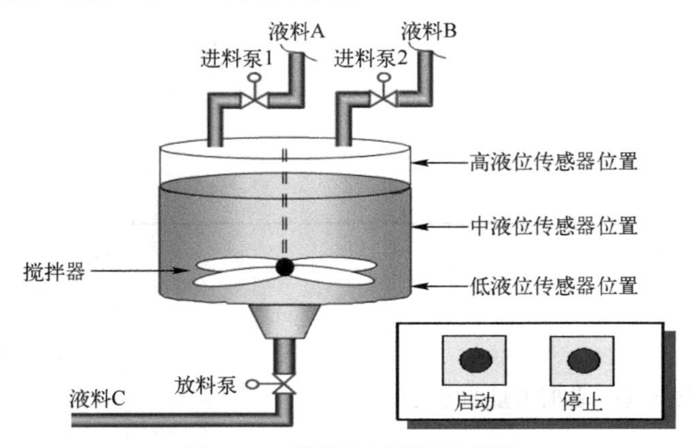

图 5-13　搅拌控制系统示意图

表 5-4 PLC 控制搅拌控制系统 I/O 分配表

输入		输出	
输入设备	输入编号	输出设备	输出编号
启动按钮 SB1	I0.0	进料泵 1	Q4.0
停止按钮 SB2	I0.1	进料泵 2	Q4.1
高液位检测	I0.2	搅拌器	Q4.2
中液位检测	I0.3	放料泵	Q4.3
低液位检测	I0.4		

1. 创建新项目并完成硬件配置

创建新项目，并命名为“搅拌控制系统”，项目包含组织块 OB1 和 OB100。在“搅拌控制系统”项目内单击“添加新设备”→“控制器”，打开“SIMATIC S7-1500”文件夹，打开硬件配置窗口，并完成硬件配置，如图 5-14 所示。本例采用紧凑型 CPU 1511C-1 PN，完成硬件配置后的界面如图 5-15 所示。

图 5-14 创建新项目并完成硬件配置

2. 编辑变量表

根据 I/O 分配表编辑变量表，如图 5-16 所示。

3. 规划程序结构

考虑整个控制过程可分为 4 个独立的控制过程：液料 A 控制程序、液料 B 控制程序、搅拌器控制程序和出料控制程序。针对 4 个控制过程，分别用 FC1～FC4 实现相应的控制功能，规划程序结构，如图 5-17 所示。

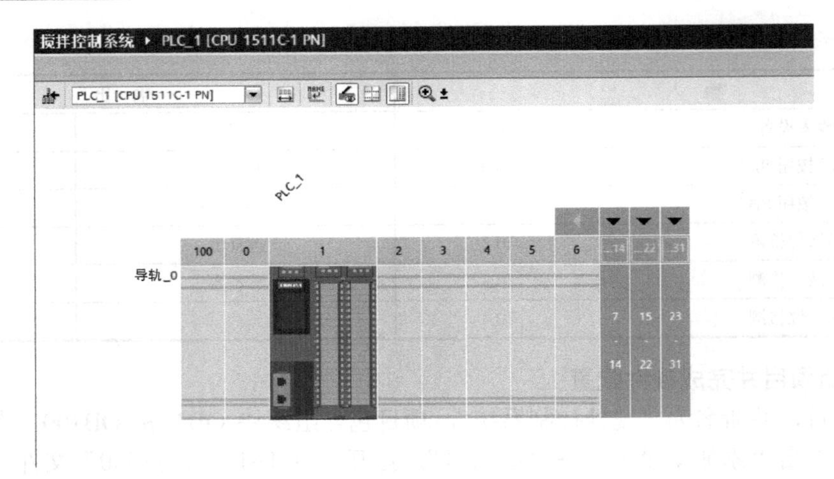

图 5-15　完成硬件配置后的界面

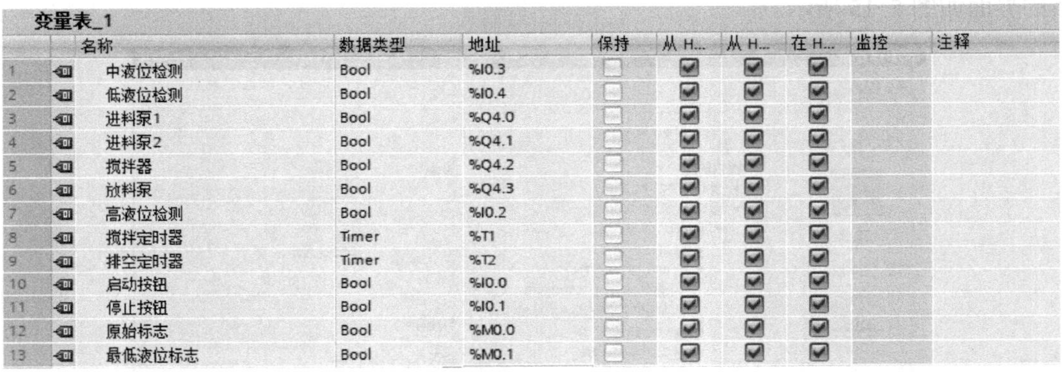

变量表_1

	名称	数据类型	地址	保持	从 H...	从 H...	在 H...	监控	注释
1	中液位检测	Bool	%I0.3	☐	☑	☑	☑		
2	低液位检测	Bool	%I0.4	☐	☑	☑	☑		
3	进料泵1	Bool	%Q4.0	☐	☑	☑	☑		
4	进料泵2	Bool	%Q4.1	☐	☑	☑	☑		
5	搅拌器	Bool	%Q4.2	☐	☑	☑	☑		
6	放料泵	Bool	%Q4.3	☐	☑	☑	☑		
7	高液位检测	Bool	%I0.2	☐	☑	☑	☑		
8	搅拌定时器	Timer	%T1	☐	☑	☑	☑		
9	排空定时器	Timer	%T2	☐	☑	☑	☑		
10	启动按钮	Bool	%I0.0	☐	☑	☑	☑		
11	停止按钮	Bool	%I0.1	☐	☑	☑	☑		
12	原始标志	Bool	%M0.0	☐	☑	☑	☑		
13	最低液位标志	Bool	%M0.1	☐	☑	☑	☑		

图 5-16　编辑变量表

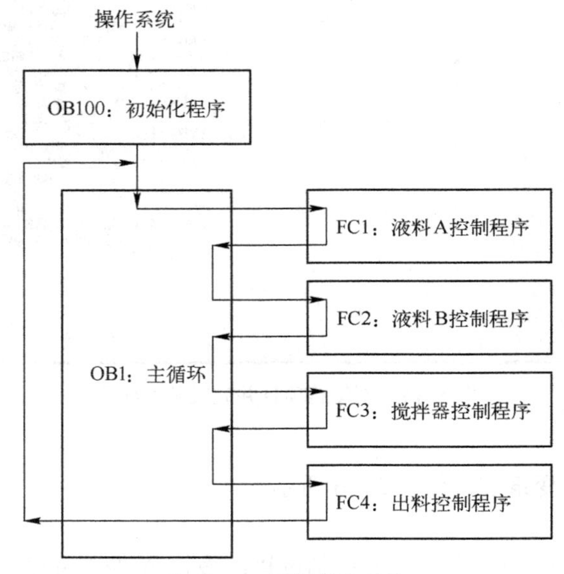

图 5-17　规划程序结构

4. 编辑 FC

在“搅拌控制系统”项目树内选择“程序块”文件夹，然后反复执行菜单命令“添加新块”→“函数”，分别创建 4 个 FC：FC1～FC4，并分别命名为液料 A 控制程序、液料 B 控制程序、搅拌器控制程序、出料控制程序。编写 FC1～FC4 控制程序如图 5-18～图 5-21 所示。

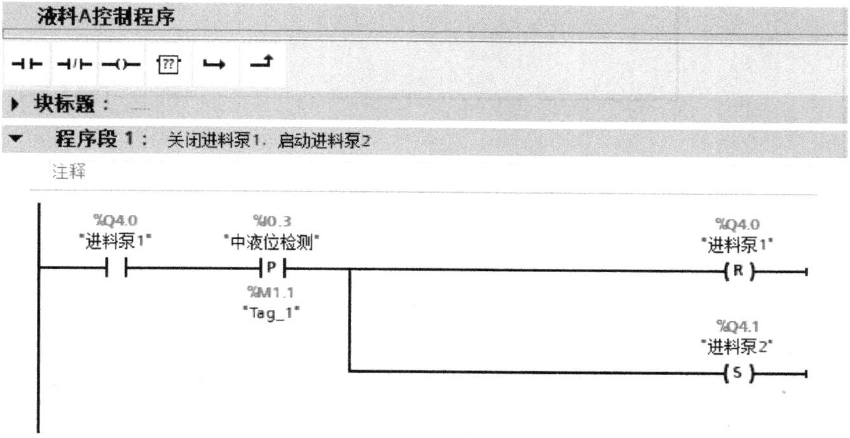

液料A控制程序
块标题：
程序段 1： 关闭进料泵1，启动进料泵2
注释
%Q4.0 "进料泵1"　%I0.3 "中液位检测" P %M1.1 "Tag_1"　%Q4.0 "进料泵1" R　%Q4.1 "进料泵2" S

图 5-18　FC1 液料 A 控制程序

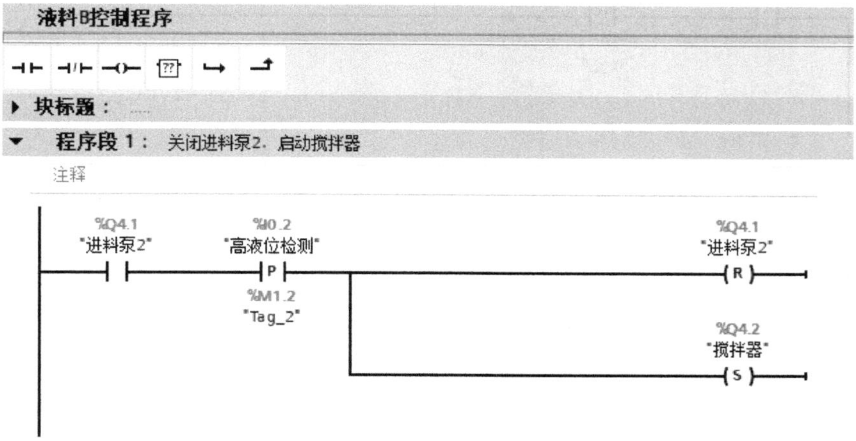

液料B控制程序
块标题：
程序段 1： 关闭进料泵2，启动搅拌器
注释
%Q4.1 "进料泵2"　%I0.2 "高液位检测" P %M1.2 "Tag_2"　%Q4.1 "进料泵2" R　%Q4.2 "搅拌器" S

图 5-19　FC2 液料 B 控制程序

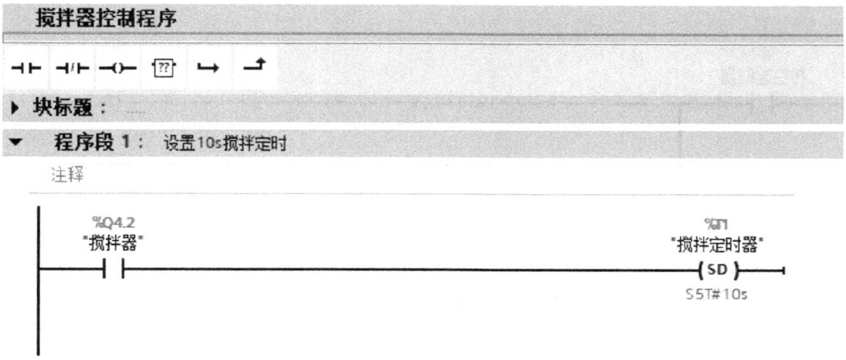

搅拌器控制程序
块标题：
程序段 1： 设置10s搅拌定时
注释
%Q4.2 "搅拌器"　%T1 "搅拌定时器" SD S5T#10s

图 5-20　FC3 搅拌器控制程序

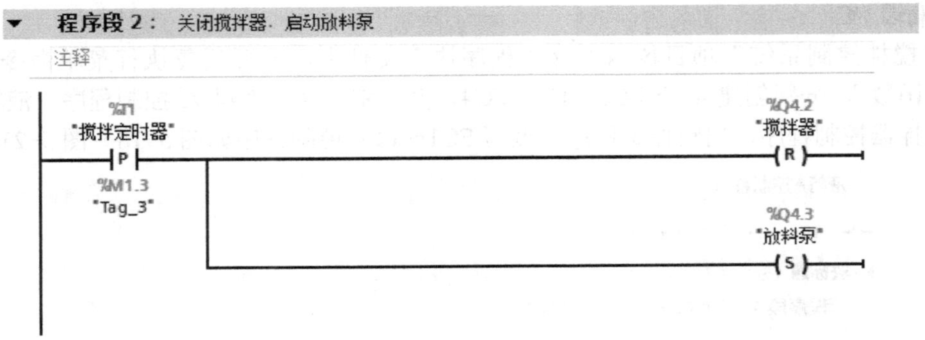

程序段 2： 关闭搅拌器，启动放料泵

注释

%T1 "搅拌定时器" P %M1.3 "Tag_3" —— %Q4.2 "搅拌器" (R)

%Q4.3 "放料泵" (S)

图 5-20 FC3 搅拌器控制程序（续）

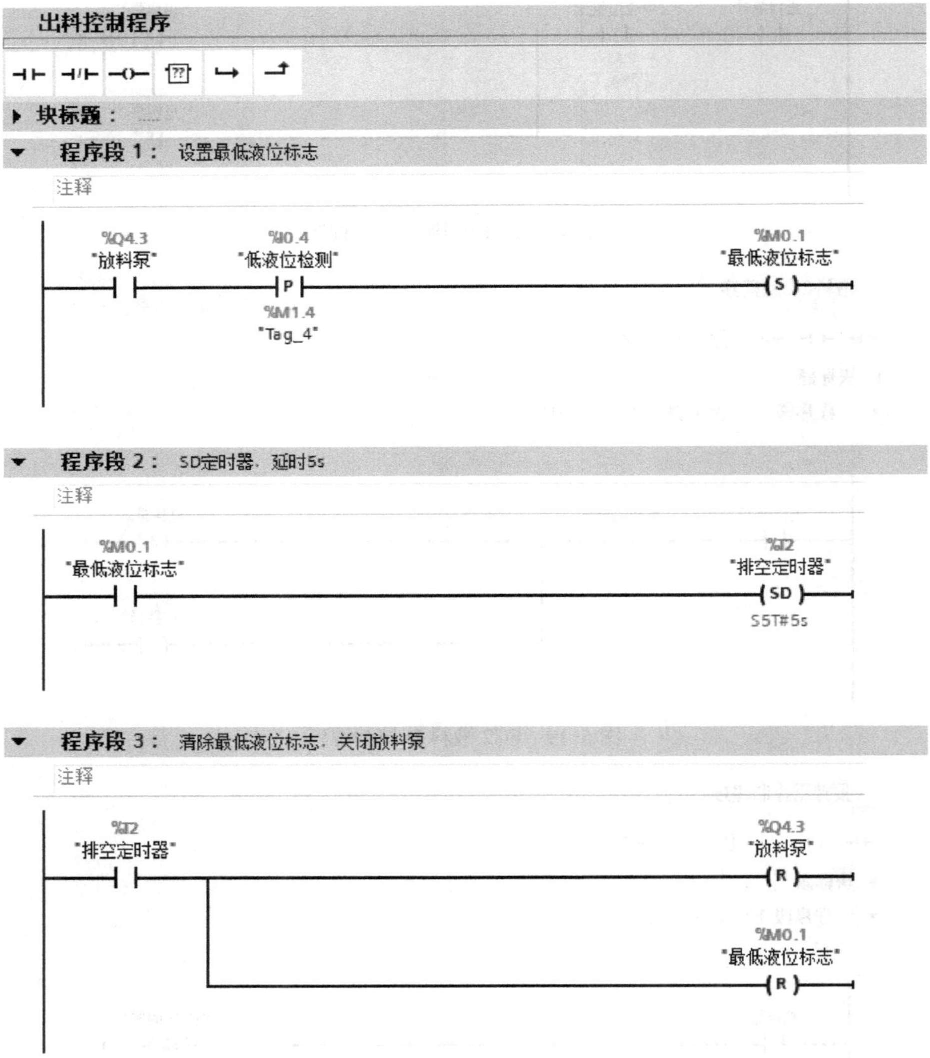

出料控制程序

块标题：

程序段 1： 设置最低液位标志

注释

%Q4.3 "放料泵" —— %I0.4 "低液位检测" P %M1.4 "Tag_4" —— %M0.1 "最低液位标志" (S)

程序段 2： SD定时器，延时5s

注释

%M0.1 "最低液位标志" —— %T2 "排空定时器" (SD) S5T#5s

程序段 3： 清除最低液位标志，关闭放料泵

注释

%T2 "排空定时器" —— %Q4.3 "放料泵" (R)

%M0.1 "最低液位标志" (R)

图 5-21 FC4 出料控制程序

5. 编写 OB 控制程序

编写 OB100 的控制程序，初始化所有输出变量，如图 5-22 所示。

搅拌控制程序——完全启动复位组织块
块标题：
程序段 1： 初始化所有输出变量
注释
%Q4.0
"进料泵1"
R
%Q4.1
"进料泵2"
R
%Q4.2
"搅拌器"
R
%Q4.3
"放料泵"
R
%M0.1
"最低液位标志"
R
%M0.0
"原始标志"
R

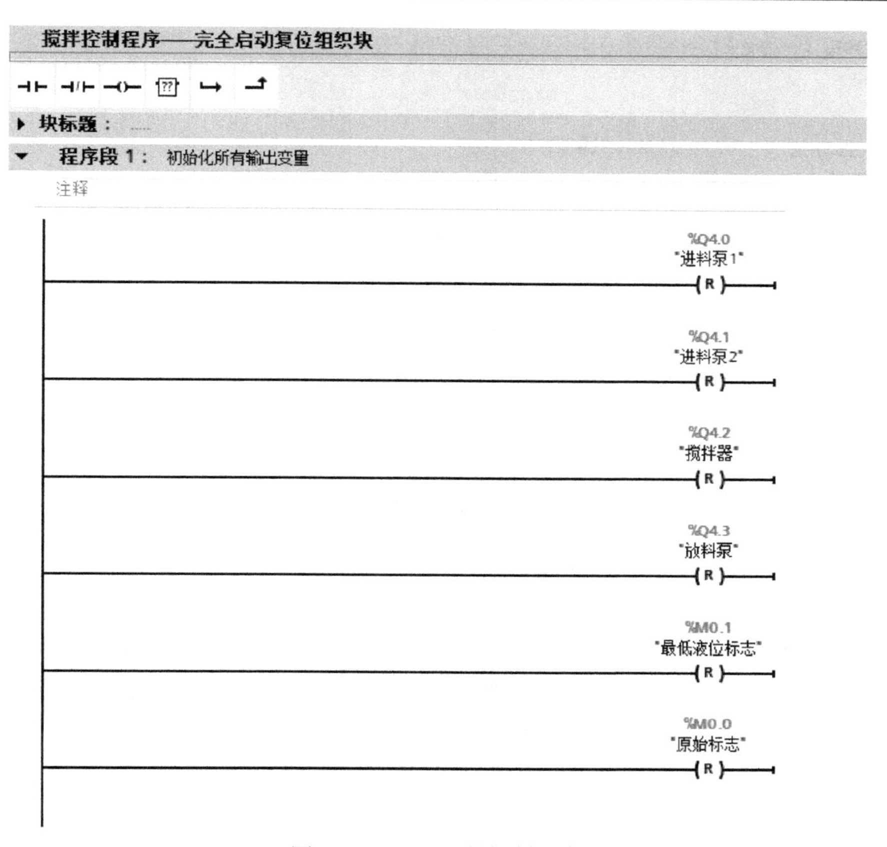

图 5-22 OB100 的控制程序

在 OB1 中设置初始标志，并启动进料泵，调用无参 FC，如图 5-23 所示。

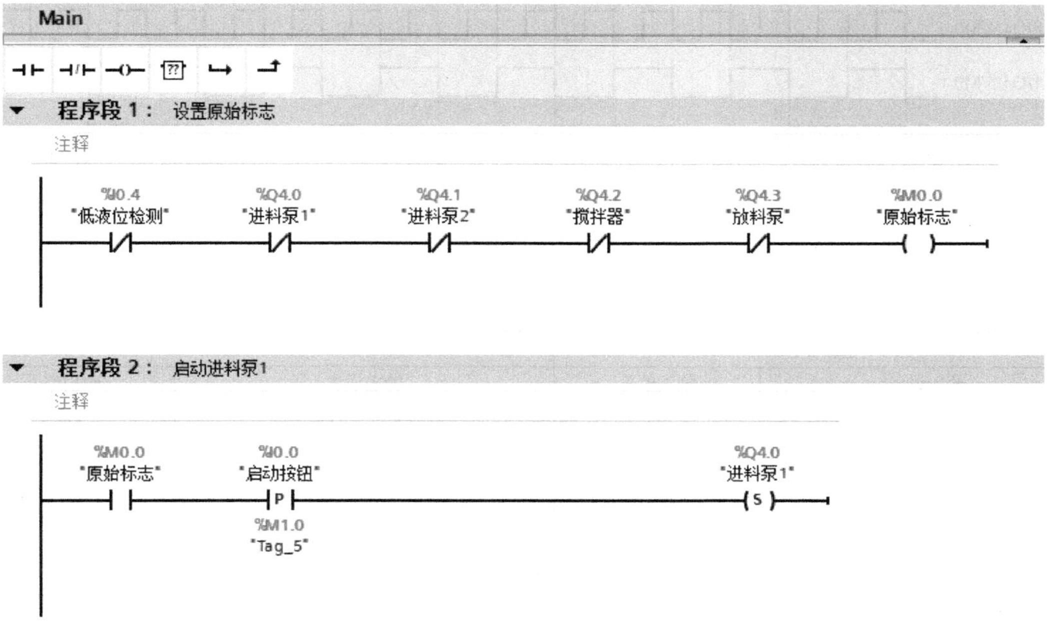

Main
程序段 1： 设置原始标志
注释
%I0.4
"低液位检测"
%Q4.0
"进料泵1"
%Q4.1
"进料泵2"
%Q4.2
"搅拌器"
%Q4.3
"放料泵"
%M0.0
"原始标志"
程序段 2： 启动进料泵1
注释
%M0.0
"原始标志"
%I0.0
"启动按钮"
P
%M1.0
"Tag_5"
%Q4.0
"进料泵1"
S

图 5-23 在 OB1 中调用无参 FC

程序段 3： 调用FC1、FC2、FC3、FC4

注释

%I0.0
"启动按钮"

%FC1
"液料A控制程序"
EN ENO

%FC2
"液料B控制程序"
EN ENO

%FC3
"搅拌器控制程序"
EN ENO

%FC4
"出料控制程序"
EN ENO

图 5-23 在 OB1 中调用无参 FC（续）

5.3.2 案例：编辑并调用有参功能（FC）——多级分频器

5-2
编辑并调用有参功能（FC）——多级分频器

所谓有参 FC，是指编辑 FC 时，在局部变量声明表内定义了形参，在 FC 中使用了虚拟的符号地址完成控制程序的编程，以便在其他块中也能重复调用有参 FC。这种方式一般应用于结构化程序编写。

多级分频器的时序关系如图 5-24 所示，其 I/O 分配表见表 5-5。控制要求：其中 I0.0 为多级分频器的脉冲输入端；Q4.0～Q4.3 分别为 2、4、8、16 分频的脉冲输出端；Q4.4～Q4.7 分别为 2、4、8、16 分频指示灯驱动输出端。

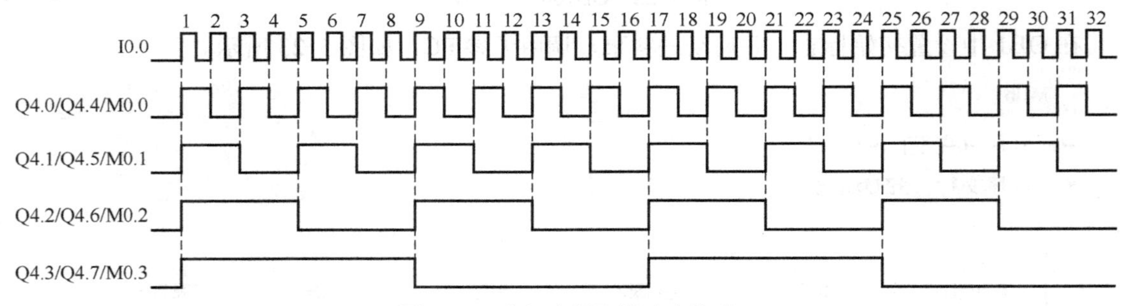

图 5-24 多级分频器的时序关系

表 5-5 PLC 控制多级分频器系统 I/O 分配表

输 入		输 出	
输入设备	输入编号	输出设备	输出编号
脉冲信号输入端	I0.0	2 分频脉冲信号输出端	Q4.0
		4 分频脉冲信号输出端	Q4.1
		8 分频脉冲信号输出端	Q4.2
		16 分频脉冲信号输出端	Q4.3
		2 分频脉冲信号指示灯	Q4.4
		4 分频脉冲信号指示灯	Q4.5
		8 分频脉冲信号指示灯	Q4.6
		16 分频脉冲信号指示灯	Q4.7

1．创建新项目并完成硬件配置

使用菜单“项目”→“新建”创建多级分频器的新项目，并命名为“多级分频器”，单击“添加新设备”→“控制器”打开“SIMATIC S7-1500”文件夹，双击硬件配置图标打开硬件配置窗口，并完成硬件配置。

2．编辑变量表

根据 I/O 分配表，设定编辑变量表，如图 5-25 所示。

变量表_1

	名称	数据类型	地址	保持	从 H...	从 H...	在 H...	监控	注释
1	In_Port	Bool	%I0.0	☐	☑	☑	☑		脉冲信号输入端
2	F_P2	Bool	%M0.0	☐	☑	☑	☑		2分频器上升沿检测标志
3	F_P4	Bool	%M0.1	☐	☑	☑	☑		4分频器上升沿检测标志
4	F_P8	Bool	%M0.2	☐	☑	☑	☑		8分频器上升沿检测标志
5	F_P16	Bool	%M0.3	☐	☑	☑	☑		16分频器上升沿检测标志
6	Out_Port2	Bool	%Q4.0	☐	☑	☑	☑		2分频器脉冲信号输出端
7	Out_Port4	Bool	%Q4.1	☐	☑	☑	☑		4分频器脉冲信号输出端
8	Out_Port8	Bool	%Q4.2	☐	☑	☑	☑		8分频器脉冲信号输出端
9	Out_Port16	Bool	%Q4.3	☐	☑	☑	☑		16分频器脉冲信号输出端
10	LED2	Bool	%Q4.4	☐	☑	☑	☑		2分频信号指示灯
11	LED4	Bool	%Q4.5	☐	☑	☑	☑		4分频信号指示灯
12	LED8	Bool	%Q4.6	☐	☑	☑	☑		8分频信号指示灯
13	LED16	Bool	%Q4.7	☐	☑	☑	☑		16分频信号指示灯

图 5-25　编辑变量表（多级分频器）

3．规划程序结构

考虑 4 分频信号实质上就是对 2 分频信号再次进行二分频，而 8 分频信号实质上就是对 4 分频信号再次进行二分频，同理 16 分频信号实质上就是对 8 分频信号再次进行二分频。因此只需在功能 FC1 中编写二分频器控制程序，然后在 OB1 中通过调用 FC1 实现多级分频器的功能。规划程序结构如图 5-26 所示。

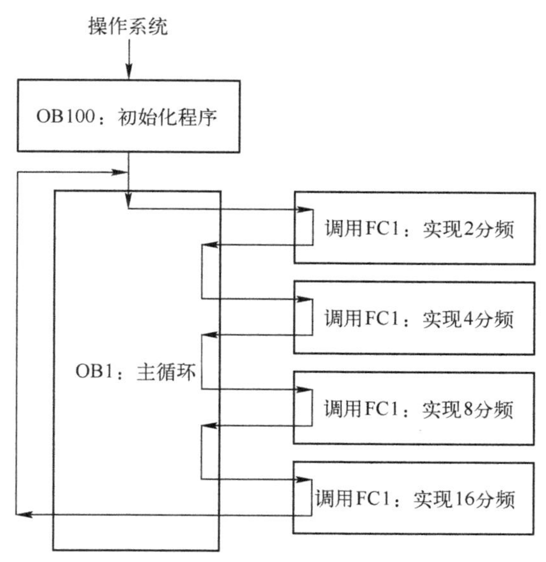

图 5-26　规划程序结构（多级分频器）

4．创建有参 FC1

在项目树中，选择“程序块”文件夹，然后执行菜单命令“添加新块”→“函数”，在块文件夹内创建一个 FC，并命名为“FC1”。编辑 FC1 的变量声明表如图 5-27 所示。

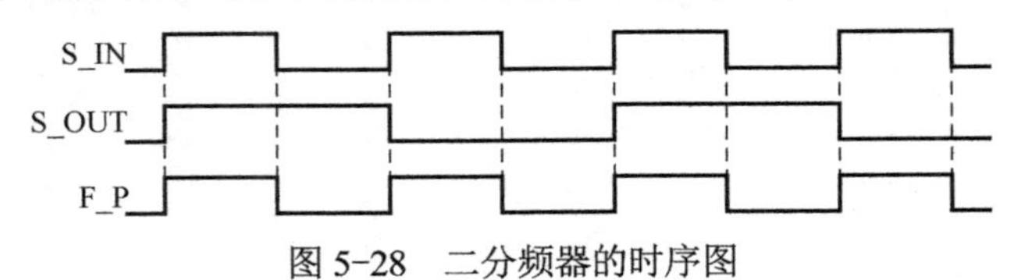

二分频器

	名称	数据类型	默认值	注释
1	▼ Input			
2	■ S_IN	Bool		脉冲输入信号
3	▼ Output			
4	■ S_OUT	Bool		脉冲输出信号
5	■ LED	Bool		输出状态指示
6	▼ InOut			
7	■ F_P	Bool		上升沿检测标志

图 5-27　FC1 的变量声明表

二分频器的时序图如图 5-28 所示。分析二分频器的时序图可以看到，输入信号每出现一个上升沿，输出便改变一次状态，据此可采用上升沿检测指令实现。

S_IN
S_OUT
F_P

图 5-28　二分频器的时序图

如果输入信号 S_IN 出现上升沿，则对 S_OUT 取反，然后将 S_OUT 的信号状态送 LED 显示；否则，程序直接跳转到 LP1，将 S_OUT 的信号状态送 LED 显示。编写 FC1 的控制程序如图 5-29 所示。

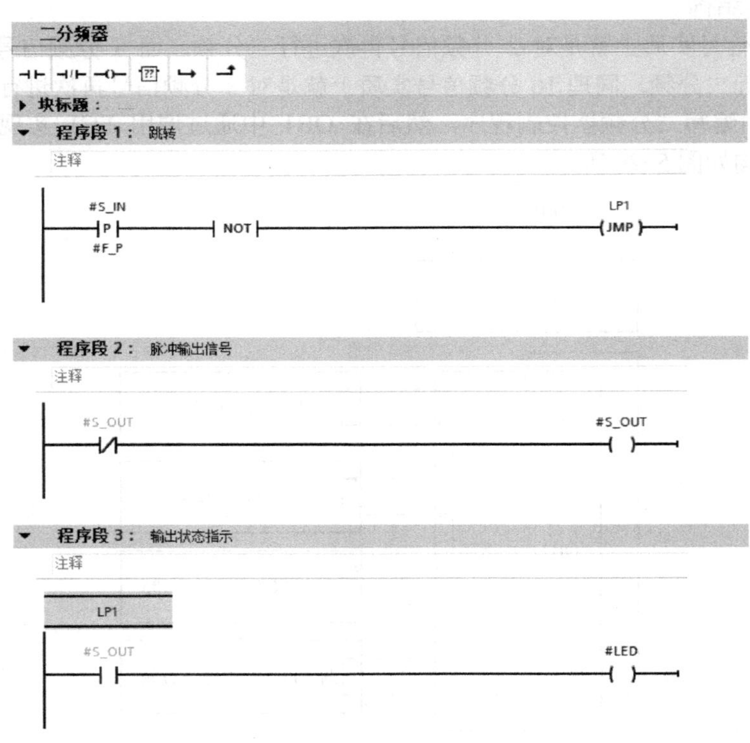

图 5-29　编写 FC1 的控制程序

5. 编写 OB 程序

此时只需在 OB1 中调用有参功能 FC1，调整 FC 的输入输出，即可实现控制要求，如图 5-30 所示。

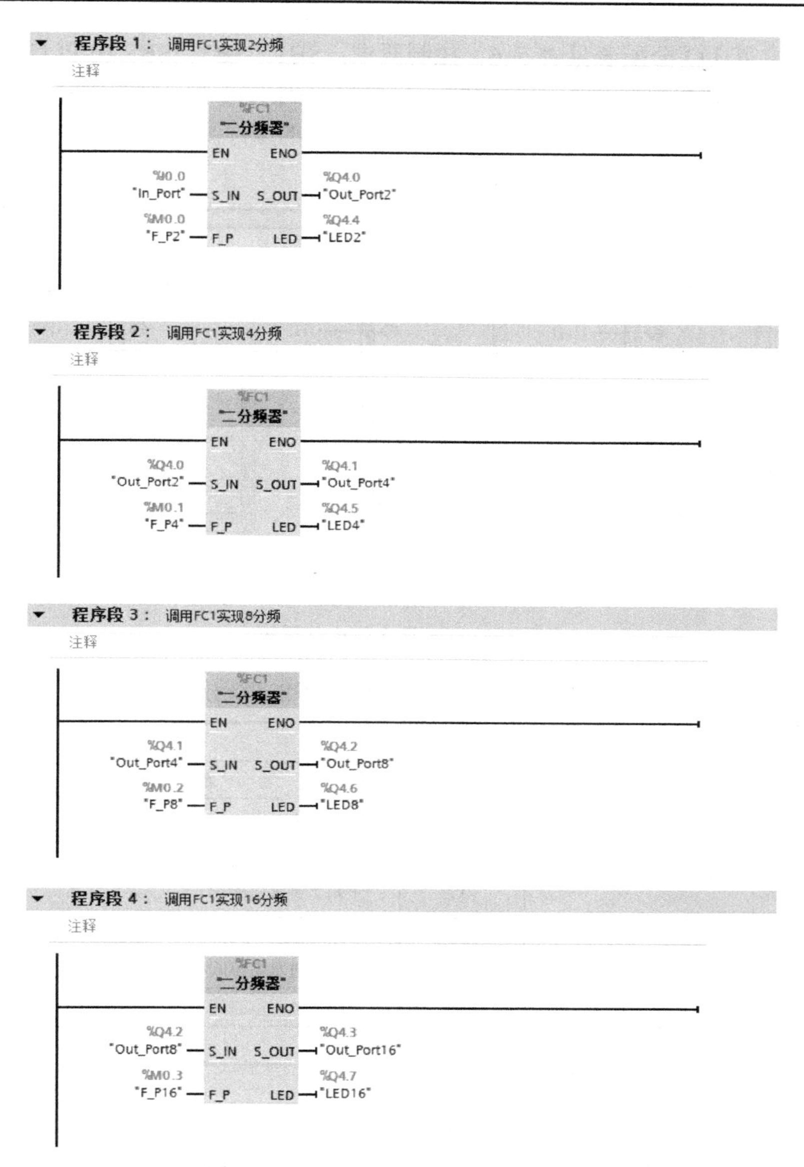

图 5-30 在 OB1 中调用有参功能 FC1

5.3.3 案例：编辑并调用无静态参数的功能块（FB）——水箱水位控制系统

FB 在程序的体系结构中位于 OB 之下。它包含程序的一部分，这部分程序在 OB1 中可以多次调用。FB 的所有形参和静态数据都存储在一个单独的、被指定给该 FB 的数据块中，该数据块被称为背景数据块。当调用 FB 时，该背景数据块会自动打开，实际参数的值将被存储在背景数据块中；当块退出时，背景数据块中的数据仍然保持。

水箱水位控制系统如图 5-31 所示。系统有 3 个贮水箱，每个水箱有 2 个液位传感器；UH1～UH3 为高液位传感器，“1”有效；UL1～UL3 为低液位传感器，“0”有效。Y1、Y3、Y5 分别为 3 个贮水箱的进水电磁阀；Y2、Y4、Y6 分别为 3 个贮水箱的放水电磁阀。SB1、SB3、SB5 分别为 3 个贮水箱的放水电磁阀手动开启按钮；SB2、SB4、SB6 分别为 3 个贮水箱的放水电磁阀手动关闭按钮。其 I/O 分配表见表 5-6。控制要求：SB1、SB3、SB5 在 PLC 外部操作设定，通过人为的方式，按随机的顺序将水箱放空。只要检测到水箱“空”的信号，系统就会自动向水箱注水，直到检测到水箱“满”信号为止。水箱注水的顺序要与水箱放空的顺序相同，每次只能对一个水箱进行注水操作。

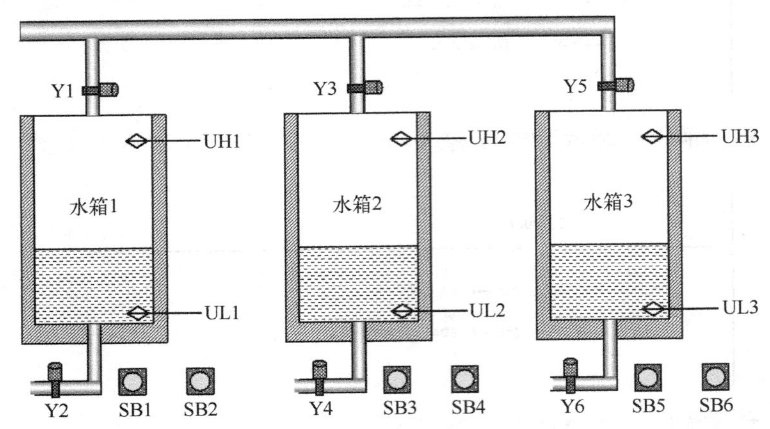

图 5-31　水箱水位控制系统

表 5-6　PLC 控制水箱水位控制系统 I/O 分配表

输　入		输　出	
输入设备	输入编号	输出设备	输出编号
水箱 1 低液位传感器	I0.0	水箱 1 进水电磁阀	Q4.0
水箱 1 高液位传感器	I0.1	水箱 1 放水电磁阀	Q4.1
水箱 2 低液位传感器	I0.2	水箱 2 进水电磁阀	Q4.2
水箱 2 高液位传感器	I0.3	水箱 2 放水电磁阀	Q4.3
水箱 3 低液位传感器	I0.4	水箱 3 进水电磁阀	Q4.4
水箱 3 高液位传感器	I0.5	水箱 3 放水电磁阀	Q4.5
水箱 1 放水电磁阀手动开启按钮 SB1	I1.0		
水箱 1 放水电磁阀手动关闭按钮 SB2	I1.1		
水箱 2 放水电磁阀手动开启按钮 SB3	I1.2		
水箱 2 放水电磁阀手动关闭按钮 SB4	I1.3		
水箱 3 放水电磁阀手动开启按钮 SB5	I1.4		
水箱 3 放水电磁阀手动关闭按钮 SB6	I1.5		

1. 创建新项目并完成硬件配置

使用菜单“项目”→“新建”创建水箱水位控制系统的新项目，并命名为“水箱水位控制系统”。项目包含组织块 OB1 和 OB100。在“水箱水位控制系统”项目内单击“添加新设备”→“控制器”，打开“SIMATIC S7-1500”文件夹，打开硬件配置窗口，并完成硬件配置。

2. 编写变量表

根据 I/O 分配表，编辑变量表，如图 5-32 所示。

3. 规划程序结构

OB1 为主循环 OB、OB100 初始化程序、FB1 为水箱水位控制程序、DB1 为水箱 1 数据块、DB2 为水箱 2 数据块、DB3 为水箱 3 数据块，规划程序结构如图 5-33 所示。

变量表_1

	名称	数据类型	地址	保持	从 H...	从 H...	在 H...	监控	注释
1	SB1	Bool	%I1.0	☐	☑	☑	☑		水箱1放水电磁阀手动开启按钮，常开
2	SB2	Bool	%I1.1	☐	☑	☑	☑		水箱1放水电磁阀手动关闭按钮，常开
3	SB3	Bool	%I1.2	☐	☑	☑	☑		水箱2放水电磁阀手动开启按钮，常开
4	SB4	Bool	%I1.3	☐	☑	☑	☑		水箱2放水电磁阀手动关闭按钮，常开
5	SB5	Bool	%I1.4	☐	☑	☑	☑		水箱3放水电磁阀手动开启按钮，常开
6	SB6	Bool	%I1.5	☐	☑	☑	☑		水箱3放水电磁阀手动关闭按钮，常开
7	UH1	Bool	%I0.1	☐	☑	☑	☑		水箱1高液位传感器，水箱满信号
8	UH2	Bool	%I0.3	☐	☑	☑	☑		水箱2高液位传感器，水箱满信号
9	UH3	Bool	%I0.5	☐	☑	☑	☑		水箱3高液位传感器，水箱满信号
10	UL1	Bool	%I0.0	☐	☑	☑	☑		水箱1低液位传感器，放空信号
11	UL2	Bool	%I0.2	☐	☑	☑	☑		水箱2低液位传感器，放空信号
12	UL3	Bool	%I0.4	☐	☑	☑	☑		水箱3低液位传感器，放空信号
13	Y1	Bool	%Q4.0	☐	☑	☑	☑		水箱1进水电磁阀
14	Y2	Bool	%Q4.1	☐	☑	☑	☑		水箱1放水电磁阀
15	Y3	Bool	%Q4.2	☐	☑	☑	☑		水箱2进水电磁阀
16	Y4	Bool	%Q4.3	☐	☑	☑	☑		水箱2放水电磁阀
17	Y5	Bool	%Q4.4	☐	☑	☑	☑		水箱3进水电磁阀
18	Y6	Bool	%Q4.5	☐	☑	☑	☑		水箱3放水电磁阀

图 5-32　编辑变量表（水箱水位控制系统）

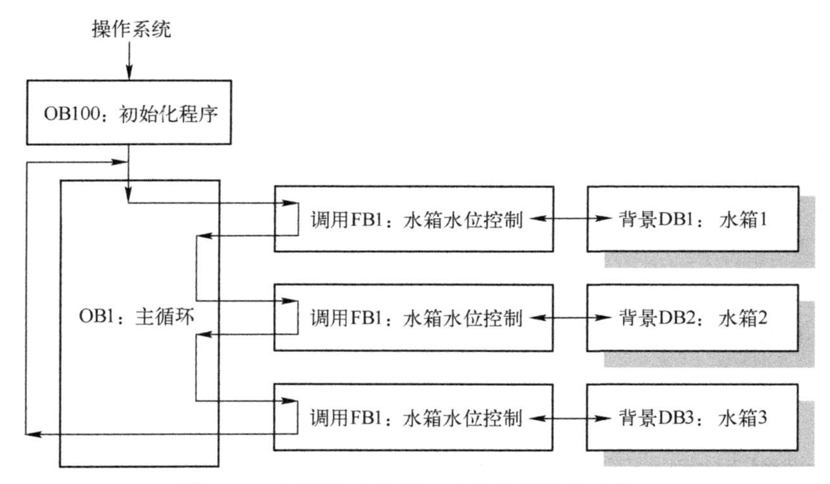

图 5-33　规划程序结构（水箱水位控制系统）

4. 编辑功能（FB1）

选择“程序块”文件夹，然后执行菜单命令“添加新块”→“函数”，创建功能块 FB1 并命名为“水箱控制”。定义局部变量声明表，如图 5-34 所示。

水箱控制

	名称	数据类型	偏移量	默认值	从 HMI/OPC...	从 H...	在 HMI ...	设定值	监控	注释
1	▼ Input				☐	☐	☐	☐		
2	UH	Bool	0.0	false	☑	☑	☑	☐		高液位传感器，表示水箱满
3	UL	Bool	0.1	false	☑	☑	☑	☐		低液位传感器，表示水箱空
4	SB_ON	Bool	0.2	false	☑	☑	☑	☐		放水电磁阀开启按钮，常开
5	SB_OFF	Bool	0.3	false	☑	☑	☑	☐		放水电磁阀关闭按钮，常开
6	B_F	Bool	0.4	false	☑	☑	☑	☐		水箱2空标志
7	C_F	Bool	0.5	false	☑	☑	☑	☐		水箱3空标志
8	YB_IN	Bool	0.6	false	☑	☑	☑	☐		水箱2进水电磁阀
9	YC_IN	Bool	0.7	false	☑	☑	☑	☐		水箱3进水电磁阀
10	▼ Output				☐	☐	☐	☐		
11	YA_IN	Bool	2.0	false	☑	☑	☑	☐		当前水箱1进水电磁阀
12	YA_OUT	Bool	2.1	false	☑	☑	☑	☐		当前水箱1放水电磁阀
13	A_F	Bool	2.2	false	☑	☑	☑	☐		当前水箱1空标志

图 5-34　定义局部变量声明表

编写 FB1 的控制程序如图 5-35 所示。

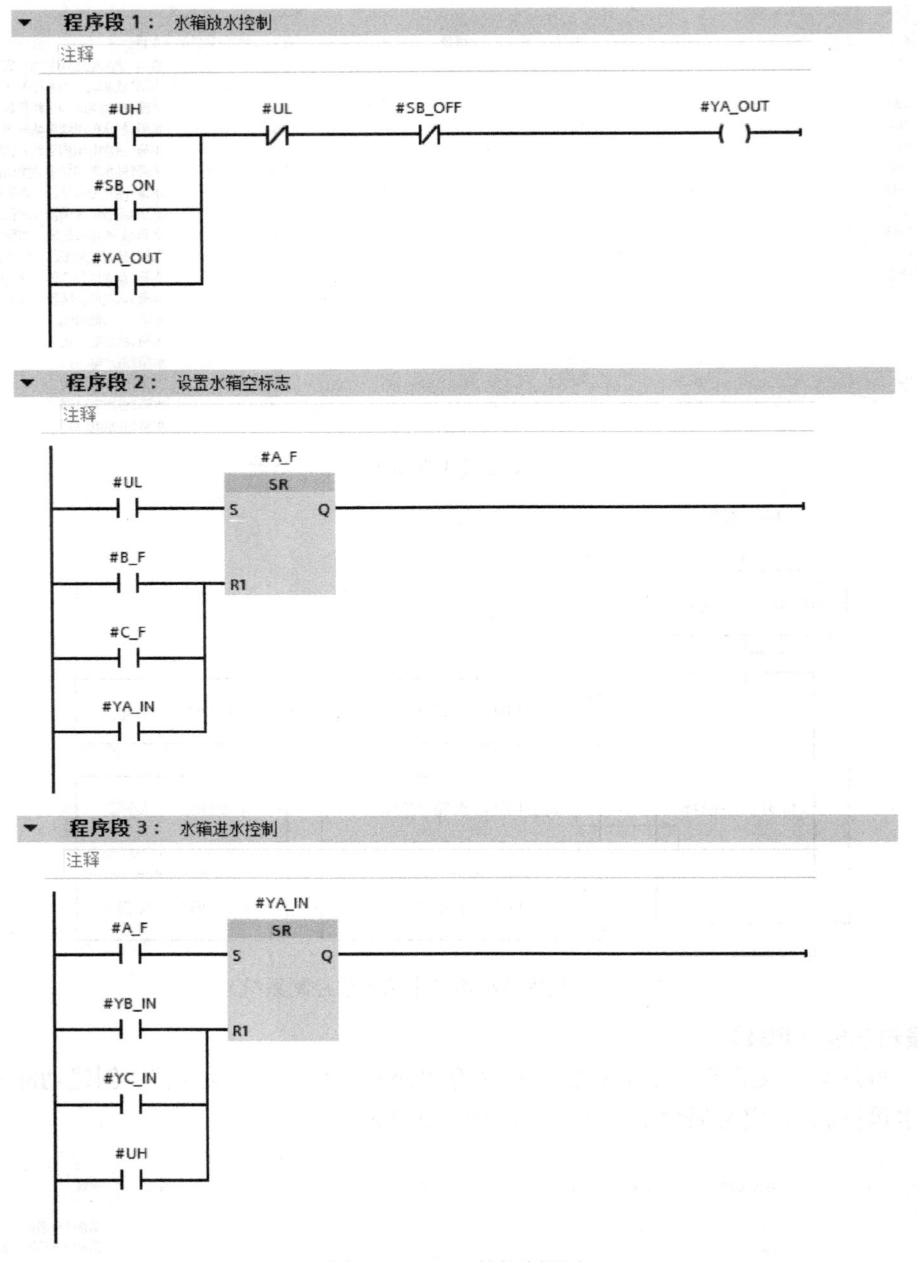

图 5-35　FB1 的控制程序

5．建立背景数据块 DB1～DB3

分别建立背景数据块 DB1～DB3。图 5-36 为背景数据块 DB1 的设置情况，DB2、DB3 可根据 DB1 自动生成。

6．编辑 OB 程序

编辑启动组织块 OB100，对所有电磁阀进行复位，如图 5-37 所示。

水箱1

	名称	数据类型	偏移量	起始值	保持	从 HMI/OPC..	从 H...	在 HMI ...	设定值	监控	注释
1	▼ Input				☐	☐	☐	☐	☐		
2	UH	Bool	0.0	false	☐	☑	☑	☑	☐		高液位传感器，表示水箱满
3	UL	Bool	0.1	false	☐	☑	☑	☑	☐		低液位传感器，表示水箱空
4	SB_ON	Bool	0.2	false	☐	☑	☑	☑	☐		放水电磁阀开启按钮，常开
5	SB_OFF	Bool	0.3	false	☐	☑	☑	☑	☐		放水电磁阀关闭按钮，常开
6	B_F	Bool	0.4	false	☐	☑	☑	☑	☐		水箱2空标志
7	C_F	Bool	0.5	false	☐	☑	☑	☑	☐		水箱3空标志
8	YB_IN	Bool	0.6	false	☐	☑	☑	☑	☐		水箱2进水电磁阀
9	YC_IN	Bool	0.7	false	☐	☑	☑	☑	☐		水箱3进水电磁阀
10	▼ Output				☐	☐	☐	☐	☐		
11	YA_IN	Bool	2.0	false	☐	☑	☑	☑	☐		当前水箱1进水电磁阀
12	YA_OUT	Bool	2.1	false	☐	☑	☑	☑	☐		当前水箱1放水电磁阀
13	A_F	Bool	2.2	false	☐	☑	☑	☑	☐		当前水箱1空标志

图 5-36　背景数据块 DB1 的设置情况

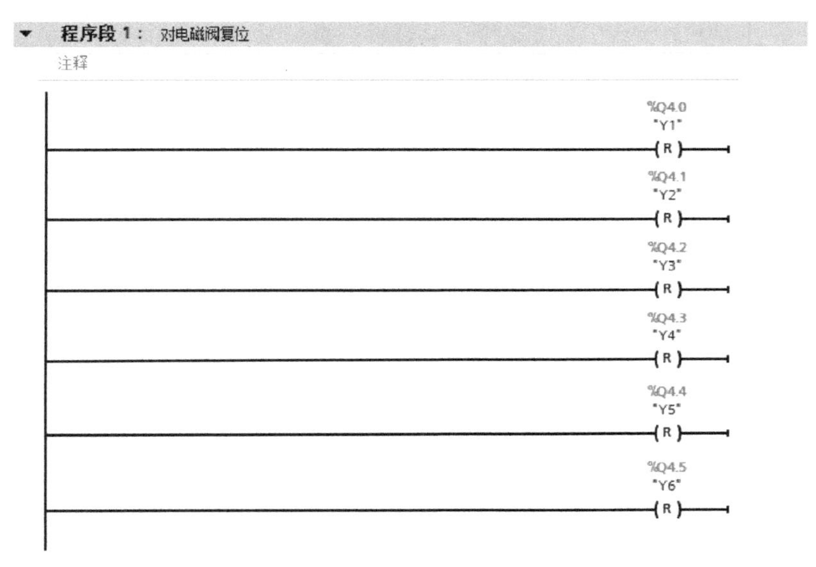

图 5-37　编辑启动组织块 OB100

在 OB1 中调用无静态参数的 FB，如图 5-38 所示。OB1 中程序如图 5-39 所示。

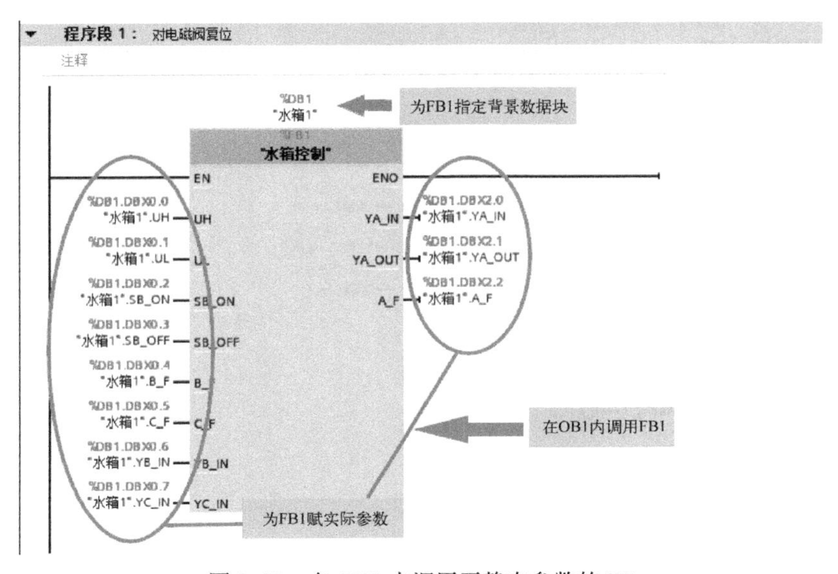

图 5-38　在 OB1 中调用无静态参数的 FB

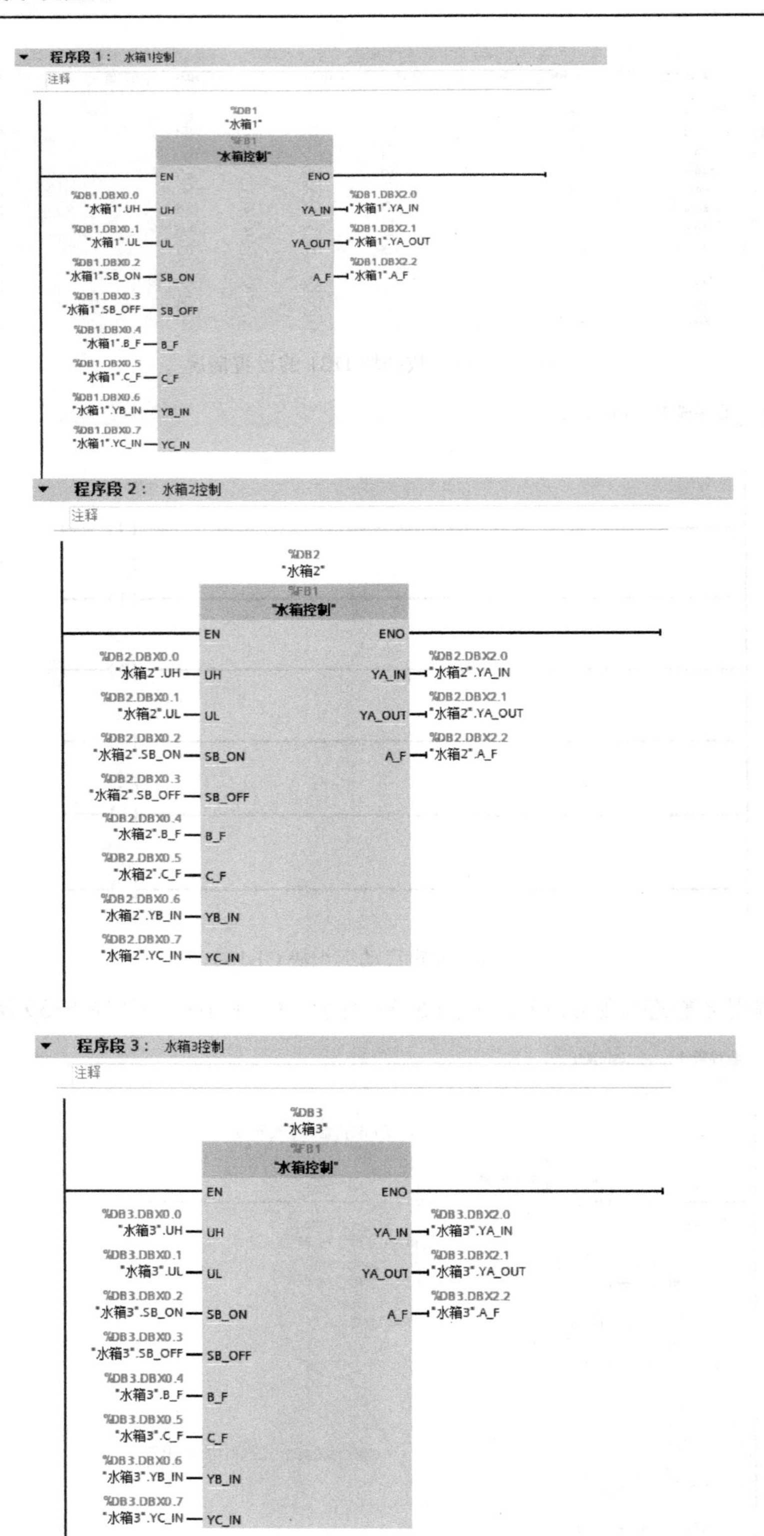

程序段 1： 水箱1控制
注释
%DB1
"水箱1"
%FB1
"水箱控制"
EN
ENO
%DB1.DBX0.0
"水箱1".UH — UH
%DB1.DBX0.1
"水箱1".UL — UL
%DB1.DBX0.2
"水箱1".SB_ON — SB_ON
%DB1.DBX0.3
"水箱1".SB_OFF — SB_OFF
%DB1.DBX0.4
"水箱1".B_F — B_F
%DB1.DBX0.5
"水箱1".C_F — C_F
%DB1.DBX0.6
"水箱1".YB_IN — YB_IN
%DB1.DBX0.7
"水箱1".YC_IN — YC_IN
%DB1.DBX2.0
YA_IN — "水箱1".YA_IN
%DB1.DBX2.1
YA_OUT — "水箱1".YA_OUT
%DB1.DBX2.2
A_F — "水箱1".A_F
程序段 2： 水箱2控制
注释
%DB2
"水箱2"
%FB1
"水箱控制"
EN
ENO
%DB2.DBX0.0
"水箱2".UH — UH
%DB2.DBX0.1
"水箱2".UL — UL
%DB2.DBX0.2
"水箱2".SB_ON — SB_ON
%DB2.DBX0.3
"水箱2".SB_OFF — SB_OFF
%DB2.DBX0.4
"水箱2".B_F — B_F
%DB2.DBX0.5
"水箱2".C_F — C_F
%DB2.DBX0.6
"水箱2".YB_IN — YB_IN
%DB2.DBX0.7
"水箱2".YC_IN — YC_IN
%DB2.DBX2.0
YA_IN — "水箱2".YA_IN
%DB2.DBX2.1
YA_OUT — "水箱2".YA_OUT
%DB2.DBX2.2
A_F — "水箱2".A_F
程序段 3： 水箱3控制
注释
%DB3
"水箱3"
%FB1
"水箱控制"
EN
ENO
%DB3.DBX0.0
"水箱3".UH — UH
%DB3.DBX0.1
"水箱3".UL — UL
%DB3.DBX0.2
"水箱3".SB_ON — SB_ON
%DB3.DBX0.3
"水箱3".SB_OFF — SB_OFF
%DB3.DBX0.4
"水箱3".B_F — B_F
%DB3.DBX0.5
"水箱3".C_F — C_F
%DB3.DBX0.6
"水箱3".YB_IN — YB_IN
%DB3.DBX0.7
"水箱3".YC_IN — YC_IN
%DB3.DBX2.0
YA_IN — "水箱3".YA_IN
%DB3.DBX2.1
YA_OUT — "水箱3".YA_OUT
%DB3.DBX2.2
A_F — "水箱3".A_F

图 5-39　OB1 中程序

5.3.4 案例：编辑并调用有静态参数的功能块（FB）——交通信号灯控制系统

在编辑 FB 时，如果程序中需要特定数据的参数，可以考虑将该特定数据定义为静态参数，并在 FB 的声明表内“Static”处声明。

双干道交通信号灯设置示意图如图 5-40 所示。其 I/O 分配表见表 5-7。信号灯的动作受开关总体控制，按一下启动按钮，信号灯系统开始工作，并周而复始地循环动作；按一下停止按钮，所有信号灯都熄灭。信号灯控制功能见表 5-8，试编写信号灯控制程序。

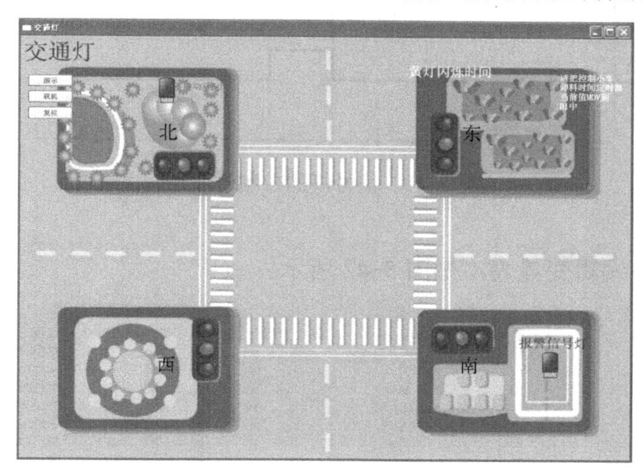

图 5-40 双干道交通信号灯设置示意图

表 5-7 PLC 控制双干道交通信号灯 I/O 分配表

输入		输出	
输入设备	输入编号	输出设备	输出编号
启动按钮	I0.0	东西向红色信号灯	Q4.0
停止按钮	I0.1	东西向绿色信号灯	Q4.1
		东西向黄色信号灯	Q4.2
		南北向红色信号灯	Q4.3
		南北向绿色信号灯	Q4.4
		南北向黄色信号灯	Q4.5

表 5-8 双干道交通信号灯控制功能

南北方向	信号	SN_G 亮	SN_G 闪	SN_Y 亮	SN_R 亮		
	时间	45s	3s	2s	30s		
东西方向	信号	EW_R 亮			EW_G 亮	EW_G 闪	EW_Y 亮
	时间	50s			25s	3s	2s

根据双干道交通信号灯的控制要求，可画出信号灯的控制时序图如图 5-41 所示。

1. 创建新项目并完成硬件配置

使用菜单“项目”→“新建”创建交通信号灯控制系统的新项目，并命名为“交通信号灯控制系统”。项目包含组织块 OB1 和 OB100。在“交通信号灯控制系统”项目内单击“添加新设备”→“控制器”打开“SIMATIC S7-1500”文件夹，打开硬件配置窗口，并完成硬件配置。

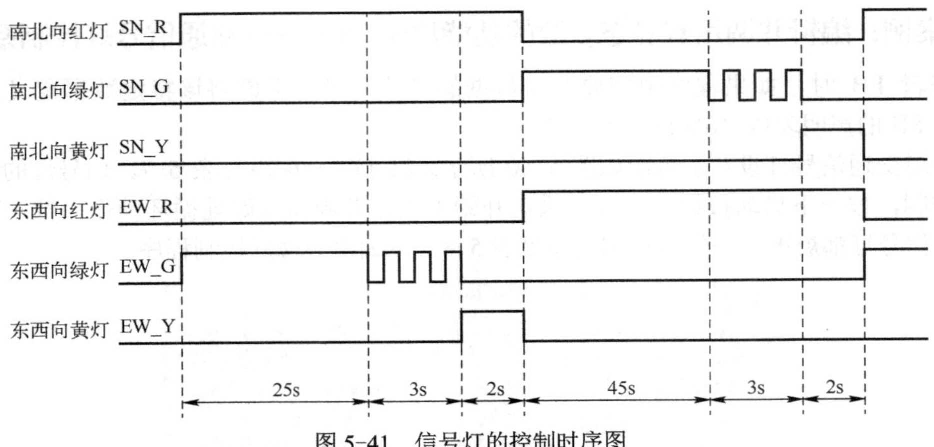

图 5-41　信号灯的控制时序图

2．编辑变量表

根据 I/O 分配表，编辑变量表，如图 5-42 所示。

变量表_1

	名称	数据类型	地址	保持	从 H...	从 H...	在 H...	监控	注释
1	EW_G	Bool	%Q4.1	☐	☑	☑	☑		东西向绿色信号灯
2	EW_R	Bool	%Q4.0	☐	☑	☑	☑		东西向红色信号灯
3	EW_Y	Bool	%Q4.2	☐	☑	☑	☑		东西向黄色信号灯
4	F_1Hz	Bool	%M10.5	☐	☑	☑	☑		1Hz时钟信号
5	SF	Bool	%M0.0	☐	☑	☑	☑		系统启动标志
6	SN_G	Bool	%Q4.4	☐	☑	☑	☑		南北向绿色信号灯
7	SN_R	Bool	%Q4.3	☐	☑	☑	☑		南北向红色信号灯
8	SN_Y	Bool	%Q4.5	☐	☑	☑	☑		南北向黄色信号灯
9	START	Bool	%I0.0	☐	☑	☑	☑		启动按钮
10	STOP	Bool	%I0.1	☐	☑	☑	☑		停止按钮
11	T_EW_G	Timer	%T1	☐	☑	☑	☑		东西向绿灯常亮延时定时器
12	T_EW_GF	Timer	%T6	☐	☑	☑	☑		东西向绿灯闪亮延时定时器
13	T_EW_R	Timer	%T0	☐	☑	☑	☑		东西向红灯常亮延时定时器
14	T_EW_Y	Timer	%T2	☐	☑	☑	☑		东西向黄灯常亮延时定时器
15	T_SN_G	Timer	%T4	☐	☑	☑	☑		南北向绿灯常亮延时定时器
16	T_SN_GF	Timer	%T7	☐	☑	☑	☑		南北向绿灯闪亮延时定时器
17	T_SN_R	Timer	%T3	☐	☑	☑	☑		南北向红灯常亮延时定时器
18	T_SN_Y	Timer	%T5	☐	☑	☑	☑		南北向黄灯常亮延时定时器

图 5-42　编辑变量表（信号灯的控制）

3．规划程序结构

OB1 为主循环 OB、OB100 初始化程序、FB1 为单向红绿灯控制程序、DB1 为东西数据块、DB2 为南北数据块，规划程序结构如图 5-43 所示。

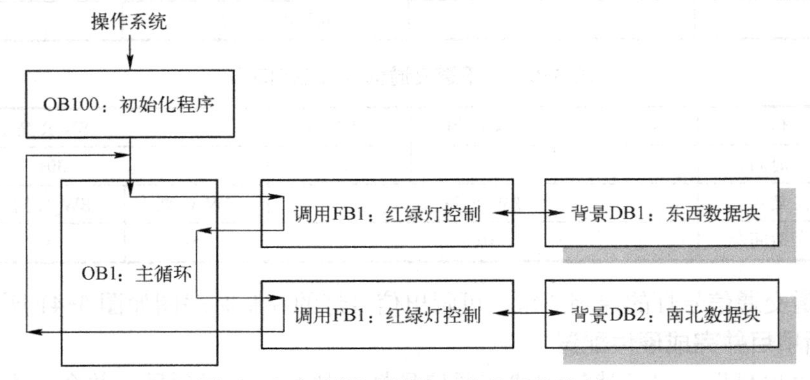

图 5-43　规划程序结构（信号灯的控制）

4．编辑 FB

定义局部变量声明表，如图 5-44 所示。

红绿灯控制

	名称	数据类型	偏移量	默认值	从 HMI/OPC...	从 H...	在 HMI ...	设定值	监控	注释
1	▼ Input				☐	☐	☐	☐		
2	R_ON	Bool	0.0	false	☑	☑	☑	☐		当前方向红灯开始亮标志
3	T_R	Timer	2.0	0	☑	☑	☑	☐		当前方向红色信号灯常亮定时器
4	T_G	Timer	4.0	0	☑	☑	☑	☐		另一方向绿色信号灯常亮定时器
5	T_Y	Timer	6.0	0	☑	☑	☑	☐		另一方向黄色信号灯常亮定时器
6	T_GF	Timer	8.0	0	☑	☑	☑	☐		另一方向绿色信号灯闪亮定时器
7	T_RW	S5Time	10.0	S5T#0ms	☑	☑	☑	☐		T_R定时器初始值
8	T_GW	S5Time	12.0	S5T#0ms	☑	☑	☑	☐		T_G定时器初始值
9	STOP	Bool	14.0	false	☑	☑	☑	☐		停止信号
10	▼ Output				☐	☐	☐	☐		
11	LED_R	Bool	16.0	false	☑	☑	☑	☐		当前方向红色信号灯
12	LED_G	Bool	16.1	false	☑	☑	☑	☐		另一方向绿色信号灯
13	LED_Y	Bool	16.2	false	☑	☑	☑	☐		另一方向黄色信号灯
14	▼ InOut				☐	☐	☐	☐		
15	<新增>				☐	☐	☐	☐		
16	▼ Static				☐	☐	☐	☐		
17	T_GF_W	S5Time	18.0	S5T#0ms	☑	☑	☑	☐		绿灯闪亮定时器初始值
18	T_Y_W	S5Time	20.0	S5T#0ms	☑	☑	☑	☐		黄灯常亮定时器初始值

图 5-44　定义局部变量声明表

编写功能块 FB1 程序如图 5-45 所示。

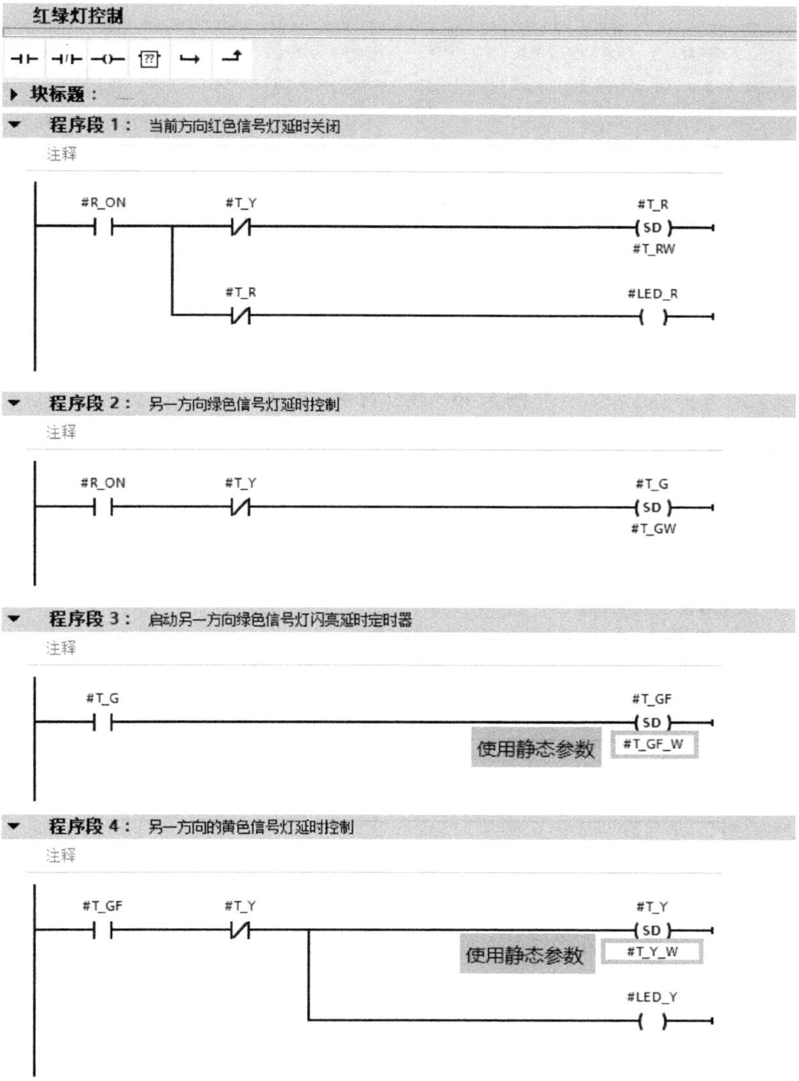

图 5-45　编写功能块 FB1 程序

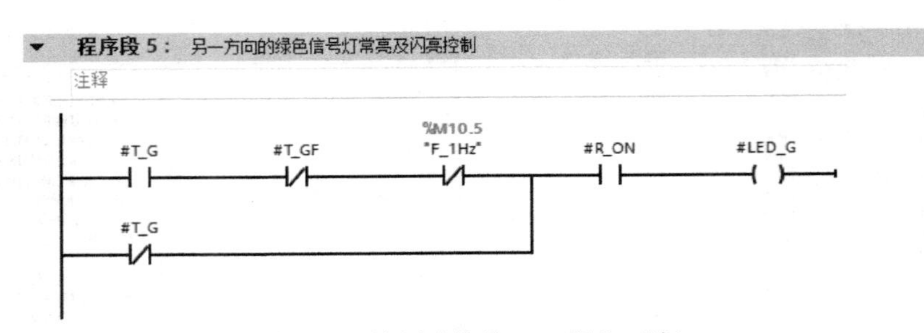

图 5-45 编写功能块 FB1 程序（续）

5. 建立背景数据块（DI）

由于在创建 DB1 和 DB2 之前，已经完成了 FB1 的变量声明，并建立了相应的数据结构，所以在创建与 FB1 相关联的 DB1 和 DB2 时，TIA 博途软件自动完成了数据块的数据结构。建立背景数据块如图 5-46 所示。

DB1

	名称	数据类型	偏移量	起始值	保持	从 HMI/OPC..	从 H...	在 HMI ...	设定值	监控	注释
1	▼ Input				☐	☐	☐	☐	☐		
2	R_ON	Bool	0.0	false	☐	☑	☑	☑	☐		当前方向红灯开始亮标志
3	T_R	Timer	2.0	0	☐	☑	☑	☑	☐		当前方向红色信号灯常亮定时器
4	T_G	Timer	4.0	0	☐	☑	☑	☑	☐		另一方向绿色信号灯常亮定时器
5	T_Y	Timer	6.0	0	☐	☑	☑	☑	☐		另一方向黄色信号灯常亮定时器
6	T_GF	Timer	8.0	0	☐	☑	☑	☑	☐		另一方向绿色信号灯闪亮定时器
7	T_RW	S5Time	10.0	S5T#0ms	☐	☑	☑	☑	☐		T_R定时器初始值
8	T_GW	S5Time	12.0	S5T#0ms	☐	☑	☑	☑	☐		T_G定时器初始值
9	STOP	Bool	14.0	false	☐	☑	☑	☑	☐		停止信号
10	▼ Output				☐	☐	☐	☐	☐		
11	LED_R	Bool	16.0	false	☐	☑	☑	☑	☐		当前方向红色信号灯
12	LED_G	Bool	16.1	false	☐	☑	☑	☑	☐		另一方向绿色信号灯
13	LED_Y	Bool	16.2	false	☐	☑	☑	☑	☐		另一方向黄色信号灯
14	InOut				☐	☐	☐	☐	☐		
15	▼ Static				☐	☐	☐	☐	☐		
16	T_GF_W	S5Time	18.0	S5T#0ms	☐	☑	☑	☑	☐		绿灯闪亮定时器初始值
17	T_Y_W	S5Time	20.0	S5T#0ms	☐	☑	☑	☑	☐		黄灯常亮定时器初始值

图 5-46 建立背景数据块

6. 编辑 OB 程序

编辑启动组织块 OB100，启动时关闭所有信号灯及启动标志，如图 5-47 所示。

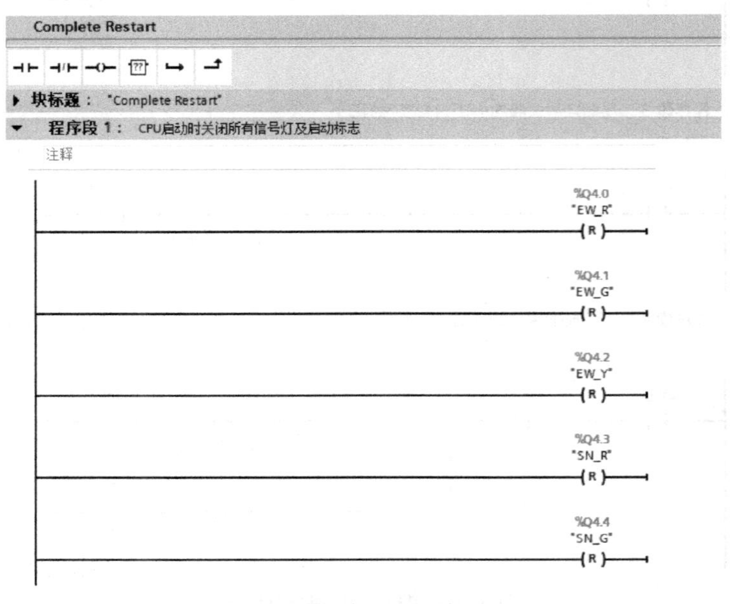

图 5-47 编辑启动组织块 OB100

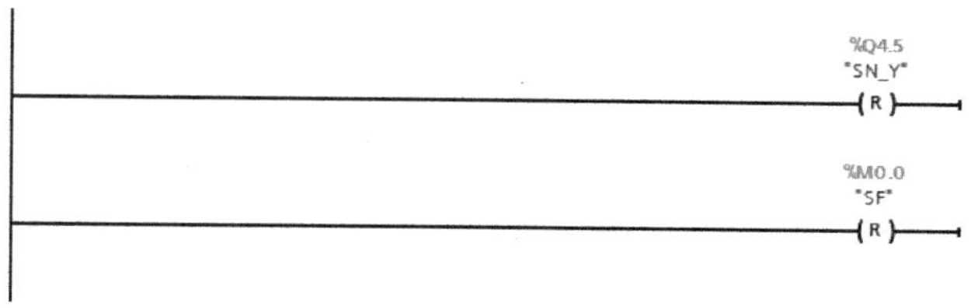

%Q4.5
"SN_Y"
R

%M0.0
"SF"
R

图 5-47 编辑启动组织块 OB100（续）

在 OB1 中调用有静态参数的 FB1，OB1 程序如图 5-48 所示。

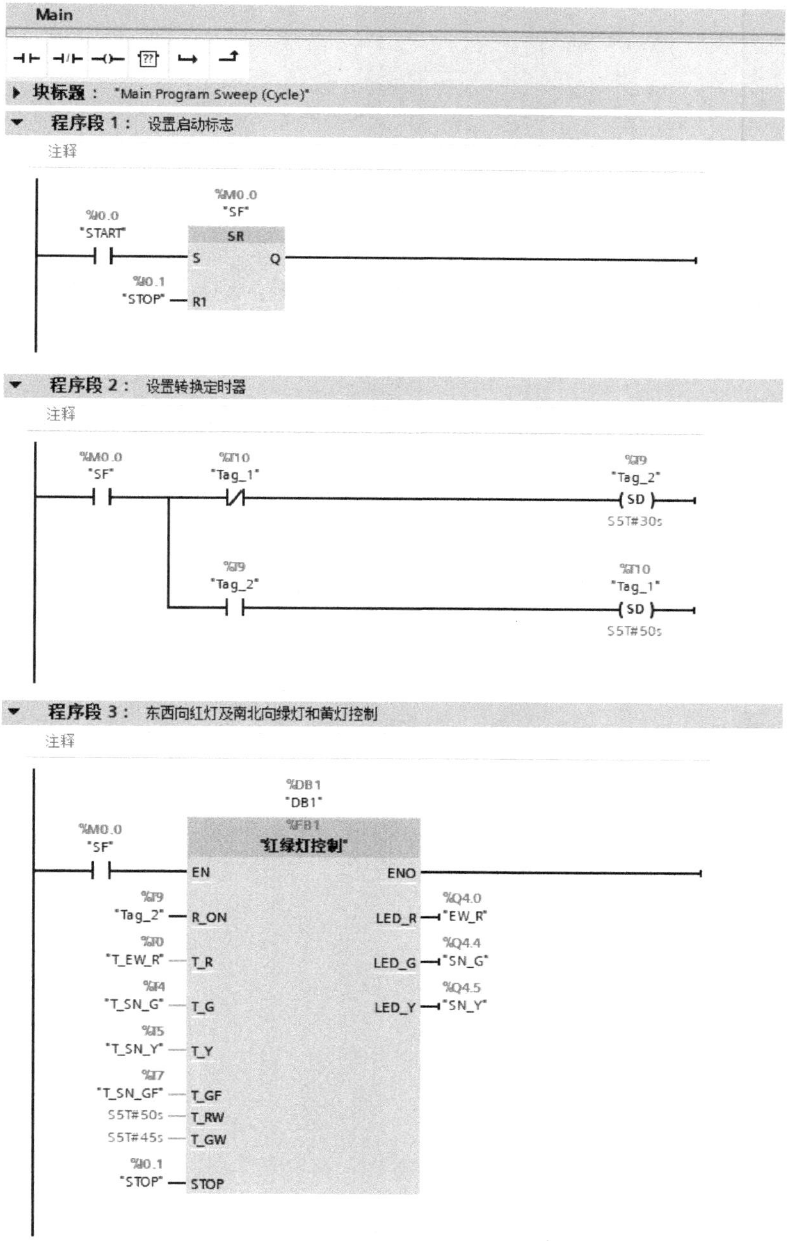

Main

块标题： "Main Program Sweep (Cycle)"

程序段 1： 设置启动标志

注释

%M0.0
"SF"
%I0.0
"START"
SR
S Q
%I0.1
"STOP" — R1

程序段 2： 设置转换定时器

注释

%M0.0
"SF"
%T10
"Tag_1"
%T9
"Tag_2"
SD
S5T#30s

%T9
"Tag_2"
%T10
"Tag_1"
SD
S5T#50s

程序段 3： 东西向红灯及南北向绿灯和黄灯控制

注释

%DB1
"DB1"
%FB1
"红绿灯控制"

%M0.0
"SF" — EN ENO
%T9
"Tag_2" — R_ON LED_R — %Q4.0 "EW_R"
%T0
"T_EW_R" — T_R LED_G — %Q4.4 "SN_G"
%T4
"T_SN_G" — T_G LED_Y — %Q4.5 "SN_Y"
%T5
"T_SN_Y" — T_Y
%T7
"T_SN_GF" — T_GF
S5T#50s — T_RW
S5T#45s — T_GW
%I0.1
"STOP" — STOP

图 5-48 OB1 程序

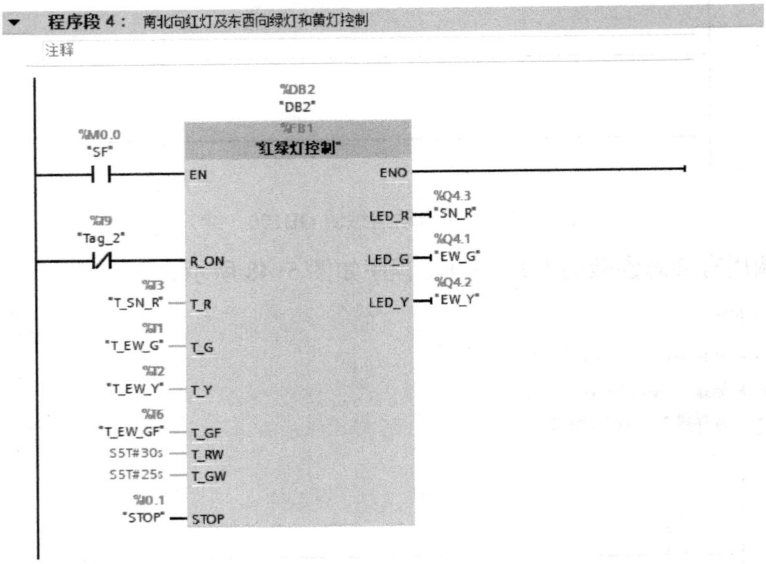

程序段 4： 南北向红灯及东西向绿灯和黄灯控制
注释
%DB2
"DB2"
%FB1
"红绿灯控制"
%M0.0
"SF"
EN
ENO
%Q4.3
LED_R "SN_R"
%T9
"Tag_2"
R_ON
%Q4.1
LED_G "EW_G"
%Q4.2
LED_Y "EW_Y"
%T3
"T_SN_R" T_R
%T1
"T_EW_G" T_G
%T2
"T_EW_Y" T_Y
%T6
"T_EW_GF" T_GF
S5T#30s T_RW
S5T#25s T_GW
%I0.1
"STOP" STOP

图 5-48　OB1 程序（续）

第6章　SIMATIC S7-1500 PLC的GRAPH编程

6.1　西门子PLC的GRAPH编程

6.1.1　知识：S7-GRAPH简介

西门子PLC的S7-GRAPH编程语言在IEC标准中又被称作顺序功能图（Sequential Function Chart，SFC），它一般用于编制复杂的顺控程序。

6-1
GRAPH 函数块建立

在PLC程序中，有相当一部分程序是控制一台设备按照某个工艺流程一步步地完成相应的动作步骤。对于这样的顺序控制程序，程序设计者通常需要先画出整个工艺流程图，再通过流程图来编辑设计梯形图程序。若将该工艺流程图直接作为可执行的程序，那么程序设计的工作将变得方便高效。20世纪80年代，“顺序功能图”这种程序设计方法被提出来，并发展成为IEC标准，于20世纪90年代收录于IEC 61131中。

相较以往版本的编程软件，TIA博途软件使用GRAPH语言，使编辑和调试程序变得更为方便和灵活。目前，S7-300/400/1500系列PLC都可使用GRAPH语言进行编程，但S7-1200系列PLC还不支持GRAPH语言。

6.1.2　知识：S7-GRAPH的应用基础

1．GRAPH函数块建立

使用GRAPH语言进行程序编辑首先需要建立一个FB。双击项目树导航程序块中的“添加新块”，如图6-1所示。

在建立新FB的对话框中，将编程语言设置为GRAPH，如图6-2所示。

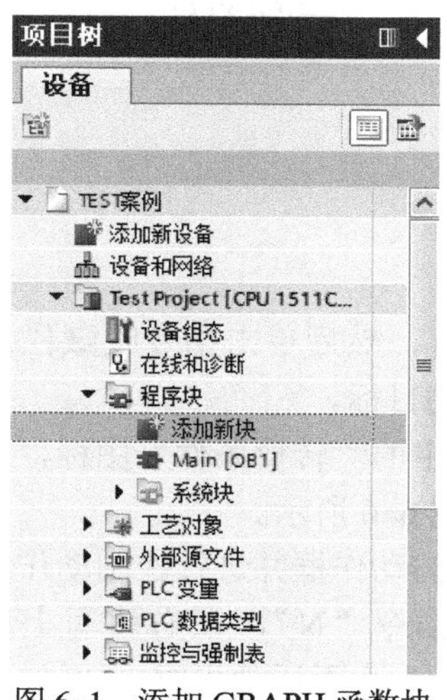

图6-1　添加GRAPH函数块

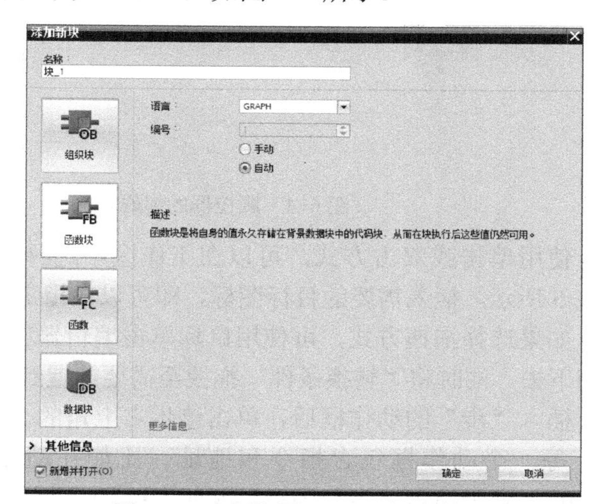

图6-2　建立使用GRAPH语言的FB

双击打开新建的 FB，进入 GRAPH 语言的编辑界面，如图 6-3 所示。在该界面中，TIA 博途软件将 GRAPH 的工作区划分为两个区域，左侧为导航栏，右侧为编辑区域。通过在导航栏内点选各个部分或单击工具栏上的按钮，可以在右侧的编辑区域选择开启前固定指令、顺控器、后固定指令和报警 4 部分的编辑。当 FB 被调用的时候其指令执行的顺序为：先执行前固定指令，再执行顺控器中的程序，最后执行后固定指令。当后固定指令运行完成后，整个 FB 运行完毕。报警部分主要是设置块内一些监控与显示类别等信息，不涉及程序的编辑。

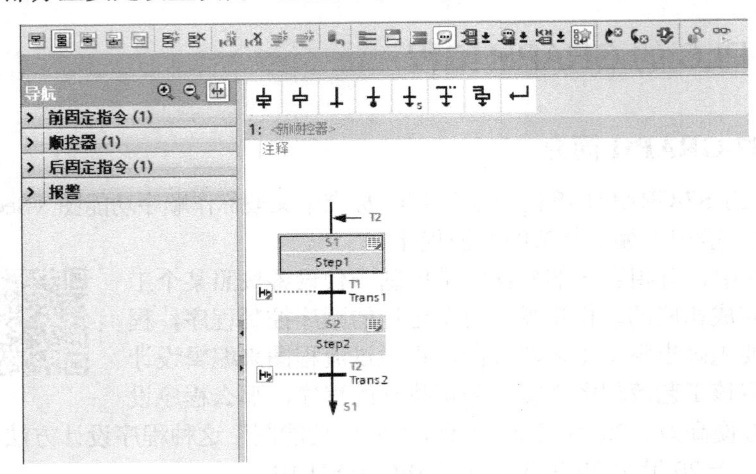

图 6-3　GRAPH 语言的编辑界面

2．顺控器的编辑

在博途软件的 GRAPH 编辑器中，可单击或拖拽指令收藏栏中的指令来对工作区进行编辑，其他指令则需使用双击或拖拽的方式对工作区进行编辑。顺控器的编辑界面如图 6-4 所示。

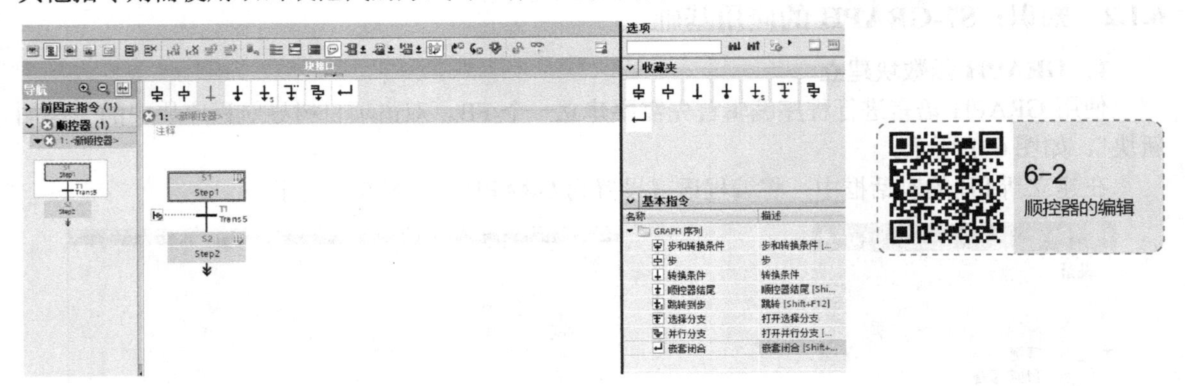

图 6-4　顺控器的编辑界面

使用单击或双击方式，可以在工作区中选择准备插入的位置，然后单击指令收藏栏，如图 6-5 所示，插入需要的目标图标，即可以在指定位置插入需要的目标。

如果选择拖拽方式，可使用鼠标单击编辑器工作区上工具条中的“转换条件”图标，并让其凹下去，同时将“转换条件”拖拽至需要放置到的位置上，如图 6-6 所示。

插入“步”的动作框后，单击该步右上角的图标，可打开该步的动作框并进行控制动作的编辑，每一个动作框包含指令和地址。比如在动作框左边写上指令“N”，在右边写上地址“Q0.0”，表示当该“步”为活动步时，Q0.0 输出“1”；当该“步”为不活动步时，Q0.0 输出

“0”。如图 6-7 所示。动作框里常用的指令、事件类型见表 6-1、表 6-2。

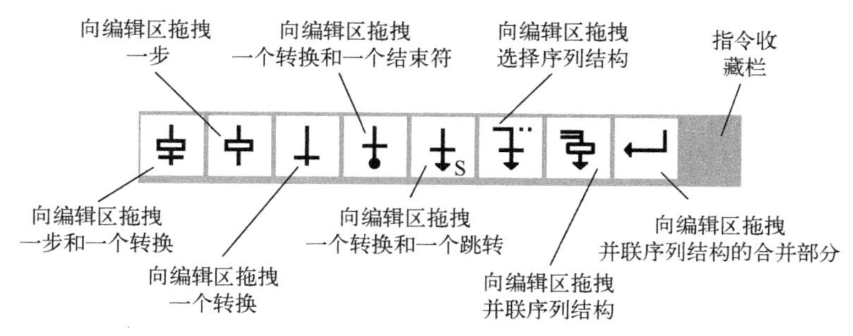

图 6-5　指令收藏栏

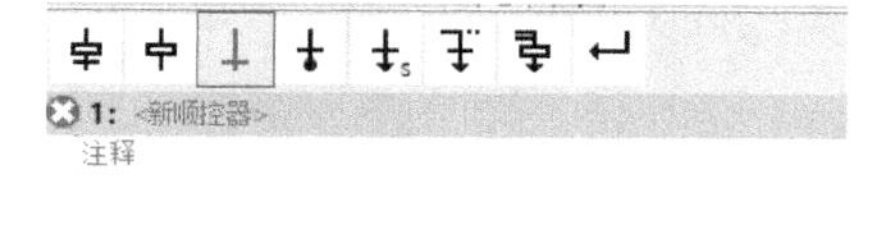
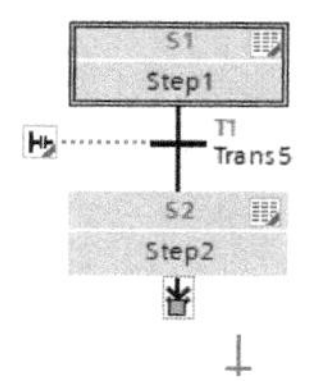

图 6-6 “转换条件”的拖拽

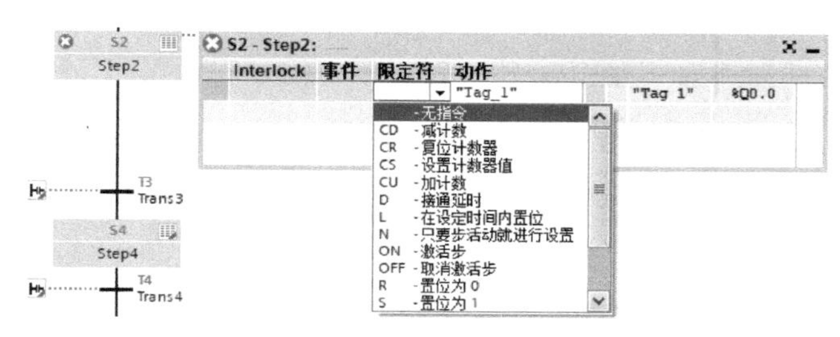

图 6-7　编辑“步”的动作

表 6-1　动作框里常用的指令

指令（符号）	指令基本动作描述
N	当该“步”为活动步时，地址输出为“1” 当该“步”为不活动步时，地址输出为“0”
S	当该“步”为活动步时，地址输出为“1”并保持（即置位）
R	当该“步”为活动步时，地址输出为“0”并保持（即复位）
D	当该“步”为活动步时，开始倒计时，计时时间到，地址输出为“1” 当该“步”为不活动步时，地址输出为“0”
L	当该“步”为活动步时，地址输出为“1”并开始倒计时，计时时间到，地址输出为“0” 当该“步”为不活动步时，地址输出为“0”
CALL	当该“步”为活动步时，调用指定的程序块

表 6-2　动作框里常用的事件类型

事件	信号检测	描述
S1	上升沿	步已激活（信号状态为“1”）
S0	下降沿	步已取消激活（信号状态为“0”）
V1	上升沿	满足监控条件，即发生错误（信号状态为“1”）
V0	下降沿	不再满足监控条件，即错误已消除（信号状态为“0”）
L0	上升沿	满足互锁条件，即错误已消除（信号状态为“1”）
L1	下降沿	不满足互锁条件，即发生错误（信号状态为“0”）
A1	上升沿	报警已确认
R1	上升沿	到达的注册

完成步的编辑后，可双击该步进入单步视图。在单步视图里该步内部可以编辑的程序分为互锁（Interlock）、监控（Supervision）、动作（Actions）和转换（Trans）。这里主要介绍一下互锁：当该步处在激活状态时，指令 Q0.0 设置了互锁信号 I10.0，只有互锁信号 I10.0 被接通时，才可以正常执行指令 Q0.0，否则该指令不被执行，单步编辑如图 6-8 所示。

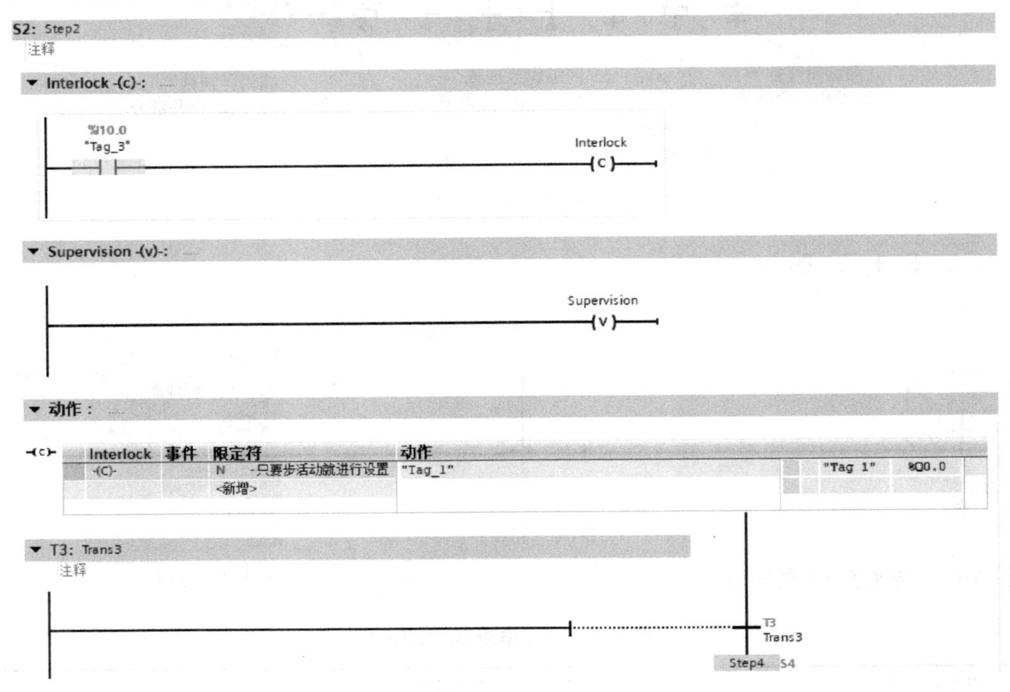

图 6-8　单步编辑

在编写转换条件时，转换条件程序的指令主要有常开触点、常闭触点、比较指令、监视时间 CMP>T 或监视时间 CMP>U，如图 6-9 所示。

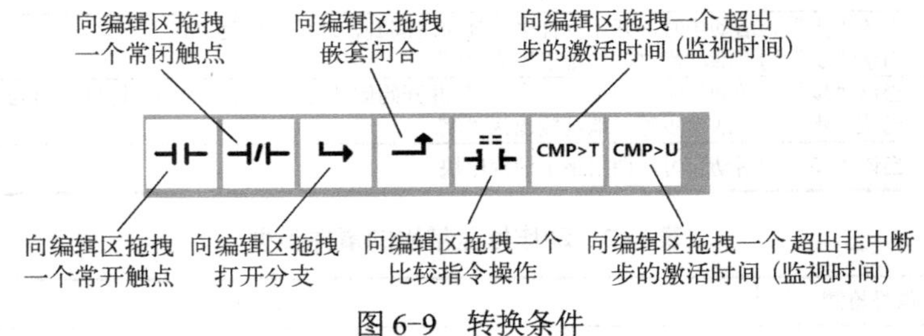

图 6-9　转换条件

插入转换指令时，首先选择插入模式“单击”或“拖拽”，然后单击所需要的图标，即可在指定地方插入转换指令，然后在每个指令的地方写上地址即可。比如选择“单击”模式，选中“步 1”（S1）的转换条件 T1，再单击工具条上的“常开触点”后就可以把常开触点指令放到转换条件 T1 里，然后写上指令的地址“M0.0”，条件转换指令如图 6-10 所示。

同理，也可将“步 3”（S3）的监控激活时间作为指令写入转换条件 T3，以步的激活时间作为条件转换指令如图 6-11 所示。

顺控器中“步”的最后一般是跳转或结束指令，在顺控器工具条中分别用 ↧ₛ 和 ↧ 表示。在插入跳转或结束指令时，首先选择插入模式“单击”或“拖拽”，然后单击 ↧ₛ 和 ↧ 图标，即可在指定地方插入跳转或结束指令。如果是跳转指令还需要写上跳转到某一“步”的地址代码，如图 6-12 所示。

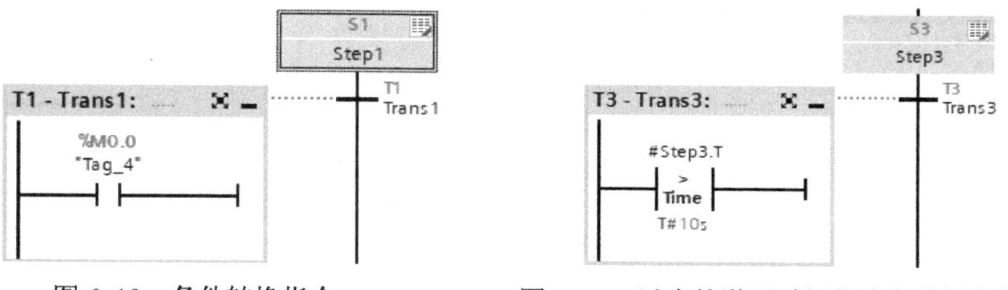

图 6-10　条件转换指令　　　　图 6-11　以步的激活时间作为条件转换指令

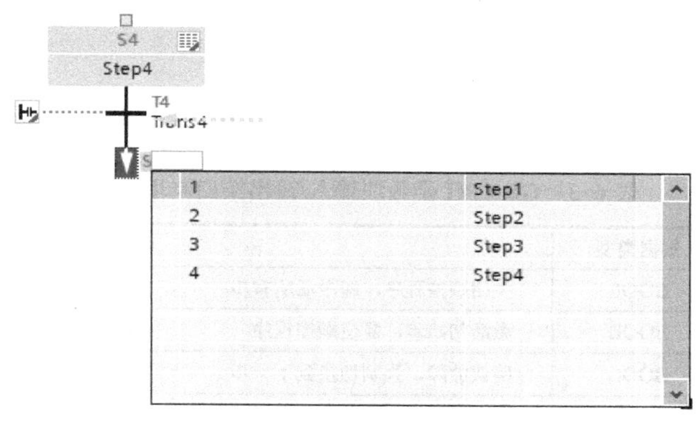

图 6-12　跳转指令

3. GRAPH 函数块的调用

当 GRAPH 函数块编辑完毕后，可从项目导航的“程序块”中将该 FB 拖拽至 Main（OB1）的程序段中进行调用，如图 6-13 所示。

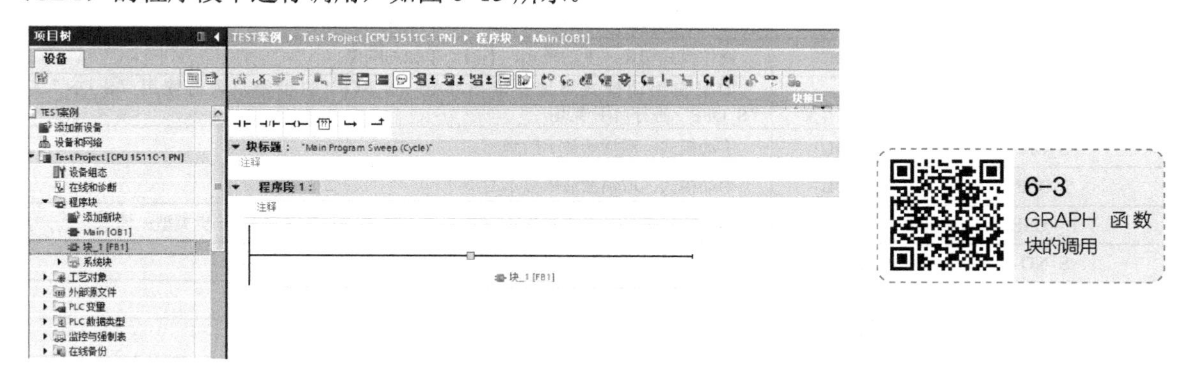

图 6-13　函数块的调用

当 GRAPH 函数块被调用时，TIA 博途软件会自动生成背景数据块，如图 6-14、图 6-15 所示。GRAPH 函数块被调用后其接口参数的设置及编译设置对后续的调试执行有着重大的影响，用户可以在“选项”→“设置”→“PLC 编程”→“GRAPH”（“Options”→“Settings”→“PLC programming”→“GRAPH”）中选择不同接口参数集，也可以手动在所有参数集中删除或插入单个参数。选择完参数集后可对接口参数进行修改。GRAPH 函数块输入输出接口常用的参数见表 6-3。

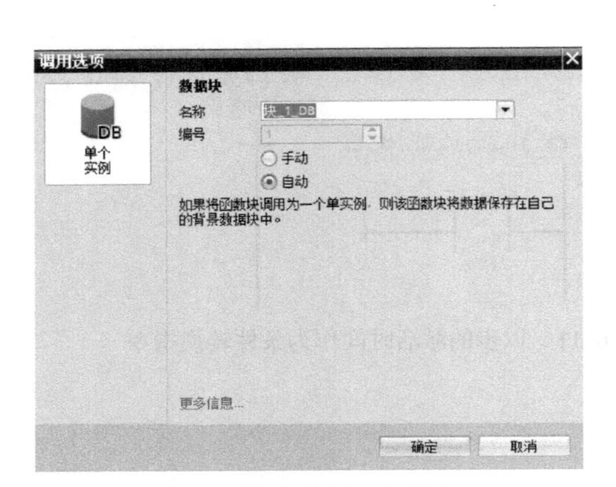

图 6-14　生成背景数据块

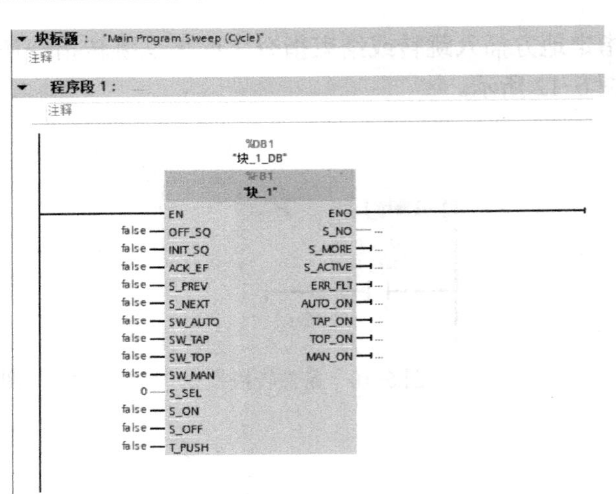

图 6-15　GRAPH 函数块被调用

表 6-3　GRAPH 函数块输入/输出接口常用的参数

参数	数据类型	描述
OFF_SQ	BOOL	关闭顺控程序，即激活所有步
INIT_SQ	BOOL	激活初始步，复位顺控程序
ACK_EF	BOOL	确认故障，强制切换到下一步
S_PREV	BOOL	自动模式：向上翻页浏览当前活动步，显示“S_NO”参数中的步号 手动模式：显示“S_NO”中的上一步（较小编号）
S_NEXT	BOOL	自动模式：向下翻页浏览当前活动步，显示“S_NO”参数中的步号 手动模式：显示 S_NO 中的下一步（较大编号）
SW_AUTO	BOOL	操作模式切换：自动模式
SW_TAP	BOOL	操作模式切换：半自动/保留转换条件模式
SW_TOP	BOOL	操作模式切换：半自动/忽略转换条件模式
SW_MAN	BOOL	操作模式切换：手动模式，不启动单独的顺序
S_SEL	INT	如果在手动模式下选择输出参数“S_NO”的步号，则需使用“S_ON”/“S_OFF”进行启用/禁用
S_ON	BOOL	手动模式：激活所显示的步
S_OFF	BOOL	手动模式：取消激活所显示的步
T_PUSH	BOOL	如果满足条件且“T_PUSH”（边沿），则转换条件切换到下一步类型：请求
S_NO	INT	显示步号
S_MORE	BOOL	激活其他步
S_ACTIVE	BOOL	所显示的步处于活动状态
ERR_FLT	BOOL	常规故障
AUTO_ON	BOOL	显示自动模式
TAP_ON	BOOL	显示已启用半自动/保留转换条件模式
TOP_ON	BOOL	显示已启用半自动/忽略转换条件模式
MAN_ON	BOOL	显示已启用手动模式

4．GRAPH 函数块的下载与监控

当 GRAPH 函数块在 OB1 中被调用后，可单击菜单栏按钮将程序下载至 PLC 中。双击进入函数块并按下按钮，可对顺控器的各步状态进行监控，如图 6-16 所示。

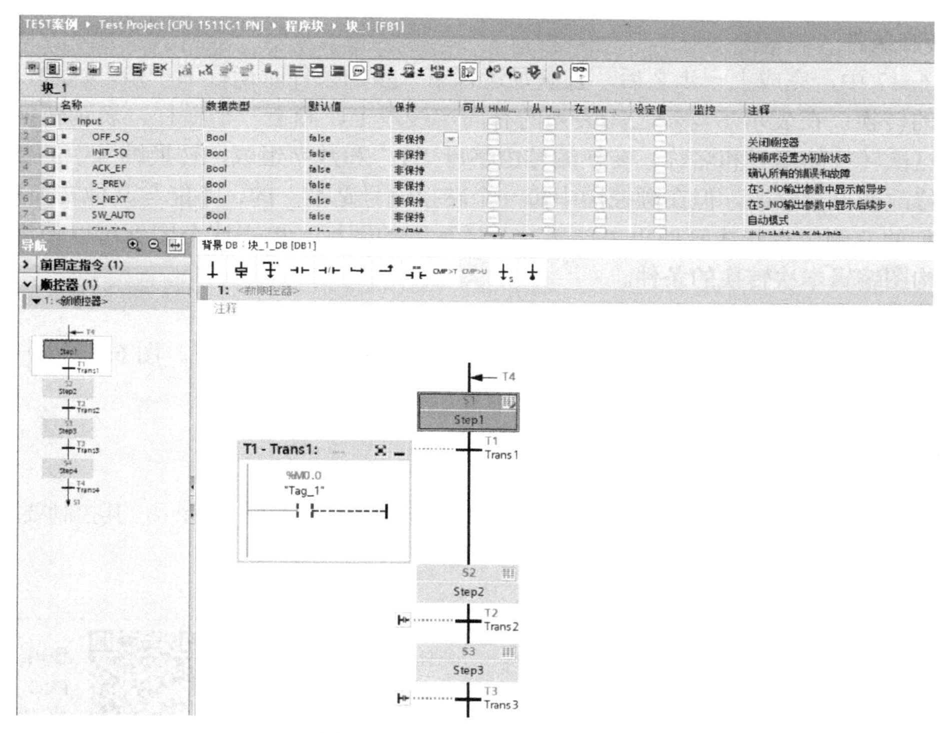

图 6-16 监控 GRAPH 函数块

6.2 简单流程的程序设计

6.2.1 知识：单流程的程序设计

单流程的程序是由一系列相继激活的步组成的，每一步的后面仅有一个转换，每一个转换后面只有一步，整个流程图中没有分支与合并的地方，顺控图如图 6-17 所示。这里对一些编辑和制图方法与符号进行标准化，具体如下。

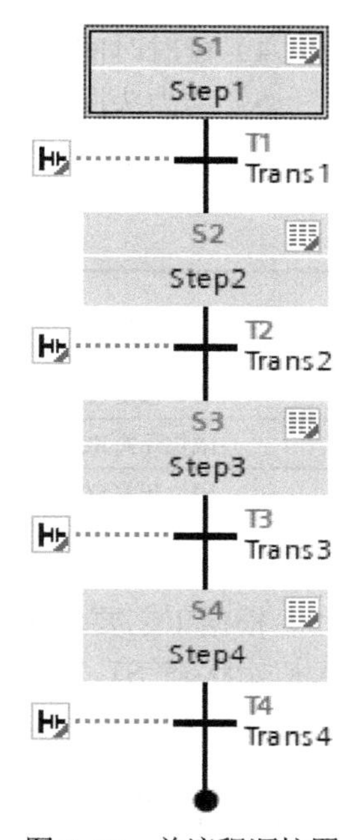

图 6-17 单流程顺控图

1. 步

在图 6-17 中的每一个“Step”称为一“步”。一般将顺序控制的流程分为若干个阶段，每个阶段被称为“步”。前一“步”完成之后（满足了运行下一个的条件），运行下一“步”，依次运行下来完成整个控制流程。最开始运行的“步”称为起始步，用双方框表示，其余的步用方框表示。步执行的顺序永远从上至下排列，同时步与步之间用有向实线段连接。

每步都有一个步编号和步名称，其中步编号由字母“S”和数字组成，步编号可以由用户逐一修改，也可以批量修改，但在顺控图中每一步的编号都是唯一的，不能与其他步重复。

在每一步的右上角都有一个文档模样的图标，用于在顺控器视图下显示和编辑该步内的指令。

2．转换条件

在图 6-17 中，完成上一步之后，且满足运行下一步的条件时运行下一步，这种过程称为步与步之间的转换。在表示步与步之间关系的有向实线段上，画上一个横杠，表示转换。横杠的右侧注明这次转换的编号和名称。转换编号由字母“T”和数字组成，转换编号中的数字可以由用户逐一修改或批量修改，但在顺控图中每一个转换编号是唯一的，不能与其他转换重复。

在横杠的左侧由点状线延伸出去连接一个梯形图的图标，单击这个图标可以使用梯形图或者逻辑结构图编辑本次转换的条件。

3．结束符

任意程序的最后可以连接一个符号用来表示该程序执行到当前位置。图 6-17 为一个单流程程序，应在该程序最后加入黑色实心圆以表示程序结束。

6.2.2 案例：PLC 控制钻孔动力头

某冷加工自动线有一个钻孔动力头，该动力头工作示意图如图 6-18 所示，其控制要求如下。

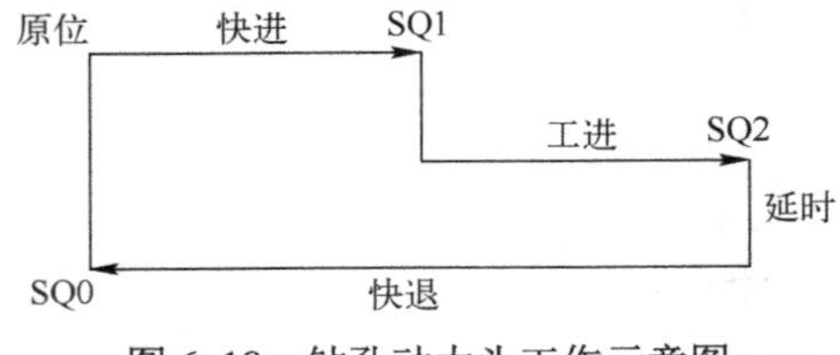

图 6-18 钻孔动力头工作示意图

1）动力头在原位，并加以启动信号，这时接通电磁阀 YV1，动力头快进。

2）动力头碰到限位开关 SQ1 后，接通电磁阀 YV1 和 YV2，动力头由快进转为工进，同时动力头电动机转动（由 KM1 控制）。

3）动力头碰到限位开关 SQ2 后，开始延时 3s。

4）延时时间到，接通电磁阀 YV3，动力头快退。

5）动力头回到原位即停止。

其 I/O 分配表见表 6-4。

表 6-4 钻孔动力头 I/O 分配表

输　入		输　出	
输入设备	输入编号	输出设备	输出编号
启动按钮 SB1	I0.0	电磁阀 YV1	Q0.0
限位开关 SQ0	I0.1	电磁阀 YV2	Q0.1
限位开关 SQ1	I0.2	电磁阀 YV3	Q0.2
限位开关 SQ2	I0.3	接触器 KM1	Q0.3

根据工艺要求画出顺控图如图 6-19 所示，这是一个简单流程的顺控图，PLC 在开机时进入初始状态 S1，当程序运行使动力头回到原位时，以限位开关 SQ0（I0.1）作为转换条件使程序返回初始状态 S1，等待下一次启动（即程序停止）。

6.2.3 案例：PLC 控制剪板机

PLC 控制剪板机工作示意图如图 6-20 所示，其控制要求如下。

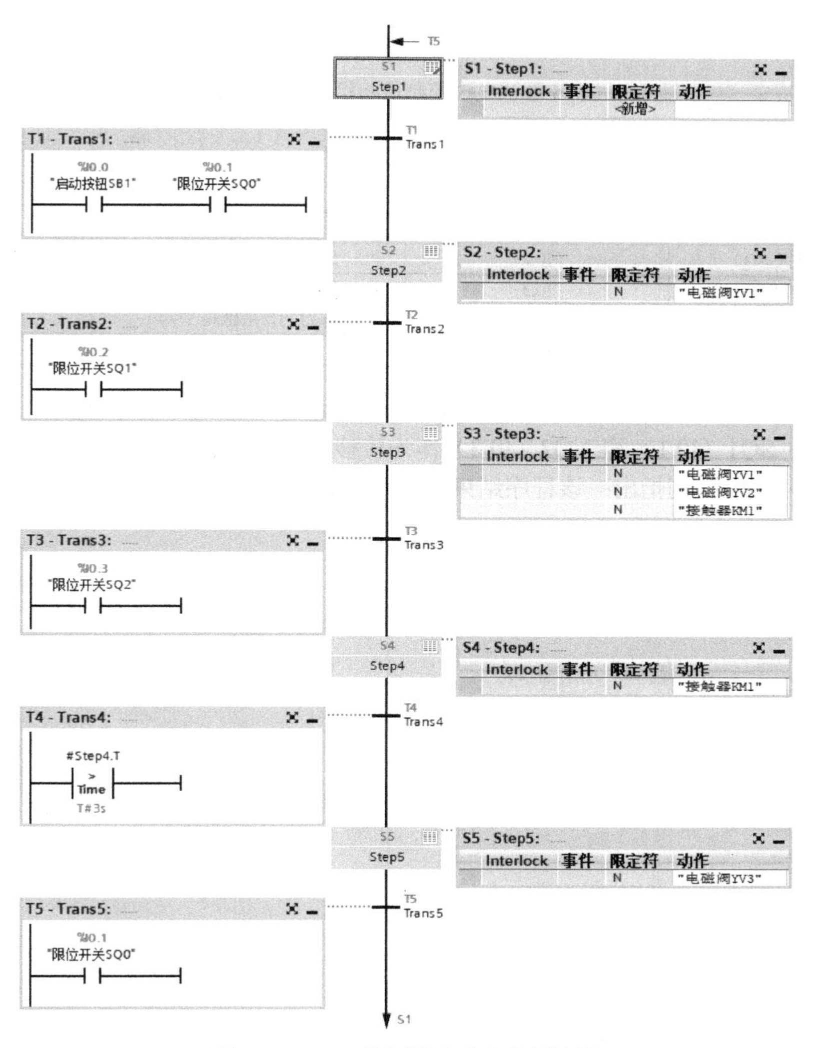

图 6-19　PLC 控制钻孔动力头顺控图

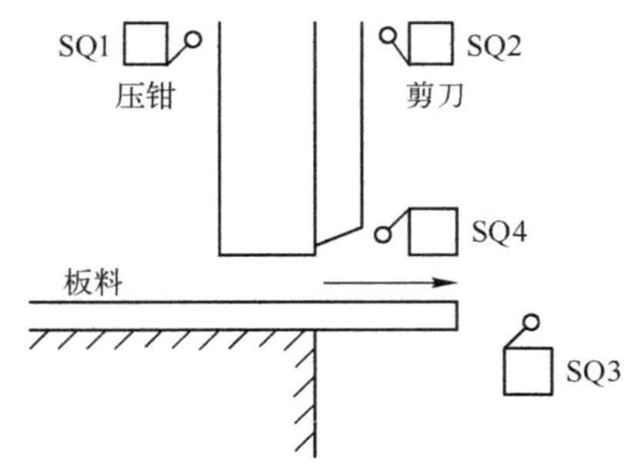

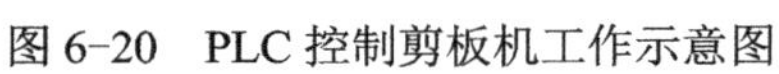
图 6-20　PLC 控制剪板机工作示意图

开始时压钳和剪刀均在上限位置，限位开关 SQ1 和 SQ2 闭合。按下启动按钮后，板料右行至限位开关 SQ3 处，然后压钳下行，当压钳压紧板料，压力继电器发出信号，压钳保持压紧，剪刀开始下行。当剪刀到达 SQ4 处将板料剪断，随后压钳和剪刀同时上行。当分别碰到限位开关 SQ1 和 SQ2 后，压钳和剪刀停止上行并开始下一周期的工作。

其 I/O 分配表见表 6-5。

表 6-5　PLC 控制剪板机 I/O 分配表

输　入		输　出	
输入设备	输入编号	输出设备	输出编号
启动按钮 SB1	I0.0	板料右行电动机	Q0.0
压钳上限位开关 SQ1	I0.1	压钳下行电磁阀 YV1	Q0.1
剪刀上限位开关 SQ2	I0.2	压钳上行电磁阀 YV2	Q0.2
右行限位开关 SQ3	I0.3	剪刀下行电磁阀 YV3	Q0.3
压力继电器	I0.4	剪刀上行电磁阀 YV4	Q0.4
剪刀下限位开关 SQ4	I0.5		

根据工艺要求画出顺控图如图 6-21 所示，PLC 在开机时进入初始状态 S1，当程序运行完毕时，以限位开关 SQ1（I0.1）和 SQ2（I0.2）作为转移条件使程序返回初始状态 S1，等待下一次启动（即程序停止）。特别指出：该程序结束后一定要返回初始状态 S1，否则下次无法启动。

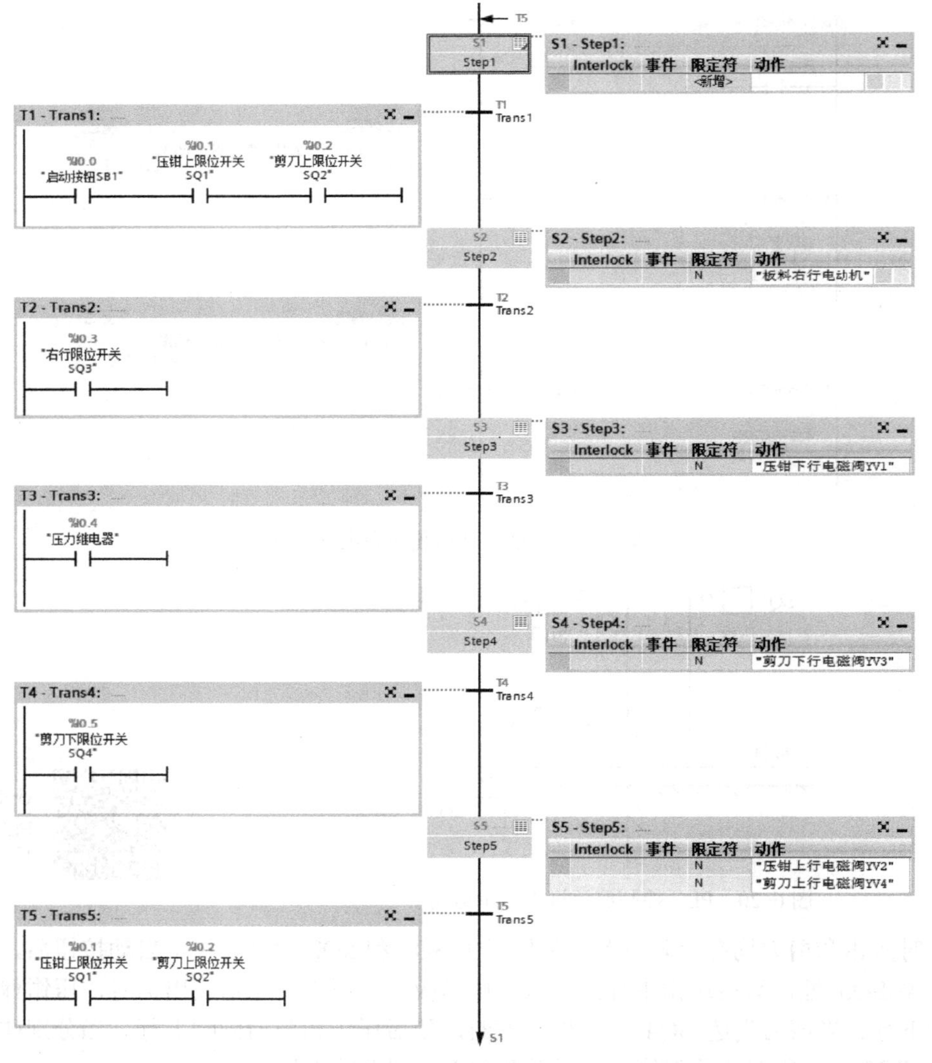

图 6-21　PLC 控制剪板机顺控图

6.3　循环程序设计

6.3.1　知识：循环程序设计

循环程序是当某步运行完成之后，需要回到本序列之前的某步重新运行，这时就需要跳转结构，该结构顺控图如图 6-22 所示。在程序中需要跳转的位置上画一个向下的箭头，并在箭头旁边标明跳转到哪一步。在跳转到的那个步前再画一个向左的箭头，并在箭头右侧标注从哪个转换跳转而来。当程序执行完 S5 步后首先判断是否满足转换条件 Trans5。若不满足转换条件，再判断是否满足转换条件 Trans7。若满足转换条件 Trans7，则程序再跳转回原先单序列结构中的步 Step4，如此循环下去，直至满足转换条件 Trans5，关闭转换条件 Trans7，程序进入步 Step6。

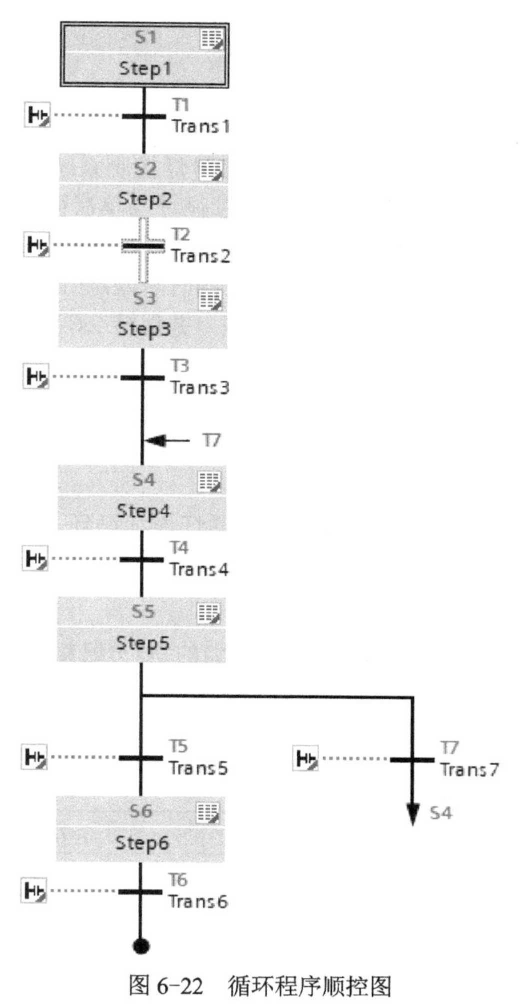

图 6-22　循环程序顺控图

6.3.2　案例：PLC 控制红绿灯

PLC 控制交通灯示意图如图 6-23 所示，其控制要求如下。

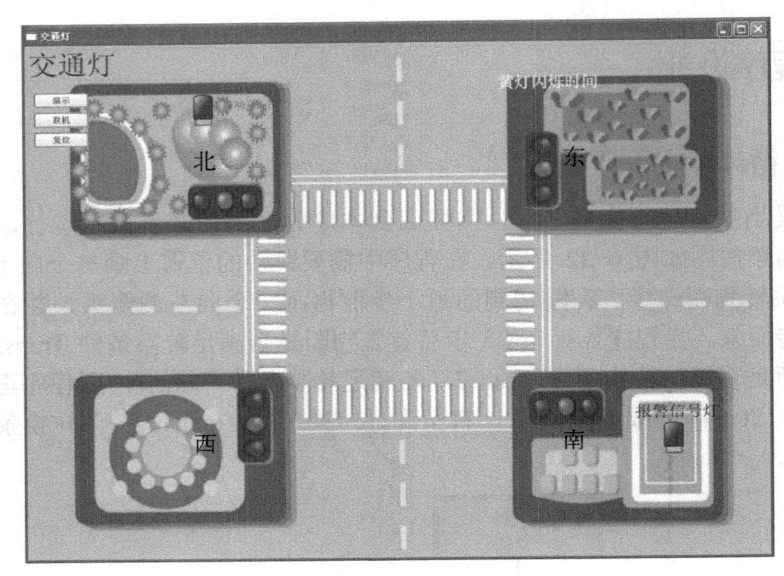

图 6-23　PLC 控制交通灯示意图

设置一个启动按钮 SB1，当它接通时，交通信号灯控制系统开始工作，且先南北红灯亮，东西绿灯亮。设置一个开关 S1 进行选择交通灯连续循环与单次循环，当 S1 为 0 时，交通灯连续循环，当 S1 为 1 时，交通灯单次循环。其工艺流程如下：

1）按下启动按钮后，南北红灯亮并保持 20s，同时东西绿灯亮，但保持 15s，15s 后东西绿灯闪烁 3 次（每周期 1s）后熄灭；继而东西黄灯亮，并保持 2s，2s 后，东西黄灯熄灭，东西红灯亮，同时南北红灯熄灭且南北绿灯亮。

2）东西红灯亮并保持 15s，同时南北绿灯亮，但保持 10s，到 10s 时南北绿灯闪烁 3 次（每周期 1s）后熄灭；继而南北黄灯亮，并保持 2s，2s 后，南北黄灯熄灭，南北红灯亮，同时东西红灯熄灭且东西绿灯亮。

3）上述过程做一次循环；按启动按钮后，交通灯连续循环，按下停止按钮 SB2 交通灯立即停止。

设定 PLC 控制交通灯的 I/O 分配表见表 6-6。

表 6-6　PLC 控制交通灯的 I/O 分配表

输　入		输　出	
输入设备	输入编号	输出设备	输出编号
启动按钮 SB1	I0.0	南北红灯	Q0.0
循环方式选择开关 S1	I0.1	东西绿灯	Q0.1
		东西黄灯	Q0.2
		东西红灯	Q0.3
		南北绿灯	Q0.4
		南北黄灯	Q0.5

根据控制要求，可采用不同的方法绘制对应的顺控图。这里介绍一种采用循环方式控制交通灯的顺控图形式，如图 6-24 所示。

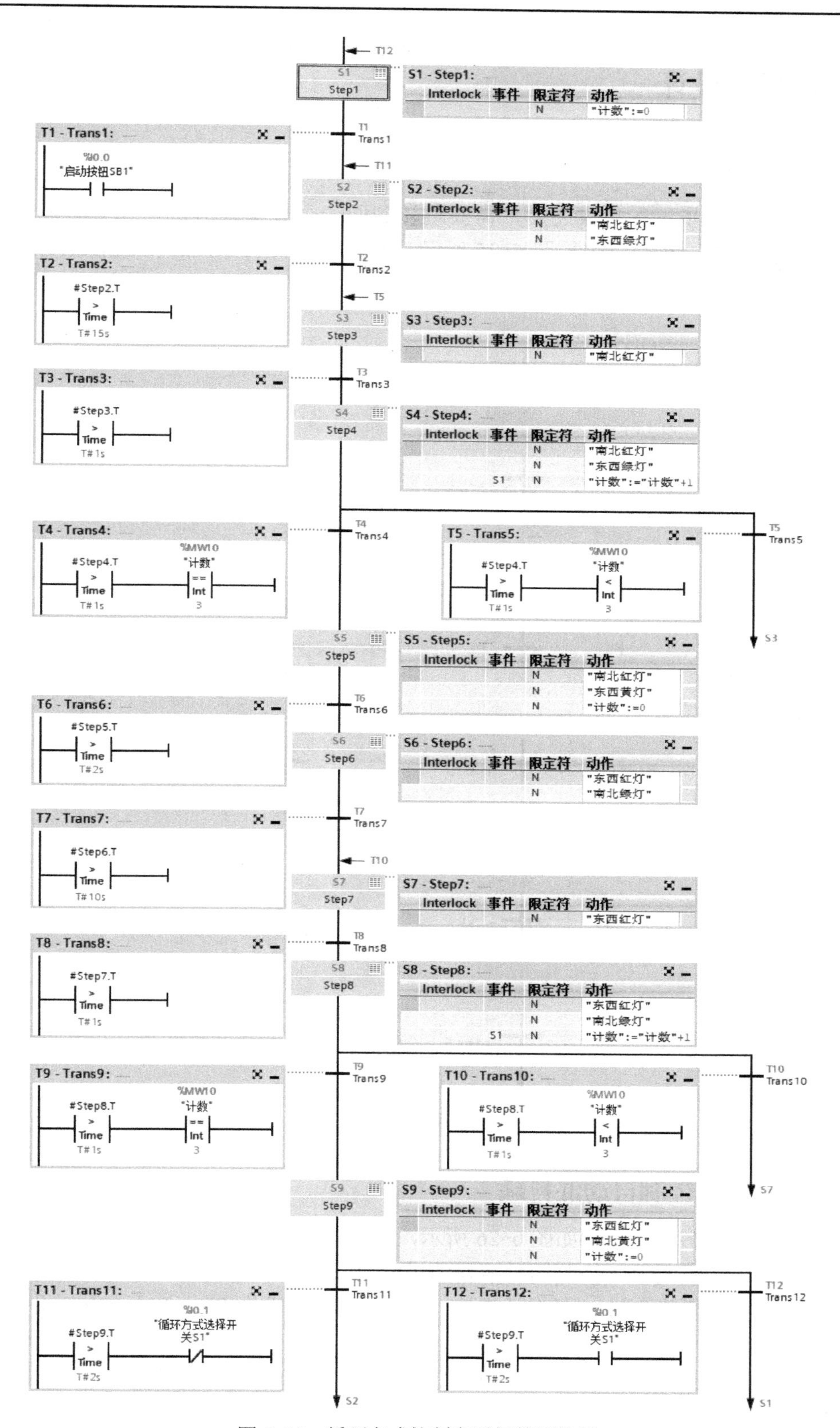

图 6-24　循环方式控制交通灯的顺控图

6.4 跳转程序设计

6.4.1 知识：跳转程序设计

跳转程序是当某步运行完成之后，需要跳转到同一个分支或另一个分支的某个位置，去执行不同的工艺动作，其顺控图如图 6-25 所示。当运行至转换 Trans7 后跳转至另一个序列中的步 Step4，在该单序列结构中运行至转换 Trans5 时，再跳转回原先单序列结构中的步 Step1，如此循环下去。

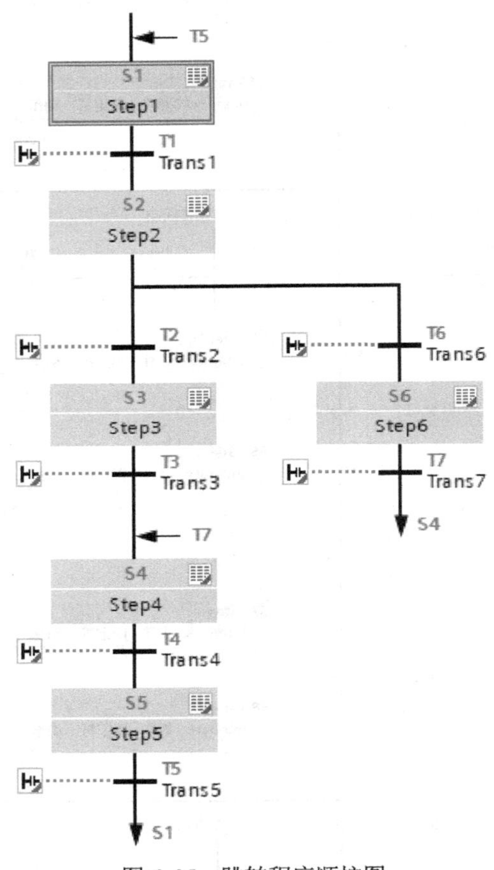

图 6-25 跳转程序顺控图

6.4.2 案例：PLC 控制自动混料罐

PLC 控制自动混料罐示意图如图 6-26 所示，其控制要求如下。

混料罐装有两个进料泵（控制两种液料的进罐），装有一个出料泵（控制混合料出罐），另有一个混料泵（用于搅拌液料），罐体上装有 3 个液位检测开关 SI1、SI4、SI6，分别送出罐内液位低、中、高的检测信号，罐内与检测开关对应处有一只装有磁钢的浮球作为液面指示器（浮球到达开关位置时开关吸合，浮球离开时开关释放）。操作面板上设有一个混料配方选择开关 S07，用于选择配方 1 或配方 2，还设有一个启动按钮 S01，当按下 S01 后，混料罐就会按给定的工艺流程开始运行，连续做 3 次循环后自动停止，中途按下停止按钮 S02，混料罐完成一次循环后才能停止。

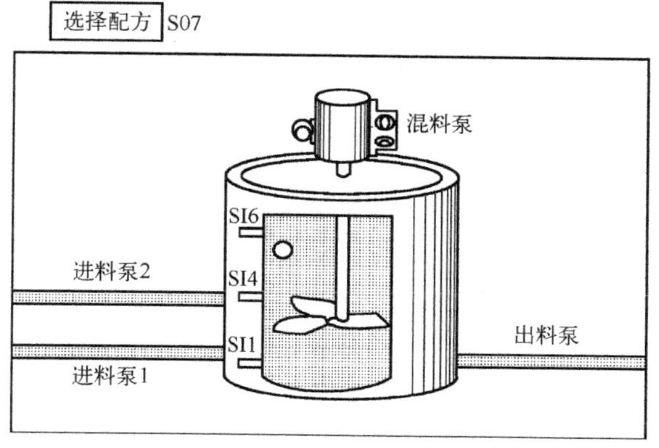

图 6-26　PLC 控制自动混料罐示意图

混料罐的工艺流程如图 6-27 所示。

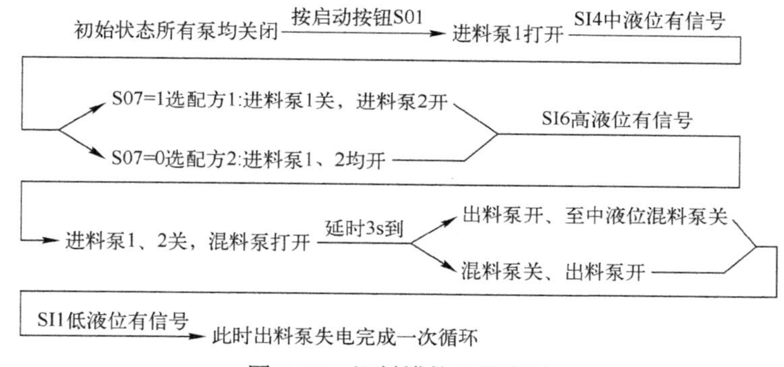

图 6-27　混料罐的工艺流程

其 I/O 分配表见表 6-7。

表 6-7　混料罐 I/O 分配表

输　入		输　出	
输入设备	输入编号	输出设备	输出编号
高液位检测开关 SI6	I0.0	进料泵 1	Q0.0
中液位检测开关 SI4	I0.1	进料泵 2	Q0.1
低液位检测开关 SI1	I0.2	混料泵	Q0.2
启动按钮 S01	I0.3	出料泵	Q0.3
停止按钮 S02	I0.4		
配方选择开关 S07	I0.5		

根据工艺要求编写 PLC 控制混料罐顺控图，如图 6-28 所示。

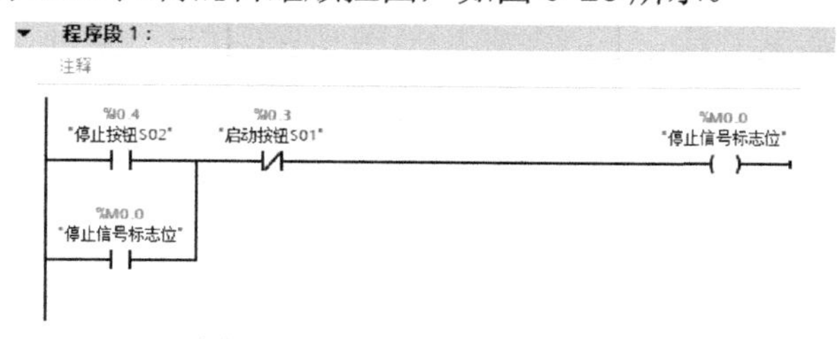

图 6-28　PLC 控制混料罐顺控图

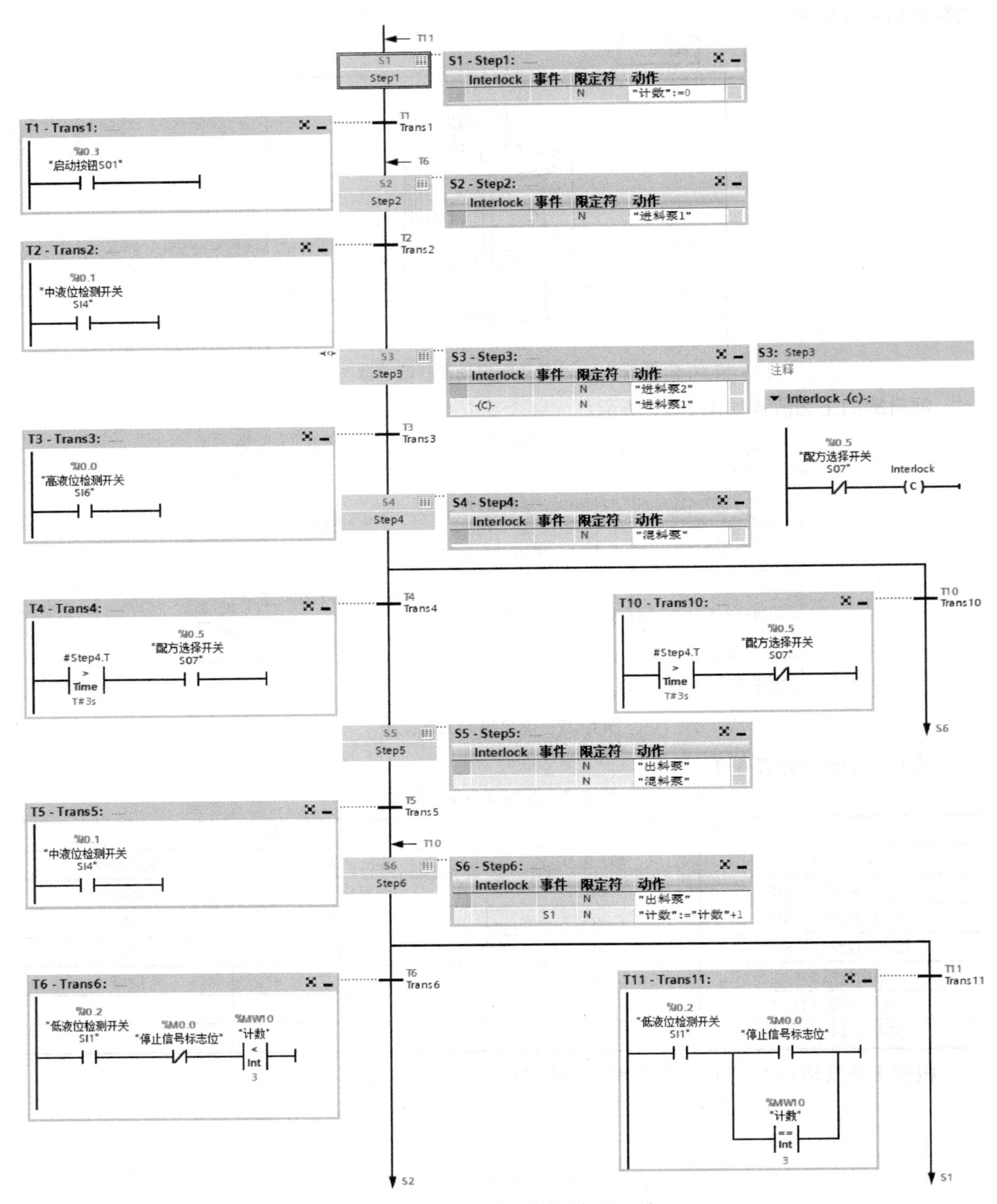

图 6-28 PLC 控制混料罐顺控图（续）

6.5　选择分支程序设计

6.5.1　知识：选择性分支

选择性分支就是当某一步完成之后，满足不同的条件，则执行不同的步，如图 6-29 所示。在步 Step3 下用单实线横向展开，实线连接两个单序列结构。当 Step3 执行完成后，进行选择：当转换条件 Trans3 满足时，执行步 Step3 引导的这个单序列结构，其余单序列结构不会运行；当转换条件 Trans7 满足时，执行步 Step7 引导的这个单序列结构，依此类推，当有多个单序列时也依照此逻辑执行。

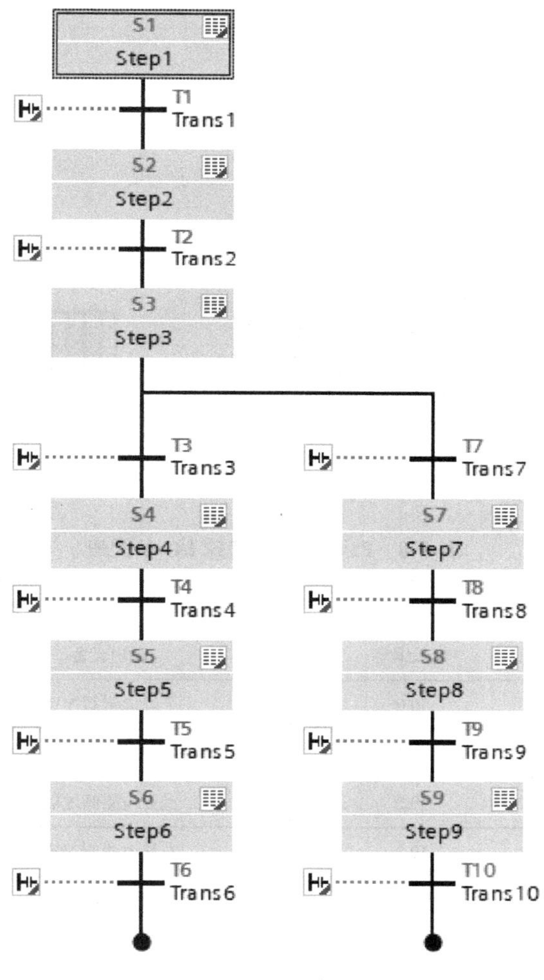

图 6-29　选择性分支

6.5.2　案例：PLC 控制拣球

图 6-30 为机械手分拣大小球控制系统工作示意图，其控制要求如下。

机械手初始状态在左上角原点处（上限位开关 SQ3 及左限位开关 SQ1 压合，机械手处于放松状态），当按下起动按钮 SB1 后，机械手下降，2s 后机械手一定会碰到球，如果碰到球的同时还碰到下限位开关 SQ2，则一定是小球；如果碰到球的同时未碰到下限位开关 SQ2，则一定是大球。机械手抓住球后开始上升，碰到上限位开关 SQ3 后右移。如果是小球右移到 SQ4 处（如果是大球右移到 SQ5 处），机械手下降，当碰到下限位开关 SQ2 时，将小球（大球）释放放入小球（大球）容器中。释放后机械手上升，碰到上限位开关 SQ3 后左移，碰到左限位开关 SQ1 时停止，一个循环结束。

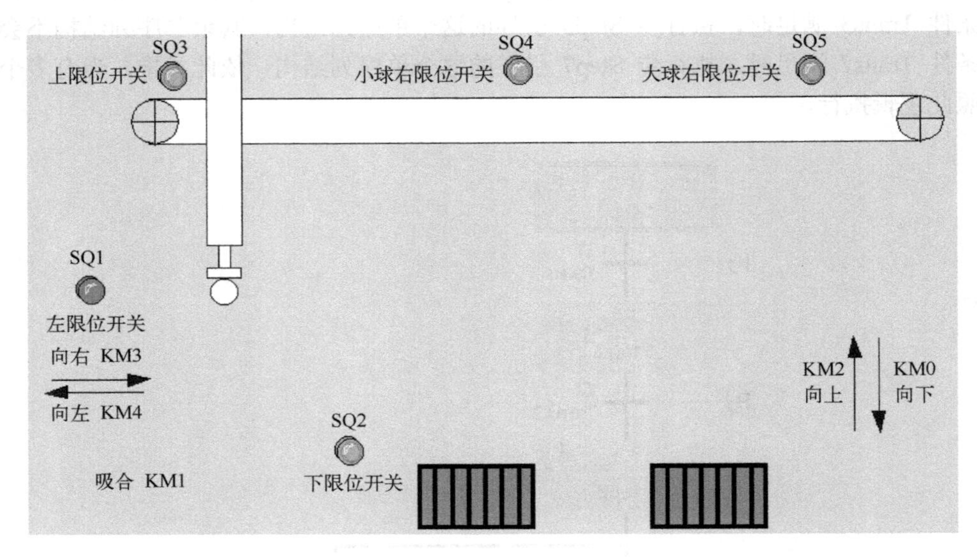

图 6-30 机械手分拣大小球控制系统工作示意图

其 I/O 分配表见表 6-8。

表 6-8 PLC 控制分拣球 I/O 分配表

输 入		输 出	
输入设备	输入编号	输出设备	输出编号
起动按钮 SB1	I0.0	下降电磁阀 YV0	Q0.1
左限位开关 SQ1	I0.1	机械手吸合电磁阀 YV1	Q0.2
下限位开关 SQ2	I0.2	上升电磁阀 YV2	Q0.3
上限位开关 SQ3	I0.3	右移电磁阀 YV3	Q0.4
小球右限位开关 SQ4	I0.4	左移电磁阀 YV4	Q0.5
大球右限位开关 SQ5	I0.5		

根据工艺要求画出顺控图，如图 6-31 所示，可以看出顺控图中出现了分支，而这两个分支不会同时工作，具体转移到哪一个分支由转换条件（本例中为下限位开关 SQ2）I0.2 的通断状态决定。此类顺控图称为选择性分支与汇合的多流程顺控图。

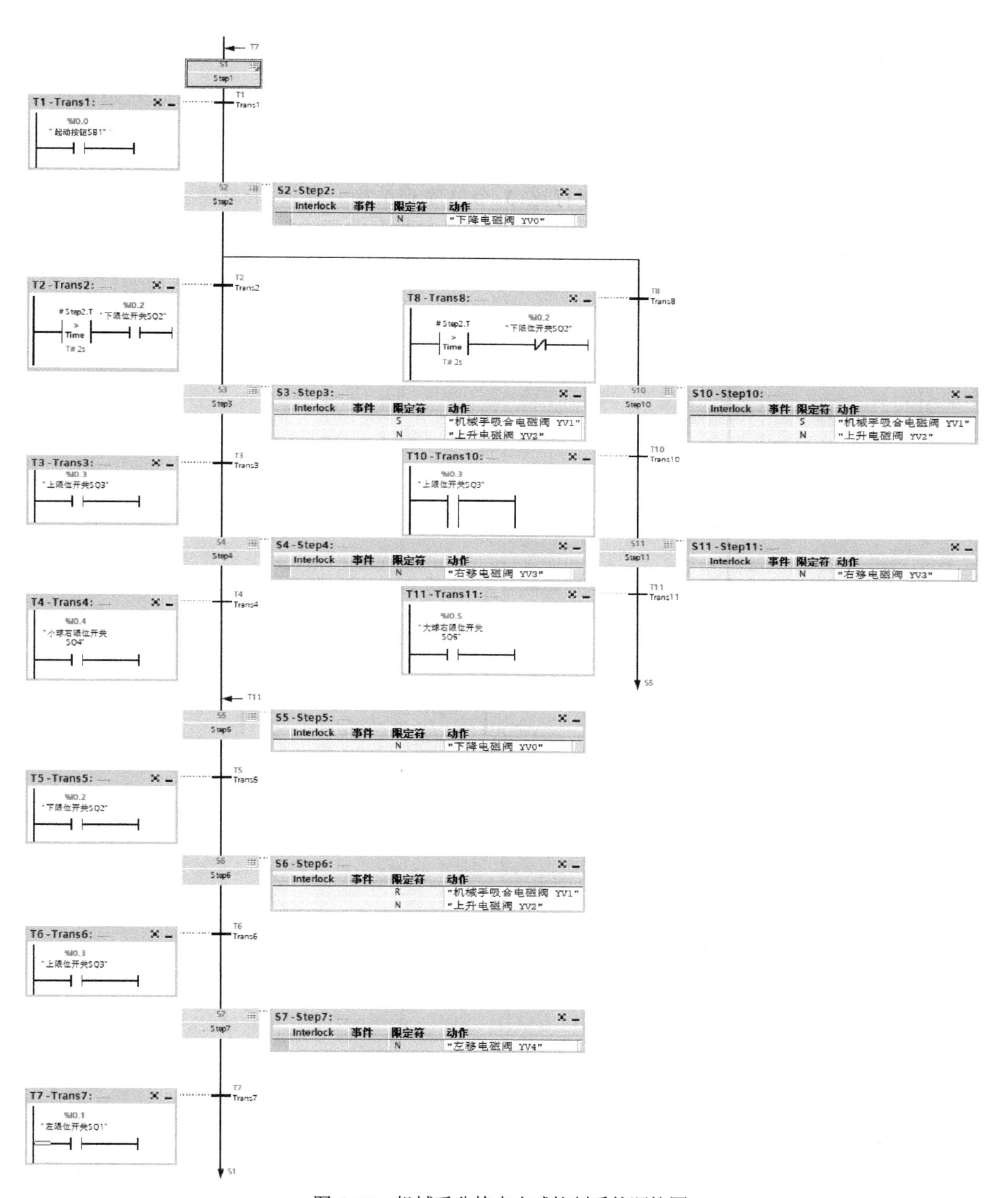

图 6-31　机械手分拣大小球控制系统顺控图

6.6 并行分支程序设计

6.6.1 知识：并行分支

并行分支就是当某一步完成且满足某个转换条件之后，接下来有几步同时开始执行，这时就需要并联结构，该结构如图 6-32 所示。在转换 Trans2 下方，这里用双实线横向展开并在双实线上向下连接 3 个单序列结构。这个双实线表示并联结构。当 Step2 运行完成且满足转换 Trans2 的条件后，同时运行这 3 个单序列结构。在 3 个单序列结构完成的地方，用双实线横向合并 3 个单序列结构，并在该双实线上向下连接转换 Trans4，Trans4 连接步 Step5，表示当 3 个单序列结构中有完成的通路且满足转换 Trans4 的条件后，执行步 Step5。

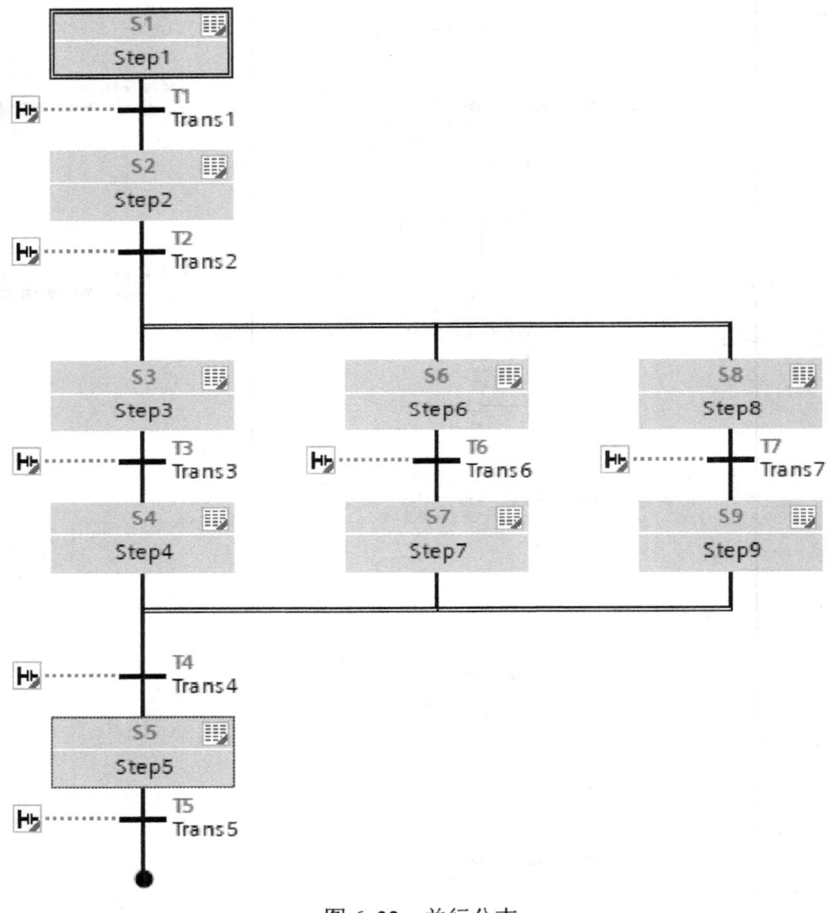

图 6-32　并行分支

6.6.2 案例：PLC 控制双面钻孔机床

PLC 控制组合加工机床，图 6-33 为组合加工机床控制系统工作示意图，其控制要求如下。

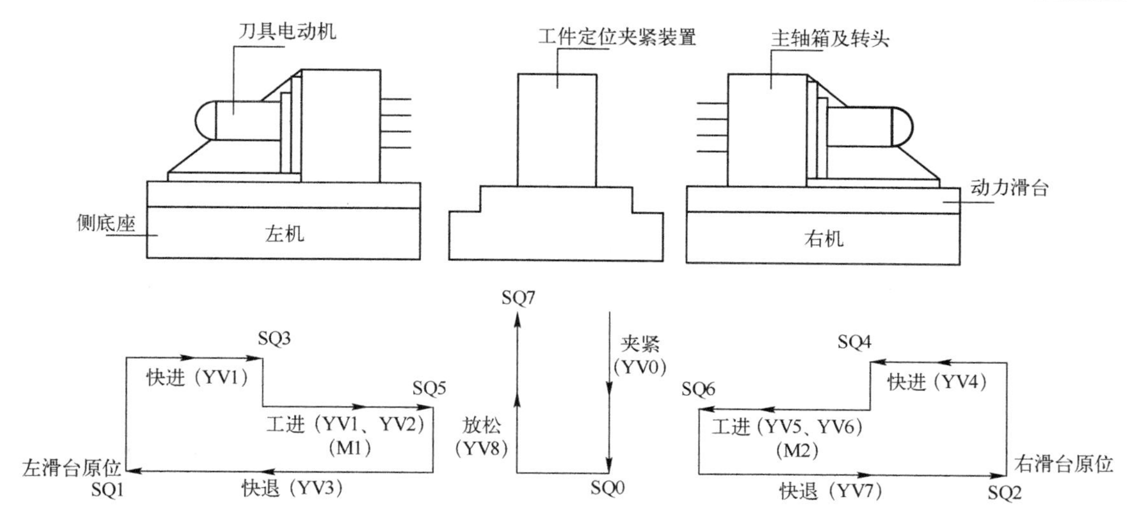

图 6-33　组合加工机床控制系统工作示意图

1）左、右动力头由主轴电动机 M1、M2 分别驱动。

2）动力头的进给由电磁阀控制气缸驱动。

3）工步位置由 SQ1～SQ6 控制。

4）设 S01 为起动按钮，SQ0 闭合为夹紧到位，SQ7 闭合为放松到位。

工作循环过程：当左、右滑台在原位按下 S01 起动→工件夹紧→左右滑台同时快进→左右滑台工进并起动动力头电动机→挡板停留（延时 3s）→动力头电动机停，左右滑台分别快退到原处→松开工件。其 I/O 分配表见表 6-9。

表 6-9　组合加工机床 I/O 分配表

输　入		输　出	
输入设备	输入编号	输出设备	输出编号
夹紧限位开关 SQ0	I0.0	夹紧电磁阀 YV0	Q0.0
限位开关 SQ1	I0.1	电磁阀 YV1	Q0.1
限位开关 SQ2	I0.2	电磁阀 YV2	Q0.2
限位开关 SQ3	I0.3	电磁阀 YV3	Q0.3
限位开关 SQ4	I0.4	电磁阀 YV4	Q0.4
限位开关 SQ5	I0.5	电磁阀 YV5	Q0.5
限位开关 SQ6	I0.6	电磁阀 YV6	Q0.6
放松限位开关 SQ7	I0.7	电磁阀 YV7	Q0.7
起动按钮 S01	I1.0	放松电磁阀 YV8	Q1.0
		左动力头主轴电动机 M1	Q1.1
		右动力头主轴电动机 M2	Q1.2

根据工艺要求编写顺控图如图 6-34 所示，图中出现了两个单独分支各自执行自己的状态流程（即左右两个钻孔动力头同时工作，当两个动力头都完成各自的工作）后，再转入公共的状态之中。此类顺控图称为并行分支与汇合的顺控图。

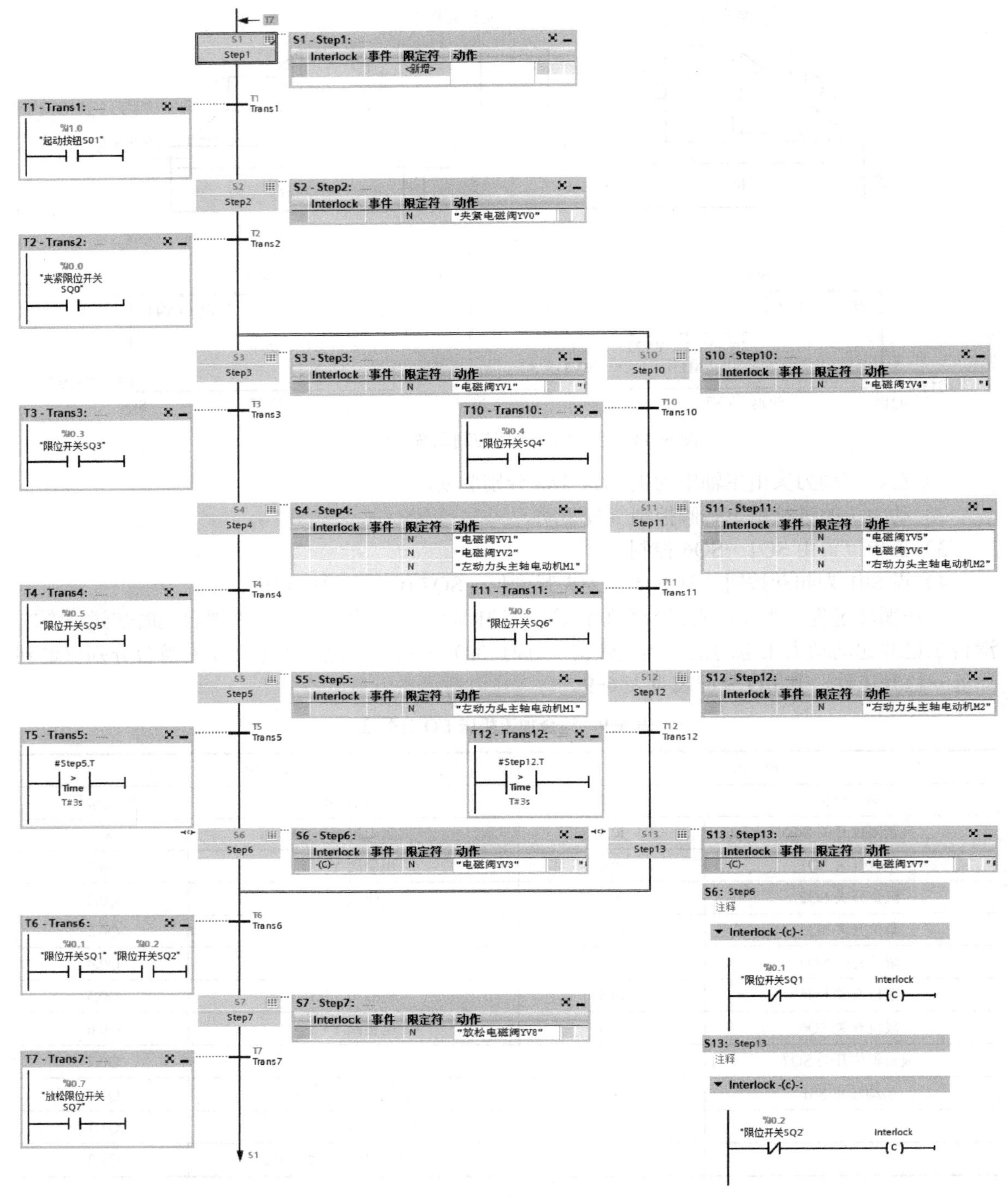

图 6-34 组合加工机床控制系统顺控图

第 7 章* PLC 通信与网络应用

7.1 通信基础知识

PLC 的通信包括 PLC 之间的通信、PLC 与上位计算机之间的通信以及和其他智能设备之间的通信。PLC 之间通信的实质就是计算机的通信，使得众多独立的控制任务构成控制工程整体，形成模块控制体系。PLC 与计算机连接组成网络，PLC 控制工业现场计算机用于实现编程、显示和管理等任务，构成"集中管理、分散控制"的分布式控制系统（DCS）。

7.1.1 知识：通信的基本概念

1．并行通信与串行通信

串行通信和并行通信是两种不同的数据传输方式。

并行通信就是将一个 8 位数据（或 16 位、32 位）的每一个二进制位采用单独的导线进行传输，并将传送方和接收方进行并行连接，一个数据的各二进制位可以在同一时间内一次传送。例如，老式打印机的打印口和计算机的通信就是并行通信。并行通信的特点是一个周期里可以一次传输多位数据，其连线的电缆多，因此长距离传送时成本高。

串行通信就是通过一对导线将发送方与接收方进行连接，传输数据的每个二进制位，按照规定顺序在同一导线上依次发送与接收。例如，常用的 U 盘的 USB 接口就是串行通信。串行通信的特点是通信控制复杂，通信电缆少，因此与并行通信相比，成本低。串行通信是一种趋势，随着串行通信速率的提高，以往使用并行通信的场合，现在完全或部分被串行通信取代，如打印机的通信现在基本被串行通信取代，再如个人计算机硬盘的数据通信现在已经被串行通信取代。

2．异步通信与同步通信

异步通信与同步通信也称为异步传送与同步传送，这是串行通信的两种基本信息传送方式。从用户的角度上说，两者最主要的区别在于通信方式的"帧"不同。

异步通信方式又称起止方式。它在发送字符时，要先发送起始位，然后是字符本身，最后是停止位，字符之后还可以加入奇偶校验位。异步通信方式具有硬件简单、成本低的特点，主要用于传输速率低于 19.2kbit/s 的数据通信。

同步通信方式在传递数据的同时，也传输时钟同步信号，并始终按照给定的时刻采集数据。其传输数据的效率高、硬件复杂、成本高，一般用于传输速率高于 20kbit/s 的数据通信。

3．单工、全双工与半双工

单工、全双工与半双工是通信中描述数据传送方向的专用术语。

（1）单工（Simplex） 指数据只能实现单向传送的通信方式，一般用于数据的输出，不可以进行数据交换。

（2）全双工（Full Simplex） 也称双工，指数据可以进行双向数据传送，同一时刻既能发送数据，又能接收数据。通常需要两对双绞线连接，通信线路成本高。例如，RS-422 就是全双工通信方式。

（3）半双工（Half Simplex） 指数据可以进行双向数据传送，同一时刻，只能发送数据或者接收数据。通常需要一对双绞线连接，与全双工相比通信线路成本低。例如，RS-485 只用一对双绞线时就是半双工通信方式。

7.1.2 知识：PLC 网络的术语解释

（1）站（Station） 在 PLC 网络系统中，将可以进行数据通信、连接外部输入/输出的物理设备称为“站”。例如，在由 PLC 组成的网络系统中，每台 PLC 可以是一个站。

（2）主站（Master Station） PLC 网络系统中进行数据连接的系统控制站，主站上设置了控制整个网络的参数，每个网络系统只有一个主站，主站号固定为“0”，站号实际上就是 PLC 在网络中的地址。

（3）从站（Slave Station） PLC 网络系统中，除主站外，其他的站称为“从站”。

（4）远程设备站（Remote Device Station） PLC 网络系统中，能同时处理二进制位、字的从站。

（5）本地站（Local Station） PLC 网络系统中，带有 CPU 模块并可以与主站以及其他本地站进行循环传输的站。

（6）站数（Number of Station） PLC 网络系统中，所有物理设备（站）所占用的“内存站数”的综合。

（7）网关（Gateway） 网关又称网间连接器、协议转换器，它可以在传输层上实现网络互联，是最复杂的网络互联设备，仅用于两个高层协议不同的网络互联。网关的结构和路由器类似，不同的是互联层。网关既可以用于广域网互联，也可以用于局域网互联，是一种充当转换重任的计算机系统或设备。在使用不同的通信协议、数据格式或语言，甚至体系结构完全不同的两种系统之间，网关是一个翻译器。

（8）中继器（Repeater） 中继器是用于网络信号放大、调整的网络互联设备，能有效延长网络的连接长度。例如，以太网的正常传送距离是 500m，经过中继器放大后，可传输 2500m。由于存在损耗，在线路上传输的信号功率会逐渐衰减，衰减到一定程度时将造成信号失真，因此会导致接收错误。中继器就是为解决这一问题而设计的，它完成物理线路的连接，对衰减的信号进行放大，保持与原数据相同。一般情况下，中继器的两端连接的是相同的媒介，但有的中继器也可以完成不同媒介的转接工作。

（9）网桥（Bridge） 网桥将两个相似的网络连接起来，并对网络数据的流通进行管理。网桥的功能在延长网络跨度方面类似于中继器，然而它能提供智能化连接服务，即根据帧的终点地址处于哪一网段来进行转发和滤除。

（10）路由器（Router，转发者） 所谓路由就是指通过相互连接的网络把信息从源地点移动到目标地点的活动。一般来说，在路由过程中，信息至少会经过一个或多个中间节点。路由器是互联网的主要节点设备，通过路由决定数据的转发，转发策略称为路由选（Routing），这也是路由器名称的由来。作为不同网络之间互相连接的枢纽，路由器系统构成了基于 TCP/IP 的国际互联网络 Internet 的主体脉络，也可以说，路由器构成了 Internet 的骨架。它的处理速度是网络通信的主要瓶颈之一，它的可靠性则直接影响着网络互联的质量。因此，在园区网、地区网乃至整个 Internet 研究领域中，路由器技术始终处于核心地位，其发展历程和方向成为整个 Internet 研究的一个缩影。

（11）交换机（Switch） 交换机是一种基于 MAC 地址识别，能完成封装转发数据包功能的网络设备。交换机可以“学习”MAC 地址，并把其存放在内部地址表中，通过在数据帧的始发者和目标接收者之间建立临时的交换路径，使数据帧直接由源地址到达目的地址。交换机通过直通式、存储转发和碎片隔离 3 种方式进行交换。交换机的传输模式有全双工、半双工和全双工/半双工自适应。

7.1.3 知识：标准串行接口

1. RS-232 串行接口标准

RS-232C 是 1969 年由美国电子工业协会（Electronic Industrial Association，EIA）公布的串行通信接口标准。“RS”是英文“推荐标准”一词的缩写，“232”是标志号，“C”表示此标准修改的次数。RS-232C 既是一种协议标准，又是一种电气标准，它规定了终端和通信设备之间信息交换的方式和功能。PLC 与计算机间的通信就是通过 RS-232C 标准接口来实现的，它采用按位串行通信的方式，传输速率即波特率规定为 19200Baud、9600Baud、4800Baud、2400Baud、1200Baud、600Baud 和 300Baud 等。PC 及其兼容机通常均配有 RS-232C 接口。在通信距离较短、波特率要求不高的场合可以直接采用，既简单又方便。但是，由于 RS-232C 接口采用单端发送、单端接收，因此，在使用中有数据通信速率低、通信距离短和抗共模干扰能力差等缺点。

目前，RS-232 是 PC 与通信工业中应用最广泛的一种串行接口。RS-232 被定义为一种在低速率串行通信中的单端标准，以非平衡数据传输的界面方式工作。这种方式以一根信号线相对于接地信号线的电压来表示一个逻辑状态（Mark 或 Space），图 7-1 为一个典型的连接方式。RS-232 是全双工传输模式，可以独立发送数据（TXD）及接收数据（RXD）。

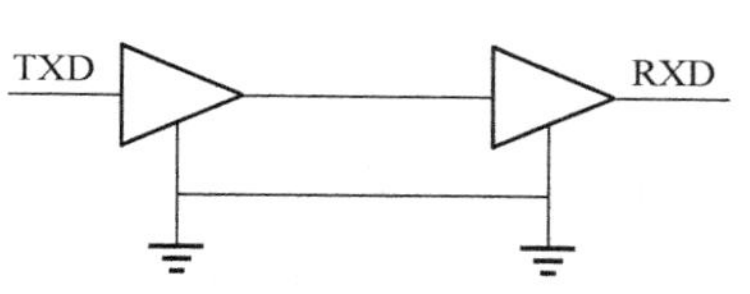

图 7-1 RS-232 典型的连接方式

RS-232 连接线的长度不可超过 50ft（15.24m，1ft=0.3048m）或电容值不可超过 2500pF。如果以电容值为标准，一般连接线典型电容值为 17pF/ft（55.77pF/m），则容许的连接线长约 44m。如果是有屏蔽的连接线，则它的容许长度会更长。在有干扰的环境下，连接线的容许长度会减少。

RS-232 接口标准的不足之处如下:

1）接口的信号电平值较高，易损坏接口电路的芯片。

2）传输速率较低，在异步传输时为 20kbit/s。

3）接口使用一根信号线和一根信号返回线构成共地的传输形式，这种共地传输容易产生共模干扰，所以抗噪声干扰能力差，随传输速率增高其抗干扰的能力会成倍下降。

4）传输距离有限。

2. RS-422A 串行接口标准

如图 7-2 所示，RS-422A 采用平衡驱动、差分接收电路，从根本上取消了信号地线。平衡驱动器相当于两个单端驱动器，其输入信号相同，两个输出信号互为反相，图中的小圆圈表示反相。因为接收器是差分输入，所以共模信号可以互相抵消，而外部输入的干扰信号是以共模方式出现的，两根传输线上的共模干扰信号相同，因此只要接收器有足够的抗共模干扰能力，就能从干扰信号中识别出驱动器输出的有用信号，从而克服外部干扰的影响。RS-422A 在最大传输速率（10Mbit/s）下，允许的最大通信距离为 12m。传输速率为 100kbit/s 时，最大通信距离为 1200m。一台驱动器可以连接 10 台接收器。

3. RS-485 串行接口标准

由于 RS-485 是从 RS-422 基础上发展而来的，所以 RS-485 的许多电气规定与 RS-422 相仿，如都采用平衡传输方式、都需要在传输线上接终端电阻。RS-485 可以采用二线、四线方式。二线制可实现真正的多点双向通信，其中的使能信号用于控制数据的发送或接收，其接线图如图 7-3 所示。

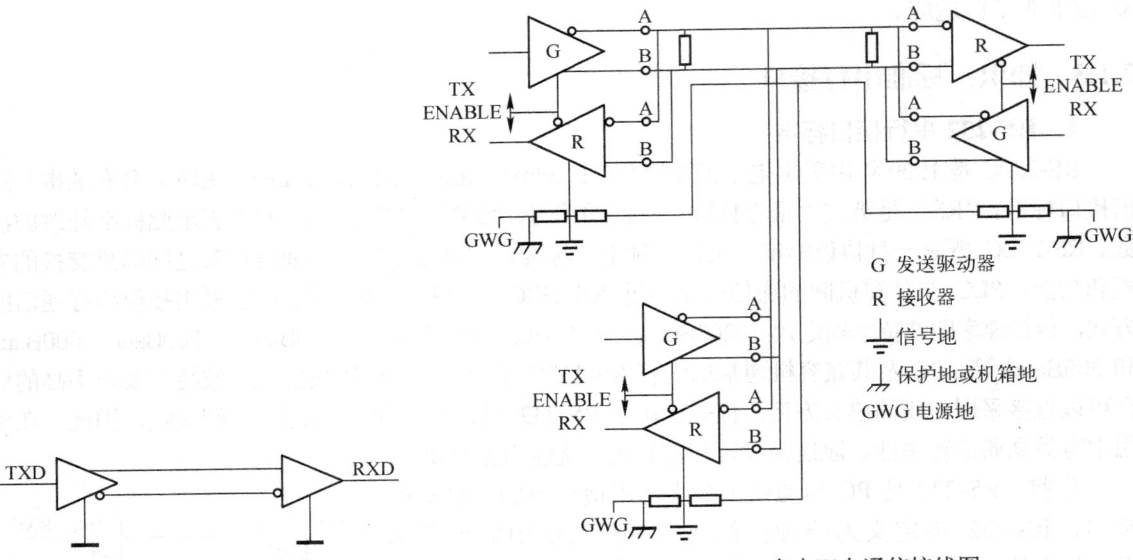

图 7-2　平衡驱动、差分接收电路

图 7-3　RS-485 多点双向通信接线图

RS-485 的电气特性是，逻辑“1”表示两线间的电压差为 2～6V，逻辑“0”表示两线间的电压差为-6～-2V；RS-485 的数据最高传输速率为 10Mbit/s；RS-485 接口采用平衡驱动器和差分接收器的组合，抗共模干扰能力强，即抗噪声干扰性好;它的最大传输距离标准值为 4000ft (1219.2m)，实际上可达 3000m。另外，RS-232 接口在总线上只允许连接 1 个收发器，只具有单站能力，而 RS-485 接口在总线上允许连接最多 128 个收发器，即具有多站能力，用户可以利用单一的 RS-485 接口建立起设备网络。RS-485 接口因具有良好的抗噪声干扰性、长传输距离和多站能力等优点而成为首选的串行接口。因为 RS-485 接口组成的半双工网络一般只需两根连线，所以 RS-485 接口均采用屏蔽双绞线传输。

RS-485 接口满足 RS-422 的全部技术规范，可用于 RS-422 通信，通常采用 9 针连接器。RS-485 接口的引脚功能见表 7-1。

表 7-1　RS-485 接口的引脚功能

PLC 侧引脚	信号代号	信号功能
1	SG 或 GND	机壳接地
2	+24V 返回	逻辑地
3	RXD+或 TXD+	RS-485 的 B 数据发送/接收“+”端
4	+5V 返回	逻辑地
5	+5V	+5V
6	+24V	+24V
7	RXD−或 TXD−	RS-485 的 A 数据发送/接收“−”端
8	不适用	10 位协议选择（输入）

西门子 PLC 的 PPI 通信、MPI 通信和 PROFIBUS-DP 现场总线通信的物理层都是 RS-485

通信，而且都是采用相同的通信线缆和专用网络接头。西门子提供两种网络接头，即标准网络接头和带编程端口接头，可方便地将多台设备与网络连接，编程端口允许用户将编程站或 HMI 设备与网络连接，而不会干扰任何现有网络连接。

7.1.4 知识：OSI 参考模型

通信网络的核心是 OSI（Open System Interconnection，开放式系统互联）参考模型，它为理解网络的操作方法，为创建和实现网络标准、设备和网络互联规划提供了一个框架。1984 年，国际标准化组织（ISO）提出了开放式系统互联的 7 层模型，即 OSI 模型。该模型自下而上分为物理层、数据链路层、网络层、传输层、会话层、表示层和应用层。理解 OSI 参考模型比较难，但了解它对掌握后续的以太网通信和 PROFIBUS 通信是很有帮助的。

OSI 的上 3 层通常称为应用层，用来处理用户接口、数据格式和应用程序的访问。下 4 层负责定义数据的物理传输介质和网络设备。OSI 参考模型定义了大多数协议栈共有的基本框架，信息在 OSI 模型中的流动形式如图 7-4 所示。

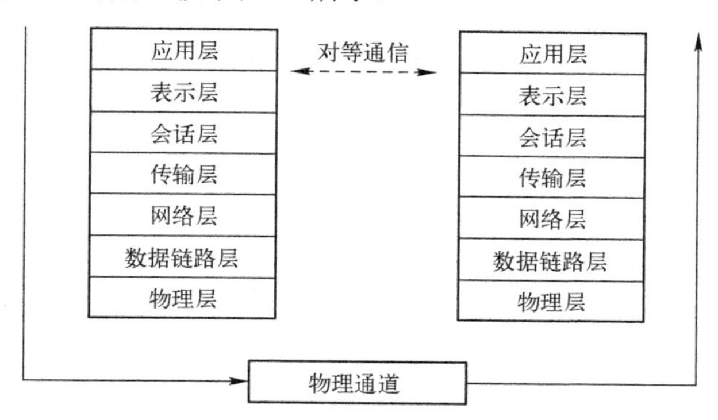

图 7-4 信息在 OSI 模型中的流动形式

（1）物理层（Physical Layer） 定义了传输介质、连接器和信号发生器的类型，规定了物理连接的电气、机械功能特性，如电压、传输速率和传输距离等特性。典型的物理层设备有集线器（HUB）和中继器等。

（2）数据链路层（Data Link Layer） 确定传输站点物理地址以及将消息传送到协议栈，提供顺序控制和数据流向控制。该层可以继续分为两个子层:介质访问控制层（MAC，Medium Access Control）和逻辑链路层（LLC，Logical Link Control），即层 2a 和 2b。其中 IEEE 802.3（Ethernet，CSMA/CD）就是 MAC 层常用的通信标准。典型的数据链路层的设备有交换机和网桥等。

（3）网络层（Network Layer） 定义了设备间通过逻辑地址（IP-Internet Protocol，因特网协议地址）传输数据，连接位于不同广播域的设备，常用来组织路由。典型的网络层设备是路由器。

（4）传输层（Transport Layer） 建立会话连接，分配服务访问点（SAP，Service Access Point），允许数据进行可靠（传输控制协议，Transmission Control Protocol，TCP）或者不可靠（用户数据报协议，User Datagram Protocol，UDP）的传输，可以提供通信质量检测服务（QOS）。网关是互联网设备中最复杂的，它是传输层及以上层的设备。

（5）会话层（Session Layer） 负责建立、管理和终止表示层实体间的通信会话，处理不同设备应用程序间的服务请求和响应。

（6）表示层（Presentation Layer） 提供多种编码用于应用层的数据转化服务。

（7）应用层（Application Layer） 定义用户及用户应用程序接口与协议对网络访问的切入点。目前各种应用版本较多，很难建立统一的标准。在工控领域常用的标准是 MMS（多媒体信息服务，Multimedia Messaging Service），用来描述制造业应用的服务和协议。

数据经过封装后通过物理介质传输到网络上，接收设备除去附加信息后，将数据上传到上层堆栈层。

各层的数据单位一般有各自特定的称呼：物理层的单位是比特（bit）；数据链路层的单位是帧（frame）；网络层的单位是分组（packet，有时也称包）；传输层的单位是数据报（datagram）或者段（segment）；会话层、表示层和应用层的单位是消息（message）。

7.2 现场总线概述

7.2.1 知识：现场总线的概念与主流现场总线的简介

1．现场总线的概念

现场总线是应用在生产现场、在微机化测量控制设备之间实现双向串行多节点数字通信的系统，也被称为开放式、数字化和多点通信的层控制网络。

现场总线技术将专用微处理器置入传统的测量控制仪表，使它们各自具有了数字计算和数字通信能力，采用可进行简单连接的双绞线等为总线，把多个测量控制仪表连接成网络系统，并按公开、规范的通信协议，在位于现场的多个微机化测量控制设备之间及现场仪表与远程监控计算机之间，实现数据传输与信息交换，形成各种适应实际需要的自动控制系统。简单来说，现场总线就是以数字通信替代了传统 4～20mA 模拟信号及普通开关量信号的传输。

现场总线是 20 世纪 80 年代中期在国际上发展起来的。随着微处理器与计算机功能的不断增强和价格的降低，计算机与计算机网络系统得到迅速发展。现场总线可实现整个企业的信息集成，实施综合自动化，形成工厂底层网络，完成现场自动化设备之间的多点数字通信，实现底层现场设备之间以及生产现场与外界的信息交换。不同的机构和不同的人可能对现场总线有着不同的定义，不过通常情况下，以下 6 个方面是公认的。

（1）现场通信网络 用于过程自动化和制造自动化的现场设备或现场仪表互联的现场通信网络。

（2）现场设备互联 依据实际需要使用不同的传输介质把不同的现场设备或者现场仪表相互关联。

（3）互操作性 用户可以根据自身的需求选择不同厂家或不同型号的产品构成所需的控制回路，从而可以自由地集成 FCS（Fieldbus Control System，现场总线控制系统）。

（4）分散功能块 FCS 废弃了 DCS（分散控制系统）的输入/输出单元和控制站，把 DCS 控制站的功能块分散地分配给现场仪表，从而构成虚拟控制站，彻底实现了分散控制。

（5）通信线供电 通信线供电方式允许现场仪表直接从通信线上摄取能量，这种方式提供用于本质安全环境的低功耗现场仪表，与其配套的还有安全栅。

（6）开放式互联网络 现场总线为开放式互联网络，既可与同层网络互联，也可与不同层网络互联，还可实现网络数据库的共享。

2. 现场总线控制系统

现场总线控制系统由测量系统、控制系统和设备管理系统 3 个部分组成，而通信部分的硬、软件是它最有特色的部分。

（1）控制系统　它的软件是系统的重要组成部分，控制系统的软件有组态软件、维护软件、仿真软件、设备软件和监控软件等。首先选择开发组态软件、控制操作人机接口软件 MMI。通过组态软件完成功能块之间的连接，选定功能块参数，进行网络组态。在网络运行过程中对系统实时采集数据、进行数据处理和计算。优化控制及逻辑控制报警、监视、显示和报表等。

（2）测量系统　其特点为多变量高性能的测量，使测量仪表具有计算能力等更多功能，由于采用数字信号，具有高分辨率，准确性高、抗干扰、抗畸变能力强，同时还具有仪表设备的状态信息，可以对处理过程进行调整。

（3）设备管理系统　可以提供设备自身及过程的诊断信息、管理信息、设备运行状态信息（包括智能仪表）和厂商提供的设备制造信息。例如 Fisher-Rosemount（费希尔-罗斯蒙特）公司推出的 AMS 管理系统，它安装在主计算机内，由它完成管理功能，可以构成一个现场设备的综合管理系统信息库，在此基础上实现设备的可靠性分析以及预测性维护，将被动的管理模式改变为可预测性的管理维护模式。AMS 软件是以现场服务器为平台的 T 型结构，在现场服务器上支撑模块化，其功能丰富的应用软件为用户提供了一个图形化界面。

（4）总线系统计算机服务模式　客户机/服务器模式是目前较为流行的网络计算机服务模式。服务器表示数据源（提供者），应用客户机则表示数据使用者，它从数据源获取数据，并进一步进行处理。客户机运行在 PC 或工作站上。服务器运行在小型机或大型机上，它使用双方的智能、资源和数据来完成任务。

（5）数据库　它能有组织地、动态地存储大量有关数据与应用程序，实现数据的充分共享、交叉访问，具有高度独立性。工业设备在运行过程中参数连续变化，数据量大，操作与控制的实时性要求很高。因此就形成了一个可以互访操作的分布关系及实时性的数据库系统，市面上成熟的、供选用的如关系数据库中的 Oracle、Sybase、Informix、SQL Server，实时数据库中的 InfoPlus、PI、ONSPEC 等。

（6）网络系统的硬件与软件　网络系统硬件有：系统管理主机、服务器、网关、协议变换器、集线器、用户计算机及底层智能化仪表。网络系统软件有网络操作软件（如 NetWare、LAN Manager、Vines）和服务器操作软件（如 Linux、OS/2、Windows NT）。应用软件数据库、通信协议和网络管理协议等。

3. 主流现场总线的简介

（1）基金会现场总线（Foundation Fieldbus，简称 FF）　这是以美国 Fisher-Rosemount 公司为首的联合了横河、ABB、西门子、英维斯等 80 家公司制定的 ISP 协议和以霍尼韦尔（Honeywell）公司为首的联合欧洲等地 150 余家公司制定的 WorldFIP（世界工厂仪表协议）于 1994 年 9 月合并而成的。该总线在过程自动化领域得到了广泛的应用，具有良好的发展前景。FF 采用 ISO 的 OSI 的简化模型（1、2、7 层），即物理层、数据链路层、应用层，另外增加了用户层。FF 分低速 H1 和高速 H2 两种通信速率：前者传输速率为 31.25kbit/s，通信距离可达 1900m，可支持总线供电和本质安全防爆环境；后者传输速率为 1Mbit/s 和 2.5Mbit/s，通信距离为 750m 和 500m，支持双绞线、光缆和无线发射，协议符合 IEC 1158-2 标准。FF 的物理媒介的传输信号采用曼彻斯特编码。

（2）CAN（Controller Area Network，控制器局域网） 最早由德国博世（BOSCH）公司推出，它广泛应用于离散控制领域，其总线规范已被 ISO 制定为国际标准，得到了英特尔（Intel）、摩托罗拉（Motorola）、NEC 等公司的支持。CAN 协议分为 2 层：物理层和数据链路层。CAN 的信号传输采用短帧结构，传输时间短，具有自动关闭功能，具有较强的抗干扰能力。CAN 支持多主工作方式，并采用了非破坏性总线仲裁技术，通过设置优先级来避免冲突，通信距离最远可达 10km（5kbit/s），通信速率最高可达 40m（1Mbit/s），网络节点数实际可达 110 个。目前已有多家公司开发了符合 CAN 协议的通信芯片。

（3）LonWorks 总线 它由美国埃施朗（Echelon）公司推出，并由 Motorola 和东芝（Toshiba）公司共同倡导。它采用 ISO/OSI 模型的全部 7 层通信协议，采用面向对象的设计方法，通过网络变量把网络通信设计简化为参数设置。支持双绞线、同轴电缆、光缆和红外线等多种通信介质，通信速率从 300bit/s 至 1.5Mbit/s 不等，直接通信距离可达 2700m（78kbit/s），被称为通用控制网络。LonWorks 技术采用的 LonTalk 协议被封装到 Neuron（神经元）的芯片中，并得以实现。采用 LonWorks 技术和神经元芯片的产品，被广泛应用在楼宇自动化、家庭自动化、保安系统、办公设备、交通运输和工业过程控制等行业。

（4）DeviceNet 总线 DeviceNet 是一种低成本的通信连接，也是一种简单的网络解决方案，有着开放的网络标准。DeviceNet 具有的直接互联性不仅改善了设备间的通信，而且提供了相当重要的设备级阵地功能。DeviceNet 基于 CAN 技术，传输速率为 125～500kbit/s，每个网络的最大节点为 64 个，其通信模式为生产者/客户（Producer/Consumer），采用多信道广播信息发送方式。位于 DeviceNet 网络上的设备可以自由连接或断开，不影响网上的其他设备，而且其设备的安装布线成本也较低。DeviceNet 总线的组织结构是 Open DeviceNet Vendor Association（开放式设备网络供应商协会，简称 ODVA）。

（5）PROFIBUS PROFIBUS 是德国标准（DIN 19245）和欧洲标准（EN 50170）的现场总线标准。由 PROFIBUS-DP、PROFIBUS-FMS 和 PROFIBUS-PA 系列组成。DP 用于分散外设间高速数据传输，适用于加工自动化领域。FMS 适用于纺织、楼宇自动化、PLC 和低压开关等。PA 用于过程自动化的总线类型，服从 IEC 1158-2 标准。PROFIBUS 支持主-从系统、纯主站系统和多主多从混合系统等几种传输方式。PROFIBUS 的传输速率为 9.6kbit/s～12Mbit/s，最大传输距离在 9.6kbit/s 下为 1200m，在 12Mbit/s 下为 200m，可采用中继器延长至 10km，传输介质为双绞线或者光缆，最多可挂接 127 个站点。

（6）HART HART（Highway Addressable Remote Transducer，可寻址远程传感器高速通道）最早由 Rosemount（罗斯蒙特）公司开发。其特点是在现有模拟信号传输线上实现数字信号通信，属于模拟系统向数字系统转变的过渡产品。其通信模型采用物理层、数据链路层和应用层 3 层，支持点对点主从应答方式和多点广播方式。由于它采用模拟和数字信号混合，难以开发通用的通信接口芯片。HART 能利用总线供电，可满足本质安全防爆的要求，并且可用于由手持编程器与管理系统主机作为主设备的双主设备系统。

（7）CC-Link CC-Link（Control&Communication Link，控制与通信链路系统）在 1996 年 11 月，由以三菱电机为主导的多家公司推出，其增长势头迅猛，在亚洲占有较大份额。在其系统中，可以将控制和信息数据同时以 10Mbit/s 高速传送至现场网络，具有性能卓越、使用简单、应用广泛和节省成本等优点。其不仅解决了工业现场配线复杂的问题，同时具有优异的抗噪性能和兼容性。CC-Link 是一个以设备层为主的网络，同时也可覆盖较高层次的控制层和较低层次的传感层。2005 年 7 月，CC-Link 被中国国家标准委员会批准为中国国家标准指导性技术文件。

（8）WorldFIP　WorldFIP 的北美部分与 ISP 合并为 FF 以后，WorldFIP 的欧洲部分仍保持独立，总部设在法国。其在欧洲市场占有重要地位，特别是在法国的市场占有率大约为 60%。WorldFIP 的特点是具有单一的总线结构来满足不同应用领域的需求，而且没有任何网关或网桥，用软件的办法来解决高速和低速的衔接。WorldFIP 与 FFHSE 可以实现“透明连接”，并对 FF 的 H1 进行了技术拓展，如速率等。在与 IEC 61158 第一类型的连接方面，WorldFIP 做得最好，走在世界前列。

此外，较有影响的现场总线还有丹麦 Process-DataA/S 公司提出的 P-NET，该总线主要应用于农业、林业、水利和食品等行业；SwiftNet 现场总线主要使用在航空航天等领域，还有一些其他的现场总线这里就不再赘述了。

7.2.2　知识：现场总线的特点

现场总线的特点如下：

1）现场控制设备具有通信功能，便于构成工厂底层控制网络。

2）通信标准的公开、一致使系统具备开放性，设备间具有互操作性。

3）功能块与结构的规范化使相同功能的设备间具有互换性。

4）控制功能下放到现场，使控制系统结构具备高度的分散性。

现场总线的优点体现在以下 5 个方面：

1）现场总线使自控设备与系统步入了信息网络的行列，为其应用开拓了更为广阔的领域。

2）一对双绞线上可挂接多个控制设备，便于节省安装费用。

3）节省维护开销。

4）提高了系统的可靠性。

5）为用户提供了更为灵活的系统集成主动权。

现场总线的缺点：网络通信中数据包的传输延迟，通信系统的瞬时错误和数据包丢失，发送与到达次序的不一致等都会破坏传统控制系统原本具有的确定性，使得控制系统的分析与综合变得更复杂，使控制系统的性能受到负面影响。

现场总线体现了分布、开放、互联和高可靠性的特点，而这些正是 DCS 的缺点。DCS 通常是一对一单独传送信号，其所采用的模拟信号精度低，易受干扰，位于操作室的操作员对模拟仪表往往难以调整参数和预测故障，处于“失控”状态，很多的仪表厂商自定标准，互换性差，仪表的功能也较单一，难以满足现代的要求，而且几乎所有的控制功能都位于控制站中。FCS 则采取一对多双向传输信号，采用的数字信号精度高、可靠性强，设备也始终处于操作员的远程监控和可控状态，用户可以自由按需选择不同品牌和种类的设备互联，智能仪表具有通信、控制和运算等丰富的功能，而且控制功能分散到各个智能仪表中去。由此可以看到 FCS 相对于 DCS 的巨大进步。

也正是由于 FCS 的以上特点使得其在设计、安装和投运到正常生产都具有很大的优越性：由于分散在前端的智能设备能执行较为复杂的任务，不再需要单独的控制器、计算单元等，节省了硬件投资和使用面积；FCS 的接线较为简单，而且一条传输线可以挂接多个设备，大大节约了安装费用；由于现场控制设备往往具有自诊断功能，并能将故障信息发送至控制室，减轻了维护工作；同时，由于用户拥有高度的系统集成自主权，可以灵活选择合适的产品；整体系统的可靠性和准确性也大为提高。这一切都帮助用户实现了降低安装、使用和维护的成本，最终达到增加利润的目的。

7.2.3 知识：现场总线的现状与发展

由于利益之争，虽然早在 1984 年国际电工委员会/国际标准协会（IEC/ISA）就开始着手制定现场总线的标准，但至今统一的标准仍未完成。很多公司也推出其各自的现场总线技术，但彼此的开放性和互操作性还难以统一。目前现场总线市场有着以下特点：

1. 总线并存

目前世界上存在着大约四十余种现场总线，如法国的 FIP，英国的 ERA，德国西门子公司的 PROFIBus，挪威的 FINT，Echelon 公司的 LonWorks，Phoenix Contact（菲尼克斯电气公司）的 InterBus，博世公司的 CAN，Rosemount 公司的 HART，Carlo Gavazzi（瑞士佳乐）公司的 Dupline，丹麦 Process Data A/S 公司的 P-NET，PeterHans 公司的 F-Mux，以及 ASI（Actratur Sensor Interface）、MODBUS、SDS、Arcnet、FF、WorldFIP、BitBus、美国的 DeviceNet 与 ControlNet 等。这些现场总线大都用于过程自动化、医药、加工制造、交通运输、国防、航天、农业和楼宇等领域，大概不到十种的总线占有 80%左右的市场。

2. 目前的工业总线网络可归为 3 类

（1）RS-485 网络　RS-485/MODBUS 是现在主流的一种工业组网方式，其特点是实施简单方便，而且现在支持 RS-485 的仪表又特别多。现在的仪表商也纷纷转而支持 RS-485/MODBUS，原因很简单，RS-485 的转换接口不仅便宜而且种类繁多。至少在低端市场上，RS-485/MODBUS 仍将是最主要的工业组网方式。

（2）HART 网络　HART 是由艾默生公司提出的一个过渡性总线标准，主要特征是在 4～20mA 电流信号上面叠加数字信号，但该协议并未真正开放，只有加入其基金会才能拿到协议，而加入基金会则需要一定的费用。HART 技术主要被国外几家大公司垄断，近些年国内也有公司在做，但还没有达到国外公司的水平。现在有很多智能仪表带有 HART 圆卡，支持 HART 通信功能。但从国内情况来看，还没有真正用到这部分功能来进行设备联网监控，最多只是利用手操器对其进行参数设定。从长远来看，由于 HART 通信速率低、组网困难等，HART 仪表的应用将呈下滑趋势。

（3）FieldBus（现场总线）网络　现场总线是当今自动化领域的热点技术之一，被誉为自动化领域的计算机局域网。它的出现标志着自动化控制技术又一个新时代的开始。现场总线是连接控制现场的仪表与控制室内的控制装置的数字化、串行和多站通信的网络。其关键标志是能支持双向、多节点和总线式的全数字化通信。现场总线技术近年来成为国际上自动化和仪器仪表发展的热点，它的出现使传统的控制系统结构产生了革命性的变化，使自控系统朝着“智能化、数字化、信息化、网络化、分散化”的方向进一步迈进，形成新型的网络通信的全分布式控制系统——现场总线控制系统（FCS，Fieldbus Control System）。然而，到目前为止，现场总线还没有形成真正统一的标准，PROFIBUS、CAN 和 CC-Link 等多种标准并行存在，并且都有自己的生存空间，何时统一遥遥无期。目前，支持现场总线的仪表种类还比较少，可供选择的余地小，价格又偏高，用量也较小。

3. 应用领域

每种总线大都有其应用的领域，比如 FF、PROFIBUS-PA 适用于石油、化工、医药和冶金等行业的过程控制领域；LonWorks、PROFIBUS-FMS、DeviceNet 适用于楼宇、交通运输和农业等领域；DeviceNet、PROFIBUS-DP 适用于加工制造业，而这些划分也不是绝对的，每种现场总线都力图将其应用领域扩大，彼此渗透。

大多数的现场总线都以一个或几个大型跨国公司为背景并成立相应的国际组织，力图扩大自己的影响、得到更多的市场份额。比如 PROFIBUS 以西门子公司为主要支持，并成立了 PROFIBUS 国际用户组织；WorldFIP 以阿尔斯通（Alstom）公司为主要后台，成立了 WorldFIP 国际用户组织。为了加强自己的竞争能力，很多总线都在争取成为国家或者地区的标准，比如 PROFIBUS 已成为德国标准、WorldFIP 已成为法国标准等。为了扩大自己产品的使用范围，很多设备制造商往往参与不止一个甚至多个总线组织。

由于竞争激烈，而且还没有哪一种或几种总线能一统市场，很多重要企业都力图开发接口技术，使自己的总线能和其他总线相连，在国际标准中也出现了协调共存的局面。

工业自动化技术应用于各行各业，要求也千变万化，使用一种现场总线技术也很难满足所有行业的技术要求；现场总线不同于计算机网络，人们将会面对一个多种总线技术标准共存的现实世界。技术发展很大程度上受到市场规律、商业利益的制约；技术标准不仅是一个技术规范，也是一个商业利益的妥协产物。而现场总线的关键技术之一是彼此的互操作性，实现现场总线技术的统一是所有用户的愿望。

从现场总线技术本身来分析，它有两个明显的发展趋势：一是寻求统一的现场总线国际标准，二是工业以太网走向工业控制网络。

统一开放的 TCP/IP 以太网是 20 多年来发展最成功的网络技术，过去人们一直认为以太网是为 IT 领域应用而开发的，它与工业网络在实时性、环境适应性和总线馈电等许多方面的要求存在差距，在工业自动化领域只能得到有限应用。事实上，这些问题正在迅速得到解决，国内对 EPA（Ethernet for Process Automation，用于过程自动化的以太网）技术也取得了很大的进展。

随着 FF HSE 的成功开发以及 PROFINET 的推广应用，可以预见以太网技术将会十分迅速地进入工业控制系统的各级网络。

7.3 PROFIBUS 通信及其应用

7.3.1 知识：PROFIBUS 通信概述与 PROFIBUS 总线拓扑结构

PROFIBUS 是过程现场总线（Process Field Bus）的缩写，是目前国际上通用的现场总线标准之一，PROFIBUS 在 1987 年由西门子公司等 13 家企业和 5 个研究机构联合开发。1999 年 PROFIBUS 成为国际标准 IEC 61158 的组成部分，2001 年批准成为中国的行业标准 JB/T 10308.3—2001（已废止），在多种自动化的领域中占据主导地位，全世界的设备节点数已经超过 2000 万。它由 3 个兼容部分组成，即 PROFIBUS-DP（Decentralized Periphery 分布式外设）、PROFIBUS-PA（Process Automation，过程自动化）、PROFIBUS-FMS（Fieldbus Message Specification，现场总线信息规范）。PROFIBUS 协议结构如图 7-5 所示。

PROFIBUS-DP 应用于现场级，它是一种高速低成本通信，用于设备级控制系统与分散式 I/O 之间的通信，总线周期一般小于 10ms，使用协议第 1、2 层和用户接口，确保数据传输的快速和有效进行。

PROFIBUS-DP 是一种高速低成本数据传输，用于自动化系统中单元级控制设备与分布式 I/O（例如 ET200）的通信。主站之间的通信为令牌方式，主站与从站之间为主从轮询方式，以及这两种方式的混合。一个网络中有若干个被动节点（从站），而它的逻辑令牌只含有一个主动令牌（主站），这样的网络为纯主-从系统，其总线网络结构如图 7-6 所示。

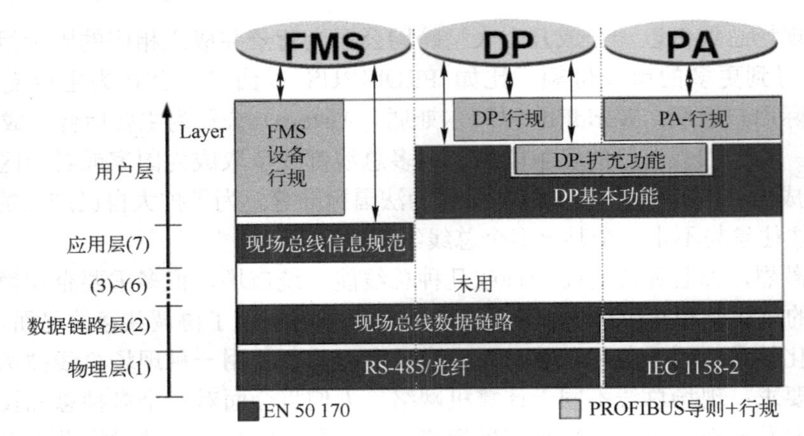

图 7-5　PROFIBUS 协议结构

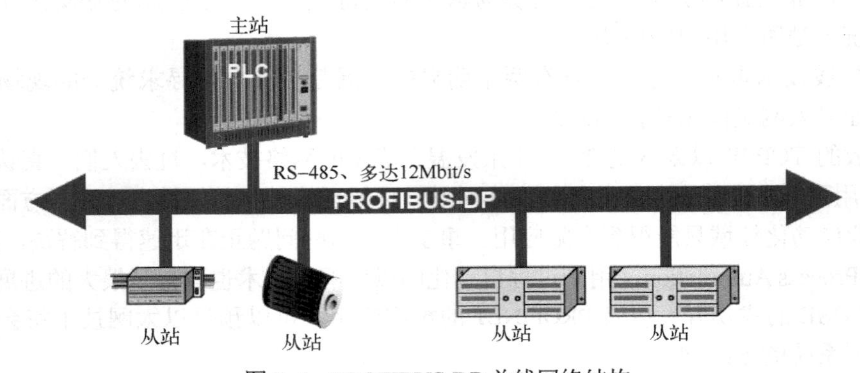

图 7-6　PROFIBUS-DP 总线网络结构

PROFIBUS-PA 适用于过程自动化，可使传感器和执行器接在一根共用的总线上，可应用于本征安全领域。PROFIBUS-PA 用于过程自动化的现场传感器和执行器的低速数据传输，使用扩展的 PROFIBUS-DP 协议，其总线网络结构如图 7-7 所示。

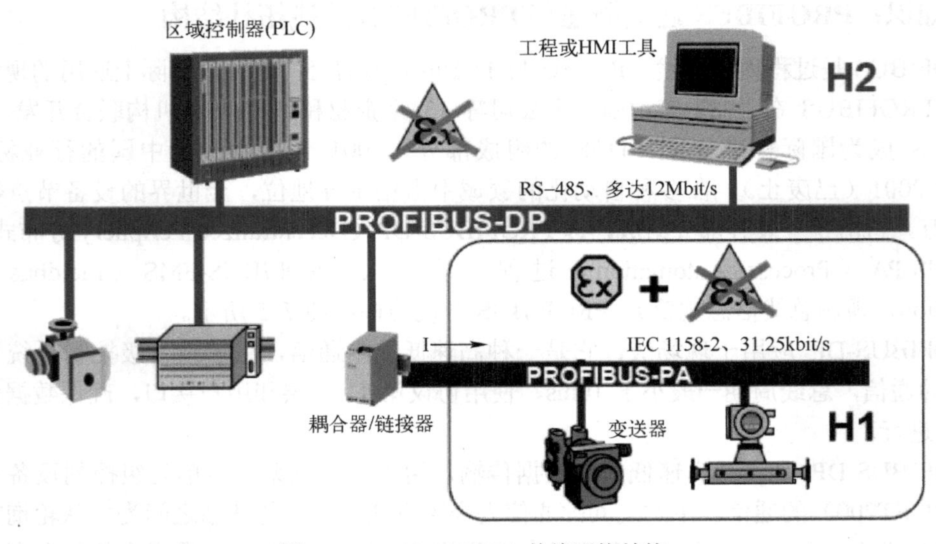

图 7-7　PROFIBUS-PA 总线网络结构

PROFIBUS-FMS 用于车间级监控网络，它是令牌结构的实时多主网络，用来完成控制器和智能现场设备之间的通信以及控制器之间的信息交换，主要使用主-从方式，通常周期性地与传动装置进行数据交换。PROFIBUS-FMS 可用于车间级监控网络，FMS 提供大量的通信服务，用以完成中等级传输速率进行的循环和非循环的通信服务，其总线网络结构如图 7-8 所示。

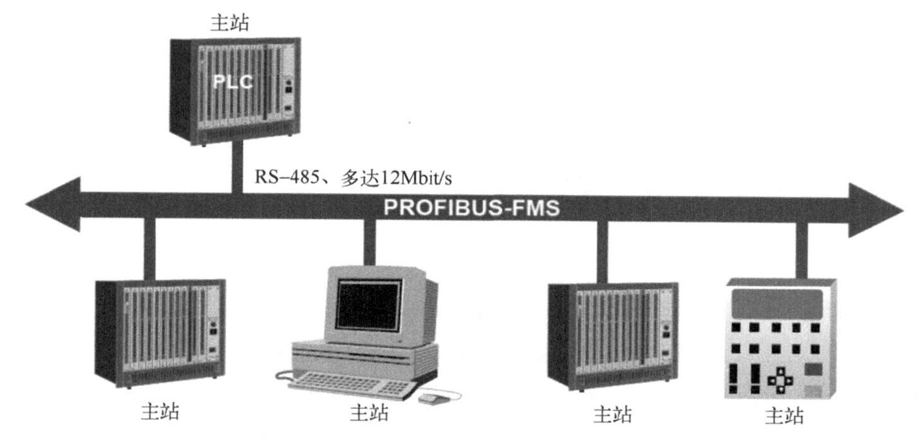

图 7-8　PROFIBUS-FMS 总线网络结构

PROFIBUS 可使分散式数字化控制器从现场底层到车间级网络化，并可同时实现集中控制、分散控制和混合控制 3 种方式。该系统分为主站和从站：

1）主站决定总线的数据通信，当主站得到总线控制权（令牌）时，没有外界请求也可以主动发送信息。在 PROFIBUS 协议中，主站也称为主动站。

2）从站为外围设备，典型的从站包括：输入/输出装置、阀门、驱动器和测量发射器，它们没有总线控制权，仅对接收到的信息给予确认或当主站发出请求时向它们发送信息。从站也称为被动站，由于从站只需总线协议的一小部分，所以实施起来特别经济。

PROFIBUS 支持主-从系统、纯主站系统和多主-多从混合系统等几种传输方式。

（1）纯主-从系统（单主站）　单主站系统可实现最短的总线循环时间。以 PROFIBUS-DP 系统为例，一个单主站系统由一个 DP-1 类主站和 1～125 个 DP-从站组成，典型系统如图 7-9 所示。

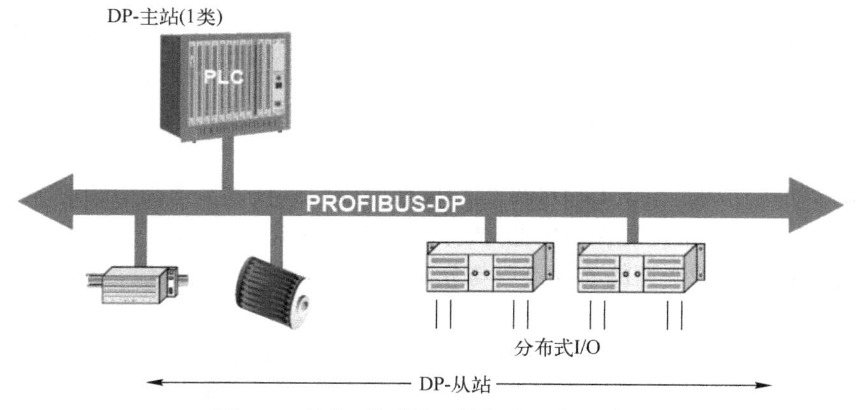

图 7-9　纯主-从系统（单主站）典型系统

（2）纯主-主系统（多主站）　若干个主站可以用读功能访问一个从站。以 PROFIBUS-DP

系统为例，多主站系统由多个主设备（1 类或 2 类）和 1～124 个 DP-从设备组成，典型系统如图 7-10 所示。

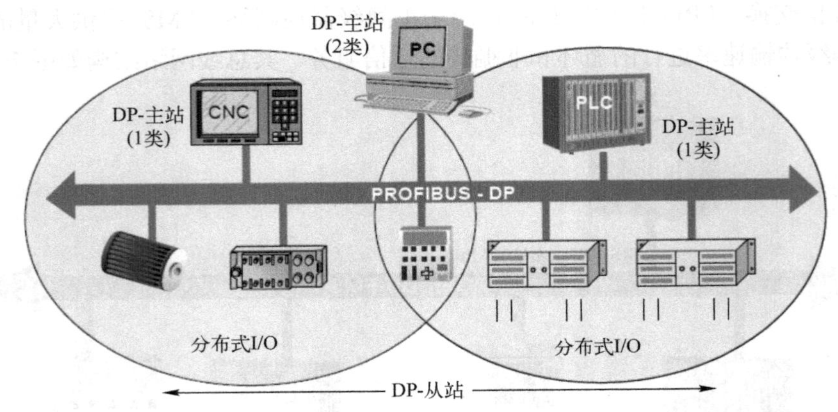

图 7-10　纯主-主系统（多主站）典型系统

两种配置的组合系统（多主-多从）典型系统如图 7-11 所示。

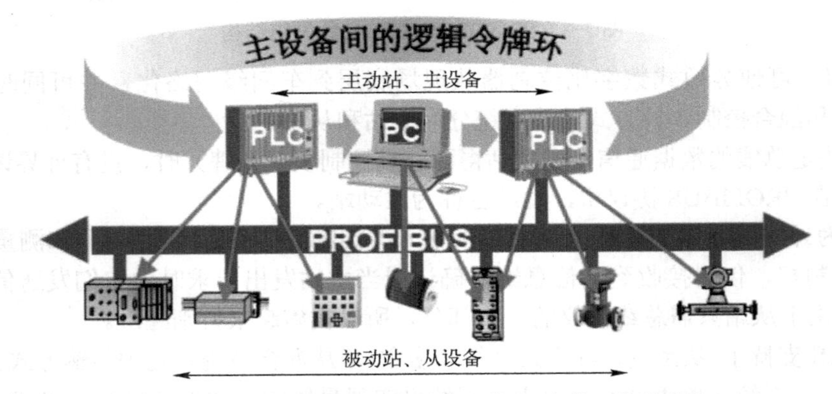

图 7-11　两种配置的组合系统（多主-多从）典型系统

与其他现场总线系统相比，PROFIBUS 的最大优点在于具有稳定的国际标准 EN50170 作为保证，并经实际应用验证具有普遍性，已应用的领域包括加工制造过程控制和自动化等。PROFIBUS 开放性和不依赖于厂商的通信的设想，已在 10 多万个成功应用中得以实现。市场调查确认，PROFIBUS 在欧洲开放性工业现场总线系统的市场占有率超过 40%。PROFIBUS 有国际著名自动化技术装备的生产厂商支持，它们都具有各自的技术优势并能提供广泛的优质新产品和技术服务。

PROFIBUS 协议结构是根据 ISO7498 国际标准，以 OSI 作为参考模型的。

PROFIBUS-DP 是为了实现在传感器-执行器级快速数据交换而设计的。中央控制装置（例如 PLC）在这里通过一种快速的串行接口与分布式输入和输出设备通信。与这些装置的通信一般是循环发生的。

中央控制器（主站）是从从站读取输入信息并将输出信息写到从站。单主站或者多主站系统可以由 PROFIBUS-DP 来实现，这使得系统配置异常方便。一条总线最多可以连接 126 个设备（主站或从站）。

设备类型有以下 3 类：

1）DP1 类主站：这是一种在给定的信息循环中与分布式站点（DP 从站）交换信息的中央控制器。典型的设备有：PLC、微机数值控制（CNC）或 PC 等。

2）DP2 类主站：属于这一类的装置包括编程器组态装置和诊断装置例如上位机。这些设备在 DP 系统初始化时用来生成系统配置。

3）DP 从站：一台 DP 从站是一种对过程读和写信息的输入、输出装置（传感器/执行器），例如分布式 I/O、ET200 变频器等。

PROFIBUS 网络可对多个控制器、组件和作为电气网络或光纤网络的子网进行无线连接，或使用链接器进行连接。通过 PROFIBUS-DP 可对传感器和执行器进行集中控制。图 7-12 为 PROFIBUS-DP 的连接方式。

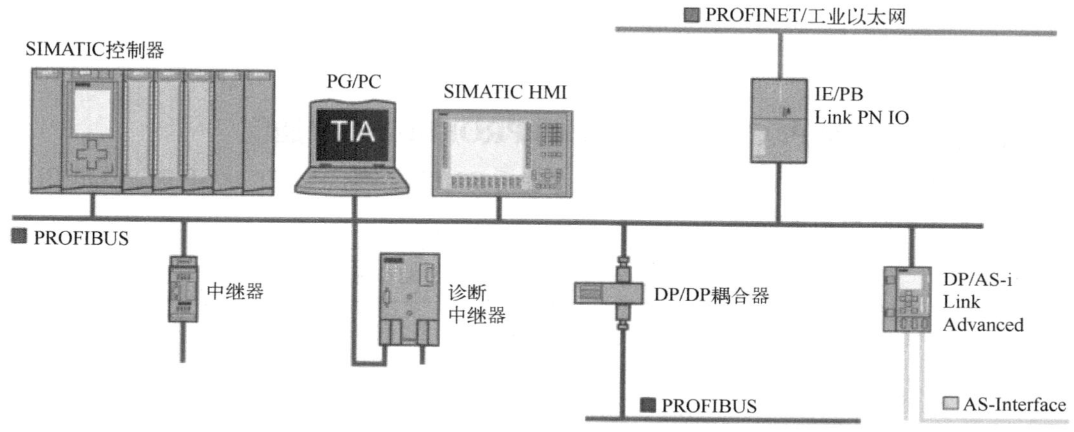

图 7-12 PROFIBUS-DP 的连接方式

PROFIBUS-DP 中使用的设备如图 7-13 所示，显示了 PROFIBUS-DP 的最重要组件。DP 主站是用于对连接的 DP 从站进行寻址的设备，与现场设备交换输入和输出信号，DP 主站通常是运行自动化程序的控制器。“PG/PC”为 PG/PC/HMI 类设备，用于调试和诊断 2 类 DP 主站。PROFIBUS 为网络基础结构，HMI 用于操作和监视功能的设备，DP 从站是分配给 DP 主站的分布式现场设备，如阀门终端、变频器等。智能从站是指智能 DP 从站。

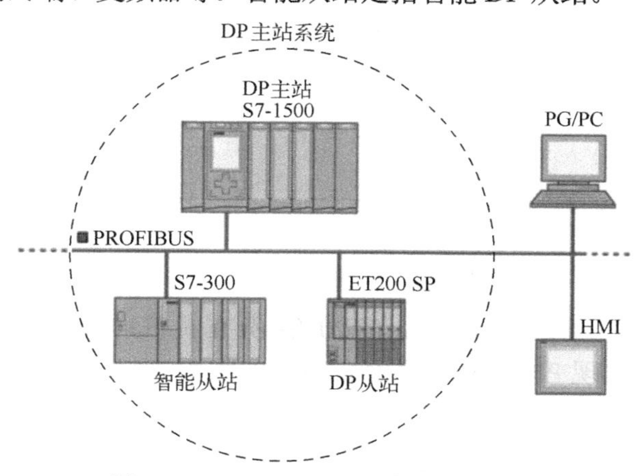

图 7-13 PROFIBUS-DP 中使用的设备

I/O 通信指的是对分布式 I/O 的输入/输出进行读写操作。图 7-14 为采用 PROFIBUS-DP 的 I/O 通信。

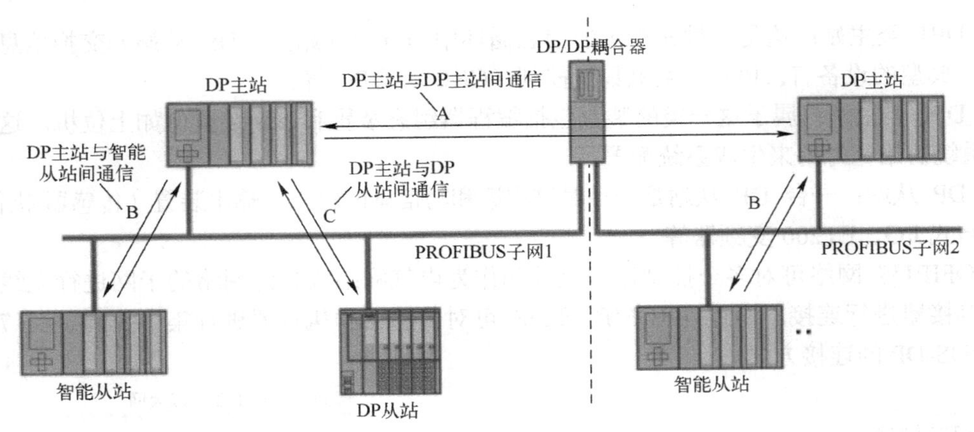

图 7-14 采用 PROFIBUS-DP 的 I/O 通信

7.3.2 案例：S7-1500 PLC 与 ET200SP 的 PROFIBUS-DP 通信

异步电动机两地控制电路如图 7-15 所示。使用 S7-1500 PLC 与 ET200SP 的 PROFIBUS-DP 通信，实现异步电动机两地控制。

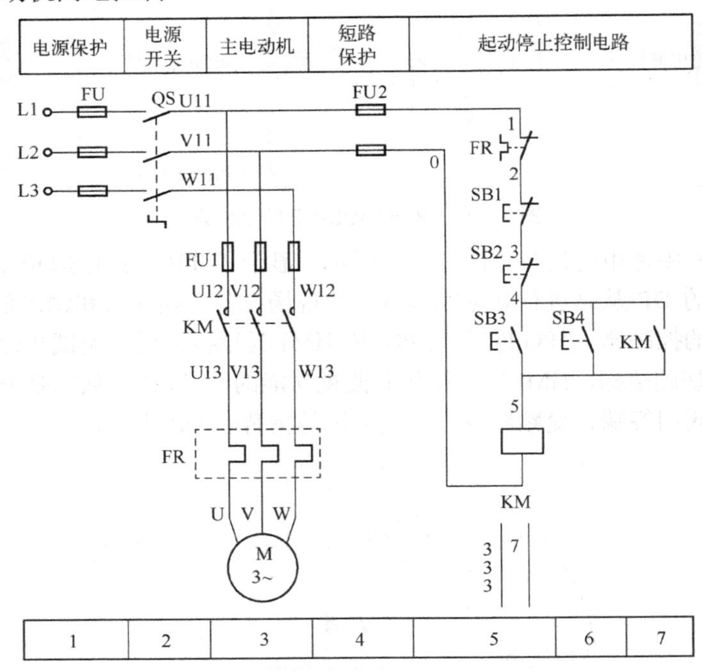

图 7-15 异步电动机两地控制电路

采用 CPU 1516F-3 PN/DP 作为主站，ET200SP 分布式 I/O 模块作为从站，通过 PROFIBUS 建立与 ET200SP 通信，实现 PROFIBUS 硬件配置图如图 7-16 所示，其硬件明细表见表 7-2。

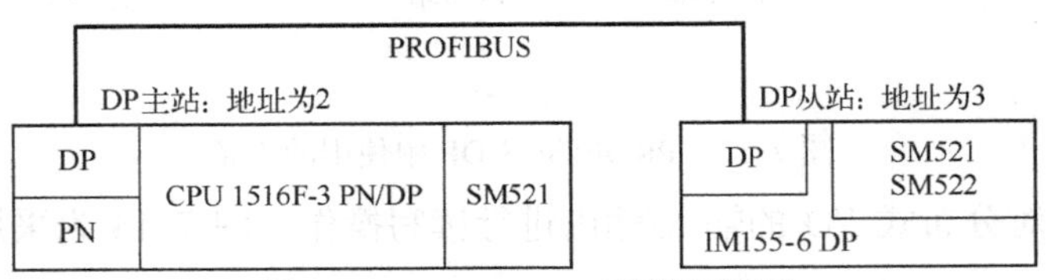

图 7-16 PROFIBUS 硬件配置图

表 7-2 硬件明细表

模块	型号	订货号
CPU 模块	CPU 1516F-3 PN/DP	6ES7 516-3FN01-0AB0
数字量输入模块	DI 32x24VDC HF	6ES7 521-1BL00-0AB0
ET200SP 接口模块	IM 155-6 DP HF	6ES7 155-6BU00-0CN0
远程数字量输入模块	DI 8xDC 24V HF	6ES7 131-6BF00-0CA0
远程数字量输出模块	DQ 8xDC 24V/0.5A HF	6ES7 132-6BF00-0CA0

设定 I/O 分配表见表 7-3。

表 7-3 I/O 分配表

输入		输出	
输入设备	输入编号	输出设备	输出编号
主站启动 SB3	I0.0	KM	Q0.0
主站停止 SB1	I0.1		
从站启动 SB4	I4.0		
从站停止 SB2	I4.1		

1. 主站硬件配置

1）新建博途项目后，在 TIA 博途软件项目视图的项目树中，双击“添加新设备”按钮，先添加 CPU 模块“CPU 1516F-3 PN/DP”，如图 7-17 所示。

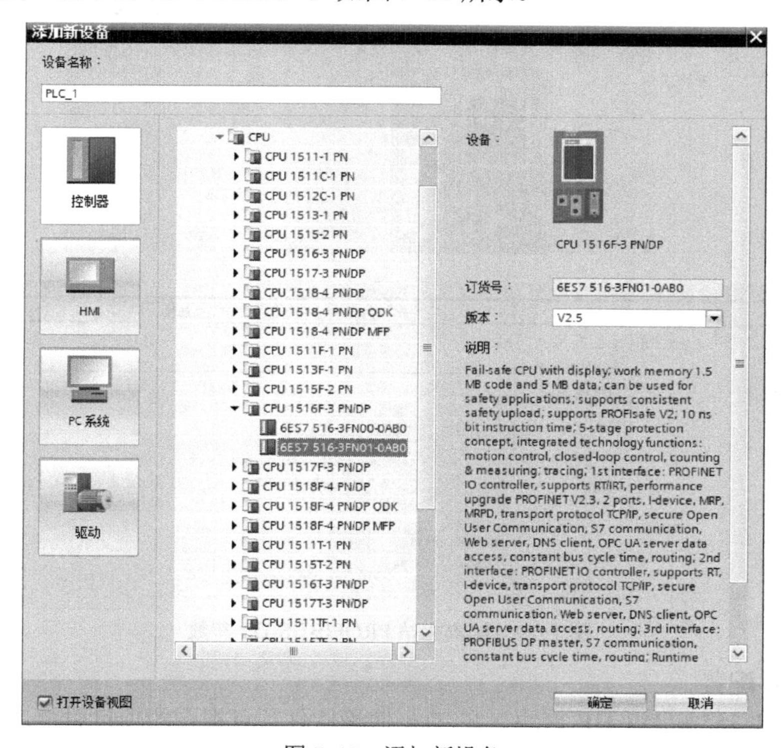

图 7-17 添加新设备

2）配置 CPU 后，双击右侧硬件目录中的 DI 模块，将 DI 32x24VDC HF 添加到 CPU 模块右侧的 2 号槽中，如图 7-18 所示。

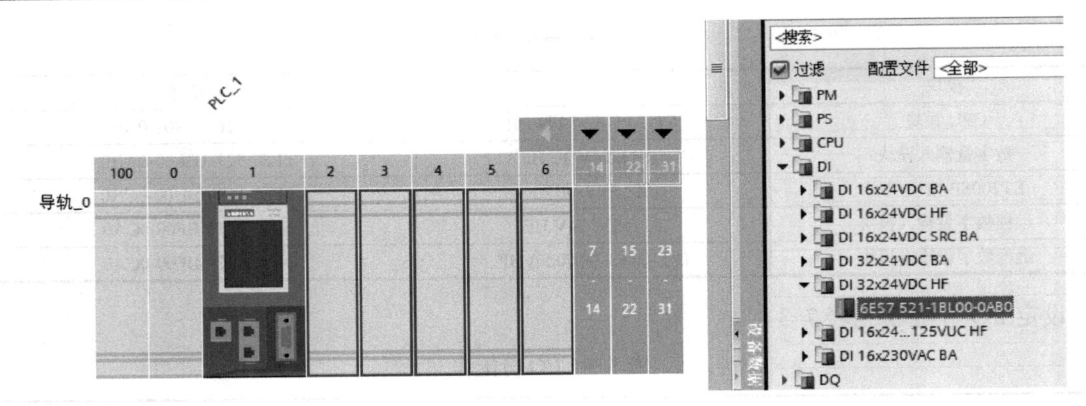

图 7-18　主站硬件配置

3）配置主站 PROFIBUS-DP 参数。先选中“设备视图”选项卡，再选中 DP 接口（紫色），选中“属性”选项卡，再选中“PROFIBUS 地址”选项，单击“添加新子网”，弹出“PROFIBUS 地址”参数，如图 7-19 所示，保存主站的硬件和网络配置。

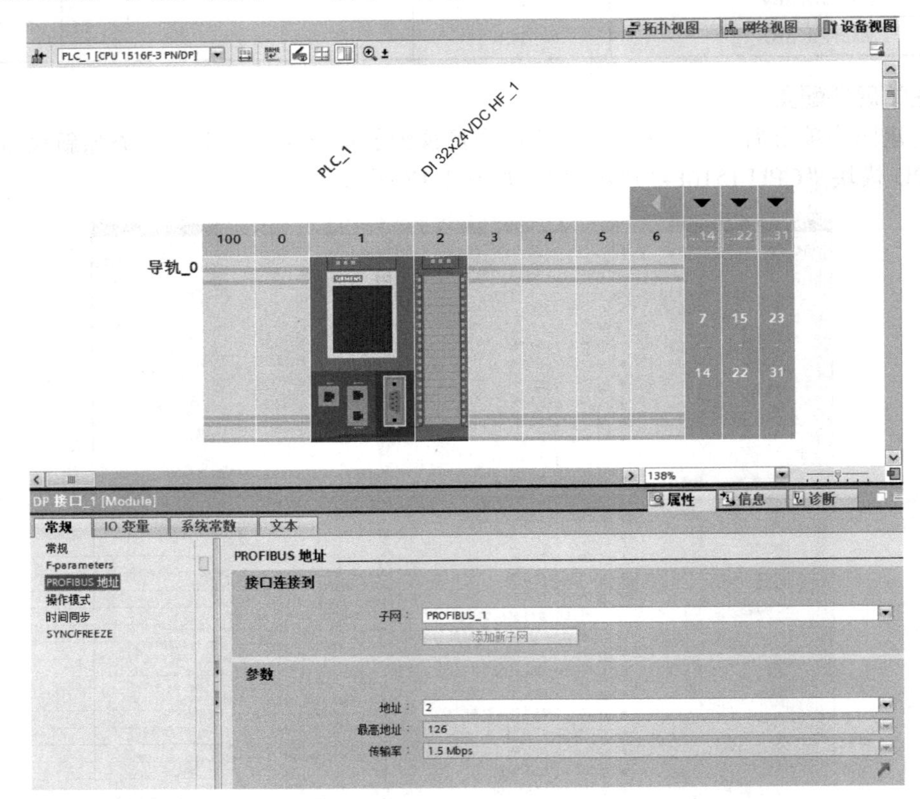

图 7-19　配置主站 PROFIBUS-DP 参数

2. 从站硬件配置

（1）插入 IM 155-6 DP HF 模块　在 TIA 博途软件项目视图的项目树中，先选中“网络视图”选项卡，再选择硬件“目录”→“分布式 I/O”→“ET 200SP”→“接口模块”→“PROFIBUS”→“IM 155-6 DP HF”，双击“6ES7 155-6BU00-0CN0”模块将其加入工作区，如图 7-20 所示。

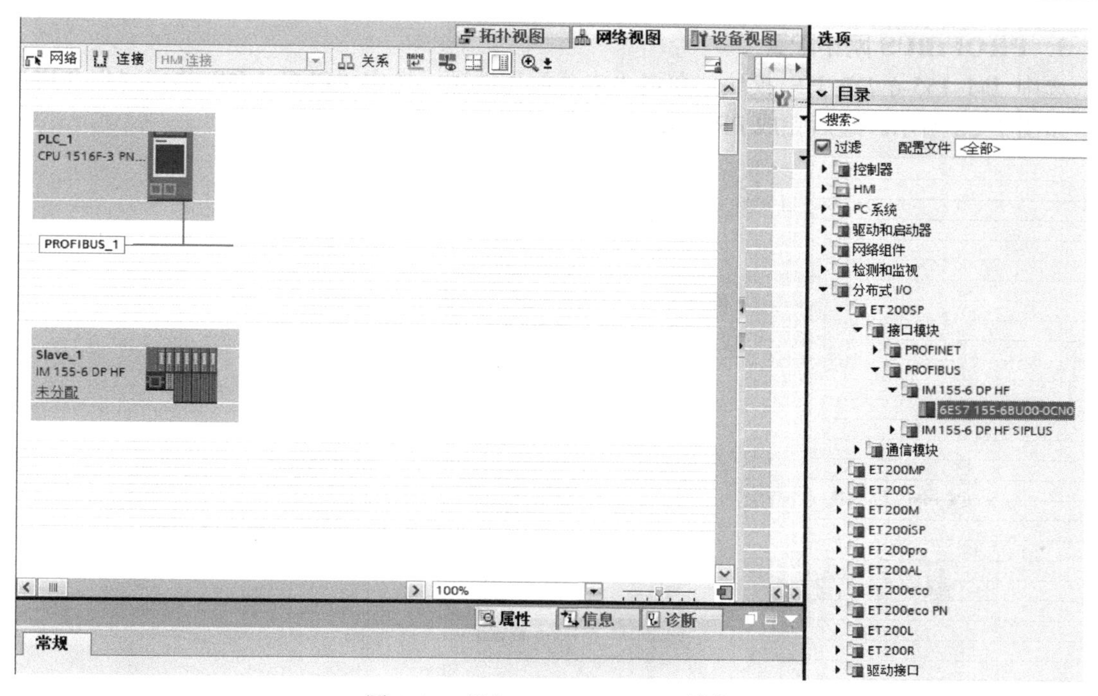

图 7-20　插入 IM 155-6 DP HF 模块

（2）插入数字量输入与输出模块　先选中 IM 155-6 DP HF 模块，再选中“设备视图”选项卡，选择硬件“目录”→“DI 8x24VDC HF”与“DQ 8x24VDC/0.5A HF”，双击“6ES7 131-6BF00-0CA0”与“6ES7 132-6BF00-0CA0”模块，将它们插入到 IM 155-6 DP HF 模块右侧的 1 号与 2 号槽位中，并启用新电位组，如图 7-21 所示。

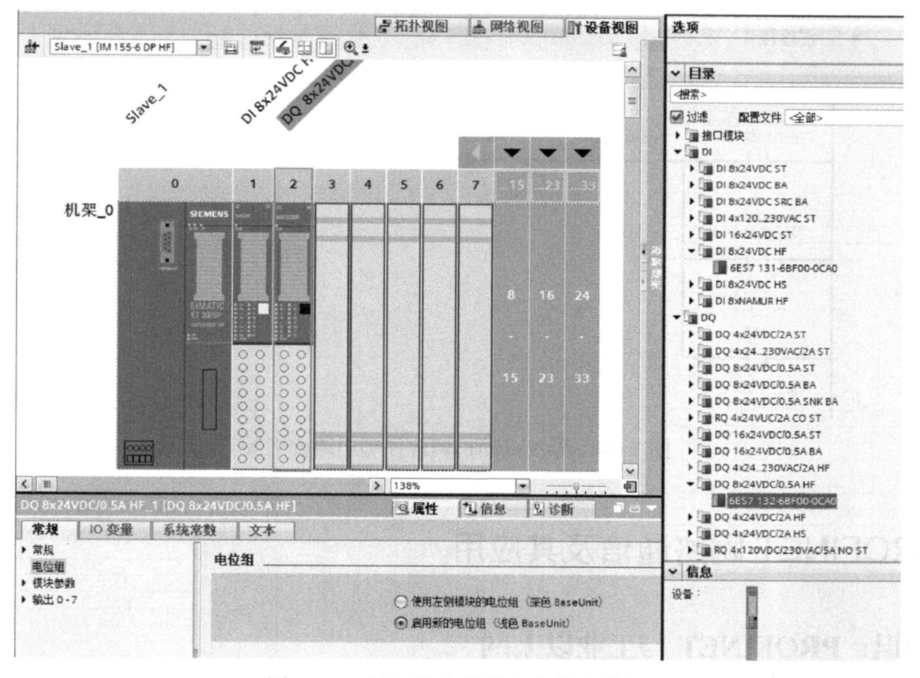

图 7-21　插入数字量输入与输出模块

3. PROFIBUS 网络配置

选中 IM 155-6 DP HF 模块，单击“未分配”选项，选中“PLC_1.DP 接口_1”并再次单击，如图 7-22 所示。最后完成 PROFIBUS 网络配置，如图 7-23 所示。

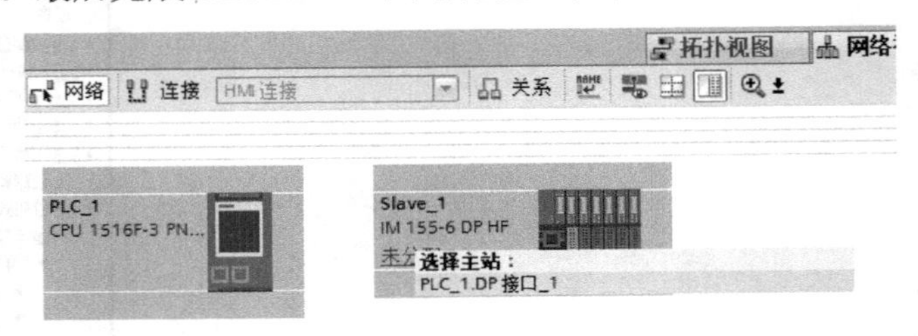

图 7-22　PROFIBUS 网络配置

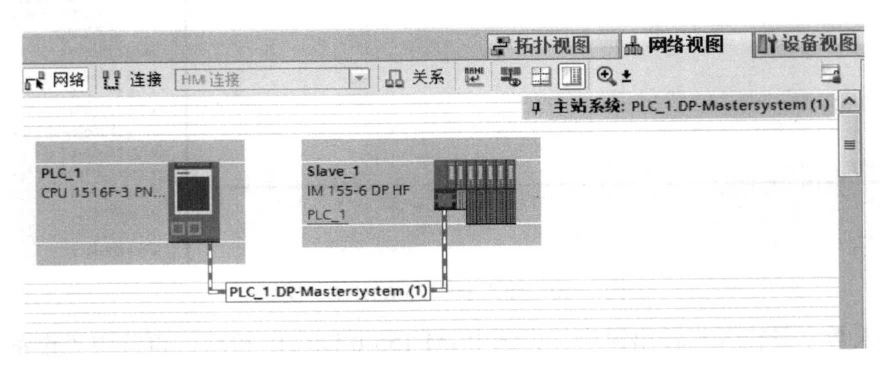

图 7-23　完成 PROFIBUS 网络配置

4. 编写程序

对主站进行程序的编写，异步电动机两地控制电路梯形图如图 7-24 所示。

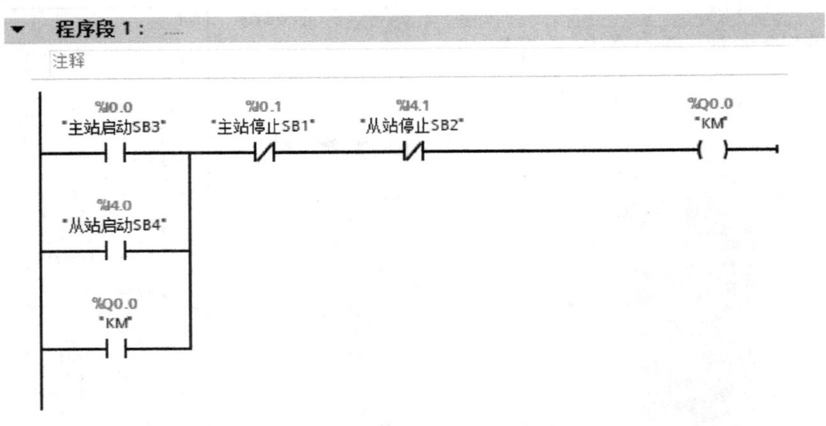

图 7-24　异步电动机两地控制电路梯形图

7.4　PROFINET 网络通信及其应用

7.4.1　知识：PROFINET 与工业以太网

PROFINET 由 PROFIBUS 国际组织（PROFIBUS International，PI）推出，是新一代基于工

业以太网技术的自动化总线标准。

PROFINET 为自动化通信领域提供了一套完整的网络解决方案，囊括了诸如实时以太网、运动控制、分布式自动化、故障安全以及网络安全等当前自动化领域的热点话题，并且作为跨供应商的技术，可以完全兼容工业以太网和现有的现场总线（如 PROFIBUS）技术，保护现有投资。

PROFINET 是适用于不同需求的完整解决方案，其功能包括 8 个主要的模块，依次为实时通信、分布式现场设备、运动控制、分布式自动化、网络安装、IT 标准和信息安全、故障安全和过程自动化。

工业以太网是基于 IEEE 802.3（Ethernet）的强大的区域和单元网络，提供了一个无缝集成到新的多媒体世界的途径。企业内部互联网（Intranet）、外部互联网（Extranet）以及国际互联网（Internet）提供的广泛应用不但已经进入今天的办公室领域，而且还可以应用于生产和过程自动化。继波特率 10M 级以太网成功运行之后，具有交换功能，全双工和自适应的 100M 级快速以太网（Fast Ethernet，符合 IEEE 802.3u 的标准）也已成功运行多年。采用何种性能的以太网取决于用户的需要，通用的兼容性允许用户无缝升级到新技术。

工业以太网是应用于工业控制领域的以太网技术，在技术上与商用以太网（即 IEEE 802.3 标准）兼容，但是实际产品和应用却又完全不同。这主要表现为普通商用以太网的产品在设计时，在材质的选用、产品的强度、适用性以及实时性、可互操作性、可靠性、抗干扰性和本质安全性等方面不能满足工业现场的需要，故在工业现场控制应用的是与商用以太网不同的工业以太网。

PROFINET 和工业以太网的区别：

1）PROFINET（实时以太网）基于工业以太网，具有很好的实时性，可以直接连接现场设备（使用 PROFINET IO），使用组件化的设计，PROFINET 支持分布的自动化控制方式（PROFINET CBA，相当于主站间的通信）。

2）以太网应用到工业控制场合后，经过改进用于工业现场的以太网，就成为工业以太网。如使用西门子的网卡 CP343-1 或 CP443-1 通信的话，就应用过 ISO 或 TCP 连接等，这样所使用的 TCP 和 ISO 就是应用在工业以太网上的协议。PROFINET 同样是西门子 SIMATIC NET 中的一个协议，具体来说是众多协议的集合，其中包括 PROFINET IO RT，CBA RT，IO IRT 等实时协议。

所以 PROFINET 和工业以太网不能比，只能说 PROFINET 是工业以太网上运行的实时协议。现在常常称有些网络是 PROFINET 网络，是因为这个网络上应用了 PROFINET 协议。

3）PROFINET 是一种新的以太网通信系统，是由西门子公司和 PROFIBUS 用户协会开发。PROFINET 具有多制造商产品之间的通信能力、自动化和工程模式，并针对分布式智能自动化系统进行了优化，其应用结果能够大大节省配置和调试费用。PROFINET 系统集成了基于 PROFIBUS 的系统，提供了对现有系统投资的保护。它也可以集成其他现场总线系统。

简单地说，PROFINET 实时性好、安全性和可靠性高，可以用于工业设备之间的通信。工业以太网简单，成本低，会由于本身容易产生信号冲突而造成性能下降、可靠性降低。但工业以太网实效性好，扩展性能好，便于与互联网集成。

7.4.2 知识：S7-1500 PLC 的 PROFINET 网络通信方式

PROFINET 技术定义了 3 种类型：PROFINET1.0 基于组件的系统主要用于控制器与控制器

通信；PROFINET-SRT 软实时系统用于控制器与 I/O 设备通信；PROFINET-IRT 硬实时系统用于运动控制。

PROFINET 将工厂自动化和企业信息管理层 IT 技术有机地融为一体，同时又完全保留 PROFIBUS 现有的开放性。

PROFINET 现场总线体系结构如图 7-25 所示，从图中可以看出，该方案支持开放的、面向对象的通信，这种通信建立在普遍使用的以太网 TCP/IP 基础上，优化的通信机制还可以满足实时通信的要求。

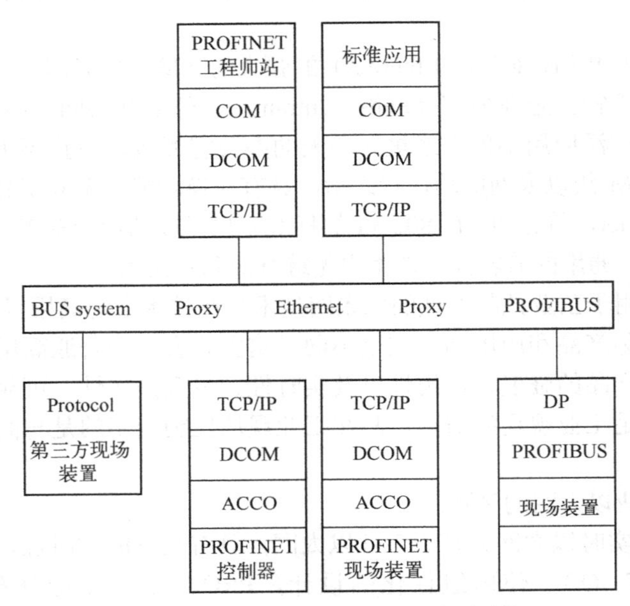

图 7-25　PROFINET 现场总线体系结构

基于对象应用的 DCOM 通信协议是通过该协议标准建立的，以对象的形式表示的 PROFINET 组件根据对象协议交换其自动化数据。自动化对象即 COM 对象作为 PDU（协议数据单元）以 DCOM 协议定义的形式出现在通信总线上。连接对象活动控制（ACCO）确保已组态的互相连接的设备之间通信关系的建立和数据交换。传输本身是由事件控制的，ACCO 也负责故障后的恢复，包括质量代码和时间标记的传输、连接的监视、连接丢失后的再建立以及相互连接性的测试和诊断。

PROFIBUS 可以通过代理服务器（Proxy）很容易地实现与其他现场总线系统的集成，在该方案中，通过 Proxy 将通用的 PROFIBUS 网络连接到工业以太网；通过以太网 TCP/IP 访问 PROFIBUS 设备是由 Proxy 使用远方程序调用和微软 DCOM 进行处理的。

PROFINET 提供工程设计工具和制造商专用的编程和组态软件，使用这种工具可以从控制器编程软件开发的设备来创建基于 COM 的自动化对象，这种工具也将用于组态基于 PROFINET 的自动化系统，使用这种独立于制造商的对象和连接编辑器可减少 15%的开发时间。

PROFINET 是一种支持分布式自动化的高级通信系统。除了通信功能外，PROFINET 还包括了分布式自动化概念的规范，这是基于制造商无关的对象和连接编辑器和 XML 设备描述语言。以太网 TCP/IP 被用于智能设备之间时间要求不严格的通信。所有时间要求严格的实时数据都是通过标准的 PROFIBUS-DP 技术传输，数据可以从 PROFIBUS-DP 网络通过代理集成到 PROFINET 系统。PROFINET 是一种使用已有的 IT 标准，没有定义其专用工业应用协议的总线。它的对象模式是基于微软公司组件对象模式（COM）技术。对于网络上所有分布式对象之间的交互操作，均使用微软公司的 DCOM 协议和标准 TCP 和 UDP（用户数据报协议），PROFINET 网络架构如图 7-26 所示。

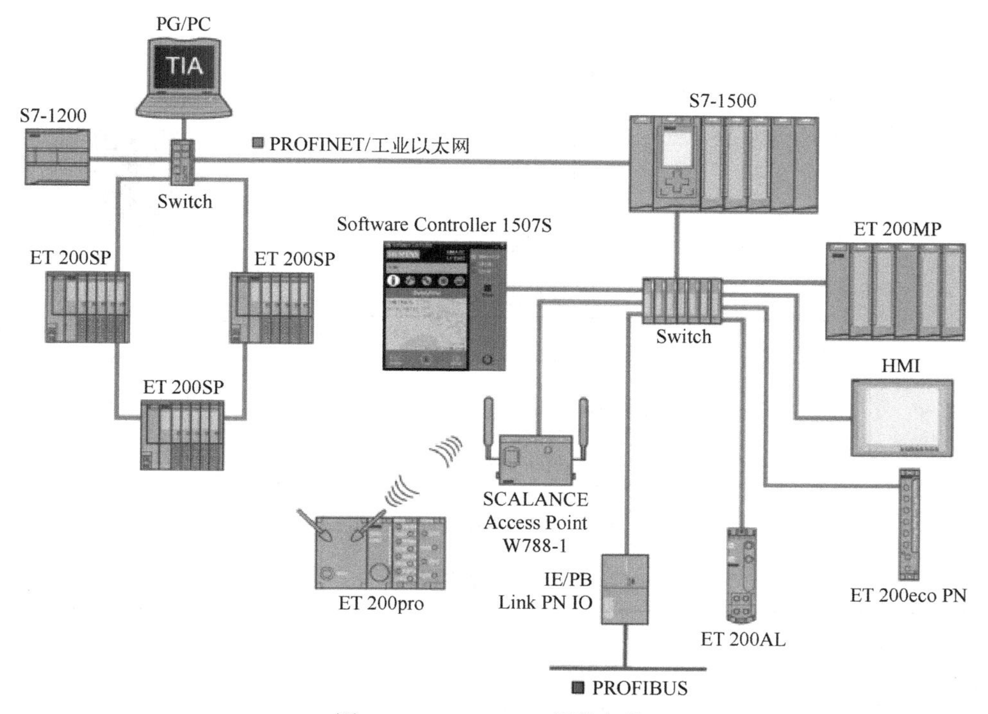

图 7-26　PROFINET 网络架构

7.4.3　案例：S7-1500 PLC 与 ET200SP 的 PROFINET 通信

下面介绍使用 CPU 1516F-3 PN/DP 与 ET200SP 分布式 I/O 模块通过 PROFINET 实现远程控制水塔水位电路。

控制要求为在水塔上设有 4 个分布式液位传感器，安装位置如图 7-27 所示，从低到高依次分别为 SQ1～SQ4。凡液面高于传感器安装位置则传感器接通（ON），液面低于传感器安装位置则传感器断开（OFF）。其中 SQ2 和 SQ3 作为水位控制信号，而 SQ1 和 SQ4 可在 SQ2 或 SQ3 失灵后发出报警信号，起到保护作用。

使用水泵将水池里的水抽到水塔上。当按下设在地面控制器上的启动按钮 SB1 后，水泵开始运行，直到收到 SQ3 信号并保持 3s 以上，即确认水位到达高液位时才停止运行；当水塔水位降到低水位，即 SQ2 接通时则重新开启水泵。

若传感器 SQ3 失灵，在收到 SQ4 信号时点亮高液位报警指示灯并立即停止水泵电动机，直到按下启动按钮 SB1 后报警指示灯复位。若 SQ2 传感器失灵，在收到 SQl 信号时立即点亮低液位报警指示灯，当水位超过 SQ1 时报警指示灯复位。当按下地面的停止按钮 SB2 后，则停止整个控制程序。

PROFINET 硬件配置图如图 7-28 所示，其硬件明细表见表 7-4。

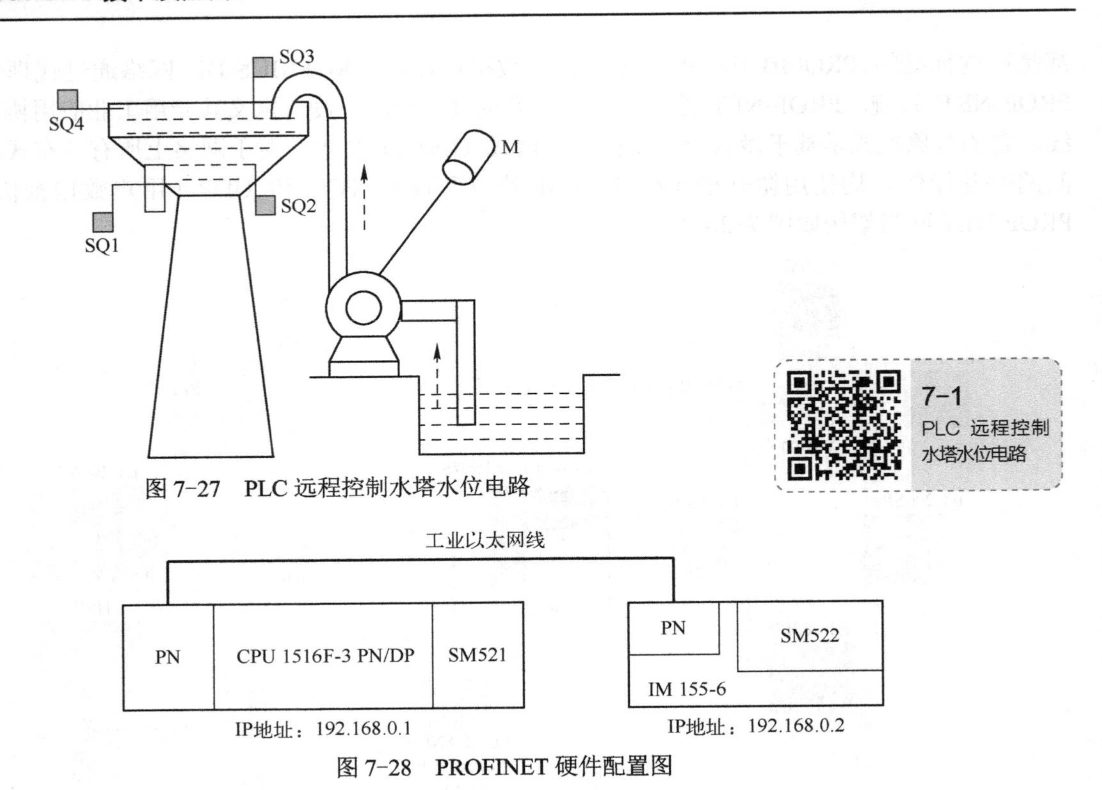

图 7-27　PLC 远程控制水塔水位电路

图 7-28　PROFINET 硬件配置图

表 7-4　硬件明细表

模块	型号	订货号
CPU 模块	CPU 1516F-3 PN/DP	6ES7 516-3FN01-0AB0
数字量输入模块	DI 32x24VDC HF	6ES7 521-1BL00-0AB0
ET200SP 接口模块	IM 155-6 PN HF	6ES7 155-6AU00-0CN0
远程数字量输入模块	DI 8x24VDC HF	6ES7 131-6BF00-0CA0
远程数字量输出模块	DQ 8x24VDC/0.5A HF	6ES7 132-6BF00-0CA0

设定其 I/O 分配表见表 7-5。

表 7-5　I/O 分配表

输　入		输　出	
输入设备	输入编号	输出设备	输出编号
地面启动按钮 SB1	I0.0	水泵电动机	Q0.0
地面停止按钮 SB2	I0.1	低液位报警指示灯	Q0.1
水塔低水位急停保护 SQ1	I4.0	高液位报警指示灯	Q0.2
水塔低水位 SQ2	I4.1		
水塔高水位 SQ3	I4.2		
水塔高水位急停保护 SQ4	I4.3		

1. 主站硬件配置

新建博途项目后，在 TIA 博途软件项目视图的项目树中，双击“添加新设备”按钮，先添加 CPU 模块“CPU 1516F-3 PN/DP”，如图 7-29 所示。配置 CPU 后，双击右侧硬件目录中的 DI 模块，将 DI 32x24VDC HF 添加到 CPU 模块右侧的 2 号槽中，如图 7-30 所示。

图 7-29　添加新设备

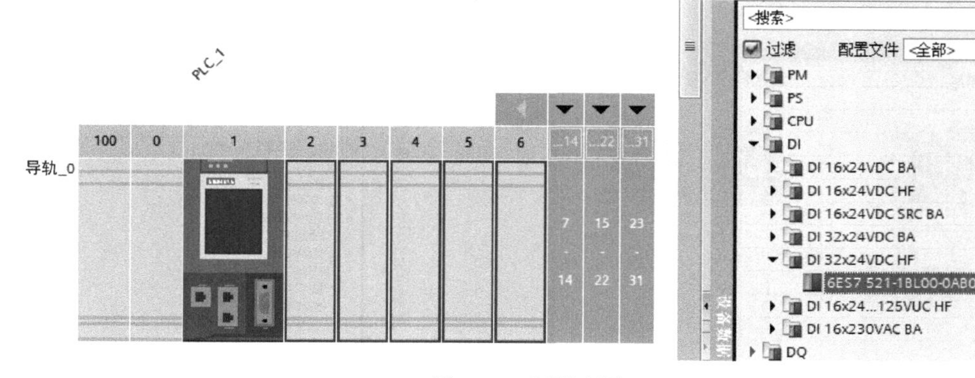

图 7-30　硬件配置

2. IP 地址设置

先选中 1516F 的“设备视图”选项卡，再选中 CPU 1516F-3 PN/DP 模块的 PN 接口（绿色），选中“属性”选项卡，再选中“以太网地址”选项，设置 IP 地址如图 7-31 所示。

3. 插入 IM 155-6 PN HF 模块

在 TIA 博途软件项目视图的项目树中，先选中“网络视图”选项卡，再选择硬件“目录”→“分布式 I/O”→“ET 200SP”→“接口模块”→“PROFINET”→“IM 155-6 PN HF”，双击“6ES7 155-6AU00-0CN0”模块将其加入工作区，如图 7-32 所示。

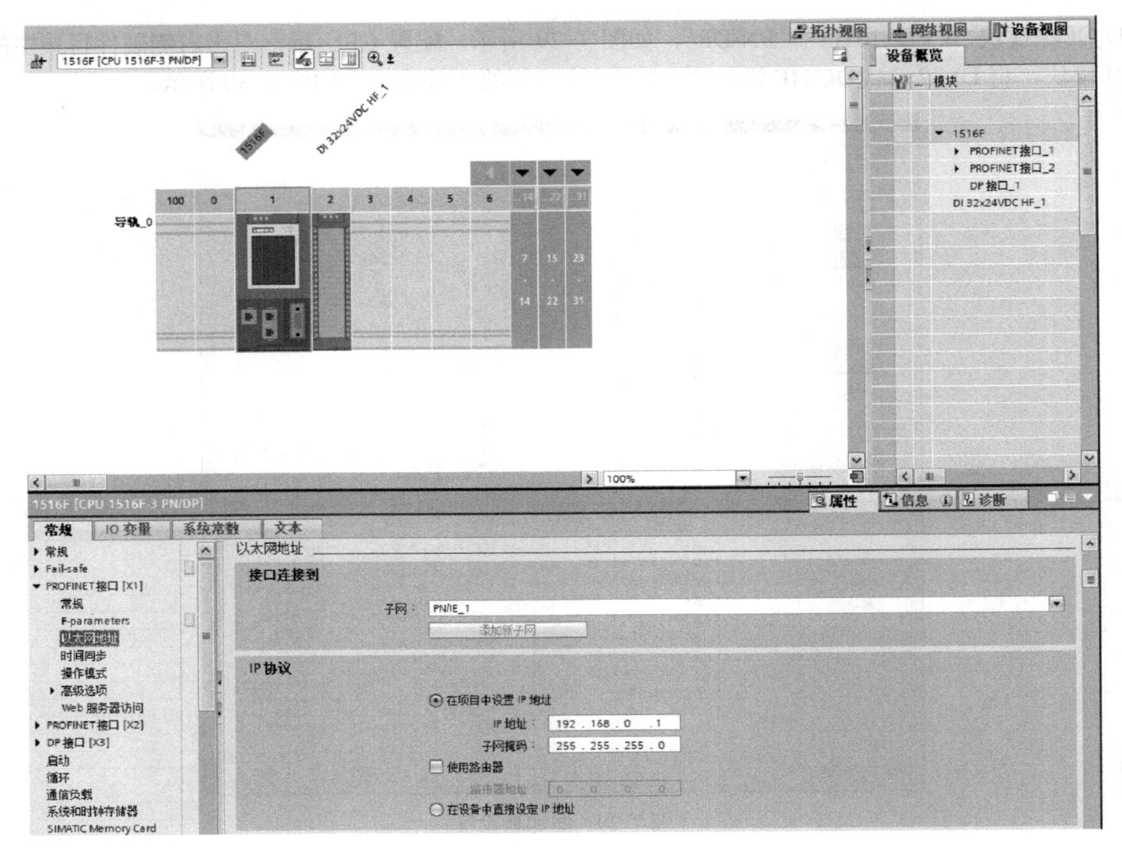

图 7-31　设置 IP 地址

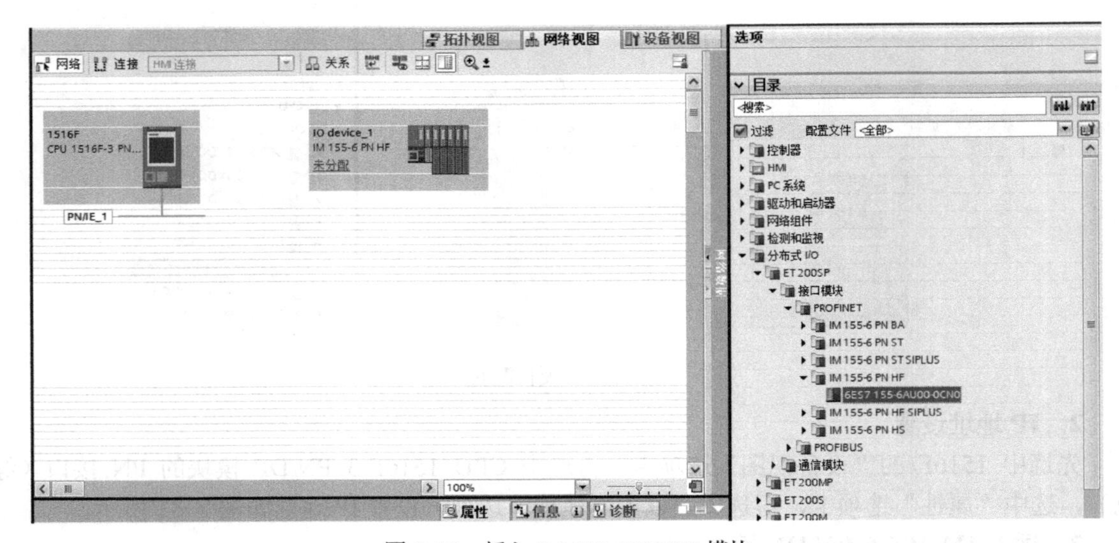

图 7-32　插入 IM 155-6 PN HF 模块

4. 插入数字量输入与输出模块

先选中 IM 155-6 PN HF 模块，再选中“设备视图”选项卡，选择硬件“目录”→“DI 8x24VDC HF”与“DQ8x24VDC/0.5A HF”，双击“6ES7 131-6BF00-0CA0”与“6ES7 132-6BF00-0CA0”模块，将它们插入到 IM 155-6 PN HF 模块右侧的 1 号与 2 号槽位中，并启用新

电位组，如图 7-33 所示。

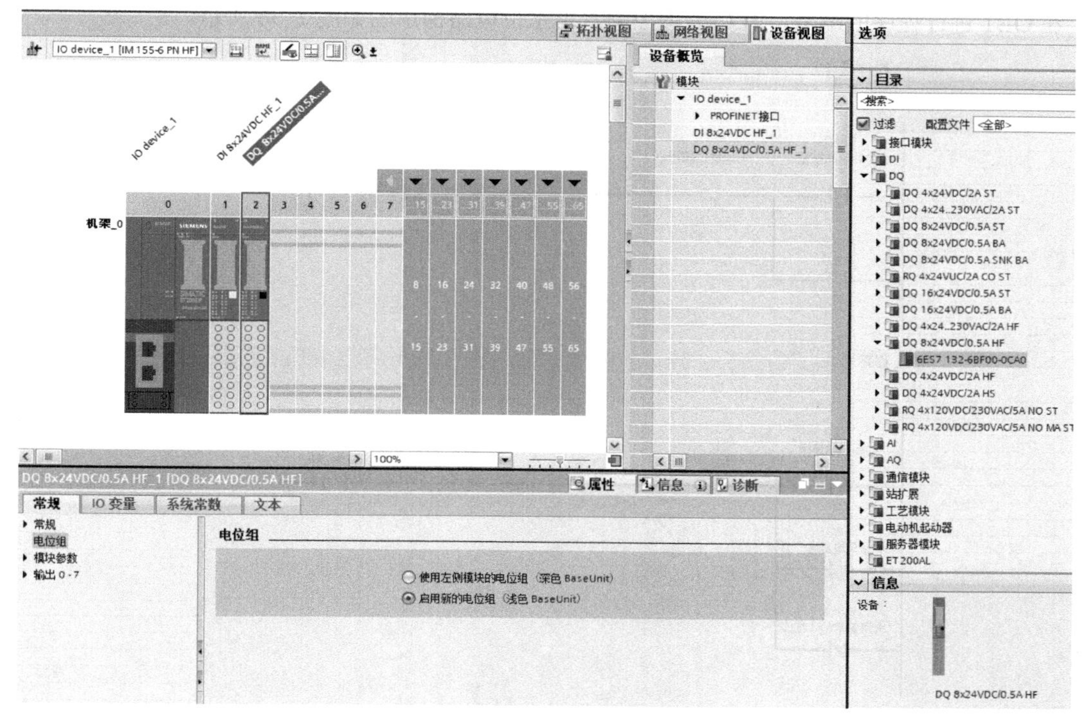

图 7-33 插入数字量输入与输出模块

5. 建立 PROFINET 网络连接

选中 IM 155-6 PN HF 模块，单击“未分配”选项，选中“1516F.PROFINET 接口_1”并再次单击，如图 7-34 所示。最后完成 PROFINET 网络连接，如图 7-35 所示。

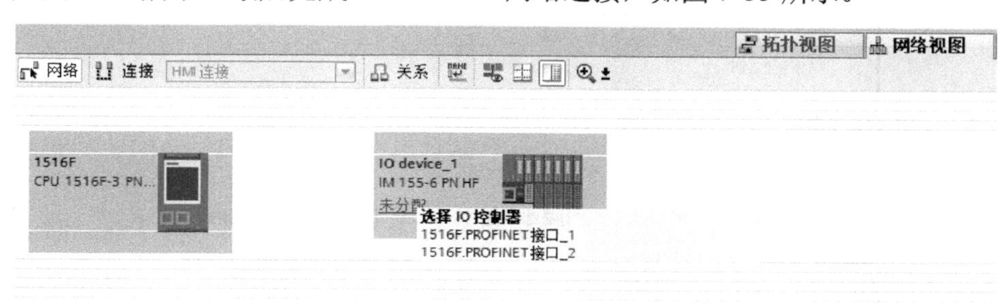

图 7-34 建立 PROFINET 网络连接

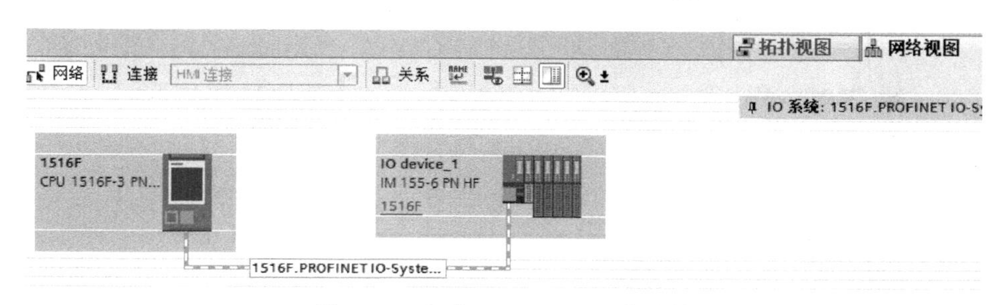

图 7-35 完成 PROFINET 网络连接

6. 编写程序

在 OB1 进行程序的编写，PLC 远程控制水塔水位电路梯形图如图 7-36 所示。

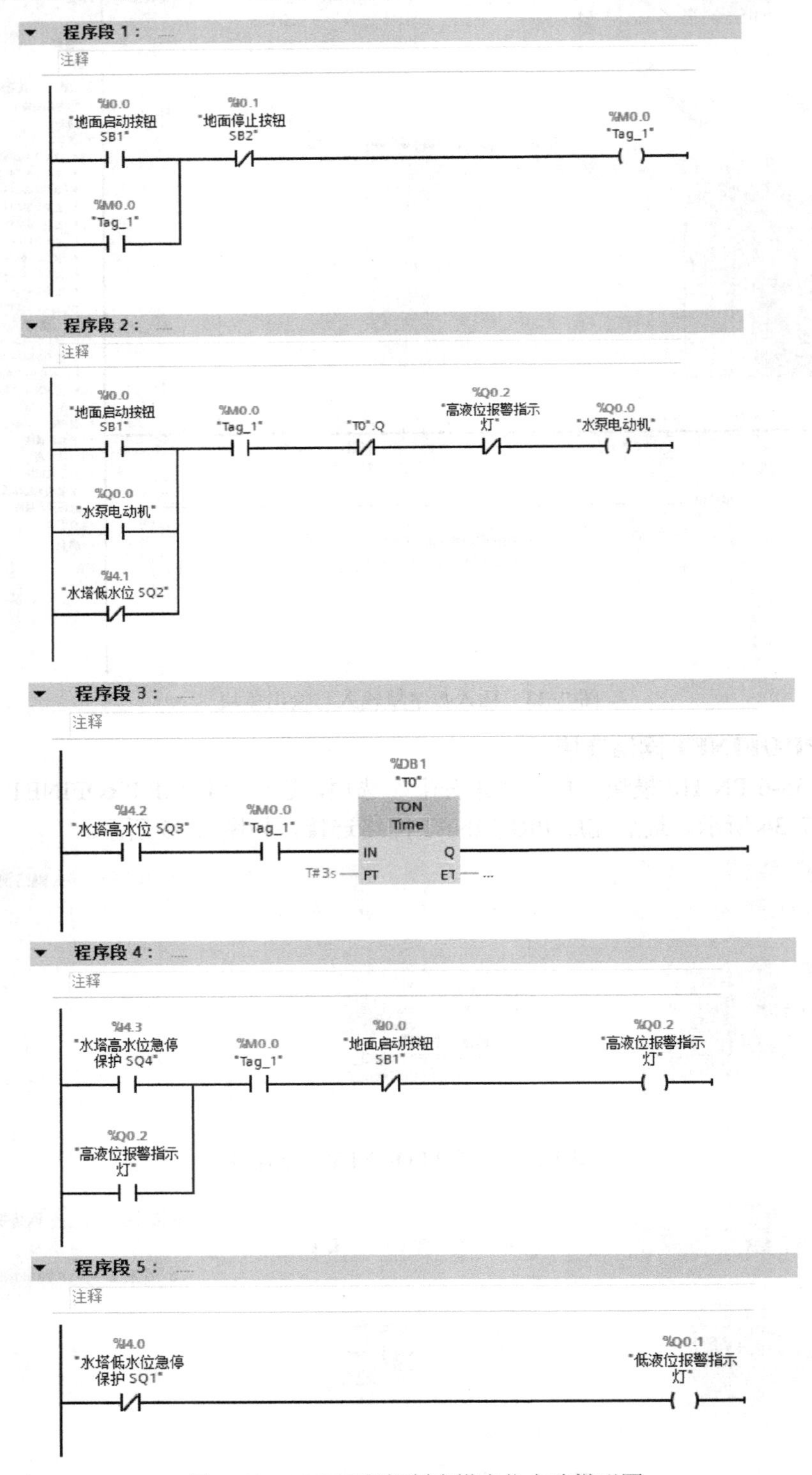

图 7-36 PLC 远程控制水塔水位电路梯形图

7.4.4 案例：S7-1500 PLC CPU 之间 TCP 通信组态

S7-1500 PLC 与 S7-1500 PLC 之间的以太网通信可以通过 TCP 或 ISO on TCP 来实现，使用的通信指令是通过双方的 CPU 调用 T-block（TSEND_C，TRCV_C，TCON，TDISCON，TSEN，TRCV）指令来实现的。

1．硬件和软件需求及所完成的通信任务

硬件使用 CPU S7-1511 与 CPU S7-1516F。软件使用 STEP7 V16 版本。完成的通信任务是将 CPU S7-1511 通信数据区 MB20 中的数据发送到 CPU S7-1516F 的接收数据区 MB20 中。

2．通信的编程、连接参数及通信参数的配置

（1）打开 STEP7 V16 软件并新建项目　在 STEP7 V16 博途视图中创建一个新项目。

（2）添加硬件并命名 PLC　进入项目视图，在“项目树”下双击“添加新设备”，在对话框中选择所使用的 S7-1500 PLC CPU 添加到机架上，命名为“CPU 1511”，如图 7-37 所示。利用同样方法，再添加通信伙伴的 S7-1500 PLC CPU，命名为“CPU 1516F”。

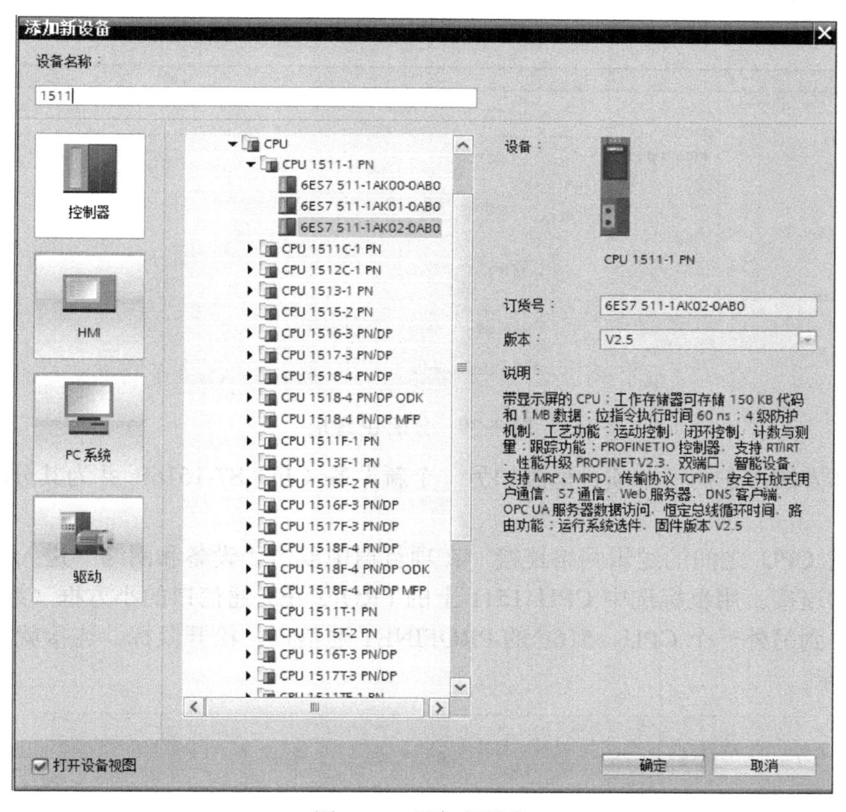

图 7-37　添加新设备

为了编程方便，使用 CPU 属性中定义的时钟位，定义方法如下：单击“项目树”→单击该设备左侧箭头以展开→双击“设备组态”，选中 CPU，然后在下面的“属性”窗口中选择“系统和时钟存储器”，将系统位定义在 MB1，时钟位定义在 MB0，如图 7-38 所示。时钟位主要使用 M0.3，它是以 2Hz 的频率在 0 和 1 之间切换的一个位，可以使用它自动激活发送任务。

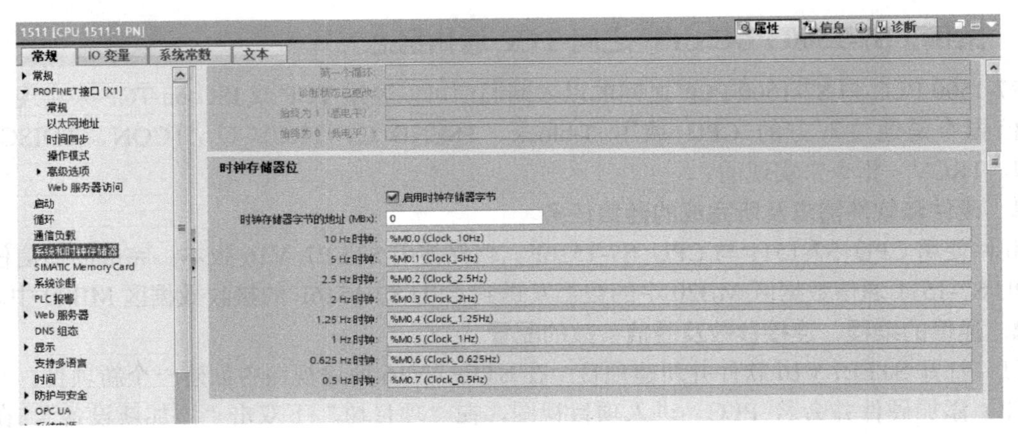

图 7-38　系统位与时钟位

（3）为 PROFINET 通信口分配以太网地址　在 CPU“属性”→“PROFINET 接口”→“以太网地址”下，分配 IP 地址为 192.168.0.1，子网掩码为 255.255.255.0，如图 7-39 所示。

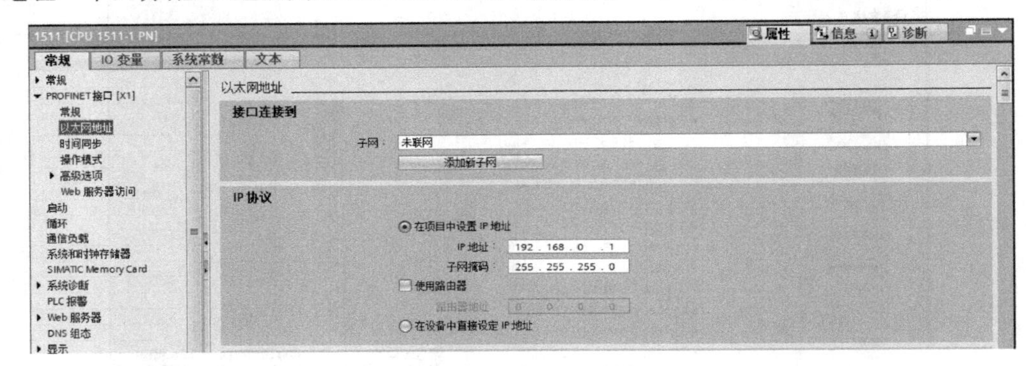

图 7-39　分配 IP 地址

利用同样方法，在同一个项目里添加另一个新设备 CPU S7-1516F 并为其分配 IP 地址为 192.168.0.2。

（4）创建 CPU 之间的逻辑网络连接　在项目树中双击“设备和网络”进入网络视图，创建两个设备的连接。用鼠标选中 CPU 1511 上的 PROFINET 通信口的小方框（绿色），然后拖拽出一条线，到另外一个 CPU 1516F 的 PROFINET 通信口，松开鼠标，连接就建立起来了，如图 7-40 所示。

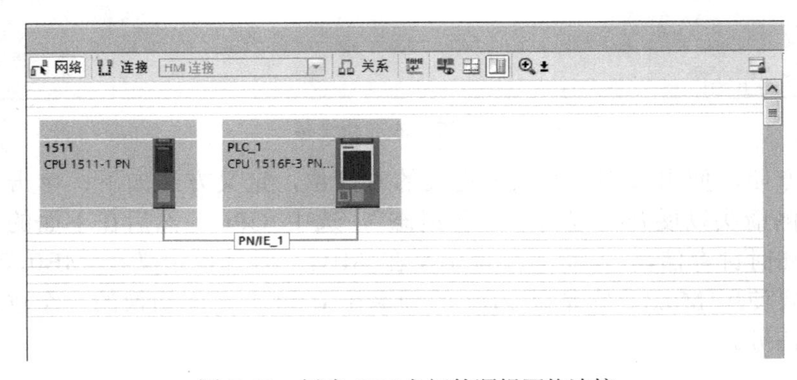

图 7-40　创建 CPU 之间的逻辑网络连接

（5）创建 CPU 之间的 TCP 连接　创建 TCP 连接有两种方式：使用程序块与使用组态的连接。本例主要介绍使用程序块方式。

1）在“网络视图”下，创建两个设备的连接。按下“连接”按钮，在下拉列表中选择“TCP 连接”，用鼠标选中 CPU 1511 上的 PROFINET 通信口的小方框（绿色），然后拖拽出一条线，到另外一个 CPU 1516F 的 PROFINET 通信口上，松开鼠标，连接就建立起来了，如图 7-41 所示。

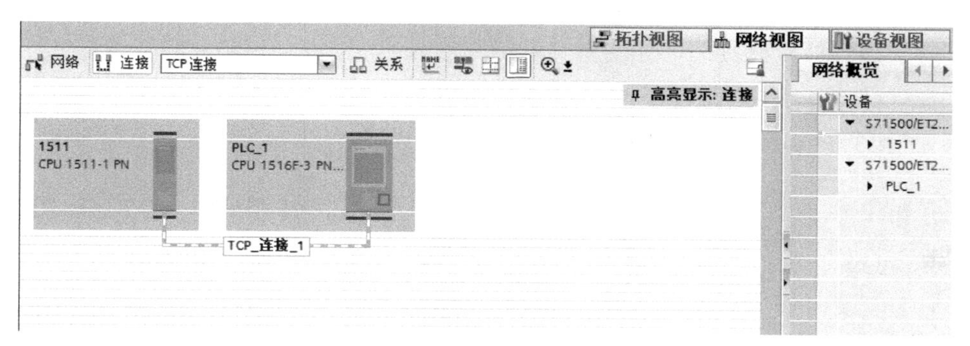

图 7-41　创建 CPU 之间的 TCP 连接

2）用鼠标选中 CPU 1511，右击选择“添加新连接”，如图 7-42 所示，然后在弹出的对话框内选择要连接的 PLC，单击“添加”按钮，如图 7-43 所示。

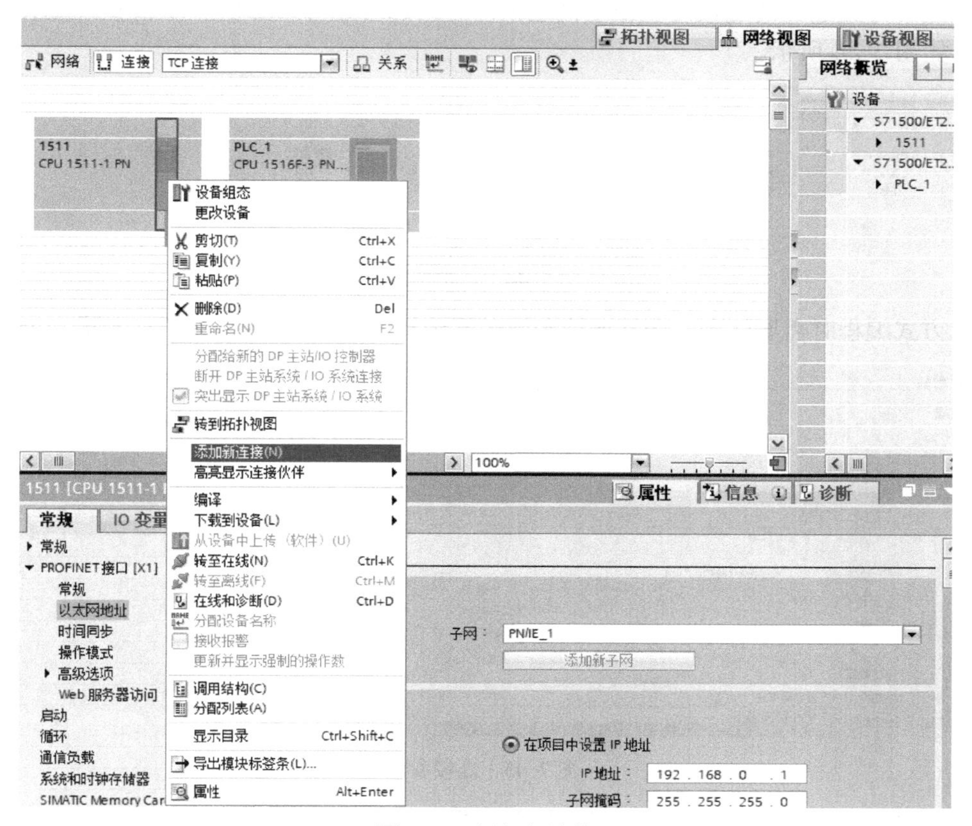

图 7-42　添加新连接

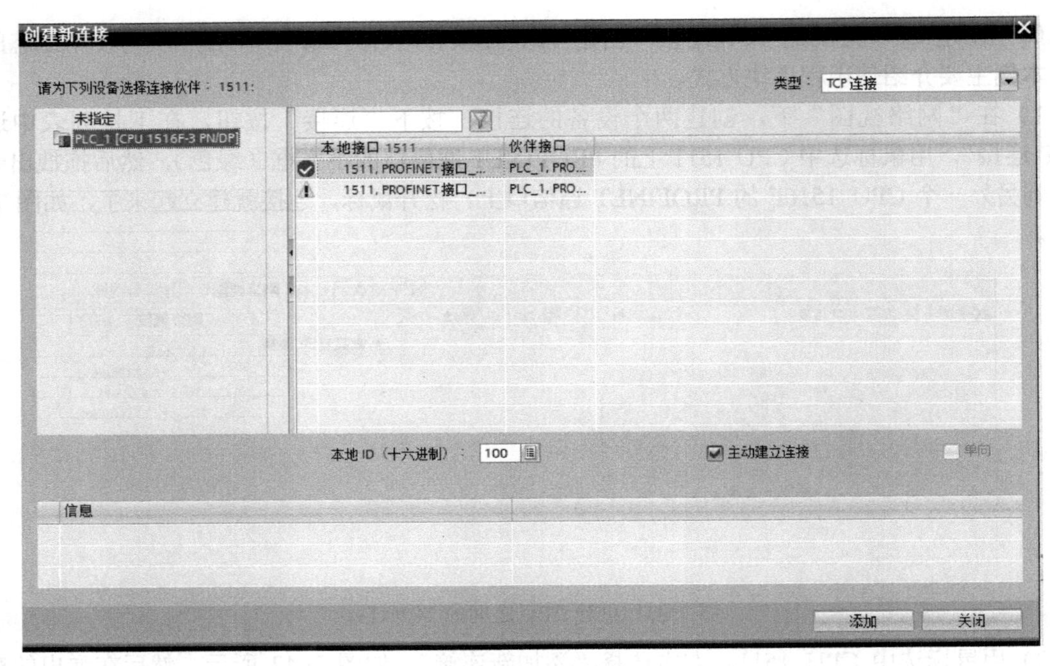

图 7-43　选择要连接的 PLC

通过这种方式建立的连接可以在连接选项内看到已经建立的连接，并且可以更改连接的相关参数，如图 7-44 所示。

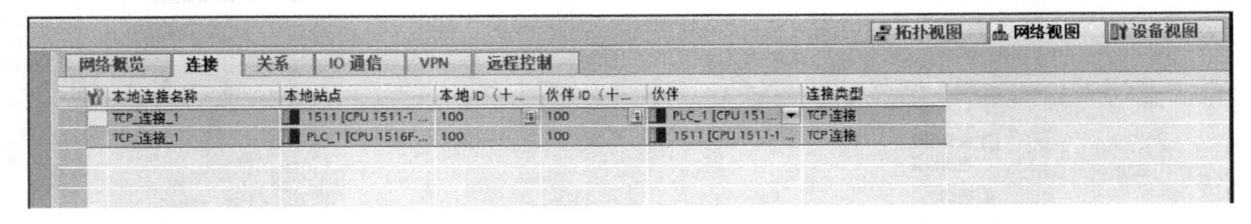

图 7-44　连接选项

用此方式编程时需要注意，选择连接参数时要选择“使用组态的连接”，如图 7-45 所示。

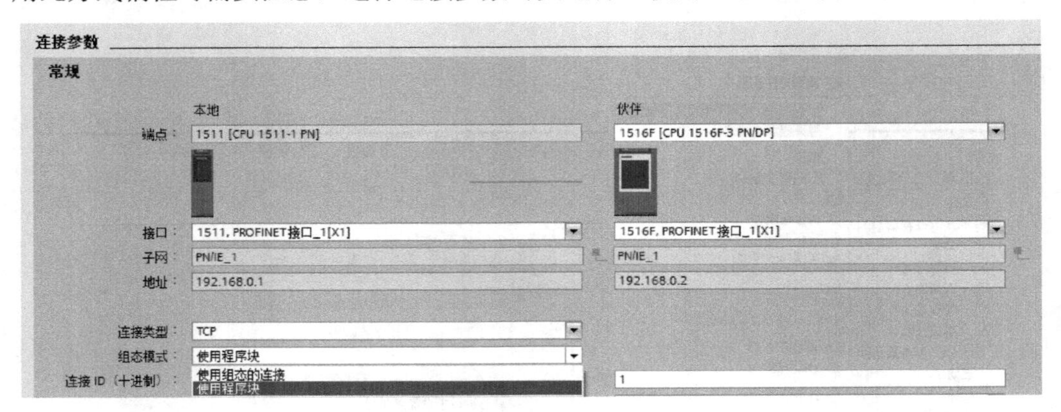

图 7-45　连接参数

3．S7-1500 PLC 之间通过程序建立 TCP 通信（CPU 1511C 侧）

（1）在 CPU 1511 的 OB1 中调用“TSEND_C”通信指令　在 TIA 博途软件项目视图的项

目树中，打开“CPU 1511”的主程序块，再选中“指令”→“通信”→“开放式用户通信”，再将“TSEND_C”拖拽到 OB1，如图 7-46 所示。

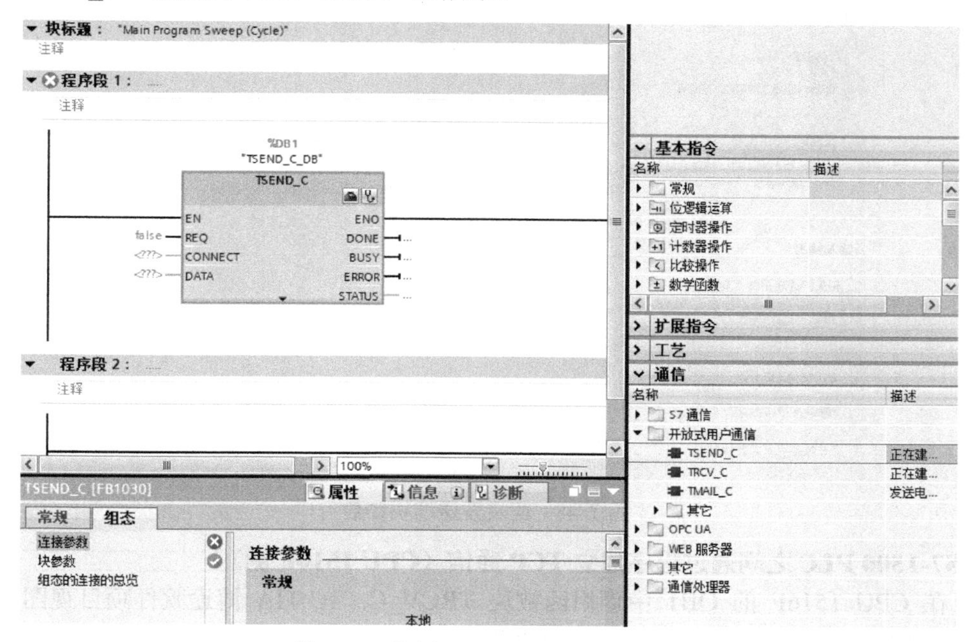

图 7-46 调用“TSEND_C”通信指令

（2）配置发送端连接参数 选中“属性”→“连接参数”，如图 7-47 所示。先选择连接类型为“TCP”，组态模式选择“使用程序块”，伙伴选择“1516F”，其 IP 地址为 192.168.0.2。在本地“连接数据”中，单击“新建”→“_1511_Send_DB”，在伙伴“连接数据”中，单击“新建”→“_1516F_Receive_DB”，伙伴端口为 2000。

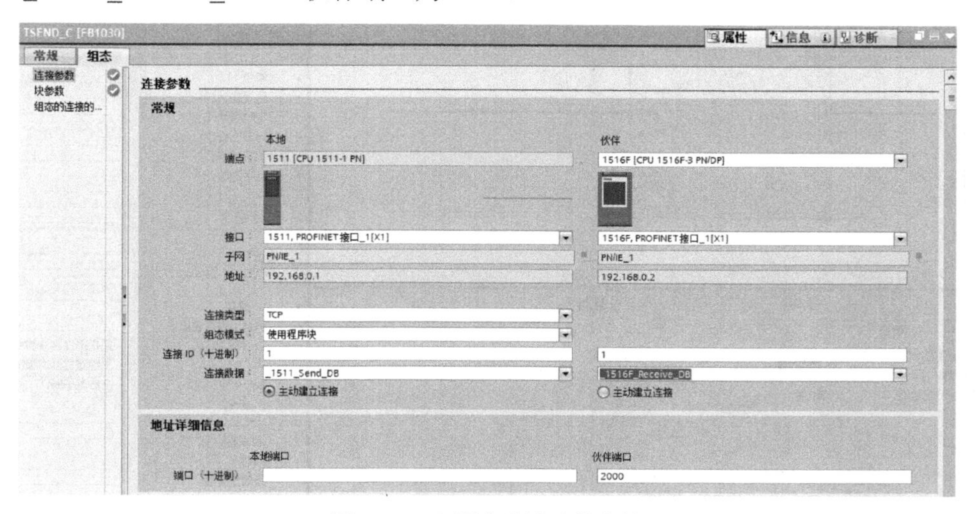

图 7-47 配置发送端连接参数

（3）配置发送端块参数 按照如图 7-48 所示配置参数。每 0.5s 激活一次发送请求，每次将 MB20 中的信息发送出去。

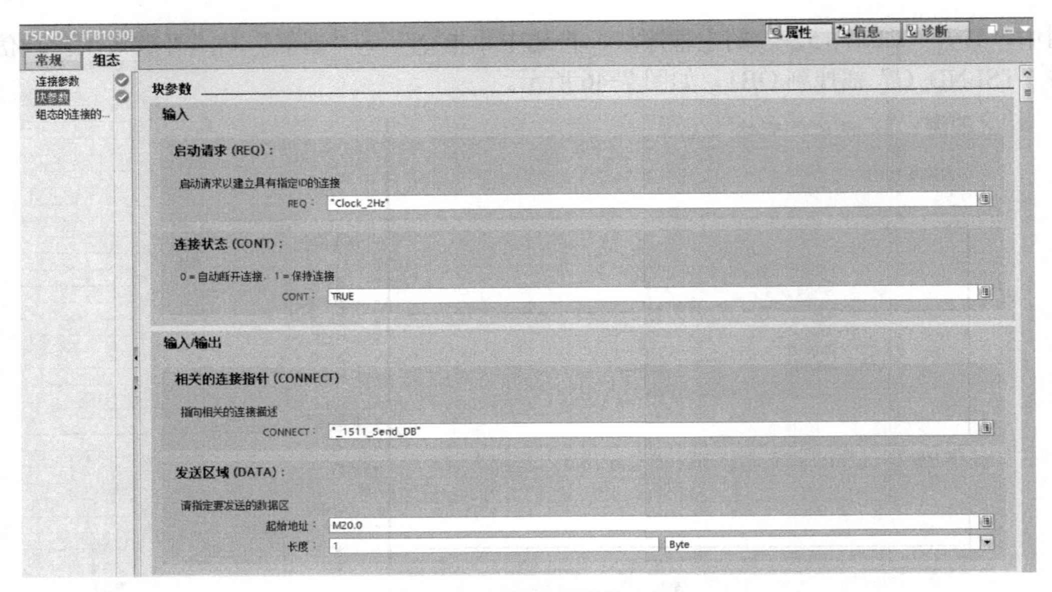

图 7-48　配置发送端块参数

4．S7-1500 PLC 之间通过程序建立 TCP 通信（CPU 1516F 侧）

（1）在 CPU 1516F 的 OB1 中调用函数块 TRCV_C　在 TIA 博途软件项目视图的项目树中，打开“CPU 1516F”主程序块，选中“指令”→“通信”→“开放式用户通信”，再将“TRCV_C”拖拽到主程序块，如图 7-49 所示。

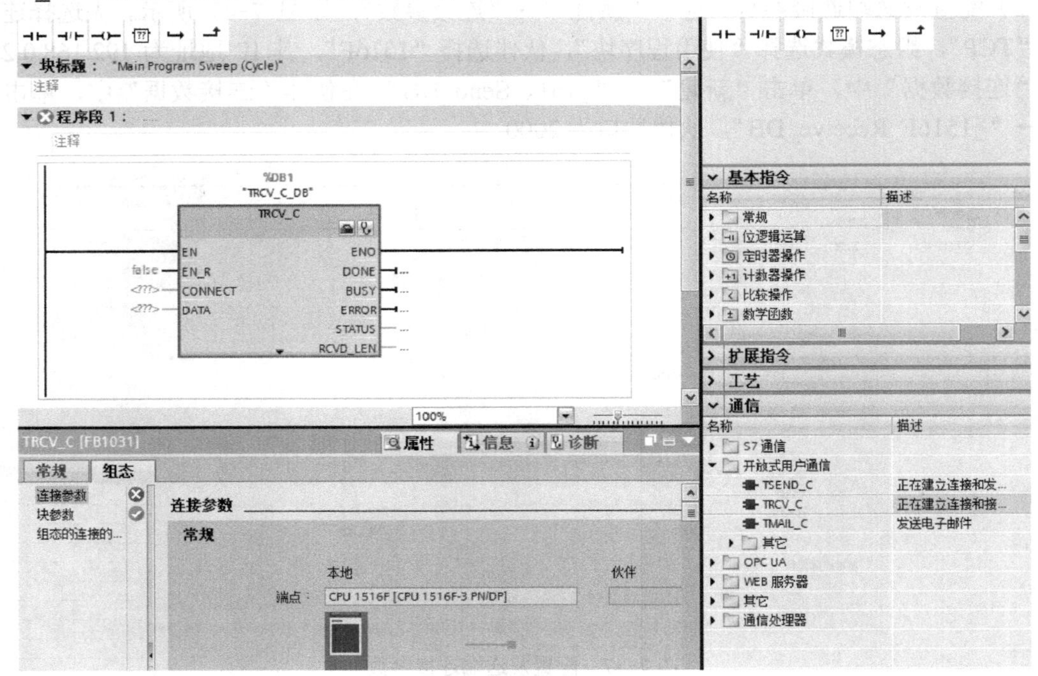

图 7-49　调用函数块 TRCV_C

（2）配置接收端连接参数　选中“属性”→“连接参数”，如图 7-50 所示。选择连接类型为“TCP”，组态模式选择“使用程序块”，伙伴选择“CPU 1511”，且“CPU 1511”为主动建立连接，在本地“连接数据”中，选择“_1516F_Receive_DB”，在伙伴“连接数据”中，单击“新建”→“_1511_Send_DB”，本地端口为 2000。

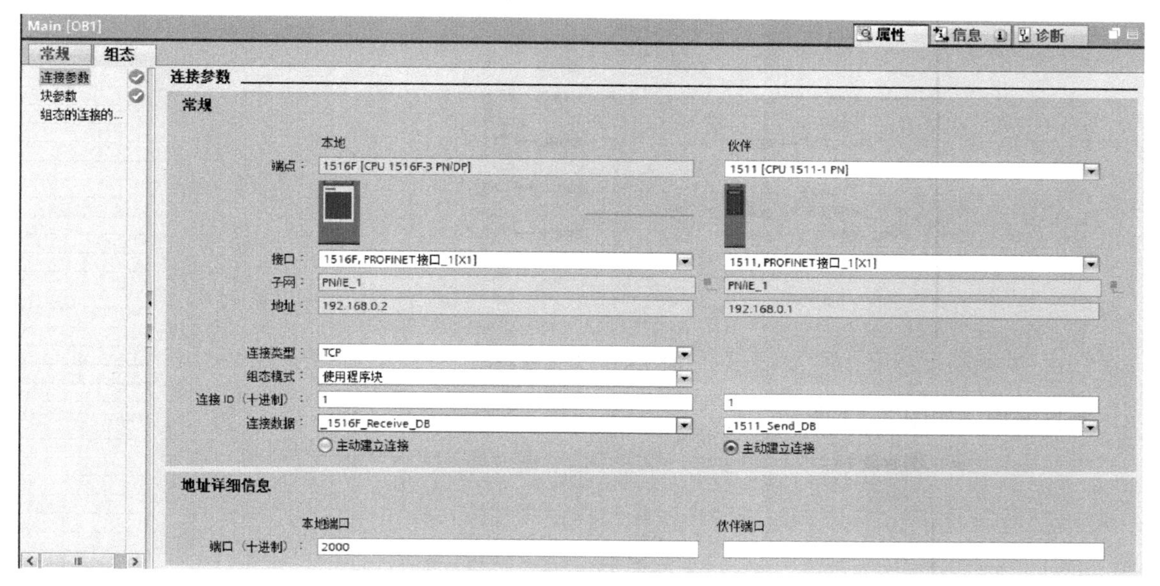

图 7-50　配置接收端连接参数

（3）配置接收端块参数　按照如图 7-51 所示配置块参数。每 0.5s 激活一次接收操作，每次将伙伴站发送来的数据存储在 MB20 中。

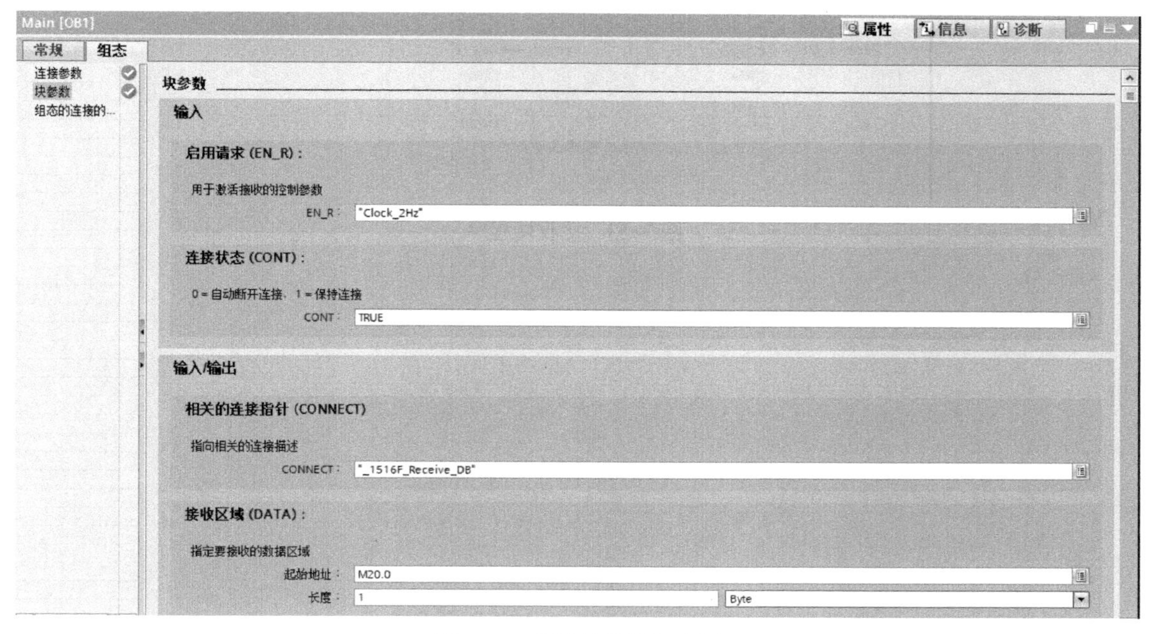

图 7-51　配置接收端块参数

5. 编写程序

发送端程序如图 7-52 所示。

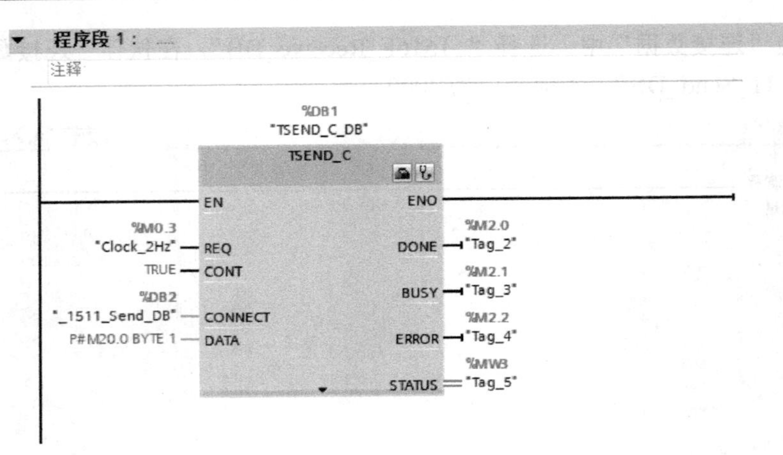

图 7-52　发送端程序

接收端程序如图 7-53 所示。

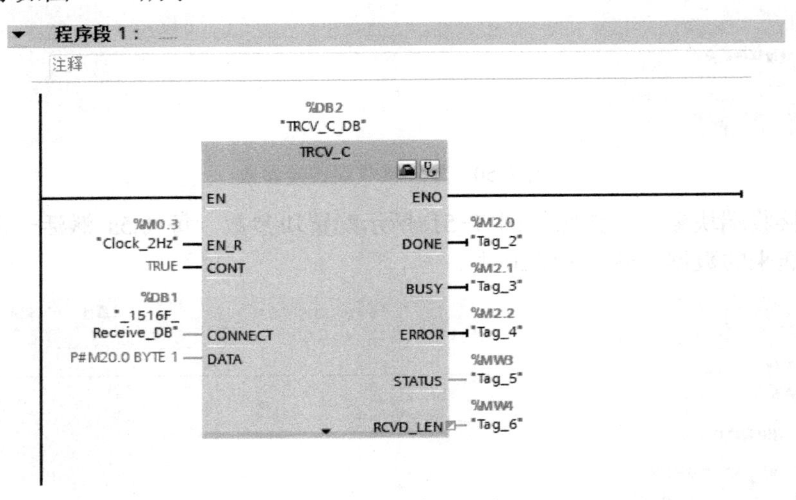

图 7-53　接收端程序

第 8 章　系统调试与诊断

8.1　程序调试方法

8-1
程序信息

8.1.1　知识：程序信息

程序信息用于显示用户程序中已经使用地址的分配表、程序块的调用关系、从属结构和资源信息。在 TIA 博途软件项目视图的项目树中，双击“程序信息”即可显示程序信息视窗，如图 8-1 所示。以下将详细介绍程序信息中的各个标签。

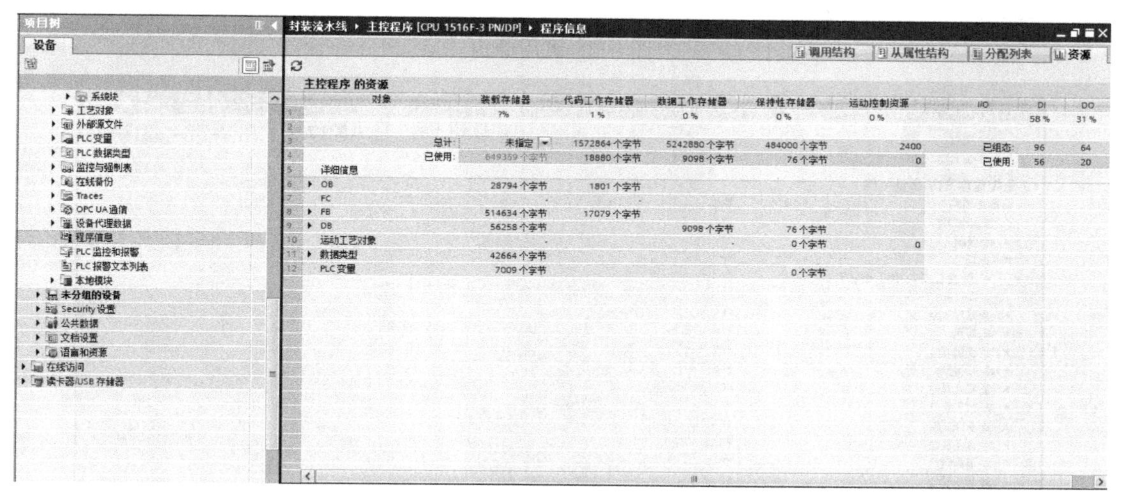

图 8-1　程序信息

1．调用结构

调用结构描述了 S7 程序中块的调用层级。单击调用结构标签可在该视窗中查看用户程序使用的程序块列表和调用的层级关系。

单击程序块前的三角箭头可以逐级显示调用块的结构，如图 8-2 所示。若要跳转到加工（FB4）使用位置，可通过单击“Main（OB1）”→“NW4”，自动跳转到 Main（OB1）的程序段 4 的加工（FB4）处。在调用结构中也可以发现块与块之间的关系，如组织块 Main（OB1）中包含加工（FB4），而加工（FB4）中又包含加工运行（FB10）和加工复位（FB12）。

2．从属性结构

从属性结构显示程序中每个块与其他块的从属关系，与调用结构相反，它可以很快反映出其上一级的层次，例如加工块（FB4）的上一级是 Main（OB1），如图 8-3 所示。

3．分配列表

分配列表用于显示用户程序对输入（I）、输出（Q）、位存储器（M）、定时器（T）和计数器（C）的占用情况。显示被占用的地址区长度可以是位（Bit）、字节（BYTE）、字（WORD）、双字（DWORD）和长字（LWORD）。在调试程序时查看分配列表，可避免地址冲突，如图 8-4 所示。

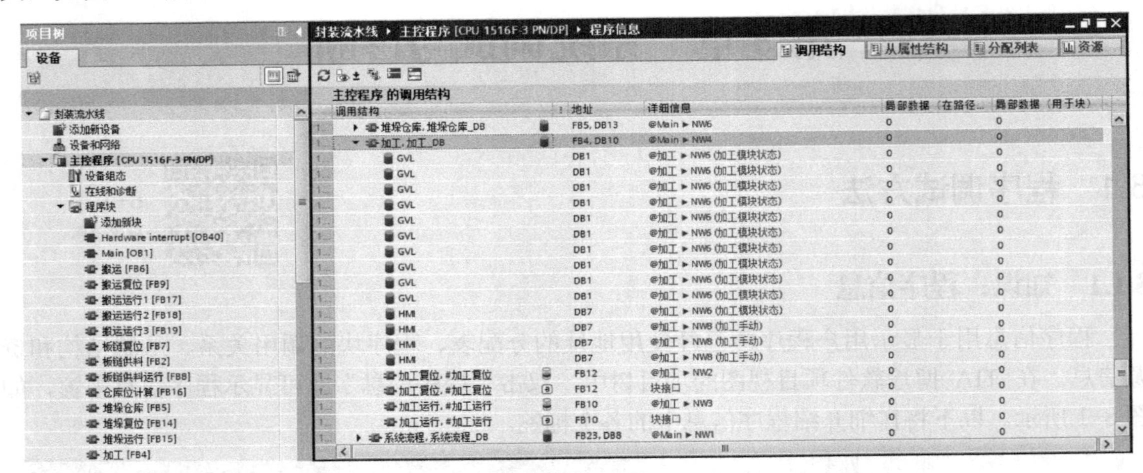

图 8-2　调用结构

封装流水线 ▸ 主控程序 [CPU 1516F-3 PN/DP] ▸ 程序信息

调用结构 | 从属性结构 | 分配列表 | 资源

主控程序 的从属性结构

	从属性结构	地址	详细信息
62	板链供料	FB2	
63	装配	FB3	
64	加工	FB4	
65	加工_DB（加工 的背景 DB）	DB10	
66	Main	OB1	@Main ▸ NW4
67	堆垛仓库	FB5	
68	搬运	FB6	
69	板链复位	FB7	
70	板链供料运行	FB8	
71	搬运复位	FB9	
72	加工运行	FB10	
73	装配复位	FB11	
74	加工复位	FB12	
75	装配运行	FB13	
76	堆垛复位	FB14	
77	堆垛运行	FB15	
78	仓库位计算	FB16	
79	搬运运行1	FB17	
80	搬运运行2	FB18	
81	搬运运行3	FB19	
82	系统运行	FB20	
83	系统联机	FB21	

图 8-3　从属性结构

4．程序资源

在资源标签中显示硬件资源的使用信息，如图 8-5 所示。

其中包含：

1）CPU 中使用的编程对象（如 OB、FC、FB、DB、用户自定义数据类型和 PLC 变量）。

2）CPU 中可使用的存储区域（如装载存储器、代码工作存储器、数据工作存储器和保持性存储器）。

3）现有 I/O 模块的硬件资源（如数字量 I/O 模块、模拟量 I/O 模块）。

需注意装载存储器中只统计了 SIMATIC S7-1500 PLC CPU 的用户程序的大小，并没有统计硬件组态及设备运行时所产生的数据日志，故不能根据图 8-5 中的装载存储器信息来选择 SMC。

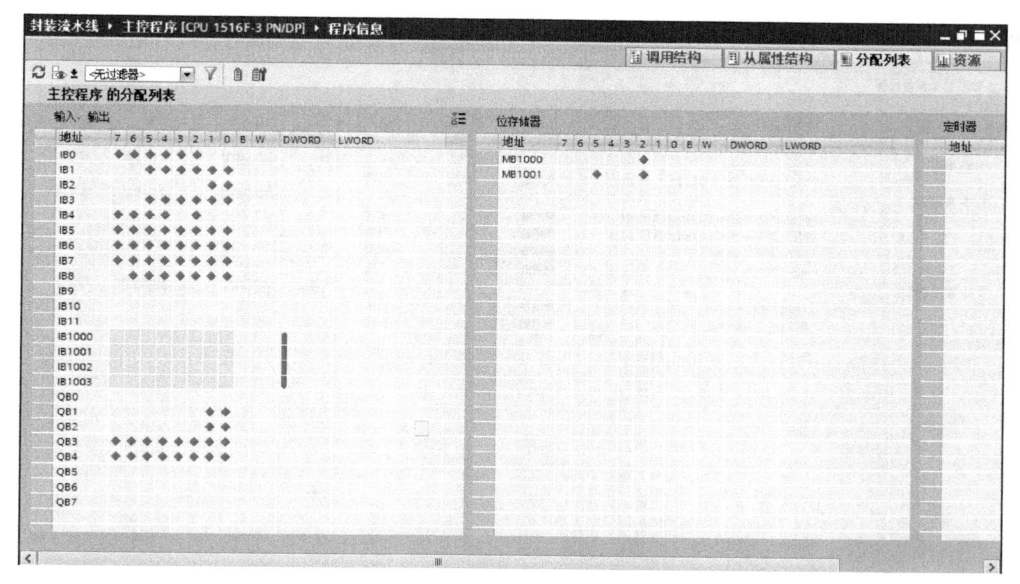

图 8-4　分配列表

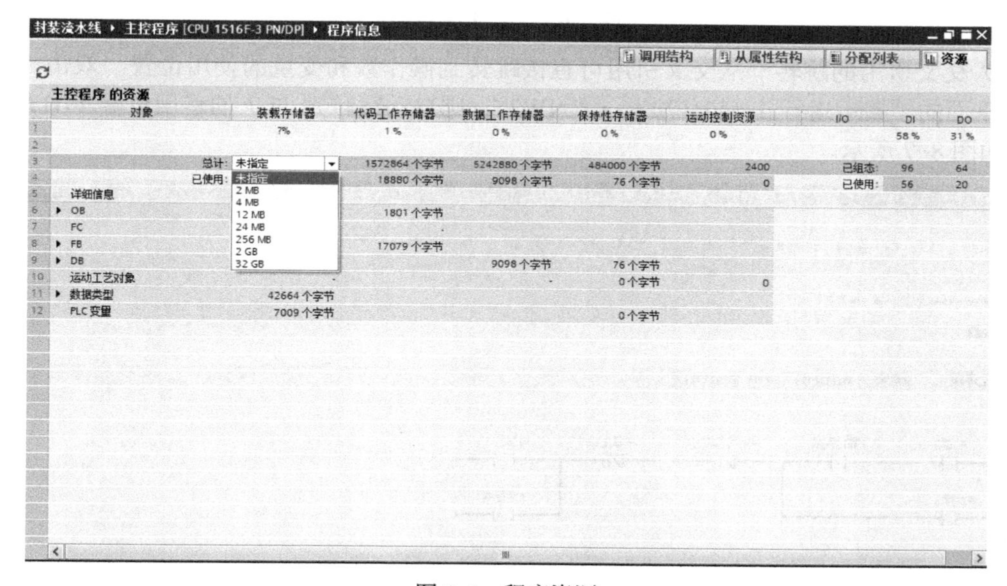

图 8-5　程序资源

8.1.2　知识：交叉引用与比较功能

8-2
交叉引用

1. 交叉引用

在 TIA 博途软件中可通过交叉引用快速查询一个对象（如操作数或变量等）在用户程序中不同的使用位置，并快速推断上一级的逻辑关系。

（1）交叉引用的总览　创建和更改程序时，保留已使用的操作数、变量和块调用的总览。在 TIA 博途软件的项目视图的工具栏中，单击“工具”→“交叉引用”，弹出交叉引用列表，如图 8-6 所示。图中显示了传感器 SEN62（I7.7）在搬运（FB6）、搬运复位（FB9）及搬运运行 1（FB17）中均被使用。

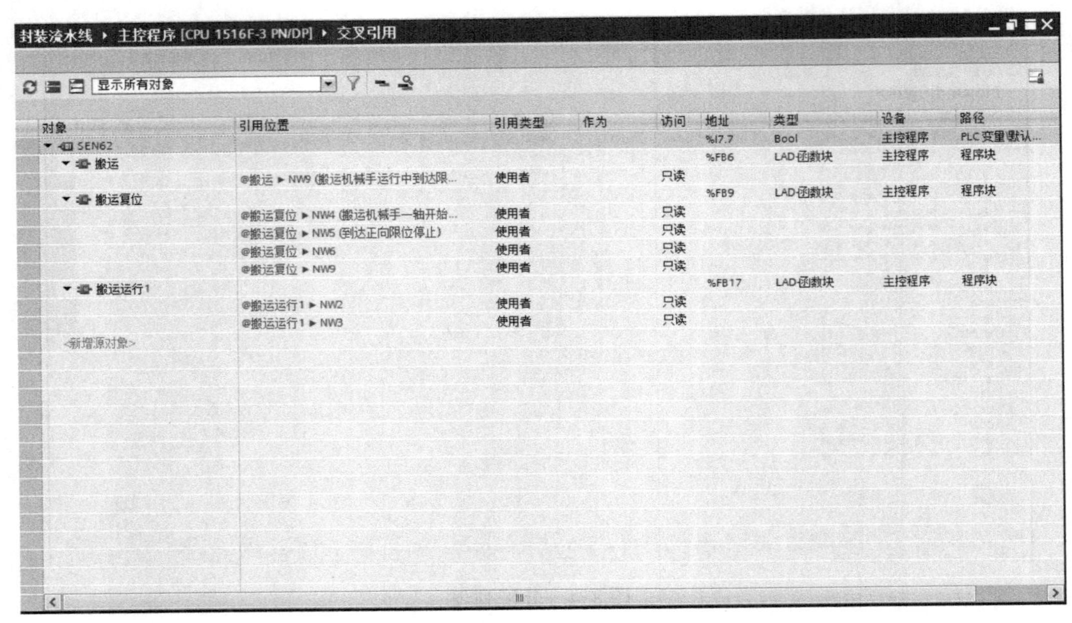

图 8-6　交叉引用列表

（2）交叉引用的跳转　从交叉引用可直接跳转到操作数和变量的使用位置。双击“引用位置”列下面的“搬运运行 1（FB17）”→“NW2”，则自动跳转到 I7.7 的使用位置 FB17 的程序段 2，如图 8-7 所示。

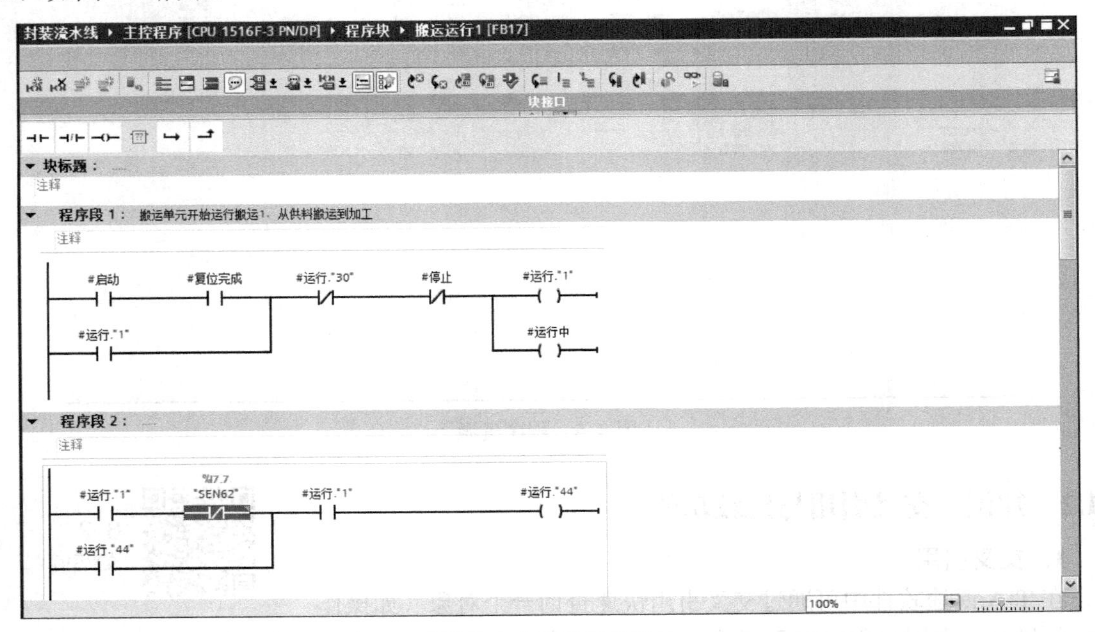

图 8-7　交叉引用的跳转

2．比较功能

比较功能可用于比较项目中具有相同标识的对象的差异，可分为离线/在线和离线/离线两种比较方式。

（1）离线/在线比较　在 TIA 博途软件项目视图的工具栏中，单击“在线”按钮，切换到在线状态，可以通过程序块、PLC 变量以及硬件等对象的图标，获得在线与离线的比较情况，在线程序块图标说明见表 8-1。

表 8-1　在线程序块图标说明

图标	说　明
❗（红色）	下一级硬件中至少有一个对象的在线和离线内容不同
❗（橘色）	下一级软件中至少有一个对象的在线和离线内容不同
●（绿色）	对象的在线和离线内容相同
◐	对象的在线和离线内容不同
◐	对象仅离线存在
◑	对象仅在线存在

如果需要获得更加详细的在线和离线比较信息，先选择整个项目的站点，然后在菜单命令中，单击“工具”→“比较”→“离线/在线比较”进行比较，界面如图 8-8 所示。

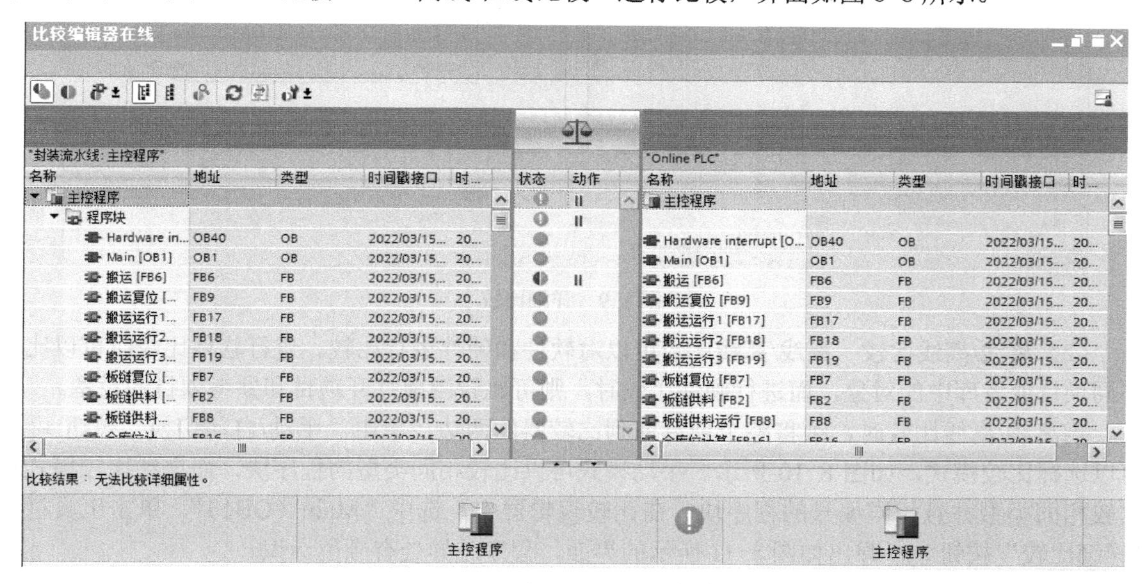

图 8-8　离线/在线比较界面

通过工具栏中的按钮，可以过滤比较对象、更改显示视图及对有差异的对象进行详细比较和操作。如果程序块在线和离线之间有差异，可以在操作区选择需要执行的动作。执行动作与状态有关，状态与执行动作的关系见表 8-2。

表 8-2　状态与执行动作的关系

<table>
<tr><th>状态符号</th><th>可以执行的动作</th><th>状态符号</th><th>可以执行的动作</th></tr>
<tr><td rowspan="3">◐</td><td>‖ 无动作</td><td rowspan="2">◐</td><td>← 删除</td></tr>
<tr><td>←从设备中上传</td><td>→ 下载到设备</td></tr>
<tr><td>→下载到设备</td><td rowspan="2">◑</td><td>‖ 无动作</td></tr>
<tr><td>◐</td><td>‖ 无动作</td><td>← 从设备中上传</td></tr>
</table>

当程序块有多个版本或者有多人编辑、维护时，可使用详细比较功能保证程序的正确执行。具体操作方法：在比较编辑器中，选择离线/在线内容不同的程序块，本例为 FB6，单击

比较编辑器工具栏中的“开始详情比较”按钮，弹出如图 8-9 所示的界面，程序差异处有颜色标识。

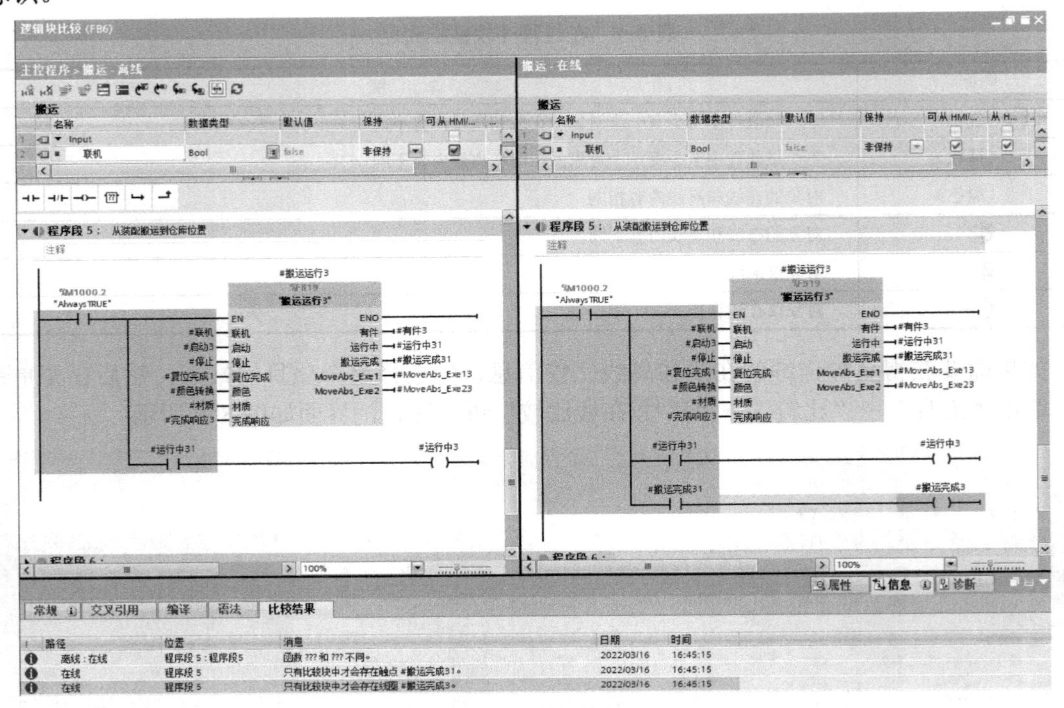

图 8-9　详细比较

（2）离线/离线比较　离线/离线比较可以对软件和硬件进行比较。进行软件比较时可以比较不同项目或者库中的对象，而进行硬件比较时，则可比较当前打开项目和参考项目的设备。

当离线/离线比较时，须将整个项目拖到比较器的两边，单击“手动/自动切换”按钮 可以选择比较模式，如图 8-10 所示。手动模式可以比较相同类型的程序块，而自动比较模式将比较相同类型并且相同编号的程序块。在比较编辑器中，选中“Main（OB1）”，单击工具栏中“详细比较”按钮，弹出如图 8-11 所示的界面，程序差异处有颜色标识。

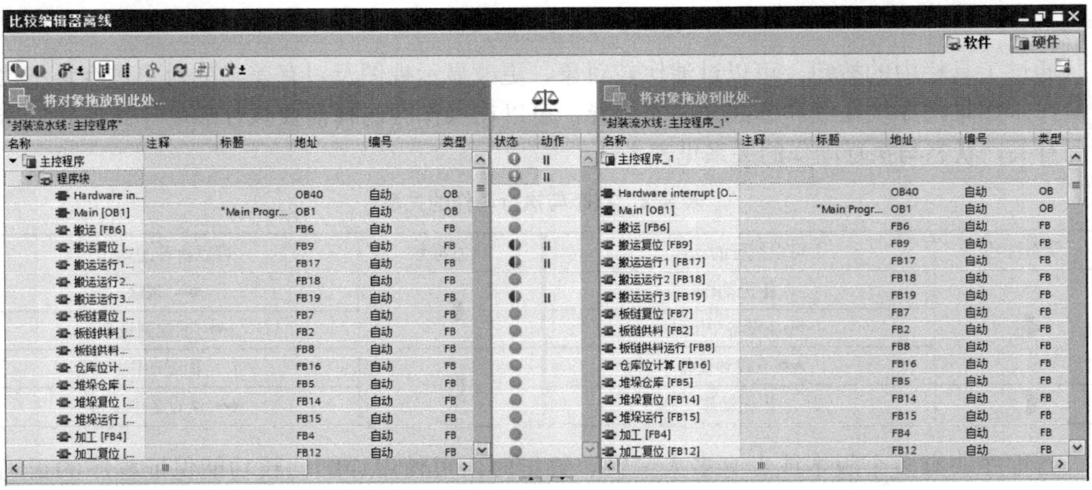

图 8-10　程序块的离线比较

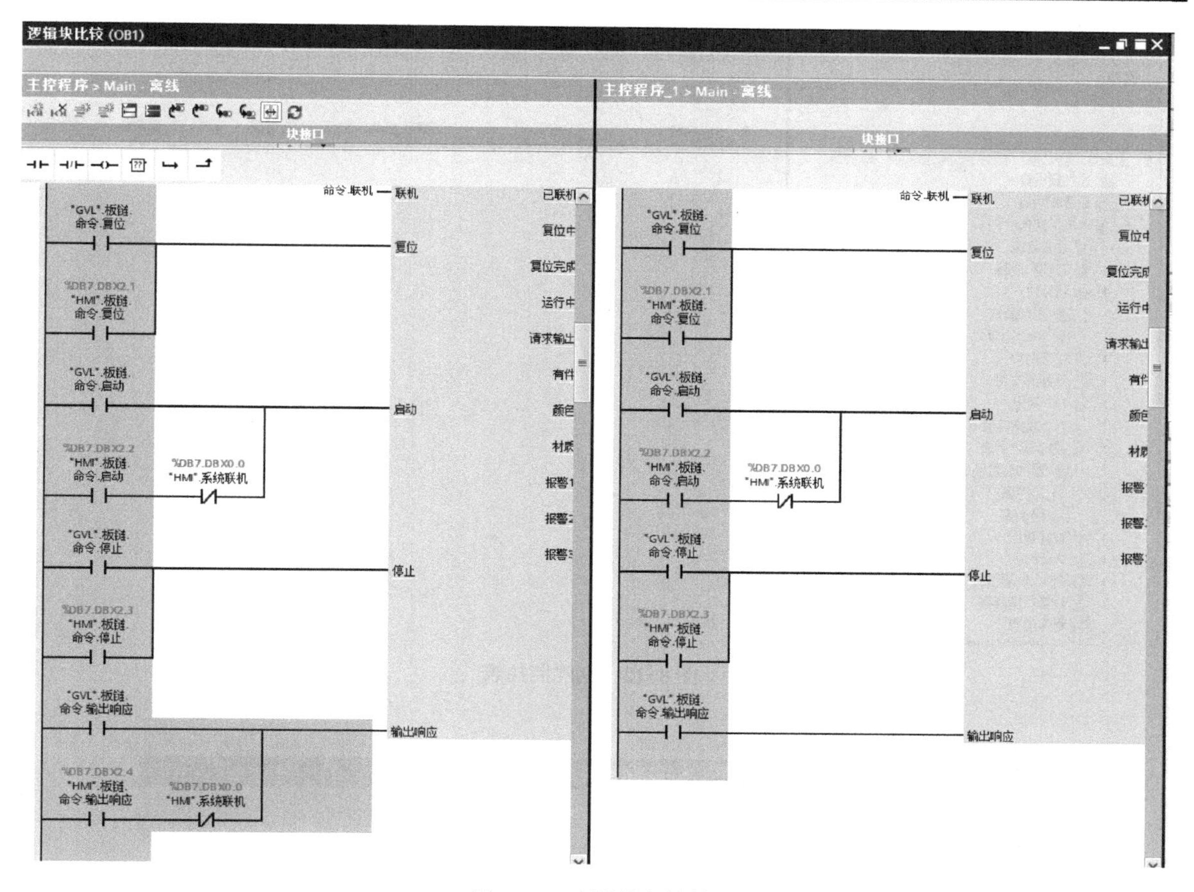

图 8-11 离线详细比较

8.1.3 知识：监控表与强制表

1. 监控表

监控表也称监视表，可以用来显示或修改用户程序所有变量的当前值。也可以在 STOP 模式下将特定的值分配给 PLC 的各个外设输出。

当完成一台新设备的接线后，需要对该设备的 I/O 接线情况进行测试。设备的 I/O 测试可以使用 TIA 博途软件提供的监控表实现，TIA 博途软件的监控表类似 STEP7 软件中的变量表的功能。

（1）创建监控表 在项目视图的项目树中，打开“监控与强制表”文件夹，双击“添加新监控表”选项，即可创建新的监控表，默认名称为“监控表_1”，如图 8-12 所示。

（2）添加变量 在监控表中输入要监控的变量，完成监控表创建，如图 8-13 所示。

（3）监控表的 I/O 测试 通过工具栏中的按钮可以对监控表中的 I/O 进行监视和修改，按钮的含义如图 8-14 所示。

单击监控表中工具条的“监视变量”按钮，可以看到 9 个变量的监视值。监控表的监控状态如图 8-15 所示。

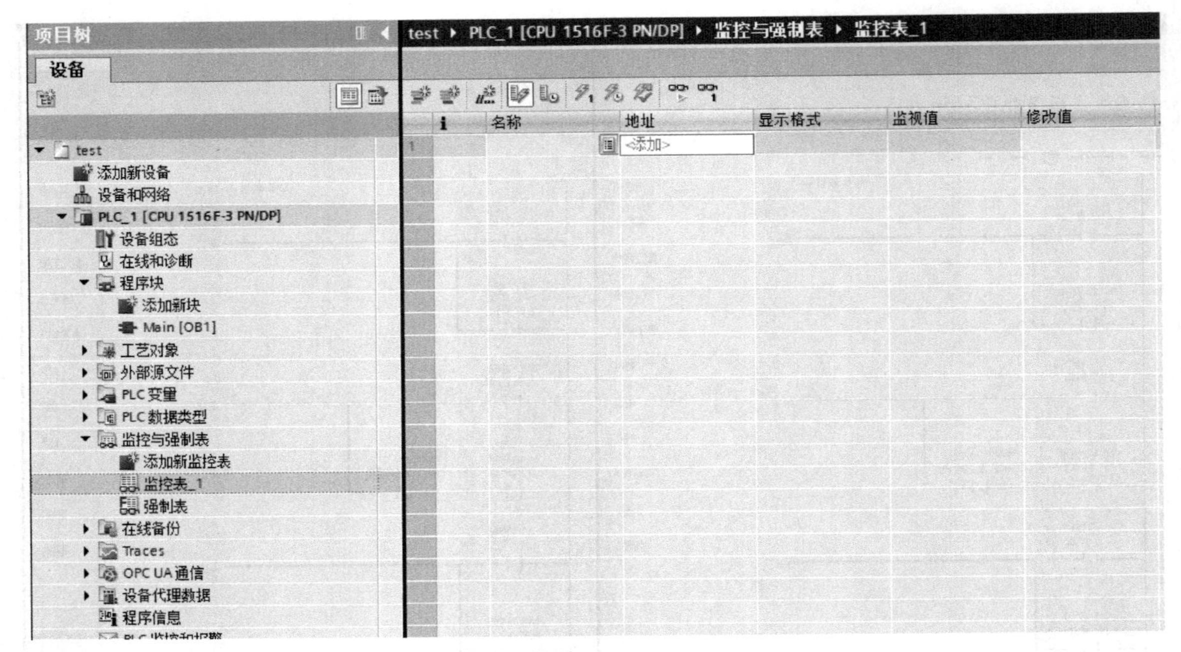

图 8-12　创建监控表

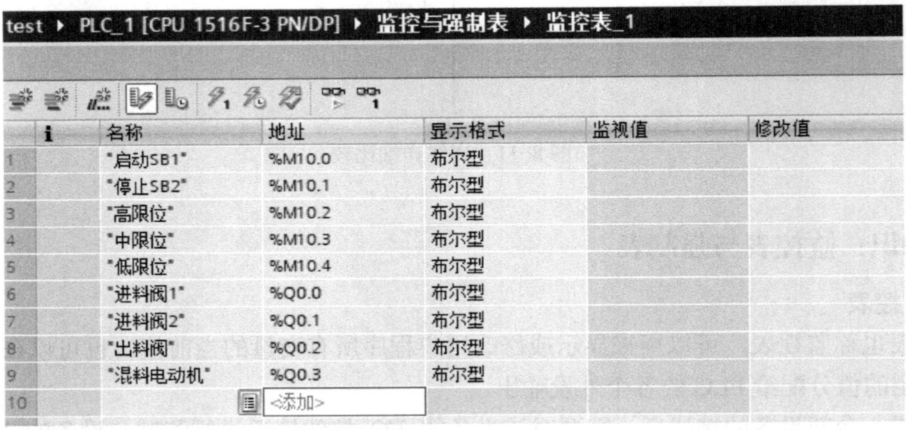

test ▸ PLC_1 [CPU 1516F-3 PN/DP] ▸ 监控与强制表 ▸ 监控表_1

	i	名称	地址	显示格式	监视值	修改值
1		"启动SB1"	%M10.0	布尔型		
2		"停止SB2"	%M10.1	布尔型		
3		"高限位"	%M10.2	布尔型		
4		"中限位"	%M10.3	布尔型		
5		"低限位"	%M10.4	布尔型		
6		"进料阀1"	%Q0.0	布尔型		
7		"进料阀2"	%Q0.1	布尔型		
8		"出料阀"	%Q0.2	布尔型		
9		"混料电动机"	%Q0.3	布尔型		
10			<添加>			

图 8-13　添加变量

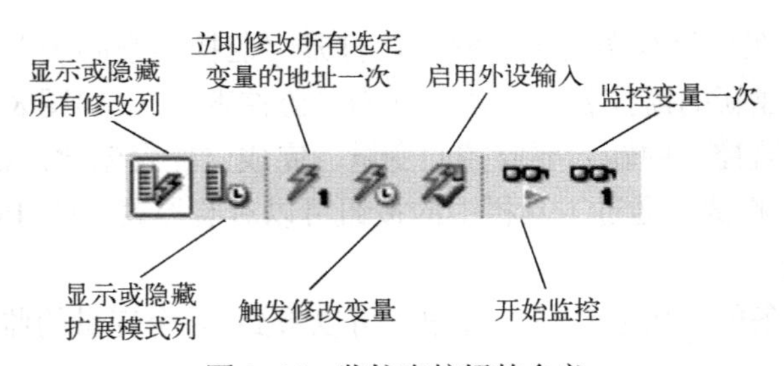

图 8-14　监控表按钮的含义

test ▸ PLC_1 [CPU 1516F-3 PN/DP] ▸ 监控与强制表 ▸ 监控表_1

	i	名称	地址	显示格式	监视值	修改值	⚡	注释
1		"启动SB1"	%M10.0	布尔型	FALSE		☐	
2		"停止SB2"	%M10.1	布尔型	FALSE		☐	
3		"高限位"	%M10.2	布尔型	FALSE		☐	
4		"中限位"	%M10.3	布尔型	FALSE		☐	
5		"低限位"	%M10.4	布尔型	TRUE	TRUE	☑ !	
6		"进料阀1"	%Q0.0	布尔型	FALSE		☐	
7		"进料阀2"	%Q0.1	布尔型	FALSE		☐	
8		"出料阀"	%Q0.2	布尔型	FALSE		☐	
9		"混料电动机"	%Q0.3	布尔型	FALSE		☐	
10			<添加>				☐	

图 8-15　监控表的监控状态

选中“M10.0”后面的“修改值”处，右击弹出的快捷菜单，选中“修改”→“修改为 1”命令，变量“M10.0”将会变成“TRUE”，修改监控表中的值如图 8-16 所示。

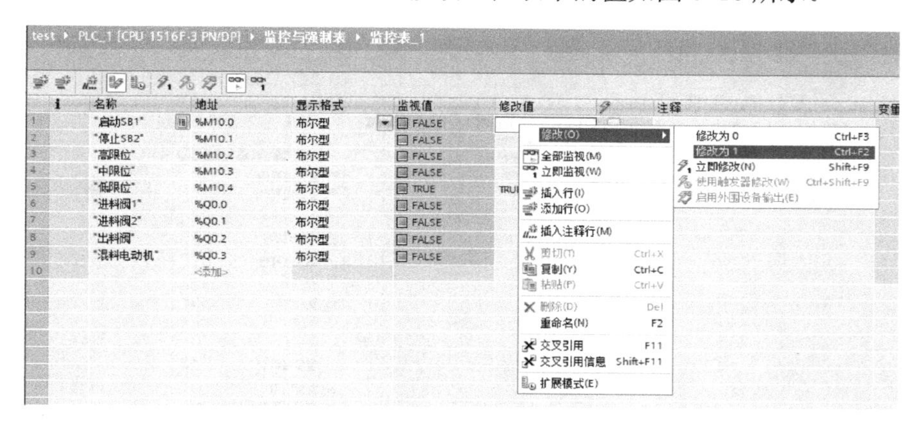

图 8-16　修改监控表中的值

2. 强制表

在程序调试过程中，可能由于存在一些外围 I/O 信号不满足要求导致不能对某个控制过程进行调试的情况。用户只有使用强制表给程序中的各个变量分配固定值才能进行正常调试，故该操作称为“强制”。

强制表可监视 PG/PC 上显示的用户程序或 CPU 中各变量（如输入存储器、输出存储器、位存储器、DB 及外设输入）的当前值，也可为用户程序的各个 I/O 变量（包括外设输入与外设输出）分配固定值。

（1）打开强制表　在项目视图的项目树中，打开“监控与强制表”文件夹，双击“强制表”选项，即可打开强制表，并输入需强制的变量，如图 8-17 所示。

（2）强制变量　按下工具栏中“全部监视”按钮后，选中“进料阀 1”的“强制值”，右击弹出的快捷菜单，选中“强制”→“强制为 1”命令，强制表的强制操作如图 8-18 所示。

在第一列出现标识F，而且模块的 Q0.0 指示灯点亮，CPU 模块的“MAINT”维护指示灯变为黄色，强制表的强制状态如图 8-19 所示。单击工具栏中的“停止强制”按钮F，停止所有的强制输出，“MAINT”维护指示灯将变为绿色。

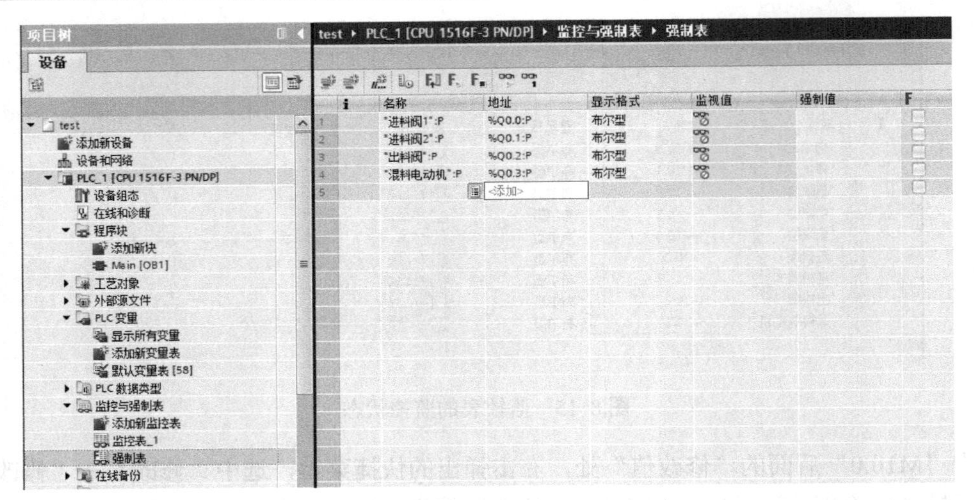

图 8-17　打开强制表

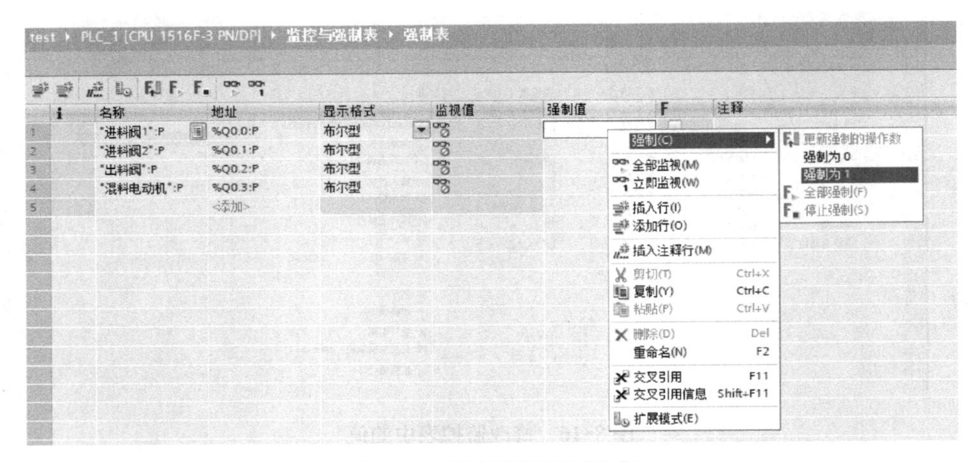

图 8-18　强制表的强制操作

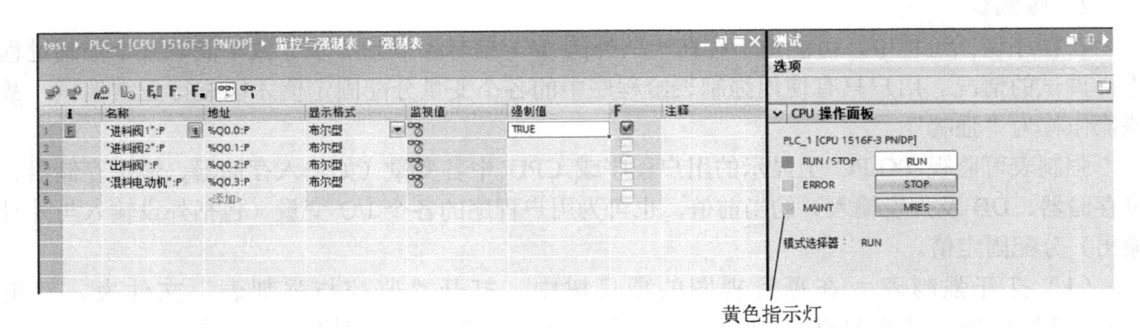

图 8-19　强制表的强制状态

需注意，强制变量保存在 S7-1500 PLC 的 SMC 中，复位存储器或者 CPU 重新上电均不能清除当前强制值。在将带有强制值的存储卡应用于其他 CPU 之前，必须先停止强制功能。

8.1.4　知识：PLCSIM 仿真调试

TIA 博途软件集成了 S7-1500 PLC 的仿真器 PLCSIM，安装此仿真器后可以在计算机或者编程设备中模拟 PLC 运行和测试程序。若安装过仿真器，工具栏中的“开始仿真”按钮是亮色的，否则是灰色的，只有“开始仿真”按钮是亮色时才可以用于仿真。

1. 创建 S7-1500 PLC 仿真器项目

打开一个 S7-1500 PLC 项目，在 TIA 博途软件项目视图界面中，单击工具栏上的“开始仿真”按钮，开启 S7-1500 PLC 仿真器，仿真器视图如图 8-20 所示。

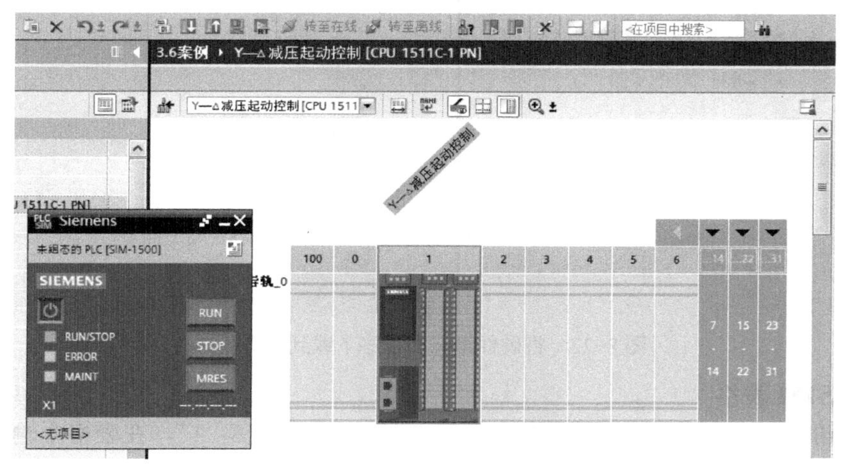

图 8-20　仿真器视图

单击仿真器的右上角图标，进入仿真器项目视图。单击菜单栏中的新建按钮，创建仿真项目，如图 8-21 所示。

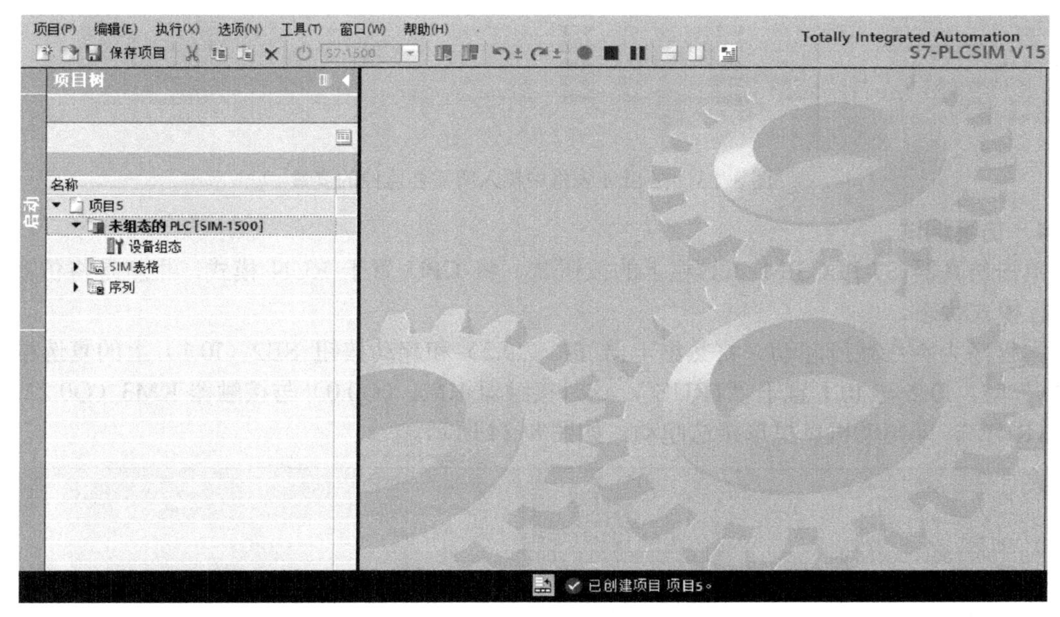

图 8-21　创建仿真项目

2. 下载程序

在 TIA 博途软件项目视图界面中，单击工具栏的“下载”按钮，在 PG/PC 接口栏中必须选择“PLCSIM”。最后将硬件组态和程序下载到仿真器 S7-PLCSIM 中，如图 8-22 所示。

图 8-22　将硬件组态和程序下载到仿真器中

3. 创建 SIM 表格

在仿真器的项目树中，打开“SIM 表格”，双击“SIM 表格_1”，在表格中输入所需要监控的变量，如图 8-23 所示。

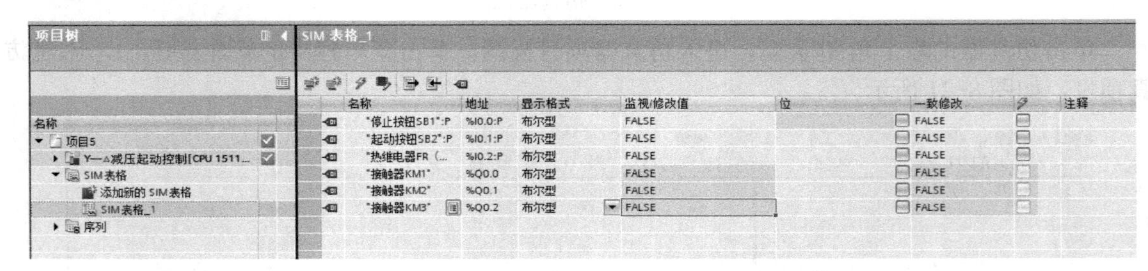

图 8-23　在 SIM 表格中输入所需要监控的变量

4. 仿真调试

单击仿真器 S7-PLCSIM 工具栏上的按钮，将 CPU 置于 RUN 模式，也就是将仿真器置于运行模式状态。

本程序为Y-△减压起动。将热继电器 FR（I0.2）和起动按钮 SB2（I0.1）上的复选框选取为“√”时，I0.2 与 I0.1 置于“TRUE”。这时接触器 KM1（Q0.0）与接触器 KM3（Q0.2）显示为“TRUE”，即电动机以星形接法起动，如图 8-24 所示。

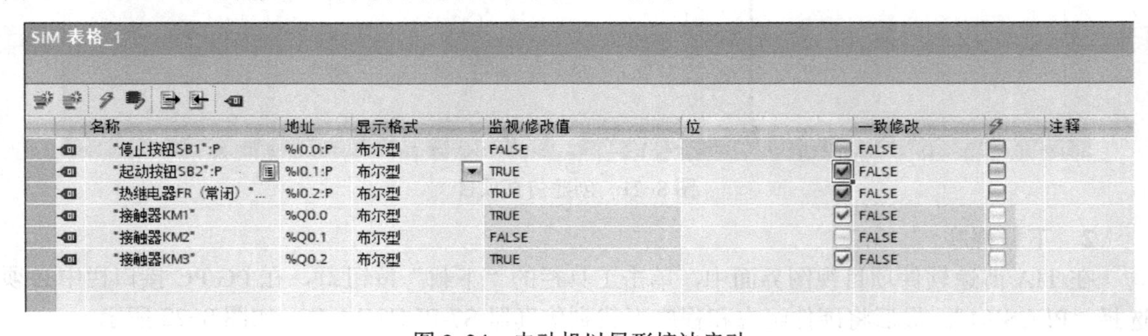

图 8-24　电动机以星形接法启动

当去掉热继电器 FR（I0.2）上的“√”时，I0.2 将置于“FALSE”。这时接触器 KM1（Q0.0）与接触器 KM3（Q0.2）上的“√”消失，显示为“FALSE”，即电动机停止，如图 8-25 所示。

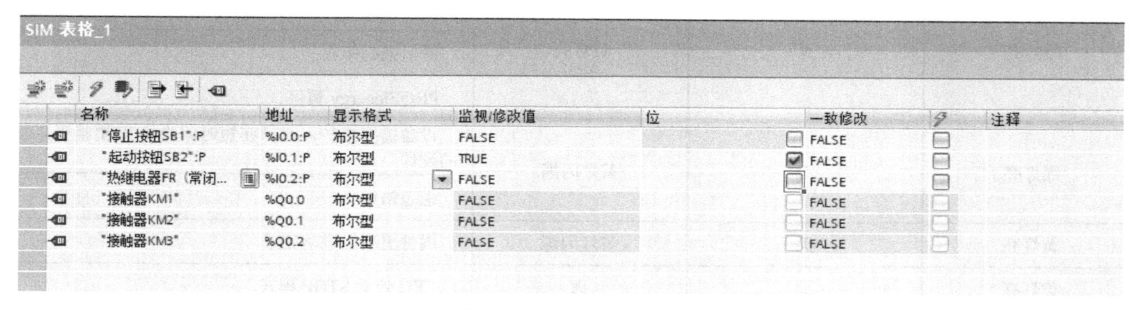

图 8-25　电动机停止

8.2　故障诊断

PLC 是运行在工业环境中的控制器，其优点是可靠性比较高，出现故障的概率较低，但是出现故障也是难以避免的。

一般，PLC 的故障主要是由外部故障或内部错误造成。外部故障是由外部传感器或执行机构故障等引发 PLC 产生故障，可能会使整个系统停机，甚至烧坏 PLC。而内部错误则是由于 PLC 内部的功能性错误或编程错误造成的，可以使系统停机。

SIMATIC S7-1500 PLC 系统支持多种方式对 PLC 进行诊断，主要包括通过模块顶部或通道的 LED 指示灯、通过安装了 TIA 博途软件的 PG/PC 以及通过 CPU 自带的显示屏等方式。

8.2.1　知识：通过 LED 指示灯诊断故障

1. CPU 模块状态指示灯

相较于 SIMATIC S7-300/400 PLC，SIMATIC S7-1500 PLC 的 LED 指示灯精简了不少，只保留了模块顶部的 3 个 LED 指示灯，用于指示当前模块的工作状态。

以 S7-1516F-3PN/DP CPU 模块指示灯为例，其模块顶部的 3 个 LED 状态指示灯如图 8-26 所示。LED 指示灯的含义见表 8-3。

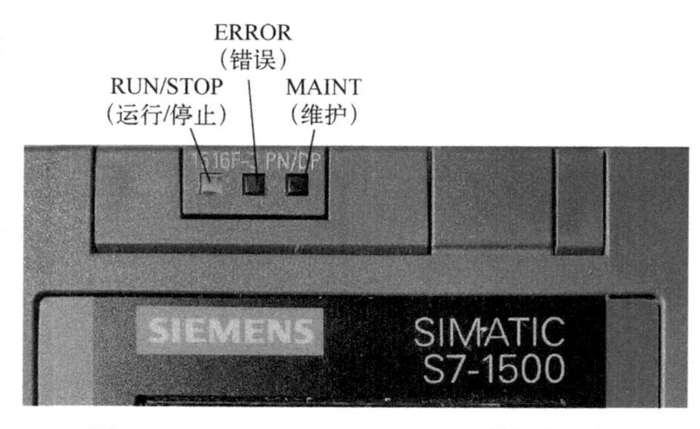

图 8-26　S7-1516F-3PN/DP CPU 模块指示灯

表 8-3　LED 指示灯的含义

RUN/STOP LED 指示灯	ERROR LED 指示灯	MAINT LED 指示灯	含　义
灭	灭	灭	CPU 电源缺失或不足
灭	红灯闪烁	灭	发生错误
绿灯亮	灭	灭	CPU 处于 RUN 模式
绿灯亮	红灯闪烁	灭	诊断事件未决

（续）

RUN/STOP LED 指示灯	ERROR LED 指示灯	MAINT LED 指示灯	含　义
绿灯亮	灭	黄灯亮	设备要求维护。必须在短时间内检查/更换受影响的硬件
			激活强制作业
			PROFIenergy 暂停
绿灯亮	灭	黄灯闪烁	设备需要维护。必须在短时间内检查/更换受影响的硬件
			组态错误
黄灯亮	灭	黄灯闪烁	固件更新已成功完成
黄灯亮	灭	灭	CPU 处于 STOP 模式
黄灯亮	红灯闪烁	黄灯闪烁	SIMATIC 存储卡中的程序出错
			CPU 故障
黄灯闪烁	灭	灭	CPU 在 STOP 模式下执行内部活动，如 STOP 之后启动
			从 SIMATIC 存储卡下载用户程序
黄灯/绿灯闪烁	灭	灭	启动（从 RUN 转为 STOP）
黄灯/绿灯闪烁	红灯闪烁	黄灯闪烁	启动（CPU 正在启动）
			启动、插入模块时测试 LED 指示灯
			LED 指示灯闪烁测试

2. 信号模块指示灯

对于带通道诊断的数字量输入模块 DI 32x24VDC HF 而言，其模块顶部也有状态指示灯，如图 8-27 所示，其含义见表 8-4。同时，模块每个通道的 LED 指示灯是双色的（绿色/红色），以不同的颜色标示该通道的不同工作状态。绿色代表有信号输入，红色代表断路或电源电压 L+ 过低/缺失。

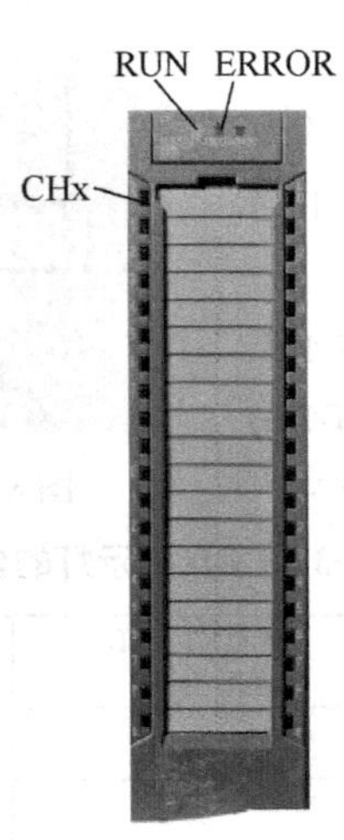

图 8-27　DI 32x24VDC HF 模块 LED 指示灯

表 8-4　状态和错误指示灯 RUN 和 ERROR 含义

LED 指示灯		含　义	补救措施
RUN	ERROR		
灭	灭	背板总线上电压缺失或过低	接通 CPU 和/或系统电源模块 检查是否插入 U 形连接器 检查是否插入了过多的模块
闪烁	灭	模块启动并在设置有效参数分配之前持续闪烁	—
亮	灭	模块已组态	
亮	闪烁	表示模块错误（至少一个通道上存在故障，如断路）	判断诊断数据并消除该错误（如断路）
闪烁	闪烁	硬件故障	更换模块

8.2.2　知识：通过 PG/PC 诊断故障

当 PLC 系统发生故障时，可以通过安装了 TIA 博途软件的 PG/PC 进行诊断。在线的情况下，单击项目树下 CPU 的“在线和诊断”菜单，可查看“诊断”→“诊断缓冲区”和“诊断状态”的信息。根据“诊断缓冲区”和“诊断状态”的具体信息，判断系统相应故障，如图 8-28、图 8-29 所示。

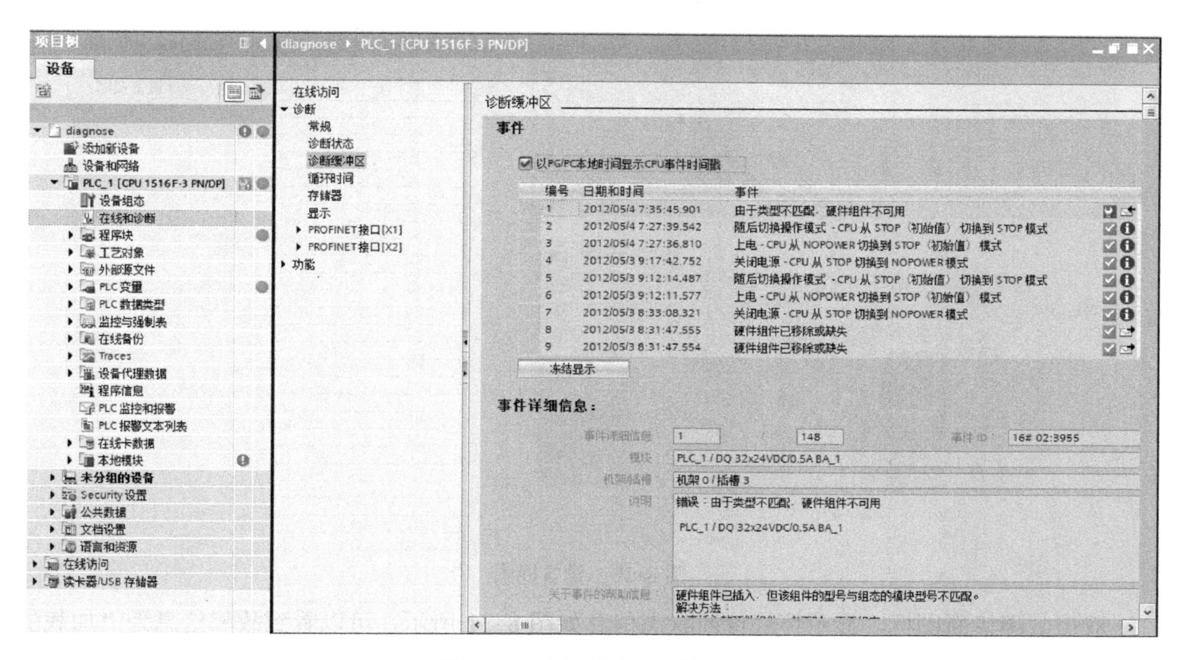

图 8-28　诊断缓冲区事件信息

在项目视图中，单击“转至在线”按钮，使得 TIA 博途软件与 SIMATIC S7-1500 PLC 处于在线状态。单击“设备视图”选项卡，如图 8-30 所示。可以看到 2 号槽的模块上有“√”（绿色），表明 DI 模块正常。而 3 号槽上的模块上显示诊断图标，表明此模块的组态与实际组态之间存在差异。

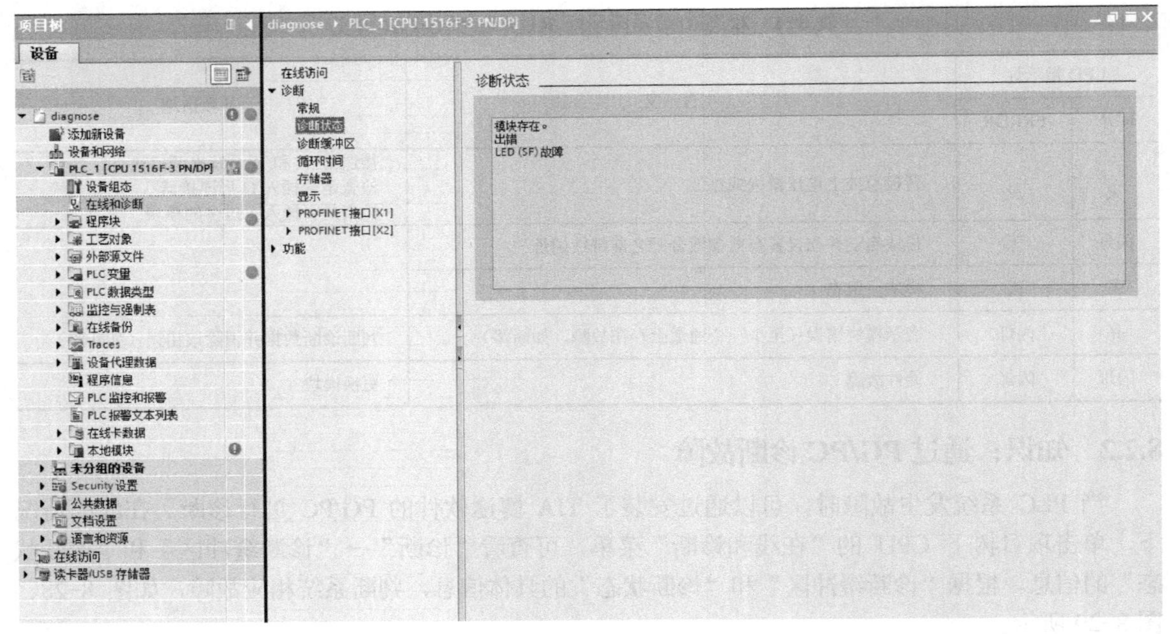

图 8-29　诊断状态信息

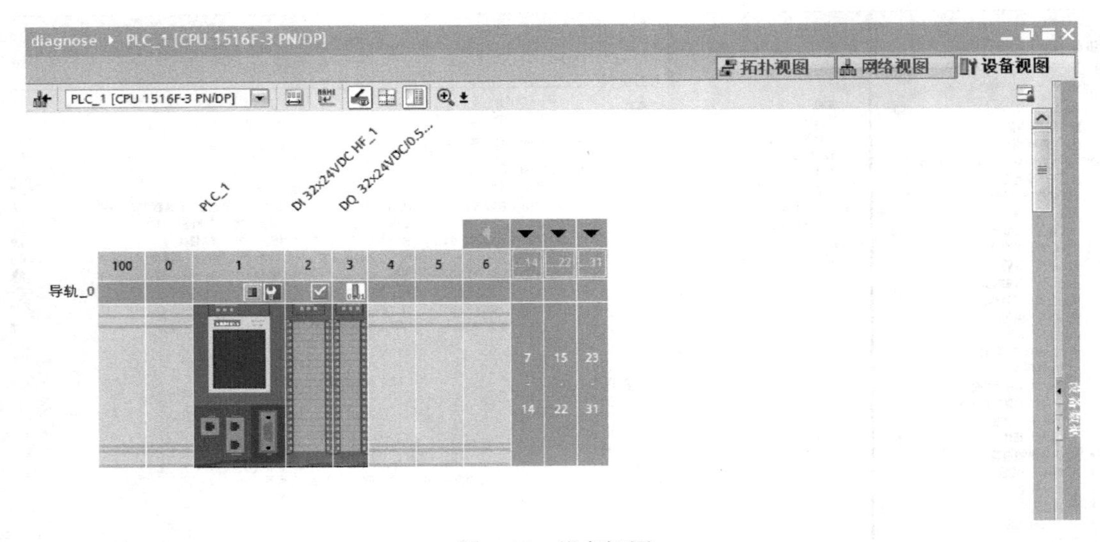

图 8-30　设备视图

双击故障诊断图标，显示模块诊断状态信息如图 8-31 所示，可以看到故障信息为“加载的组态和离线项目不完全相同”，这与实际故障情况一致。

8.2.3　知识：通过 PLC 显示屏诊断故障

1. SIMATIC S7-1500 PLC CPU 显示屏简介

每个标准的 SIMATIC S7-1500 PLC CPU 都带有一块彩色的显示屏，S7-1516F CPU 的显示屏主界面如图 8-32 所示，通过该显示屏可以查看 PLC 的诊断缓冲区，也可以查看模块和分布式 I/O 模块的当前状态及诊断信息，显示屏面板菜单含义见表 8-5。

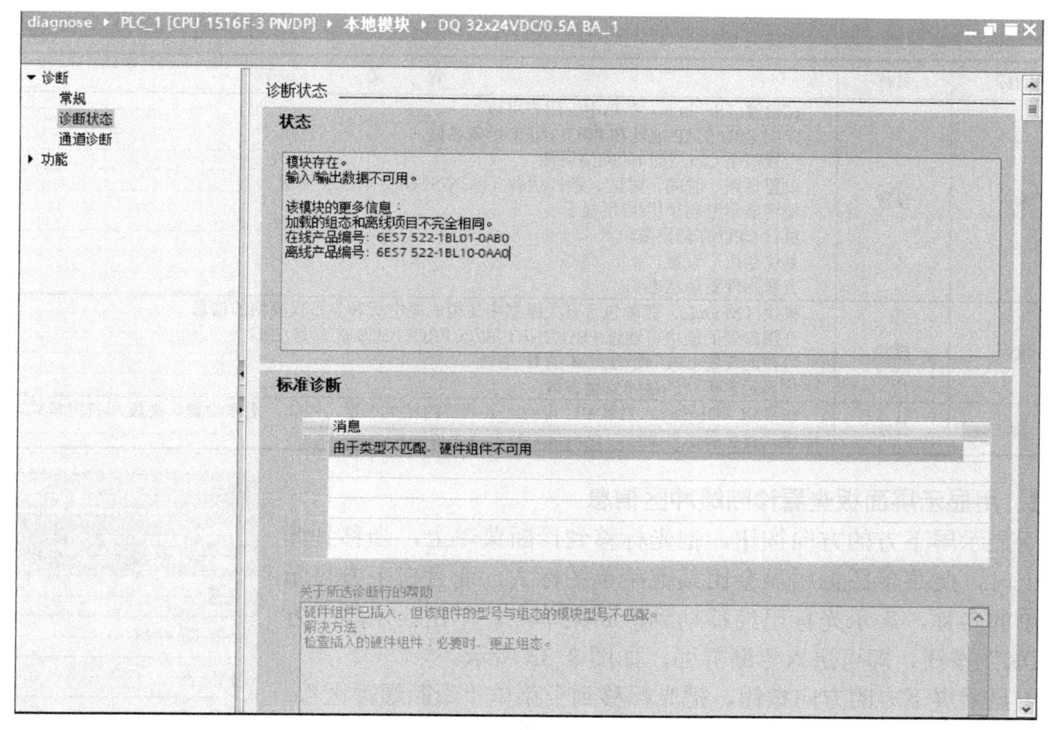

图 8-31　模块诊断状态信息

图 8-32　S7-1516F CPU 的显示屏主界面

表 8-5　显示屏面板菜单含义

菜单图标	名称	含　义
	总览	总览（Overview）菜单包含有关 CPU 和插入的 SIMATIC 存储卡属性的信息以及有关是否有专有技术保护或是否链接有序列号的信息 对于 F-CPU，将会显示安全模式的状态、集体签名以及 F-CPU 中的最后更改日期
	诊断	诊断（Diagnostics）菜单包括： 诊断报警的显示 对强制表的读/写访问以及对监控表的读访问 循环时间的显示 CPU 存储器利用率的显示 中断的显示

（续）

菜单图标	名称	含　义
	设置	在设置（Settings）菜单中，用户可以: 分配 CPU 的 IP 地址和 PROFINET 设备名称 设置每个 CPU 接口的网络属性 设置日期、时间、时区、运行状态（RUN/STOP）和保护等级 使用显示密码禁用/启用显示 执行 CPU 存储器复位 复位至出厂设置 查看固件更新状态
	模块	模块（Module）菜单包含有关组态中使用的集中式和分布式模块的信息 外围部署的模块可通过 PROFINET 和/或 PROFIBUS 连接到 CPU 可在此设置 CPU 或 CP/CM 的 IP 地址 将显示 F 模块的故障安全参数
	显示	在显示（Display）菜单中，可组态显示屏的相关设置，例如，语言设置、亮度和省电模式。省电模式将使显示屏变暗。待机模式将使显示屏关闭

2. 用显示屏面板查看诊断缓冲区信息

用显示屏下方的方向按钮，把光标移到诊断菜单上，当移到此菜单上时，此菜单图标明显会比其他菜单图标大，而且在下方显示此菜单的名称，表示光标已经移动到诊断菜单上。单击显示屏下方的“OK”按钮，即可进入诊断界面，如图 8-33 所示。

图 8-33　诊断界面

用显示屏下方的方向按钮，把光标移到子菜单“诊断缓冲区”，浅颜色代表光标已经移到此处，在实际操作中颜色对比度并不强烈，所以要细心区分。单击显示屏下方的“OK”按钮，可以查看诊断缓冲区的信息，界面如图 8-34 所示。

当然，用户还可以使用显示屏面板查看 PLC 监控表里的各个参数信息与运行状态，并借助该功能来实现故障诊断，界面如图 8-35 所示。

图 8-34　诊断缓冲区界面

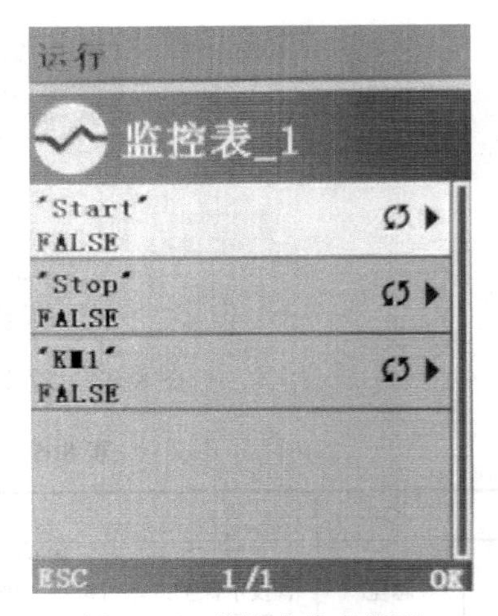

图 8-35　监控表信息界面

附录 “一技之长，能动天下”世赛视频
——扬帆世赛 筑梦复兴

附码 1
世赛工业控制项目介绍

附码 2
工业控制项目核心技术

附码 3
44 届世赛工控项目金牌选手袁强事迹

附码 4
46 届世赛工控项目金牌选手姜昊事迹

附码 5
世赛工控项目教学与训练

附码 6
世赛选拔赛

参考文献

[1] 西门子（中国）有限公司．STEP 7 Professional V13.0 系统手册[Z]．2014．
[2] 西门子（中国）有限公司．SIMATIC S7-1500 入门指南[Z]．2022．
[3] 西门子（中国）有限公司．使用 STEP 7 V16 组态 PROFINET 功能手册[Z]．2019．
[4] 刘长青．S7-1500 PLC 项目设计与实践[M]．北京：机械工业出版社，2016．
[5] 向晓汉．西门子 S7-1500 PLC 完全精通教程[M]．北京：化学工业出版社，2018．
[6] 张硕．TIA 博途软件与 S7-1200/1500 PLC 应用详解[M]．北京：电子工业出版社，2017．
[7] 刘忠超，肖东岳．西门子 S7-1500 PLC 编程及项目实践[M]．北京：化学工业出版社，2020．
[8] 吴志敏，阳胜峰，詹泽海，等．西门子 S7-1200/1500 PLC 编程与调试教程[M]．北京：中国电力出版社，2020．
[9] 廖常初．S7-1200/1500 PLC 应用技术[M]．2 版．北京：机械工业出版社，2021．
[10] 李方园．西门子 S7-1500 PLC 从入门到精通[M]．北京：电子工业出版社，2020．
[11] 崔坚．SIMATIC S7-1500 与 TIA 博途软件使用指南[M]. 2 版．北京：机械工业出版社，2020．
[12] 张雪亮．深入浅出西门子运动控制器：S7-1500T 使用指南[M]．北京：机械工业出版社，2019．
[13] 张静之，刘建华．PLC 编程技术与应用[M]．北京：电子工业出版社，2015．
[14] 刘建华，张静之．三菱 FX2N 系列 PLC 应用技术[M]. 2 版．北京：机械工业出版社，2018．
[15] 张静之，刘建华，陈梅．三菱 FX3U 系列 PLC 编程技术与应用[M]．北京：机械工业出版社，2017．
[16] 孟庆涛，郑凤翼．例说识读 PLC 梯形图的方法与技巧[M]．北京：电子工业出版社，2010．
[17] 胡健．西门子 S7-300 PLC 应用教程[M]．北京：机械工业出版社，2007．